·海洋生物多样性著作系列·

西北冰洋浮游植物物种多样性

林更铭　杨清良　主编

海洋出版社

2015年·北京

内容简介

本书收集整理了西北冰洋现已报道的水体浮游植物（含冰藻）共计188属651种（含88变种和9变型），并根据国际上最新的研究成果归类，主要分属于原核生物域和真核生物域的4个界10个门类。全书分为物种编目和版图两部分。各个物种含中名，学名，订名人，定名时间，对其主要的种名沿革和近年来报道的分布状况作了简要说明，并附主要种类的显微照片200余张。为方便读者，书中附有物种索引和主要参考文献。

本书可供海洋生态研究人员及高等院校有关专业师生参考。

图书在版编目（CIP）数据

西北冰洋浮游植物物种多样性／林更铭，杨清良主编. —北京：海洋出版社，2015. 12
ISBN 978-7-5027-9294-7

Ⅰ. ①西… Ⅱ. ①林… ②杨… Ⅲ. ①北冰洋-海洋浮游植物-生物多样性 Ⅳ. ①Q948. 8

中国版本图书馆CIP数据核字（2015）第283788号

责任编辑：钱晓彬
责任印制：赵麟苏

海洋出版社 **出版发行**

http://www. oceanpress. com. cn
北京市海淀区大慧寺路8号 邮编：100081
北京画中画印刷有限公司印刷 新华书店经销
2015年12月第1版 2015年12月北京第1次印刷
开本：889 mm×1194 mm 1/16 印张：13. 25 彩色：5印张
字数：420千字 定价：118. 00元
发行部：62132549 邮购部：68038093 总编室：62114335

Study of Marine Biodiversity

Species Diversity of Phytoplankton in the Western Arctic Ocean

Editors-in-chief Lin Gengming Yang Qingliang

China Ocean Press
2015 · Beijing

海洋生物多样性著作系列

国家海洋局第三海洋研究所编辑

主持编写单位： 国家海洋局第三海洋研究所
编　写　者： 林更铭　项　鹏　王　雨
叶又茵　杨清良

王　雨　叶又茵　项　鹏
林更铭　杨清良
作者合影

前　言

北冰洋是世界最小、最浅和最冷的大洋，周围被亚欧大陆和北美大陆环抱。剧烈的火山和地震活动把海区分成加拿大海盆、马卡罗夫海盆和南森海盆，前两个海盆由门捷列夫海岭隔开。北冰洋通过挪威海、格陵兰海和巴芬湾同大西洋连接，并通过狭窄的白令海峡与太平洋相通。根据自然地理特点，北冰洋可分为北欧海区和北极海区两部分：格陵兰海、挪威海、巴伦支海和白海属北欧海区；北冰洋主体部分、喀拉海、拉普捷夫海、东西伯利亚海、楚科奇海、波弗特海及加拿大北极群岛各海峡属北极海区。后者通常也称为西北冰洋（Western Arctic Ocean），又称北冰洋太平洋扇区或者太平洋北极（Pacific Arctic）。

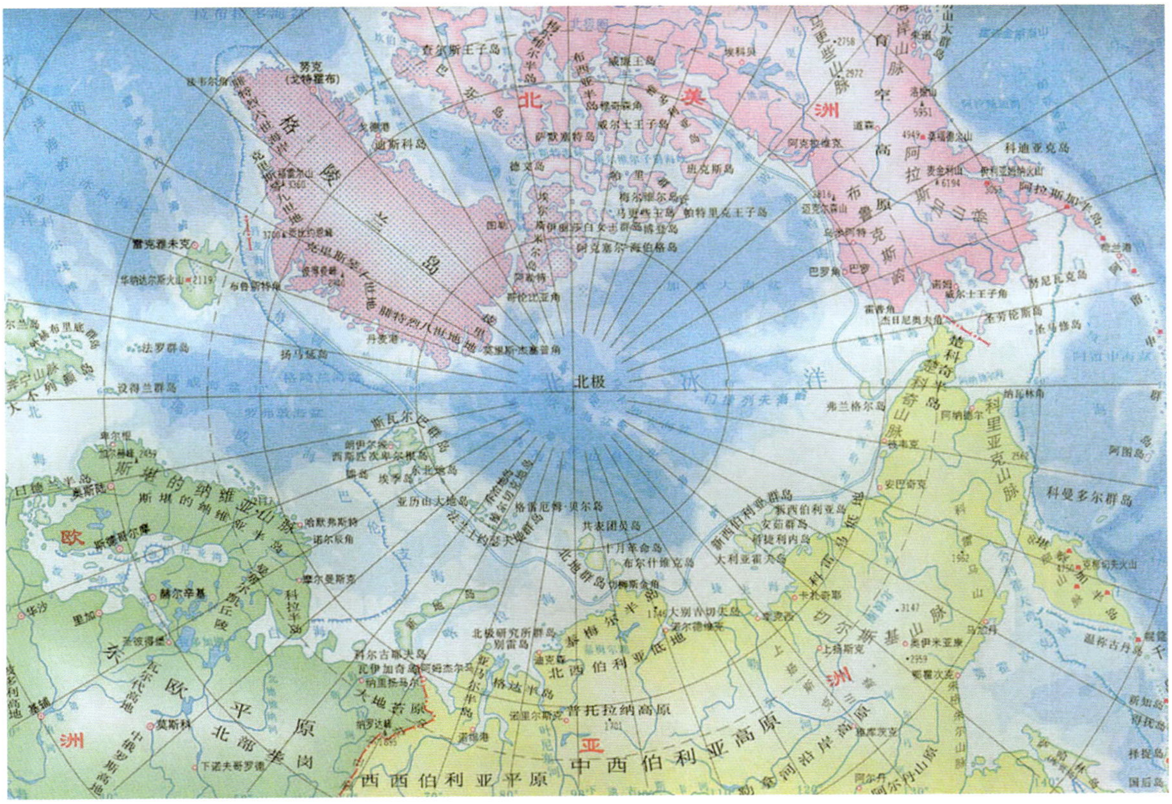

（来源：www. guang. net）

生活在沿海和大洋区上层水柱的浮游植物（浮游群落）与海冰环境的冰藻［即所谓的涉冰群落（sympagic community）］是北冰洋海洋光合单细胞真核生物的主要组成，也是北极生态系统初级生产的主要来源。两者虽属各自独立的自养体系（Horner 1984；Apollonio 1985；Horner 1996），但在种类组成上却有很强的相似性、互动性和关联性（Schandelmeir，Alexander 1981；Michel et al 1993；Booth，Horner 1997；Melnikov 1997），并在时空分布上受控于一系列环境变量（如营养盐、辐照度、冰盖和雪、海水层化、盐度和温度等）。实际上，北极浮游植物群落并不是一个单纯的群落，而是一个多种来源的混合的生态群落。在融冰时期可能包含较多的冰藻(包括冰底面附生藻)成分，也可能因风浪等多种因素造成水体搅扰动而混进底栖性藻类，尤其在陆架浅水区。为此，Gran(1897，1904)曾基于挪威极地考察期间(1893—1896年)多年大量浮游生物采样的分析结果将浮游硅藻分成4种类型：真正的浮游种类；既营浮游生活也可在冰里生存的种类；仅记录于浮冰或仅作为浅海型的种类以及淡水种类等。此外，北极浮游植物群落还具有混合的生物地理学特征(Melnikov 1997)。Cleve(1897)首次发现东格陵兰8月的采样和沿岸的采样里浮游生物之所以贫乏在时空上都与大洋水的入侵相关，并把大西洋和邻近海浮游生物分成几类各具一定温盐特征的特定水团的浮游类型。Gran (1904)还发现，同一海区的浮游硅藻聚群，其所含的不同生态类型(例如北极浅海种，北极北方浅海种，北方浅海种，温带大西洋浅海种和大洋种等)的物种比例会随不同水团的流入影响发生变化。这一混合的生物地理学特征，直到20世纪50年代在有关加拿大北极浮游植物群落的研究中仍备受关注(Holmes 1956)，并延续到近代。以西北冰洋为例，陆架区浮游植物群落物种组成受北太平洋水影响的现象屡有报道(Okolodkov 1987a，1998；Sukhanova et al 2009；杨清良等 2002，2006)。因此，北冰洋浮游植物群落往往具有较高的物种多样性，物种来源也相对复杂。

北冰洋浮游植物绝大部分是微小的单细胞藻类，按粒径谱的划分(Sieburth et al 1978)可分为3类：细胞小于2 mm，大致可用20 μm以下网目直径的网具采集到的称为网采浮游生物(netplankton)，又称小型(microplankton)浮游生物；2～20 μm之间的称为微型浮游生物(nanoplankton)；2 μm以下称为微微型浮游生物(picoplankton)。

网采浮游植物里最具代表性的是硅藻类和甲藻类，尤其是硅藻，往往成为高营养盐高初级产量浅水陆架水域(如楚科奇海等)的浮游植物优势种，而且一般都以中心纲硅藻（角毛藻和海链藻)为主(Booth，Horner 1997)，但是在北冰洋中心深水区则非常少见(Sherr et al 2003；Coupel et al 2012)。据分析这是一类较能利用环境中高浓度营养盐的门类(Gradinger，Baumann 1991)。硅藻类也是北冰洋真核浮游生物中研究历史最长的门类。据统计，至20世纪末已记录近400种(56属)(Cremer 1998)，这些物种的鉴别主要依赖于光学显微镜和电子显微镜技术，其粒径范围通常集中于5～50 μm。

微型和微微型浮游生物的多样性研究相对有限。微型生物主要由微小能游动的其他具鞭毛门类的单细胞藻以及一些微小硅藻和甲藻组成，这些物种往往需借助电镜获得细胞超微结构信息才能辨认。微微型真核藻类则主要包括定鞭藻门(普林藻纲)和绿藻门(绿枝藻纲)的种类(Melnikov 1997；Coupel et al 2012)。对北冰洋微型和微微型浮游生物群落结构的调查，目前集中在北大西洋扇区，西部太平洋扇区的报道不多(Booth，Horner 1997；Coupel et al 2011，2012)。近年来随着表面荧光显微技术(EFM)和流式细胞技术(FCM)以及分子生物学手段(18S核糖体基因克隆库构建等)的发展，波弗特海、加拿大海盆、格陵兰海和北冰洋的其他海域已先后开展了相关的多样性研究工作，但总体上仍处于起步阶段(Lovejoy et al 2006；Terrado et al 2009；郭超颖等 2011)。

有关北冰洋浮游和海冰真核生物的分类学和生态学调查研究，自19世纪中叶以来，已进行了近两个世纪。调查次数虽然巨大，但总体上比较零散，而且以沿海和浅水浮冰区居多。深海盆地中心区尤其是高纬度中部区的调查往往受到严酷的海冰环境以及后勤和工作实施上的诸多困难阻碍，因此上规模的系统调查偏少。其真正意义上的调查大体上始于1957—1958国际地球物理年(IGY)期间。之后较大型的调查先后有1994年美国和加拿大用破冰穿越北冰洋进行的跨学科探险以及2004年夏季的一项综合海洋钻井项目(IODP)远征中部北极（Melnikov

1997；Booth，Horner 1997；Katsuki et al 2009）。就西北冰洋而言，在早期直至20世纪90年代初的很长的时间内，有关的报道断断续续(Kiselev 1937；Bursa 1963；Meguro et al 1966；Belyaeva 1980；Hsiao 1980；Shirshov 1982；Okolodkov 1987a，1987b，1992；Horner 1984；Michel et al 1993)。近数十年来，由于全球变暖对北极的危险影响加大，包括冰盖体积和范围衰减，融化期提前，江河入流量随降水和陆地冰融化的增加而增加等（Moritz et al 2002；Serreze et al 2007，Comiso 2006；Comiso et al 2008；Markus et al 2009；McClelland et al 2006；Peterson et al 2002，2006)，日益引起人们对北极的关注。尤其是近十多年来，对西北冰洋的调查力度和规模也相应不断加大，截至2013年仅中国国家北极科学考察(CHINARE)就已连续进行了5次（1999年、2003年、2008年、2010年和2012年)“雪龙”号破冰船海洋学调查，取得大量物理、生物地球化学和生物学原位资料数据以监控西部北冰洋的演变(中国首次北极科学考察队2000；陈立奇2003；张占海2004；张海生2009；余兴光2011)。人们对于楚科奇陆架等浅水区至北冰洋加拿大海盆等高纬度深海中心区的浮游植物(含冰藻)的物种组成和演替、丰度、生物量及其时空分布变异等生态特征随之有了较全面和深入的认识(Booth，Horner 1997；Tuschling et al 2000；Melnikov et al 2002；Wang et al 2005；Hill et al 2005；Sukhanova et al 2009；Katsuki et al 2009；Sergeeva et al 2010；杨清良等2002，2006；Lovejoy et al 2011；Coupel et al 2011，2012；Joo et al 2012；林更铭等2013)。相关调查揭示，随着过去10年里北极海冰范围和厚度经历了一个前所未有的削减，受太阳辐射(日益增长)、透光层层化(增强)和营养的消耗等方面影响，浮游植物生产的增加（Pabi et al 2008)以及分类组成的变化(Tremblay et al 2009)也随之发生，还有报道称直径小于2 μm的微微型浮游植物丰度在增加而小、微型浮游植物却在减少(Li et al 2009)。

在海洋浮游植物(含冰藻)调查工作不断向北冰洋中心区深入的漫长历程中，不同年代的阶段性成果资料归集也在持续进行。其中较具代表性的包括Heimdal(1989)和Horner(1996)的工作。后者以历史的宏观视角较全面地回顾北极藻类的百年研究历史及各个年代的主要研究类型、特点和主要成果；而前者除了总结20世纪80年代之前北冰洋浮游植物的研究历史、环境特点，主要植物门类(硅藻、甲藻、定鞭藻和其他微型鞭毛藻)方面的研究成果外，还就欧亚北极和加拿大北极以及相邻近海域着重介绍，其不足之处是苏联方面的调查工作未能给予充分反映。实际上由于北极海的海岸线有一半与苏联接壤，该国的相关研究一直相当活跃。Zenkevitch(1963)曾对苏联诸海以前的调查有过总体报告，其中已涉及西北冰洋多个有关海域(喀拉海、拉普捷夫海和楚科奇海等)的浮游植物类群。Okolodkov（1987a，1987b，1992，1993，1998，1999）先后报道了来自1983—1991年间西北冰洋(拉普捷夫海、东西伯利亚海和楚科奇海)的大约180种冰藻，汇编修订了1878—1997年俄罗斯北极(4.5×10^3 km^2)记录的16科34属189种甲藻的物种编目，并探讨了其分布范围等生态特点。Melnikov(1989，1997)于1975—1981年长时间在浮冰站研究海冰生态系统的组成、结构与功能，出版了专著《北极海冰生态系统》(The Arctic Sea Ice Ecosystm)，在有关章节专门还就1982年以前的一系列主要的浮游植物研究工作(Gran 1904；Kiselev 1937；Usachev 1935，1946，1961；Shirshov 1936；Bogorov 1939；Zabelina 1946；Virketis 1957；Bursa 1961，1963；Kawamura 1967；Bondarchuk 1970；Horner，Schrader 1982)做了回顾，其中以苏联学者居多，涉及浮游物种200种(硅藻163种，甲藻34种，硅鞭毛藻3种)，并阐明其主要生态类型组成和季节性等时空特点。

有关的物种编目工作是北冰洋物种多样性研究不可替代的组成部分。除了上述提到的苏联学者及其他人已有涉及外，先后主要还有Hsiao（1983），首次编制了整个加拿大北极地区所有的分类条目，记录354种浮游植物和205种海冰真核藻类。Lovejoy等(2002)记录了史密斯海峡至拉布拉多海浮游植物总共178种。Ikävalko (2003)报道了整个北极存在的863种涉冰真核藻类。Ratkova和Wassmann (2005)记录了巴伦支海和白海的237种浮游植物和230种涉冰藻类。虽然自北极区探险阶段到20世纪初已有大量有关浮游和海冰真核生物的物种记录，但其多样性信息的整体汇集工作极少，相对较全面的整合工作是在近年来才开展的。Poulin等(2011) 首次根据泛北极各种来源(如科学出版物、未出版报告、数据库)的大量数据，尝试在泛北极地理尺度上(侧重于阿拉斯加北极区、加拿大北极区、格陵兰岛、斯堪的那维亚北极区和俄罗斯北极区)进行浮游植物和冰藻多样性的归集，汇总了该区浮游和海冰真核生物2 106种(含浮游植物1 874种，涉冰种类1 027种)，所记载的物种大部分是由低倍光学显微镜下观察到的大细胞(>20 μm)生物组成。小细胞(<20 μm)生物多样性在其实际的泛北极地区生物多样性评估里占不到20%，是今后应加强的薄弱环节。全球确认的微小型藻类为24 300种(Poulin，Williams 2002)，北极的这些物种约占其中5 000种海洋浮游植物 (Sournia et al 1991；Tett，Barton 1995)的42%，仅本书截至2013年收集到的西北冰洋浮游植物就达188属651种(含88变种和9变型)，凸显出北极海洋单细胞真核生物在全球尺度上较高的分类学多样性。

本书的特定调查区域西北冰洋，主要包括楚科奇海、波弗特海等阿拉斯加北极区、东西伯利亚海、拉普捷夫海(原称西伯利亚海)和喀拉海等俄罗斯北极区以及加拿大海盆、加拿大北极群岛、港湾和海峡等加拿大北极区。

书中的物种分类采用Cavalier-Smith(1983，1986，1998，2004)生物六界分类系统。在门类划分上，主要参考国际上主流的分类系统(Hoek et al 1995；Tomas 1997；井上勲 2007；Lee 2008；Guiry，Guiry 2015)。其中特别需要说明的是，硅藻类、金藻类、硅鞭藻类、针胞藻类和黄藻类等主要类别普遍都是被放在不定鞭毛藻门(Heterokontophyt)或其他门作为若干个纲看待，与国内传统的分类安排有所不同，但对其中最重要的硅藻类我们依旧采用 Round 等(1990)的分类体系，将其提升为硅藻门(Bacillariophyta)，其下分三个纲。

对于各门类的纲以下分类阶元安排以及物种的分类沿革等主要信息，本书主要依据藻类学数据库(algaeBASE)的最新研究成果(Guiry，Guiry 2015)(包括一些目前分类地位尚不明确的物种)。而对于硅藻类、甲藻类和鞭毛藻类等重要类别，我们同时也分别参考Round等(1990)、Gómez (2005)和Tomas(1997)的分类系统，并于书中做简要的附带说明。另外，书中有关的物种分布信息在主要引用algaeBASE所提供(侧重于近代)资料的基础上，还着重补充了中国和日本沿海的分布，其来源除特别注明外均分别引自刘瑞玉(2008)、黄宗国和林茂(2012)以及千原光雄和村野正昭(1997)的记载。

书末附有西北冰洋浮游植物群落主要物种(包括常见种和优势种等)的显微照片200余张。除个别引自有关的数据库(附有说明)外均来自作者的第一手原始资料，即水装置标本片下的光学显微镜实拍照，主要观察方式包括明场(BF)和微分干涉(DIC)。

作为《海洋生物多样性著作系列》的成果，本书的编写出版得到国家海洋局的资助，也得到“海洋生物样品库升级与扩建”(GASI—01—02—04)任务的资助。在编著过程中得到《海洋生物多样性著作系列》编辑委员会的支持，谨此致谢！

编著者

2015年4月

目　次
Contents

西北冰洋浮游植物物种编目 The living species of phytoplankton in the Western Arctic Ocean 1

原核生物域 Empire Prokaryota Allsopp，1969 3
真细菌界 Kingdom Eubacteria Cavalier-Smith 3
革兰氏阴性菌亚界 Subkingdom Negibacteria T. Cavalier-Smith ex T. Cavalier-Smith，2002 3
蓝细菌门 Phylum Cyanobacteria Stanier ex T. Cavalier-Smith，2002 3
蓝藻纲 Class Cyanophyceae Schaffner，1909 3
念珠藻亚纲 Subclass Nostocophycideae 3
念珠藻目 Order Nostocales T. Cavalier-Smith，2002 3
束丝藻科 Family Aphanizomenonaceae 3
束丝藻属 Genus *Aphanizomenon* A. Morren ex Bornet & Flahault，1888 3
真核生物域 Empire Eukaryota Chatton，1925 4
色素界 Kingdom Chromista Cavalier-Smith，1981 4
隐藻门 Phylum Cryptophyta Cavalier-Smith，1986 4
隐藻纲 Class Cryptophyceae F. E. Fritsch in G. S. West & F. E. Fritsch，1927 4
隐藻目 Order Cryptomonadales Pringsheim，1944 4
隐鞭藻科 Family Hilleaceae Pascher，1967 4
隐鞭藻属 Genus *Hillea* Schiller，1925 4
单核胞藻目 Order Pyrenomonadales G. Novarino & I. A. N. Lucas 4
隐芽藻科 Family Geminigeraceae B. L. Clay，P. Kugrens & R. E. Lee，1999 4
斜片藻属 Genus *Plagioselmis* Butcher ex G. Novarino，I. A. N. Lucas & S. Morrall，1994 4
全沟藻属 Genus *Teleaulax* D. R. A. Hill，1991 5
单核胞藻科 Family Pyrenomonadaceae G. Novarino & I. A. N. Lucas 5
红胞藻属 Genus *Rhodomonas* Karsten，1898 5
尖眼藻门 Phylum Katablepharidophyta Okamoto，Inouye，2005 5
尖眼藻纲 Class Katablepharidophyceae 5
尖眼藻目 Order Katablephariales 5

尖眼藻科 Family Katablepharidaceae …… 5
白隐藻属 Genus *Leucocryptos* Butcher, 1967 …… 5
定鞭藻门 Phylum Haptophyta Hibberd, 1976(Syn. Prymnesiophyta) …… 6
球石藻纲 Class Coccolithophyceae Rothmaler, 1951 …… 6
普林亚纲 Subclass Prymnesiophycidae T. Cavalier-Smith, 1986 …… 6
定鞭藻目 Order Prymnesiales Papenfuss, 1955 …… 6
金色藻科 Family Chrysochromulinaceae Edvardsen, Eikrem & L. K. Medlin in Edvardsen et al., 2011 …… 6
金色藻属 Genus *Chrysochromulina* Lackey, 1939 …… 6
棕囊藻目 Order Phaeocystales L. K. Medlin in Edvardsen et al., 2000 …… 6
棕囊藻科 Family Phaeocystaceae Lagerheim, 1896 …… 6
棕囊藻属 Genus *Phaeocystis* Lagerheim, 1893 …… 6
等鞭金藻目 Order Isochrysidales Pascher, 1910 …… 7
诺氏棒藻科 Family Noëlaerhabdaceae Jerkovic, 1970 …… 7
艾密里藻属 Genus *Emiliania* W. W. Hay & H. P. Mohler, 1967 …… 7
条结球藻目 Order Syracosphaerales W. W. Hay, 1977 …… 7
条结球藻科 Family Syracosphaeraceae(Lohmann) Lemmermann, 1903 …… 7
毛舟藻属 Genus *Calciopappus* Gaarder & Ramsfjell, 1954 …… 7
异鞭藻门(不等鞭毛门)Phylum Heterokontophyta Hoek, 1978 …… 7
金藻纲 Class Chrysophyceae Pascher, 1914 …… 7
色金藻目 Order Chromulinales Pascher, 1910 …… 7
色金藻科 Family Chromulinaceae Engler, 1897 …… 7
棕鞭藻属 Genus *Ochromonas* Vysotskii [Wysotzki], 1887 …… 7
锥囊藻科 Family Dinobryaceae Ehrenberg, 1834 …… 8
锥囊藻属 Genus *Dinobryon* Ehrenberg, 1834 …… 8
硅鞭藻纲(网藻纲)Class Dictyochophyceae P. C. Silva, 1980 …… 8
柄钟藻目 Order Pedinellales Zimmermann, Moestrup & Hällfors, 1984 …… 8
柄钟藻科 Family Pedinellaceae Pascher, 1910 …… 8
无柄钟藻属 Genus *Apedinella* Throndsen, 1971 …… 8
帕拉佩藻属 Genus *Parapedinella* S. M. Pedersen, P. L. Beech & H. A. Thomsen, 1986 …… 9
硅鞭藻目 Order Dictyochales Haeckel, 1894 …… 9
硅鞭藻科 Family Dictyochaceae Lemmermann, 1901 …… 9
硅鞭藻属 Genus *Dictyocha* Ehrenberg, 1837 …… 9
八骨针藻属 Genus *Octactis* J. Schiller, 1925 …… 9
针胞藻纲 Class Raphidophyceae Chadefaud ex P. C. Silva, 1980 …… 10
卡盾藻目 Order Chattonellales J. Throndsen …… 10
卡盾藻科 Family Chattonellaceae J. Throndsen …… 10

异弯藻属 Genus *Heterosigma* Y. Hada ex Y. Hara & M. Chihara, 1987 ········ 10
黄藻纲 Class Xanthophyceae Allorge ex Fritsch, 1935 ································ 10
柄球藻目 Order Mischococcales ·· 10
宽绿藻科 Family Pleurochloridaceae Pascher, 1937 ································ 10
棘球藻属 Genus *Meringosphaera* Lohmann, 1932 ································ 10
小球藻属 Genus *Chloridella* Pascher, 1932 ·· 11
未定目 Order Xanthophyceae incertae sedis ··· 11
未定科 Family Xanthophyceae incertae sedis ·· 11
针球藻属 Genus *Raphidosphaera*(Pascher) P. C. Silva, 1979 ················· 11
硅藻门 Phylum Bacillariophyta L. S. Dillon, 1963 ·· 11
圆筛藻纲 Class Coscinodiscophyceae Round & Crawford, 1990 ······················ 11
海链藻目 Order Thalassiosirales Glezer & Makarova, 1986 ························· 11
海链藻科 Family Thalassiosiraceae Lebour, 1930 ································· 11
海链藻属 Genus *Thalassiosira* Cleve, 1873 ·· 11
多孔藻属 Genus *Porosira* Jørgensen, 1905 ·· 17
杆链藻属 Genus *Bacterosira* Gran, 1900 ·· 17
史昂藻属 Genus *Shionodiscus* A. J. Alverson, S. H. Kang & E. C. Theriot, 2006 ··· 18
骨条藻科 Family Skeletonemataceae Lebour, 1930 ································ 18
骨条藻属 Genus *Skeletonema* Greville, 1865 ······································ 18
短棘藻属 Genus *Detonula* F. Schütt ex De Toni, 1894 ···························· 18
劳德藻科 Family Lauderiaceae(Schütt) Lemmermann, 1899 ························ 19
劳德藻属 Genus *Lauderia* Cleve, 1873 ·· 19
冠盘藻科 Family Stephanodiscaceae Glezer, Makarova, 1986 ····················· 19
小环藻属 Genus *Cyclotella*(Kützing) Brébisson, 1838 ····························· 19
直链藻目 Order Melosirales Crawford, 1990 ·· 20
直链藻科 Family Melosiraceae Kützing, 1844 ·· 20
直链藻属 Genus *Melosira* Agardh, 1824 ·· 20
冠盖藻科 Family Stephanopyxidaceae Nikolaev, 1988 ······························· 21
冠盖藻属 Genus *Stephanopyxis*(Ehrenberg) Ehrenberg, 1845 ····················· 21
帕拉藻目 Order Parallales Crawford, 1988 ·· 21
帕拉藻科 Family Paraliaceae Crawford, 1988 ·· 21
帕拉藻属 Genus *Paralia* Heiberg, 1863 ·· 21
放射褶藻科 Family Radialiplicataceae Gleser & Moiseeva, 1992 ··················· 22
埃勒贝藻属 Genus *Ellerbeckia* R. M. Crawford, 1988 ································ 22
沟链藻目 Order Aulacoseirales R. M. Crawford, 1990 ································ 22
沟链藻科 Family Aulacoseiraceae Crawford, 1990 ···································· 22
沟链藻属 Genus *Aulacoseira* Thwaites, 1848 ·· 22
圆筛藻目 Order Coscinodiscales Round & Crawford, 1990 ····························· 23

圆筛藻科 Family Coscinodiscaceae Kützing, 1844 …… 23
拟圆筛藻属 Genus *Coscinodiscopsis* E. A. Sar & I. Sunesen, 2008 …… 23
圆筛藻属 Genus *Coscinodiscus* Ehrenberg, 1838 …… 23
半盘藻科 Family Hemidiscaceae Hendey, 1937 …… 26
辐环藻属 Genus *Actinocyclus* Ehrenberg, 1873 …… 26
赫利奥藻科 Family Heliopeltaceae H. L. Smith, 1872 …… 27
辐裥藻属 Genus *Actinoptychus* Ehrenberg, 1843 …… 27
星纹藻目 Order Asterolamprales Round in F. E. Round, R. M. Crawford & D. G. Mann, 1990 …… 27
星纹藻科 Family Asterolampraceae H. L. Smith, 1872 …… 27
星脐藻属 Genus *Asteromphalus* Ehrenberg, 1844 …… 27
三角藻目 Order Triceratlales Round & Crawford, 1990 …… 28
三角藻科 Family Triceratiaceae(Schütt) Lemmermann, 1899 …… 28
三角藻属 Genus *Triceratium* Ehrenberg, 1839 …… 28
齿状藻属 Genus *Odontella* Agardh, 1832 …… 28
三桨舰藻属 Genus *Trieres* M. P. Ashworth & E. C. Theriot in Ashworth et al., 2013 …… 29
斜斑藻科 Family Plagiogrammaceae De Toni, 1890 …… 29
斜斑藻属 Genus *Plagiogramma* Greville, 1859 …… 29
盒形藻目 Order Biddulphiales Krieger, 1954 …… 29
盒形藻科 Family Biddulphiaceae Kützing, 1844 …… 29
扁梯藻属 Genus *Isthmia* C. Agardh, 1832 …… 29
三棱藻属 Genus *Trigonium* Cleve, 1867 …… 30
半管藻目 Order Hemiaulales Round & R. M. Crawford, 1990 …… 30
半管藻科 Family Hemiaulaceae Heiberg, 1863 …… 30
弯角藻属 Genus *Eucampia* Ehrenberg, 1839 …… 30
角管藻属 Genus *Cerataulina* H. Peragallo ex Schütt, 1896 …… 30
中鼓藻科 Family Bellerocheaceae R. M. Crawford …… 31
中鼓藻属 Genus *Bellerochea* Van Heurck, 1885 …… 31
石丝藻目 Order Lithodesmiales Round & Crawford, 1990 …… 31
石丝藻科 Family Lithodesmiaceae Round & Crawford, 1990 …… 31
双尾藻属 Genus *Ditylum* Bailey, 1861 …… 31
波利藻属 Genus *Pauliella* F. E. Round & P. W. Basson, 1997 …… 31
龙骨藻属 Genus *Tropidoneis* Cleve, 1891 …… 32
棘冠藻目 Order Corethrales Round & Crawford, 1990 …… 32
棘冠藻科 Family Corethraceae Lebour, 1930 …… 32
棘冠藻属 Genus *Corethron* Castracane, 1886 …… 32
根管藻目 Order Rhizosoleniales Silva, 1962 …… 32

根管藻科 Family Rhizosoleniaceae De Toni, 1890 …… 32
根管藻属 Genus *Rhizosolenia* Brightwell, 1858 …… 32
鼻状藻属 Genus *Proboscia* Sundström, 1986 …… 34
几内亚藻属 Genus *Guinardia* H. Peragallo, 1892 …… 34
指管藻属 Genus *Dactyliosolen* Castracane, 1886 …… 35
角毛藻目 Order Chaetocerotales Round & R. M. Crawford, 1990 …… 35
角毛藻科 Family Chaetocerotaceae Ralfs in Pritchard, 1861 …… 35
角毛藻属 Genus *Chaetoceros* Ehrenberg, 1844 …… 35
四棘藻科 Family Attheyaceae Round & Crawford, 1990 …… 41
四棘藻属 Genus *Attheya* West, 1860 …… 41
细柱藻目 Order Leptocylindrales Round & R. M. Crawford, 1990 …… 42
细柱藻科 Family Leptocylindraceae Lebour, 1930 …… 42
细柱藻属 Genus *Leptocylindrus* Cleve, 1889 …… 42
脆杆藻纲 Class Fragilariophyceae Round, 1990 …… 43
脆杆藻目 Order Fragilariales Silva, 1962 …… 43
脆杆藻科 Family Fragilariaceae Greville, 1833 …… 43
小沟藻属 Genus *Fossula* G. R. Hasle, E. E. Syvertsen & C. H. von Quillfeldt, 1996 …… 43
脆杆藻属 Genus *Fragilaria* Lyngbye, 1819 …… 43
星杆藻属 Genus *Asterionella* Hassall, 1850 …… 44
拟星杆藻属 Genus *Asterionellopsis* Round in F. E. Round, R. M. Crawford & D. G. Mann, 1990 …… 44
星平藻属 Genus *Asteroplanus* C. Gardner & R. M. Crawford, 1997 …… 45
蛾眉藻属 Genus *Ceratoneis* Ehrenberg, 1839 …… 45
似横带藻属 Genus *Staurosirella* D. M. Wiliams & Round, 1988 …… 45
针杆藻属 Genus *Synedra* Ehrenberg, 1830 …… 46
拟针杆藻属 Genus *Synedropsis* G. R. Hasle, L. K. Medlin & E. E. Syvertsen, 1994 …… 47
栉纹藻属 Genus *Ctenophora*(Grunow) D. M. Williams & Round, 1986 …… 47
汉娜藻属 Genus *Hannaea* R. M. Patrick in R. Patrick & C. W. Reimer, 1966 …… 47
槌棒藻属 Genus *Opephora* Petit, 1889 …… 48
尺骨藻属 Genus *Ulnaria*(Kutzing) P. Compère, 2001 …… 48
板状藻属 Genus *Tabularia*(Kützing) D. M. Williams & Round, 1986 …… 48
平板藻目 Order Tabellariales Round, 1990 …… 49
平板藻科 Family Tabellariaceae Kützing, 1844 …… 49
平板藻属 Genus *Tabellaria* Ehrenberg ex Kützing, 1844 …… 49
楔形藻目 Order Licmophorales Round, 1990 …… 50
楔形藻科 Family Licmophoraceae Kützing, 1844 …… 50
楔形藻属 Genus *Licmophora* Agardh, 1827 …… 50

缝舟藻目 Order Rhaphoneidales Round, 1990 …… 51
缝舟藻科 Family Rhaphoneidaceae Forti, 1912 …… 51
缝舟藻属 Genus *Rhaphoneis* Ehrenberg, 1844 …… 51
具槽藻属 Genus *Delphineis* G. W. Andrews, 1977 …… 51
海线藻目 Order Thalassionematales Round, 1990 …… 52
海线藻科 Family Thalassionemataceae Round, 1990 …… 52
海线藻属 Genus *Thalassionema* Grunow ex Mereschkowsky, 1902 …… 52
海毛藻属 Genus *Thalassiothrix* Cleve & Grunow, 1880 …… 53
杆线藻目 Order Rhabdonematales Round & Crawford, 1990 …… 53
杆线藻科 Family Rhabdonemataceae Round & Crawford, 1990 …… 53
杆线藻属 Genus *Rhabdonema* Kützing, 1844 …… 53
斑条藻科 Family Grammatophoraceae Lobban & Ashworth, 2014 …… 53
斑条藻属 Genus *Grammatophora* Ehrenberg, 1840 …… 53
条纹藻目 Order Striatellales Round, 1990 …… 54
条纹藻科 Family Striatellaceae Kützing, 1844 …… 54
条纹藻属 Genus *Striatella* C. Agardh, 1832 …… 54
硅藻纲 Class Bacillariophyceae Haeckel, 1878 …… 55
短缝藻目 Order Eunotiales Silva, 1962 …… 55
短缝藻科 Family Eunotiaceae Kützing, 1844 …… 55
短缝藻属 Genus *Eunotia* Ehrenberg, 1837 …… 55
利雷藻目 Order Lyrellales D. G. Mann in F. E. Round et al. , 1990 …… 55
利雷藻科 Family Lyrellaceae D. G. Mann in F. E. Round et al. , 1990 …… 55
利雷藻属 Genus *Lyrella* Karajeva, 1978 …… 55
佩特罗尼藻属 Genus *Petroneis* A. J. Stickle & D. G. Mann in F. E. Round, R. M. Crawford & D. G. Mann, 1990 …… 55
胸隔藻目 Order Mastogloiales D. G. Mann in F. E. Round et al. , 1990 …… 56
胸隔藻科 Family Mastogloiaceae Mereschkowsky, 1903 …… 56
暗额藻属 Genus *Aneumastus* D. G. Mann & A. J. Stickle in F. E. Round, R. M. Crawford & D. G. Mann, 1990 …… 56
桥弯藻目 Order Cymbellales D. G. Mann in F. E. Round et al. , 1990 …… 56
桥弯藻科 Family Cymbellaceae Greville, 1833 …… 56
盘状藻属 Genus *Placoneis* Mereschkowsky, 1903 …… 56
异极藻科 Family Gomphonemataceae Kützing, 1844 …… 57
异极藻属 Genus *Gomphonema* Ehrenberg, 1832 …… 57
异楔藻属 Genus *Gomphoneis* Cleve, 1894 …… 58
弯楔藻科 Family Rhoicospheniaceae Topachevs'kyj & Oksiyuk, 1960 …… 58
拟异极藻属 Genus *Gomphonemopsis* L. K. Medlin in L. K. Medlin & F. E. Round, 1986 …… 58

异菱藻科 Family Anomoeoneidaceae D. G. Mann …… 58
迪克藻属 Genus *Dickieia* Berkeley ex Kützing，1844 …… 58
曲壳藻目 Order Achnanthales Silva，1962 …… 58
曲壳藻科 Family Achnanthaceae Kützing，1844 …… 58
曲壳藻属 Genus *Achnanthes* Bory，1822 …… 58
弯壳藻科 Family Achnanthidiaceae D. G. Mann in F. E. Round et al.，1990 …… 59
扁平藻属 Genus *Planothidium* Round & L. Bukhtiyarova，1996 …… 59
弯壳藻属 Genus *Achnanthidium* Kützing，1844 …… 59
卵形藻科 Family Cocconeidaceae Kützing，1844 …… 60
卵形藻属 Genus *Cocconeis* Ehrenberg，1837 …… 60
舟形藻目 Order Naviculales Bessey，1907 …… 61
贝克藻科 Family Berkeleyaceae D. G. Mann in F. E. Round et al.，1990 …… 61
贝克藻属 Genus *Berkeleya* Greville，1827 …… 61
狭形藻属 Genus *Stenoneis* Cleve，1894 …… 62
双肋膜藻科 Family Amphipleuraceae Grunow，1862 …… 62
茧形藻属 Genus *Amphiprora* Ehrenberg，1843 …… 62
海生双眉藻属 Genus *Halamphora*（Cleve）Levkov，2009 …… 63
弯菷藻科 Family Scoliotropidaceae Mereschkowsky，1903 …… 64
古船藻属 Genus *Biremis* D. G. Mann & E. J. Cox in F. E. Round，R. M. Crawford & D. G. Mann，1990 …… 64
鞍型藻科 Family Sellaphoraceae Mereschkowsky，1902 …… 65
幻觉藻属 Genus *Fallacia* Stickle & D. G. Mann，1990 …… 65
羽纹藻科 Family Pinnulariaceae D. G. Mann …… 65
羽纹藻属 Genus *Pinnularia* Ehrenberg，1843 …… 65
侧缘膜藻属 Genus *Craspedopleura* M. Poulin，1993 …… 69
褐指藻科 Family Phaeodactylaceae Silva，1962 …… 69
褐指藻属 Genus *Phaeodactylum* Bohlin，1897 …… 69
双壁藻科 Family Diploneidaceae D. G. Mann …… 70
双壁藻属 Genus *Diploneis* Ehrenberg，1844 …… 70
舟形藻科 Family Naviculaceae Kützing，1844 …… 72
缪氏藻属 Genus *Meuniera* P. C. Silva，1996 …… 72
美壁藻属 Genus *Caloneis* Cleve，1894 …… 72
舟形藻属 Genus *Navicula* Bory de Saint－Vincent，1822 …… 73
粗纹藻属 Genus *Trachyneis* Cleve，1894 …… 83
伪异极藻属 Genus *Pseudogomphonema* L. K. Medlin in L. K. Medlin et F. E. Round，1986 …… 83
罗伊康藻属 Genus *Rhoikoneis* Grunow，1863 …… 84
哈斯来藻属 Genus *Haslea* Simonsen，1974 …… 84

斜纹藻科 Family Pleurosigmataceae Mereschkowsky, 1903 …… 85
斜纹藻属 Genus *Pleurosigma* W. Smith, 1852 …… 85
布纹藻属 Genus *Gyrosigma* Hassall, 1845 …… 88
斜生藻科 Family Plagiotropidaceae D. G. Mann in Round, Crawford & Mann, 1990 …… 90
短暂藻属 Genus *Ephemera* Paddock, 1988 …… 90
斜生藻属 Genus *Plagiotropis* Pfitzer, 1871 …… 91
曼格藻属 Genus *Manguinea* Paddock, 1988 …… 91
辐节藻科 Family Stauroneidaceae D. G. Mann, 1990 …… 91
辐节藻属 Genus *Stauroneis* Ehrenberg, 1843 …… 91
海锥藻目 Order Thalassiophysales D. G. Mann …… 92
串珠藻科 Family Catenulaceae Mereschkowsky, 1902 …… 92
双眉藻属 Genus *Amphora* Ehrenberg ex Kützing, 1844 …… 92
硅藻目 Order Bacillariales Hendey, 1937 …… 93
硅藻科 Family Bacillariaceae Ehrenberg, 1831 …… 93
棍形藻属 Genus *Bacillaria* J. F. Gmelin, 1791 …… 93
菱板藻属 Genus *Hantzschia* Grunow, 1877 …… 94
盘杆藻属 Genus *Tryblionella* W. Smith, 1853 …… 94
菱形藻属 Genus *Nitzschia* Hassall, 1845 …… 95
伪菱形藻属 Genus *Pseudo-nitzschia* H. Peragallo in H. & M. Peragallo, 1900 …… 100
新细齿藻属 Genus *Neodenticula* Akiba & Yanagisawa, 1986 …… 103
拟脆杆藻属 Genus *Fragilariopsis* Hustedt in Schmidt, 1913 …… 104
双菱藻目 Order Surirellales D. G. Mann, 1990 …… 105
内茧藻科 Family Entomoneidaceae Reimer in Patrick & Reimer, 1975 …… 105
内茧藻属 Genus *Entomoneis* Ehrenberg, 1845 …… 105
双菱藻科 Family Surirellaceae Kützing, 1844 …… 107
双菱藻属 Genus *Surirella* Turpin, 1828 …… 107
甲藻门 Phylum Dinophyta F. E. Round, 1973 …… 108
甲藻纲 Class Dinophyceae F. E. Fritsch in G. S. West & F. E. Fritsch, 1927 …… 108
阿克丁藻目 Order Actiniscales Sournia, 1984 …… 108
阿克丁藻科 Family Actiniscaceae Kützing, 1844 …… 108
阿克丁藻属 Genus *Actiniscus* (Ehrenberg) Ehrenberg, 1843 …… 108
双裂藻科 Family Dicroerismataceae R. A. Fensome, F. J. R. Taylor, G. Norris, W. A. S. Sarjeant, D. I. Wharton & G. L. Williams …… 108
双裂藻属 Genus *Dicroerisma* F. J. R. Taylor & S. A. Cattell, 1970 …… 108
鳍藻目 Order Dinophysiales Lindemann, 1928 …… 108
鳍藻科 Family Dinophysaceae Bütschli, 1885 …… 108

鳍藻属 Genus *Dinophysis* Ehrenberg, 1839 …… 108
华鳍藻属 Genus *Sinophysis* Nie et Wang, 1944 …… 110
尖囊藻科 Family Oxyphysaceae Sournia, 1984 …… 110
秃顶藻属 Genus *Phalacroma* Stein, 1883 …… 110
裸甲藻目 Order Gymnodiniales Lemmermann, 1910 …… 111
裸甲藻科 Family Gymnodiniaceae Lankester, 1885 …… 111
前沟藻(双甲藻)属 Genus *Amphidinium* Claperède & Lachmann, 1859 …… 111
旋沟藻属 Genus *Cochlodinium* Schütt, 1896 …… 112
环沟藻属 Genus *Gyrodinium* Kofoid & Swezy, 1921 …… 113
多沟藻属 Genus *Polykrikos* Bütschli, 1873 …… 115
裸甲藻属 Genus *Gymnodinium* Stein, 1878 …… 116
托维藻科 Family TovelliaceaeØ. Moestrup, Lindberg & N. Daugbjerg in Lindberg, Moestrup & Daugbjerg, 2005 …… 117
下沟藻属 Genus *Katodinium* Fott, 1957 …… 117
布拉奇藻目 Order Brachidiniales A. R. Loeblich III ex Sournia, 1984 …… 118
布拉奇藻科 Family Brachidiniaceae Sournia, 1972 …… 118
凯伦藻属 Genus *Karenia* Karenia G. Hansen et Moestrup, 2000 …… 118
卡罗藻属 Genus *Karlodinium* J. Larsen, 2000 …… 119
尾沟藻属 Genus *Torodinium* Kofoid et Swezy, 1921 …… 119
夜光藻目 Order Noctilucales Haeckel, 1894 …… 119
普罗特迪尼藻科 Family Protodiniferaceae Kofoid & Swezy, 1921 …… 119
原夜光藻属 Genus *Pronoctiluca* Fabre - Domergue, 1889 …… 119
膝沟藻目 Order Gonyaulacales F. J. R. Taylor, 1980 …… 120
双圆顶藻科 Family Amphidomataceae Sournia, 1984 …… 120
双圆顶藻属 Genus *Amphidoma* Stein, 1883 …… 120
角藻科 Family Ceratiaceae Lindemann, 1928 …… 120
角藻属 Genus *Ceratium* Schrank, 1793 …… 120
三脚藻属 Genus *Tripos* Bory de St. - Vincent, 1823 …… 121
刺板藻科 Family Cladopyxidaceae Poche, 1913 …… 123
微棘藻属 Genus *Micracanthodinium* Deflandre, 1937 …… 123
屋甲藻科 Family Goniodomataceae Lindemann, 1928 …… 123
亚历山大藻属 Genus *Alexandrium* Halim, 1960 …… 123
科利娅属 Genus *Coolia* Meunier, 1919 …… 125
膝沟藻科 Family Gonyaulacaceae Lindemann, 1928 …… 125
艾米藻属 Genus *Amylax* Meunier, 1910 …… 125
膝沟藻属 Genus *Gonyaulax* Diesing, 1866 …… 126
舌甲藻属 Genus *Lingulodinium* Wall, 1967 …… 127
原角藻科 Family Protoceratiaceae Lindemann, 1928 …… 127

原角藻属 Genus *Protoceratium* Lindemann，1928 …………………………… 127
扁甲藻科 Family Pyrophacaceae Lindemann，1928 ………………………………… 128
脆藻属 Genus *Fragilidium* Balech ex Loeblich III，1965 ……………………… 128
多甲藻目 Order Peridiniales Haeckel，1894 ……………………………………… 128
异囊藻科 Family Heterocapsaceae R. A. Fensome，F. J. R. Taylor，G. Norris，
W. A. S. Sarjeant，D. I. Wharton & G. L. Williams ………………………… 128
异囊藻属 Genus *Heterocapsa* Stein，1883 ……………………………………… 128
拟前沟藻科 Family Amphidiniopsidaceae J. D. Dodge，1984 ……………………… 129
拟前沟藻属 Genus *Amphidiniopsis* Woloszyñska，1929 ………………………… 129
尖甲藻科 Family Oxytoxaceae Lindemann，1928 ………………………………… 129
尖甲藻属 Genus *Oxytoxum* Stein，1883 ………………………………………… 129
多甲藻科 Family Peridiniaceae Ehrenberg，1831 ………………………………… 129
多甲藻属 Genus *Peridinium* Ehrenberg，1830 …………………………………… 129
原多甲藻科 Family Protoperidiniaceae J. P. Bujak，& E. H. Davies in
R. A. Fensome et al.，1998 ……………………………………………………… 130
原多甲藻属 Genus *Protoperidinium* Bergh，1882 ………………………………… 130
翼藻科 Family Diplopsaliaceae Matsuoka ………………………………………… 140
翼藻属 Genus *Diplopsalis* Bergh，1881 ………………………………………… 140
拟翼藻属 Genus *Diplopsalopsis* Meunier，1910 ………………………………… 141
莱博藻属 Genus *Lebouraia* Abé，1941 ………………………………………… 141
高贵藻属 Genus *Oblea* Balech，1964 ex Loeblich Jr et Loeblich III，1966 … 141
前多甲藻属 Genus *Preperidinium* Mangin，1913 ………………………………… 142
未定科 Family Peridiniales incertae sedis ………………………………………… 142
似多甲藻属 Genus *Peridiniella* Kofoid & Michener，1911 ……………………… 142
原甲藻目 Order Prorocentrales Lemmermann，1910 ……………………………… 143
原甲藻科 Family Prorocentraceae Ehrenberg，1883 ……………………………… 143
原甲藻属 Genus *Prorocentrum* Ehrenberg，1834 ………………………………… 143
梨甲藻目 Order Pyrocystales Apstein，1909 ……………………………………… 144
梨甲藻科 Family Pyrocystaceae(Schütt，1896) Lemmermann，1899 ………… 144
梨甲藻属 Genus *Pyrocystis* J. Murray，1876 ex Haeckel，1890 ……………… 144
胸球藻目 Order Thoracosphaerales Tangen in Tangen et al.，1982 …………… 144
胸球藻科 Family Thoracosphaeraceae Schiller，1930 …………………………… 144
施克里普藻属 Genus *Scrippsiella* Balech ex A. R. Loeblich III，1965 ……… 144
未定目 Order Dinophyceae incertae sedis ………………………………………… 145
未定科 Family Dinophyceae incertae sedis ……………………………………… 145
水仙藻属 Genus *Naiadinium* S. Carty，2014 …………………………………… 145
植物界 Kingdom Plantae Haeckel，1866 …………………………………………… 146
绿藻门 Phylum Chlorophyta A. Pascher，1914 ……………………………………… 146

塔胞藻纲 Class Pyramimonadophyceae(Syn. 绿枝藻纲 Prasinophyceae T. Christensen ex P. C. Silva, 1980) ······ 146
塔胞藻藻目 Order Pyramimonadales Chadefaud, 1950 ······ 146
塔胞藻科 Family Pyramimonadaceae Korshikov, 1938 ······ 146
塔胞藻属 Genus *Pyramimonas* Schmarda, 1849 ······ 146
多毛藻科 Family Polyblepharidaceae P. A. Dangeard, 1889 ······ 146
多毛藻属 Genus *Polyblepharides* P. – A. Dangeard, 1888 ······ 146
绿藻纲 Class Chlorophyceae Wille in Warming, 1884 ······ 146
衣藻目 Order Chlamydomonadales F. E. Fritsch in G. S. West & Fritsch, 1927 ··· 146
衣藻科 Family Chlamydomonadaceae F. Stein, 1878 ······ 146
衣藻属 Genus *Chlamydomonas* Ehrenberg, 1833 ······ 146
拟衣藻属 Genus *Chloromonas* Gobi, 1899—1900 ······ 147
环藻目 Order Sphaeropleales Luerssen, 1877 ······ 147
栅藻科 Family Scenedesmaceae Oltmanns, 1904 ······ 147
尖束藻属 Genus *Acutodesmus*(Hegewald) Tsarenko, 2001 ······ 147
栅藻亚科 Subfamily Scenedesmoidea ······ 148
栅藻属 Genus *Scenedesmus* Meyen, 1829 ······ 148
月牙藻科 Family Selenastraceae Blackman & Tansley, 1903 ······ 148
纤维藻属 Genus *Ankistrodesmus* Corda, 1838 ······ 148
接合藻纲 Class Conjugatophyceae Engler, 1892 ······ 149
双星藻目 Order Zygnematales C. E. Bessey, 1907 ······ 149
中带藻科 Family Mesotaeniaceae Oltmanns, 1904 ······ 149
弯丝鼓藻属 Genus *Ancylonema* Berggren, 1872 ······ 149
四胞藻纲 Class Trebouxiophyceae Friedl, 1995 ······ 149
小球藻目 Order Chlorellales Bold & M. J. Wynne, 1985 ······ 149
小球藻科 Family Chlorellaceae Brunnthaler, 1913 ······ 149
小球藻属 Genus *Chlorella* Beyerinck (Beijerinck), 1890 ······ 149
卵囊藻科 Family Oocystaceae Bohlin, 1901 ······ 149
指球藻属 Genus *Dactylococcus* Nägeli, 1849 ······ 149
卵囊藻属 Genus *Oocystis* Nägeli ex A. Braun, 1855 ······ 149
石莼纲 Class Ulvophyceae K. R. Mattox & K. D. Stewart, 1978 ······ 150
丝藻目 Order Ulotrichales Borzì, 1895 ······ 150
丝藻科 Family Ulotrichaceae Kützing, 1843 ······ 150
丝藻属 Genus *Ulothrix* Kützing, 1833 ······ 150
原生动物界 Kingdom Protozoa Goldfuss, 1818 ······ 151
裸藻门 Phylum Euglenophyta Pascher, 1931 ······ 151
裸藻纲 Class Euglenophyceae Schoenichen, 1925 ······ 151
双鞭藻目 Order Eutreptiales Leedale, 1967 ······ 151

双鞭藻科 Family Eutreptiaceae Hollande, 1942 …… 151
双鞭藻属 Genus *Eutreptia* Perty, 1852 …… 151
异双鞭藻属 Genus *Eutreptiella* A. da Cunha, 1914 …… 151
裸藻目 Order Euglenales Bütschli, 1884 …… 152
裸藻科 Family Euglenaceae H. J. Carter, 1859 …… 152
裸藻属 Genus *Euglena* Ehrenberg, 1830 …… 152
眼状藻属 Genus *Euglenaformis* M. S. Bennett & Triemer in Bennett et al., 2014 …… 152
方钟鞭毛科 Family Peranemataceae Bütschli, 1884 …… 152
迪尼藻属 Genus *Dinematomonas* P. C. Silva, 1960 …… 152
法凯藻科 Family Phacaceae J. I. Kim, Triemer & W. Shin in Kim, Shin & Triemer, 2010 …… 152
鳞孔藻属 Genus *Lepocinclis* Perty, 1849 …… 152
波多藻纲 Class Bodonophyceae P. C. Silva, 1980 …… 153
波多藻目 Order Bodonales …… 153
波多藻科 Family Bodonaceae Bütschli, 1884 …… 153
波多藻属 Genus *Bodo* Ehrenberg, 1832 …… 153
领鞭毛虫门 Phylum Choanozoa Cavalier-Smith, 1981 …… 153
领鞭毛虫亚门 Subphylum Choanofila …… 153
领鞭毛虫纲 Class Choanoflagellatea …… 153
具缘膜虫目 Order Craspedida …… 153
集领藻科 Family Codonosigaceae …… 153
单领藻属 Genus *Monosiga* W. S. Kent, 1878 …… 153
领鞭毛虫目 Order Acanthoecida T. Cavalier-Smith, 1997 …… 153
领鞭毛藻科 Family Acanthoecaceae R. E. Norris, 1982 …… 153
帕维藻属 Genus *Parvicorbicula* Deflandre, 1960 …… 153
斯蒂芬虫科 Family Stephanoecidae …… 154
领鞭毛虫属 Genus *Acanthocorbis* S. Hara & E. Takahashi, 1984 …… 154
未定门 Phylum Protozoa incertae sedis …… 154
醉藻纲 Class Ebriophyceae A. R. Loeblich III, 1970 …… 154
醉藻目 Order Ebriales Honigberg et al., 1964 …… 154
醉藻科 Family Ebriaceae Lemmermann, 1901 …… 154
醉藻属 Genus *Ebria* Borgert, 1891 …… 154

参考文献 References …… 155

版图 Plates …… 161

索引 Index of phytoplankton taxa …… 240

西北冰洋浮游植物物种编目

The living species of phytoplankton in the Western Arctic Ocean

原核生物域 Empire Prokaryota Allsopp，1969

真细菌界 Kingdom Eubacteria Cavalier-Smith

革兰氏阴性菌亚界 Subkingdom Negibacteria T. Cavalier-Smith ex T. Cavalier-Smith，2002

蓝细菌门 Phylum Cyanobacteria Stanier ex T. Cavalier-Smith，2002

蓝藻纲 Class Cyanophyceae Schaffner，1909

念珠藻亚纲 Subclass Nostocophycideae

念珠藻目 **Order Nostocales T. Cavalier-Smith**，**2002**

束丝藻科 Family Aphanizomenonaceae

束丝藻属 **Genus *Aphanizomenon* A. Morren ex Bornet & Flahault，1888**

水华束丝藻 *Aphanizomenon flosaquae* Ralfs ex Bornet & Flahault，1886

异模式异名[**Heterotypic Synonym(s)**]：*Byssus flosaquae* Linnaeus，1753；*Conferva flosaquae*（Linnaeus）Roth，1806；*Oscillatoria flosaquae*（Linnaeus）C. Agardh，1812；*Nostoc flosaquae*（Linnaeus）Lyngbye，1819；*Nostoc papyraceum* S. F. Gray，1821；*Sphaerozyga flosaquae*（Linnaeus）Corda，1836；*Limnochilde flosaquae*（Linnaeus）Kützing，1843；*Micraloa flosaquae*（Linnaeus）Trevisan，1845；*Trichormus flosaquae*（Linnaeus）Ralfs，1850；*Aphanizomenon cyaneum* Ralfs ex Bornet & Flahault，1888；*Aphanizomenon holtsaticum* Richter，1891；*Aphanizomenon americanum* E. G. Reinhard，1896

分布(淡水水华种)：欧洲：波罗的海，黑海，罗马尼亚，英国，丹麦，法国，德国(赫尔戈兰岛等)，荷兰，波兰，葡萄牙，西班牙，瑞典，土耳其(欧洲)；北美：美国(明尼苏达州和阿肯色州)，五大湖；澳大利亚和新西兰：澳大利亚(昆士兰州)，新西兰；亚洲：俄罗斯(远东地区等)，中国，土耳其(亚洲)；西南亚：以色列，巴基斯坦；北极：拉普捷夫海。

参考文献：Zenkevitch，1963；Guiry，Guiry，2015。

真核生物域 Empire Eukaryota Chatton, 1925

色素界 Kingdom Chromista Cavalier-Smith, 1981

隐藻门 Phylum Cryptophyta Cavalier-Smith, 1986

隐藻纲 Class Cryptophyceae F. E. Fritsch in G. S. West & F. E. Fritsch, 1927

隐藻目 Order Cryptomonadales Pringsheim, 1944

隐鞭藻科 Family Hilleaceae Pascher, 1967

隐鞭藻属 Genus *Hillea* Schiller, 1925

梭形隐鞭藻 *Hillea fusiformis*(Schiller) Schiller, 1925

基名(Basionym): *Chlamydomonas fusiformis* J. Schiller

同模式异名[Homotypic Synonym(s)]: *Chlamydomonas fusiformis* J. Schiller, 1913

分布: 欧洲：黑海，德国，罗马尼亚；北极：巴伦支海和喀拉海，楚科奇海-加拿大海盆。

参考文献: Matishov et al., 2000; Guiry, Guiry, 2015; 林更铭等, 2013。

单核胞藻目 Order Pyrenomonadales G. Novarino & I. A. N. Lucas

隐芽藻科 Family Geminigeraceae B. L. Clay, P. Kugrens & R. E. Lee, 1999

斜片藻属 Genus *Plagioselmis* Butcher ex G. Novarino, I. A. N. Lucas & S. Morrall, 1994

伸长斜片藻 *Plagioselmis prolonga* Butcher ex G. Novarino, I. A. N. Lucas, & S. Morrall, 1994

异模式异名[Heterotypic Synonym(s)]: *Plagioselmis punctata* Butcher, 1967

分布: 欧洲：波罗的海，英国，法国，德国，爱尔兰，意大利，地中海，北海，西班牙；北美：美国(加利福尼亚州)；澳大利亚和新西兰：新西兰；亚洲：俄罗斯远东，中国和日本沿海；北极：巴伦支海和喀拉海，加拿大北部(努勒维特)。

参考文献: Matishov et al., 2000, Riedel et al., 2003; Guiry, Guiry, 2015。

全沟藻属 Genus *Teleaulax* D. R. A. Hill, 1991

尖尾全沟藻 *Teleaulax acuta*(Butcher) D. R. A. Hill, 1991

基名(Basionym): *Cryptomonas acuta* Butcher

同模式异名[Homotypic Synonym(s)]: *Cryptomonas acuta* Butcher, 1952

分布: 欧洲: 波罗的海, 黑海, 地中海, 北海, 英国, 德国, 意大利, 西班牙; 北美: 美国(加利福尼亚州), 加拿大(圣劳伦斯湾); 南美: 巴西; 澳大利亚与新西兰: 新西兰, 澳大利亚(维多利亚州); 亚洲: 俄罗斯远东, 中国沿海; 北极: 巴伦支海和喀拉海, 加拿大北部(努勒维特)。

参考文献: Matishov et al., 2000; Riedel et al., 2003; Guiry, Guiry, 2015。

双尖全沟藻 *Teleaulax amphioxeia*(W. Conrad) D. R. A. Hill, 1992

基名(Basionym): *Rhodomonas amphioxeia* W. Conrad

同模式异名[Homotypic Synonym(s)]: *Rhodomonas amphioxeia* W. Conrad, 1939; *Chroomonas amphioxieia*(Conrad) Butcher, 1967

分布: 欧洲: 波罗的海, 黑海; 北美: 美国(马萨诸塞州); 亚洲: 日本; 北极: 加拿大北部(努勒维特)。

参考文献: Riedel et al., 2003; Guiry, Guiry, 2015。

单核胞藻科 Family Pyrenomonadaceae G. Novarino & I. A. N. Lucas

红胞藻属 Genus *Rhodomonas* Karsten, 1898

波罗的海红胞藻 *Rhodomonas baltica* Karsten, 1898

分布: 欧洲: 波罗的海, 黑海, 丹麦, 法国, 德国(赫尔戈兰岛), 挪威; 澳大利亚和新西兰: 新西兰, 澳大利亚(维多利亚); 北极: 加拿大北部(努勒维特)。

参考文献: Riedel et al., 2003; Guiry, Guiry, 2015。

尖眼藻门 Phylum Katablepharidophyta Okamoto, Inouye, 2005

尖眼藻纲 Class Katablepharidophyceae

尖眼藻目 Order Katablephariales

尖眼藻科 Family Katablepharidaceae

白隐藻属 Genus *Leucocryptos* Butcher, 1967

海洋白隐藻 *Leucocryptos marina*(Braarud) Butcher, 1967

基名(Basionym): *Bodo marina* Braarud

同模式异名[Homotypic Synonym(s)]: *Bodo marina* Braarud, 1935; *Chilomonas marina*(Braarud) Halldal, 1953

分布：欧洲：波罗的海，黑海，德国；澳大利亚和新西兰：新西兰；北极：巴伦支海和喀拉海，楚科奇海-加拿大海盆。

参考文献：Matishov et al.，2000；Guiry，Guiry，2015；林更铭等，2013。

定鞭藻门 Phylum Haptophyta Hibberd，1976（Syn. Prymnesiophyta）

球石藻纲 Class Coccolithophyceae Rothmaler，1951

普林亚纲 Subclass Prymnesiophycidae T. Cavalier-Smith，1986

定鞭藻目 Order Prymnesiales Papenfuss，1955

金色藻科 Family Chrysochromulinaceae Edvardsen，Eikrem & L. K. Medlin in Edvardsen et al.，2011

金色藻属 Genus *Chrysochromulina* Lackey，1939

里氏金色藻 ***Chrysochromulina leadbeateri*** **Estep，Davis，Hargreaves & Sieburth，1984**

分布（海洋有毒藻华形成种）：欧洲：波罗的海，挪威；澳大利亚和新西兰：新西兰，澳大利亚（塔斯马尼亚岛）；亚洲：中国沿海；南极和亚南极诸岛：南极/亚南极群岛；北极：北欧北极区（斯堪的纳维亚和格陵兰），阿拉斯加-加拿大-俄罗斯北极区。

参考文献：Poulin et al.，2011；Guiry，Guiry，2015。

棕囊藻目 Order Phaeocystales L. K. Medlin in Edvardsen et al.，2000

棕囊藻科 Family Phaeocystaceae Lagerheim，1896

棕囊藻属 Genus *Phaeocystis* Lagerheim，1893

球形棕囊藻 ***Phaeocystis pouchetii*** **（Hariot）Lagerheim，1896**

同模式异名［Homotypic Synonym(s)］：*Tetraspora pouchetii* Hariot，1892

分布（有害/有毒海洋浮游种；极地冷水种）：欧洲：波罗的海，黑海，英国，德国，挪威（含极地斯瓦尔巴特群岛）；南美：巴西；澳大利亚和新西兰：新西兰；亚洲：俄罗斯远东，日本和中国沿海；北极：巴伦支海和喀拉海，北欧北极区（斯堪的纳维亚和格陵兰），阿拉斯加-加拿大-俄罗斯北极区。

参考文献：Hsiao，1980；Booth，Horner，1997；Poulin et al.，2011；Guiry，Guiry，2015；杨清良等，2005。

等鞭金藻目 Order Isochrysidales Pascher, 1910

诺氏棒藻科 Family Noëlaerhabdaceae Jerkovic, 1970

艾密里藻属 Genus *Emiliania* W. W. Hay & H. P. Mohler, 1967

赫氏艾密里藻 *Emiliania huxleyi*（Lohmann）W. W. Hay & H. P. Mohler in W. W. Hay et al., 1967

基名(Basionym)：*Pontosphaera huxleyi* Lohmann

同模式异名[Homotypic Synonym(s)]：*Pontosphaera huxleyi* Lohmann, 1902; *Hymenomonas huxleyi*(Lohmann) Kamptner, 1930; *Coccolithus huxleyi*(Lohmann) Kamptner, 1943; *Gephyrocapsa huxleyi*(Lohmann) Reinhardt, 1972

分布：欧洲：亚得里亚海，波罗的海，黑海，罗马尼亚，英国，克罗地亚，英吉利海峡，法国，挪威，西班牙；大西洋诸岛：佛得角群岛，冰岛，马尾藻海；南美：巴西；非洲：南非；澳大利亚与新西兰：澳大利亚(塔斯曼尼亚岛，维多利亚，南澳大利亚)，新西兰，南大洋；亚洲：中国(台湾等)；南极与亚南极诸岛：南极/亚南极群岛；北极：阿拉斯加巴罗角沿海。

参考文献：Bursa, 1963；Guiry, Guiry, 2015。

条结球藻目 Order Syracosphaerales W. W. Hay, 1977

条结球藻科 Family Syracosphaeraceae(Lohmann) Lemmermann, 1903

毛舟藻属 Genus *Calciopappus* Gaarder & Ramsfjell, 1954

具尾毛舟藻 *Calciopappus caudatus* Gaarder & Ramsfjell, 1954

分布：欧洲：亚得里亚海，波罗的海，英国，克罗地亚；南美：巴西；北极：阿拉斯加水域。

参考文献：Taniguchi et al., 1976；Guiry, Guiry, 2015。

异鞭藻门(不等鞭毛门) Phylum Heterokontophyta Hoek, 1978

[藻类库(Guiry, M. D. & Guiry, G. M. 2015)记作 Phylum Ochrophyta Cavalier-Smith in Cavalier – Smiith & E. E. Chao, 1996]

金藻纲 Class Chrysophyceae Pascher, 1914

色金藻目 Order Chromulinales Pascher, 1910

色金藻科 Family Chromulinaceae Engler, 1897

棕鞭藻属 Genus *Ochromonas* Vysotskii [Wysotzki], 1887

皮里棕鞭藻 *Ochromonas pearyi* Bursa, 1963

分布：北极：西北冰洋(阿拉斯加巴罗角沿海)。

参考文献：Bursa，1963。

冰河棕鞭藻 *Ochromonas glacialis* Bursa，1963
分布：北极：阿拉斯加巴罗角沿海。
参考文献：Bursa，1963。

锥囊藻科 Family Dinobryaceae Ehrenberg，1834

锥囊藻属 Genus *Dinobryon* Ehrenberg，1834

波罗的海锥囊藻 *Dinobryon balticum*(Schütt) Lemmermann，1900
基名(Basionym)：*Dinodendron balticum* Schütt
同模式异名[Homotypic Synonym(s)]：*Dinodendron balticum* Schütt，1892
异模式异名[Heterotypic Synonym(s)]：*Dinobryon pellucidum* Levander，1894
分布(淡水种)：欧洲：波罗的海，黑海，罗马尼亚；澳大利亚与新西兰：新西兰；亚洲：俄罗斯远东；北极：巴伦支海和喀拉海，拉普捷夫海，楚科奇海－加拿大海盆－马卡罗夫海盆－南森海盆，阿拉斯加巴罗角沿海。
参考文献：Bursa，1963；Booth，Horner，1997；Tuschling et al.，2000；Matishov et al.，2000；Guiry，Guiry，2015。

比利时锥囊藻 *Dinobryon belgicae* A. F. Meunier，1910
分布：南美：巴西；北极：巴伦支海和喀拉海，楚科奇海－加拿大海盆。
参考文献：Matishov et al.，2000；Joo et al.，2012；Guiry，Guiry，2015。

束带状锥囊藻 *Dinobryon faculiferum*(Willén) Willén，1992
异模式异名[Heterotypic Synonym(s)]：*Dinobryon petiolatum* Willén，1963
分布：欧洲：波罗的海，黑海，英国，罗马尼亚，德国；澳大利亚和新西兰：新西兰；亚洲：俄罗斯远东；北极：楚科奇海－加拿大海盆－马卡罗夫海盆－南森海盆，加拿大北部(努勒维特)。
参考文献：Booth，Horner，1997；Riedel et al.，2003；Guiry，Guiry，2015。

硅鞭藻纲(网藻纲) Class Dictyochophyceae P. C. Silva，1980

柄钟藻目 Order Pedinellales Zimmermann，Moestrup & Hällfors，1984

柄钟藻科 Family Pedinellaceae Pascher，1910

无柄钟藻属 Genus *Apedinella* Throndsen，1971

辐射无柄钟藻 *Apedinella radians*(Lohmann) Campbell，1973
基名(Basionym)：*Meringosphaera radians* Lohmann
同模式异名[Homotypic Synonym(s)]：*Meringosphaera radians* Lohmann，1908
异模式异名[Heterotypic Synonym(s)]：*Apedinella spinifera*(Throndsen) Throndsen，1971

分布：欧洲：波罗的海，黑海，英国，罗马尼亚，丹麦；南美：巴西；澳大利亚和新西兰：新西兰，澳大利亚(塔斯马尼亚岛)；北极：巴伦支海和喀拉海，加拿大北部(努勒维特)。

参考文献：Riedel et al.，2003；Matishov et al.，2000；Guiry，Guiry，2015。

帕拉佩藻属 Genus *Parapedinella* S. M. Pedersen, P. L. Beech & H. A. Thomsen，1986

网状帕拉佩藻 *Parapedinella reticulata* S. M. Pedersen & H. A. Thomsen，1986

分布：欧洲：波罗的海，黑海；南美：巴西；澳大利亚和新西兰：新西兰；北极：楚科奇-波弗特海盆，加拿大海盆。

参考文献：Melnikov et al.，2002；Sukhanova et al.，2009；Guiry，Guiry，2015。

硅鞭藻目 Order Dictyochales Haeckel，1894

硅鞭藻科 Family Dictyochaceae Lemmermann，1901

硅鞭藻属 Genus *Dictyocha* Ehrenberg，1837

小等刺硅鞭藻 *Dictyocha fibula* Ehrenberg，1839

分布：欧洲：亚得里亚海，波罗的海，黑海，英国，克罗地亚，法国，罗马尼亚，西班牙；北美：美国(华盛顿州)；南美：阿根廷；亚洲：日本和中国沿海；澳大利亚和新西兰：新西兰；南极和亚南极诸岛：南极/亚南极群岛；北极：巴伦支海和喀拉海，楚科奇海和白令海峡。

参考文献：Matishov et al.，2000；Guiry，Guiry，2015；杨清良等，2002，2006。

六等刺硅鞭藻 *Dictyocha speculum* Ehrenberg，1839(版图Ⅰ，1a-b)

基名(Basionym)：*Distephanus speculum* (Ehrenberg) Haeckel，1887

异模式异名[Heterotypic Synonym(s)]：*Cannopilus calyptra* Haeckel，1887

分布：欧洲：亚得里亚海，波罗的海，黑海，法国，克罗地亚，罗马尼亚；北美：墨西哥；澳大利亚和新西兰：新西兰；亚洲：俄罗斯远东，日本和中国沿海；南极和亚南极诸岛：南极/亚南极群岛；北极：巴伦支海和喀拉海，阿拉斯加巴罗角沿海，加拿大北部(努勒维特)，楚科奇海-加拿大海盆-马卡罗夫海盆-南森海盆。

参考文献：Bursa，1963；Booth，Horner，1997；Matishov et al.，2000；Riedel et al.，2003；Quillfeldt et al.，2003；Joo et al.，2012；Guiry，Guiry，2015；林更铭等，2013。

八骨针藻属 Genus *Octactis* J. Schiller，1925

八骨针藻 *Octactis octonaria* (Ehrenberg) Hovasse，1946

基名(Basionym)：*Dictyocha octonaria* Ehrenberg

同模式异名[Homotypic Synonym(s)]：*Dictyocha octonaria* Ehrenberg，1844

分布：欧洲：黑海，罗马尼亚；澳大利亚和新西兰：新西兰；南极和亚南极诸岛：南极/亚南极岛屿；北极：加拿大海盆。

参考文献：Melnikov et al.，2002；Guiry，Guiry，2015。

针胞藻纲 Class Raphidophyceae Chadefaud ex P. C. Silva，1980

卡盾藻目 Order Chattonellales J. Throndsen

卡盾藻科 Family Chattonellaceae J. Throndsen

异弯藻属 Genus *Heterosigma* Y. Hada ex Y. Hara & M. Chihara，1987

赤潮异弯藻 ***Heterosigma akashiwo*** **（Y. Hada） Y. Hada ex Y. Hara & M. Chihara，1987**（版图Ⅰ，2a－b）

基名(Basionym)： *Entomosigma akashiwo* Y. Hada

同模式异名[Homotypic Synonym(s)]： *Entomosigma akashiwo* Y. Hada，1967；*Chattonella akashiwo*（Hada）Loeblich III，1979

异模式异名[Heterotypic Synonym(s)]： *Olisthodiscus carterae* Hulburt，1965；*Heterosigma inlandica* Hada，1968；*Chattonella inlandica*（Hada）Loeblich III & Fine，1977；*Heterosigma carterae*（Hulbert）F. J. R. Taylor，1992

分布(赤潮种)：欧洲：波罗的海，黑海，爱尔兰，荷兰；北美：美国(马萨诸塞州，加利福尼亚州，特拉华州，新泽西州，北卡罗来纳州，纽约州，罗德岛，南卡罗来纳州，华盛顿州等)，加拿大(不列颠哥伦比亚等)；南美：巴西；澳大利亚和新西兰：新西兰；亚洲：日本和中国沿海；北极：加拿大北部(努勒维特)，阿拉斯加－加拿大－俄罗斯北极区，楚科奇海－加拿大海盆。

参考文献： Riedel et al.，2003；Poulin et al.，2011；Guiry，Guiry，2015；林更铭等，2013。

黄藻纲 Class Xanthophyceae Allorge ex Fritsch，1935

柄球藻目 Order Mischococcales

宽绿藻科 Family Pleurochloridaceae Pascher，1937

棘球藻属 Genus *Meringosphaera* Lohmann，1932

地中海棘球藻 ***Meringosphaera mediterranea*** **Lohmann，1902**

异模式异名[Heterotypic Synonym(s)]： *Meringosphaera baltica* Lohmann

分布： 欧洲：亚得里亚海，波罗的海，英国，罗马尼亚；澳大利亚和新西兰：新西兰，澳大利亚(塔斯马尼亚岛)；南极和亚南极诸岛：南极/亚南极群岛；北极：加拿大北极区，楚科奇海－加拿大海盆－马卡罗夫海盆－南森海盆，楚科奇海－加拿大海盆。

参考文献： Hsiao，1980；Booth，Horner，1997；Melnikov et al.，2002；Joo et al.，2012；Guiry，Guiry，2015。

小球藻属 Genus *Chloridella* Pascher, 1932

冰河小球藻 *Chloridella glacialis* E. Kol in E. Kol & E. A. Flint, 1968

分布(陆生物种):南极和亚南极诸岛:塞布丽娜岛,巴勒尼群岛(绿冰);北极:加拿大北极区。

参考文献: Hsiao, 1980; Guiry, Guiry, 2015。

未定目 Order Xanthophyceae incertae sedis

未定科 Family Xanthophyceae incertae sedis

针球藻属 Genus *Raphidosphaera* (Pascher) P. C. Silva, 1979

柔弱针球藻 *Raphidosphaera tenerrima* (Schiller) P. C. Silva, 1979

基名(Basionym): *Meringosphaera tenerrima* Schiller

同模式异名[Homotypic Synonym(s)]: *Meringosphaera tenerrima* Schiller, 1925

分布: 北极:巴伦支海和喀拉海,加拿大海盆。

参考文献: Matishov et al., 2000; Melnikov et al., 2002; Guiry, Guiry, 2015。

硅藻门 Phylum Bacillariophyta L. S. Dillon, 1963

圆筛藻纲 Class Coscinodiscophyceae Round & Crawford, 1990

海链藻目 Order Thalassiosirales Glezer & Makarova, 1986

海链藻科 Family Thalassiosiraceae Lebour, 1930

海链藻属 Genus *Thalassiosira* Cleve, 1873

夏季海链藻 *Thalassiosira aestivalis* Gran in Gran & Angst, 1931

分布: 欧洲:黑海,德国(赫尔戈兰岛等);北美:加拿大;澳大利亚和新西兰:澳大利亚;亚洲:韩国,中国沿海;北极:阿拉斯加奥克湾。

参考文献: Laws et al., 1988; Guiry, Guiry, 2015。

菱角海链藻 *Thalassiosira angulata* (W. Gregory) Hasle, 1978。

基名(Basionym): *Orthoseira angulata* Gregory

同模式异名[Homotypic Synonym(s)]: *Orthoseira angulata* Gregory, 1857

分布: 欧洲:亚得里亚海,波罗的海,黑海,地中海,英国(苏格兰等),德国(赫尔戈兰岛等),罗马尼亚;北美:加拿大(新不伦瑞克,新斯科舍等);南美:智利;澳大利亚和新西兰:澳大利亚,新西兰;亚洲:俄罗斯远东,中国沿海;东南亚:新加坡;北极:巴伦支海和喀拉海,楚科奇海,高纬度极区(>85°N)西北冰洋。

参考文献: Matishov et al., 2000; Quillfeldt et al., 2003; Katsuki et al., 2009; Guiry, Guiry，2015。

狭线形海链藻 *Thalassiosira anguste－lineata*（A. Schmidt）G. Fryxell & Hasle，1977

基名(Basionym)： *Coscinodiscus anguste－lineatus* A. Schmidt

同模式异名[Homotypic Synonym(s)]： *Coscinodiscus anguste－lineatus* A. Schmidt，1878

异模式异名[Heterotypic Synonym(s)]： *Coscinodiscus polychordus* Gran，1897；*Thalassiosira polychorda*(Gran) E. Jorgensen，1899；*Coscinosira polychorda*(Gran) Gran，1900

分布：欧洲：波罗的海，黑海，法国，西班牙，英国(苏格兰等)，德国(赫尔戈兰岛等)，罗马尼亚；北美：加拿大(新斯科舍等)；澳大利亚和新西兰：新西兰；亚洲：俄罗斯远东，韩国，中国和日本沿海；北极：巴伦支海和喀拉海，楚科奇海－加拿大海盆－马卡罗夫海盆－南森海盆，阿拉斯加巴罗角沿海。

参考文献：Bursa，1963；Booth，Horner，1997；Matishov et al.，2000；Guiry，Guiry，2015。

南极海链藻 *Thalassiosira antarctica* Comber，1896

异模式异名[Heterotypic Synonym(s)]： *Thalassiosira fallax* Meunier，1910；*Thalassiosira antarctica* var. *borealis* G. Fryxell，Doucette & Hubbard，1981

分布(两极性种类)：欧洲：黑海，挪威，英国；北美：加拿大；亚洲：日本；南极和亚南极诸岛：南极/亚南极群岛，威尔克斯地；北极：巴伦支海和喀拉海，楚科奇海－加拿大海盆，加拿大北部(努勒维特)。

参考文献：Matishov et al.，2000；Riedel et al.，2003；Quillfeldt et al.，2003；Katsuki et al.，2009；Guiry，Guiry，2015；林更铭等，2013。

澳洲海链藻 *Thalassiosira australis* M. Peragallo，1921

异模式异名[Heterotypic Synonym(s)]： *Coscinosira antarctica* Manguin，1915；*Actinocyclus excentricus* Peragallo，1921；*Melosira dougettii* Manguin，1957

分布：南极和亚南极诸岛：南极/亚南极群岛；亚北极：白令海；北极：白令海峡，楚科奇海－加拿大海盆。

参考文献：Joo et al.，2012；Guiry，Guiry，2015。

波罗的海海链藻 *Thalassiosira baltica*（Grunow）Ostenfeld，1901

基名(Basionym)： *Coscinodiscus polyacanthus* var. *balticus* Gruno

同模式异名[Homotypic Synonym(s)]： *Coscinodiscus polyacanthus* var. *balticus* Grunow，1880；*Coscinodiscus balticus*(Grunow) Grunow ex Cleve，1891

分布(半咸淡种)：欧洲：波罗的海，黑海，英国，芬兰，荷兰，罗马尼亚，西班牙，挪威(斯匹次卑尔根岛)，瑞典；澳大利亚和新西兰：澳大利亚，新西兰；亚洲：俄罗斯(远东等)，日本，中国沿海(台湾等)；亚北极：白令海；北极：格陵兰巴芬湾，东西伯利亚海，拉普捷夫海，楚科奇海，楚科奇海－加拿大海盆，加拿大哈得孙湾等北极区。

参考文献：Zenkevitch，1963；Werner，1977；Katsuki et al.，2009；Joo et al.，2012；Guiry，Guiry，2015；杨清良等，2002。

双眼海链藻 *Thalassiosira bioculata* (Grunow) Ostenfeld, 1903

基名(Basionym): *Coscinodiscus bioculatus* Grunow

同模式异名[Homotypic Synonym(s)]: *Coscinodiscus bioculatus* Grunow, 1884

分布: 欧洲: 英国; 北美: 加拿大; 亚洲: 俄罗斯远东; 北极: 巴伦支海和喀拉海, 楚科奇海, 加拿大北极区。

参考文献: Hsiao, 1980; Matishov et al., 2000; Quillfeldt et al., 2003; Katsuki et al., 2009; Guiry, Guiry, 2015。

双眼海链藻细小变种 *Thalassiosira bioculata* var. *exigua* (Grunow) Hustedt, 1928

[据最新资料记载, 该变种的分类地位(包括命名)可能还需进一步核实和研究]

分布: 北美: 加拿大; 北极: 高纬度(>85°N)西北冰洋, 加拿大北极区。

参考文献: Hsiao, 1980; Katsuki et al., 2009; Guiry, Guiry, 2015。

球形海链藻 *Thalassiosira bulbosa* E. E. Syvertsen

分布(北极种): 北美: 加拿大; 北极: 巴伦支海和喀拉海, 楚科奇海-加拿大海盆。

参考文献: Heimdal, 1989; Matishov et al., 2000; Joo et al., 2012; Guiry, Guiry, 2015。

密纹海链藻 *Thalassiosira conferta* Hasle, 1977

分布: 北美: 加拿大; 亚洲: 韩国和日本; 北极: 巴伦支海和喀拉海, 楚科奇海, 高纬度(>85°N)西北冰洋, 加拿大北极区。

参考文献: Matishov et al., 2000; Quillfeldt et al., 2003; Katsuki et al., 2009; Guiry, Guiry, 2015。

缢缩海链藻 *Thalassiosira constricta* Gaardner, 1938

分布: 欧洲: 德国, 英国(苏格兰); 北极: 楚科奇海。

参考文献: Quillfeldt et al., 2003; Guiry, Guiry, 2015。

并基海链藻 *Thalassiosira decipiens* (Grunow) E. G. Jørgensen, 1905

基名(Basionym): *Coscinodiscus eccentricus* var. *decipiens* Grunow

同模式异名[Homotypic Synonym(s)]: *Coscinodiscus eccentricus* var. *decipiens* Grunow, 1878

异模式异名[Heterotypic Synonym(s)]: *Coscinodiscus decipiens* Grunow ex Van Heurck, 1882; *Thalassiosira gelatinosa* Hensen, 1887

分布: 欧洲: 波罗的海, 英国, 法国, 德国(赫尔戈兰岛等), 罗马尼亚; 南美: 巴西; 亚洲: 韩国, 中国和日本沿海; 东南亚: 新加坡; 北极: 巴伦支海和喀拉海, 加拿大北极区, 楚科奇海-东西伯利亚-拉普捷夫海, 楚科奇海。

参考文献: Hsiao, 1980; Okolodkov, 1992; Matishov et al., 2000; Guiry, Guiry, 2015; 杨清良等, 2002。

精致海链藻 *Thalassiosira delicatula* Ostenfeld, 1908

异模式异名[Heterotypic Synonym(s)]: *Thalassiosira chilensis* Krasske, 1941; *Thalassiosira*

coronata Gaarder，1951

分布（有害物种）：欧洲：黑海，德国（赫尔戈兰岛等），英国（苏格兰）；澳大利亚和新西兰：澳大利亚；亚洲：中国沿海；北极：楚科奇海－加拿大海盆。

参考文献：Joo et al.，2012；Guiry，Guiry，2015。

偏心海链藻 *Thalassiosira eccentrica*（Ehrenberg） Cleve，1904

基名（Basionym）：*Coscinodiscus eccentricus* Ehrenberg

同模式异名［Homotypic Synonym(s)］：*Coscinodiscus eccentricus* Ehrenberg，1840；*Coscinodiscus excentricus* Ehrenberg，1840；*Thalassiosira excentrica*（Ehrenberg） Cleve，1903

异模式异名［Heterotypic Synonym(s)］：*Thalassiosira kryophila*（Grunow） E. Jørgensen，1905

分布：欧洲：亚得里亚海，波罗的海，黑海，西班牙，罗马尼亚，德国（赫尔戈兰岛等），英国（苏格兰等）；大西洋诸岛：加那利群岛；北美：加拿大，美国（南卡罗来纳州，加利福尼亚州），墨西哥；中美：下加利福尼亚，加利福尼亚湾；南美：巴西，智利，哥伦比亚；澳大利亚和新西兰：澳大利亚，新西兰；东南亚：新加坡；亚洲：俄罗斯远东，韩国，日本，中国沿海；南极和亚南极诸岛：南极/亚南极岛屿；北极：巴伦支海和喀拉海，阿拉斯加巴罗角沿海，高纬度（>85°N）西北冰洋，楚科奇海－东西伯利亚－拉普捷夫。

参考文献：Bursa，1963；Okolodkov，1992；Katsuki et al.，2009；Matishov et al.，2000；Guiry，Guiry，2015。

鼓胀海链藻 *Thalassiosira gravida* Cleve，1896（版图Ⅰ，3a－c；版图Ⅱ，1a－b）

异模式异名［Heterotypic Synonym(s)］：*Thalassiosira rotula* Meunier，1910；*Coscinodiscus rotulus*（A. F. Meunier） Cleve－Euler，1951；*Thalassiosira tcherniai* Manguin，1957；*Coscinodiscus pelagicus* N. Woodhead & R. D. Tweed，1960

［本种与圆海链藻（*Thalassiosira rotula*）的主要区别在于后者具独特的环带（紧挨壳面的结合部有纸条状加厚的部分）以及壳面构造，但近年已有实验证明这些不同点是由环境（营养条件和温度）造成的］

分布（浮游海洋极地寒带至温带种）：欧洲：亚得里亚海，波罗的海，黑海，英国（苏格兰等），爱尔兰，德国（赫尔戈兰岛等），法国，意大利，克罗地亚，罗马尼亚；大西洋岛屿：加那利群岛；北美：加拿大，美国（加利福尼亚州）；澳大利亚和新西兰：澳大利亚，新西兰；亚洲：俄罗斯（远东地区等），中国，日本，韩国；东南亚：新加坡；南极和亚南极诸岛：南极/亚南极群岛；北极：北欧北极区（斯堪的纳维亚和格陵兰等），挪威北极，巴伦支海和喀拉海，俄罗斯北极区，拉普捷夫海，阿拉斯加巴罗角沿海等北极区，波弗特海，楚科奇海－加拿大海盆，哈得孙湾等加拿大北极区。

参考文献：Usachev，1947；Bursa，1961，1963；Matheke，Horner，1974；Syvertsen，1977；Belyaeva，1980；Horner，Schrader，1982；Melnikov，1997；Tuschling et al.，2000；Matishov et al.，2000；Katsuki et al.，2009；Poulin et al.，2011；Guiry，Guiry，2015；杨清良等，2002，2006；林更铭等，2013。

具毛海链藻 *Thalassiosira hispida* Syversen

［据最新资料记载，该种的分类地位(包括命名)可能尚需进一步核实和研究］

分布：亚洲：中国沿海；北极：巴伦支海和喀拉海，楚科奇海，高纬度(>85°N)西北冰洋。

参考文献：Matishov et al.，2000；Quillfeldt et al.，2003；Katsuki et al.，2009；Guiry，Guiry，2015。

透明海链藻 *Thalassiosira hyalina* (Grunow) Gran，1897

基名(Basionym)：*Coscinodiscus hyalinus* Grunow

同模式异名［Homotypic Synonym(s)］：*Coscinodiscus hyalinus* Grunow，1880

分布(北极种)：欧洲：波罗的海，英国；北美：加拿大；澳大利亚和新西兰：澳大利亚，新西兰；亚洲：俄罗斯远东，中国和日本沿海；北极：巴伦支海和喀拉海，楚科奇海-加拿大海盆。

参考文献：Matishov et al.，2000；Quillfeldt et al.，2003；Katsuki et al.，2009；Heimdal，1989；Guiry，Guiry，2015；杨清良等，2002；林更铭等，2013。

北极海链藻 *Thalassiosira hyperborea* (Grunow) Hasle

基名(Basionym)：*Coscinodiscus hyperboreus* Grunow

同模式异名［Homotypic Synonym(s)］：*Coscinodiscus hyperboreus* Grunow

分布：欧洲：波罗的海；澳大利亚和新西兰：新西兰；北极：巴伦支海和喀拉海，楚科奇海-东西伯利亚-拉普捷夫海。

参考文献：Okolodkov，1992；Matishov et al.，2000；Tuschling et al.，2000；Quillfeldt et al.，2003；Guiry，Guiry，2015。

北极海链藻北方变种 *Thalassiosira hyperborea* var. *septentrionalis* (Grunow) G. R. Hasle

［据最新资料记载，该变种的分类地位(包括命名)可能尚需进一步核实和研究］

分布：北极：楚科奇海-东西伯利亚-拉普捷夫海。

参考文献：Okolodkov，1992；Tuschling et al.，2000；Guiry，Guiry，2015。

库希海链藻 *Thalassiosira kushirensis* Takano，1985

异模式异名［Heterotypic Synonym(s)］：*Thalassiosira solitaria* Gayoso，1985

分布：欧洲：德国，英国(苏格兰)，斯卡格拉克海峡；北美：美国(罗德岛)；亚洲：俄罗斯远东，中国和日本沿海；北极：高纬度(>85°N)西北冰洋。

参考文献：Katsuki et al.，2009；Guiry，Guiry，2015。

细长列海链藻 *Thalassiosira leptopus* (Grunow ex Van Heurck) Hasle，G. Fryxell，1977

基名(Basionym)：*Coscinodiscus leptopus* Grunow

同模式异名［Homotypic Synonym(s)］：*Coscinodiscus leptopus* Grunow，1883

异模式异名［Heterotypic Synonym(s)］：*Coscinodiscus lineatus* Ehrenberg，1841；*Coscinodiscus pseudolineatus* Pantocsek，1886；*Coscinodiscus leptopus* var. *discrepans* Rattray，1890；*Coscin-*

odiscus praelineatus Jousé, 1968

分布：欧洲：亚得里亚海，波罗的海，黑海，英国，罗马尼亚，西班牙；北美：加拿大；南美：巴西；澳大利亚和新西兰：澳大利亚（北领地等地），新西兰；亚洲：俄罗斯远东，中国和日本沿海；南极和亚南极诸岛：南极/亚南极群岛；北极：巴伦支海和喀拉海，阿拉斯加巴罗角沿海，楚科奇海－东西伯利亚－拉普捷夫海，高纬度（>85°N）西北冰洋，加拿大海盆。

参考文献：Bursa，1963；Okolodkov，1992；Matishov et al.，2000；Melnikov et al.，2002；Katsuki et al.，2009；Guiry，Guiry，2015。

线形海链藻 *Thalassiosira lineata* Jousé，1968

分布：南美：哥伦比亚；澳大利亚和新西兰：澳大利亚，新西兰；亚洲：中国和日本沿海；北极：高纬度（>85°N）西北冰洋。

参考文献：Katsuki et al.，2009；Guiry，Guiry，2015。

诺登海链藻 *Thalassiosira nordenskioeldii* Cleve，1873（版图Ⅱ，2a－b）

同模式异名［Homotypic Synonym(s)］：*Coscinodiscus nordenskioldii*（Cleve）Cleve－Euler，1951

分布（有害海洋浮游物种，极地寒带至温带种）：欧洲：亚得里亚海，波罗的海，黑海，英国（苏格兰等），法国，德国（赫尔戈兰岛等），挪威，罗马尼亚；大西洋诸岛：加那利群岛；北美：阿留申群岛，加拿大（不列颠哥伦比亚，新斯科舍等），美国（加利福尼亚州）；亚洲：俄罗斯（远东区等），中国，日本和韩国沿海；西南亚：印度；北极：北欧北极区（斯堪的纳维亚和格陵兰），俄罗斯北极区，巴伦支海和喀拉海，拉普捷夫海，阿拉斯加北极区，楚科奇海－加拿大海盆－马卡罗夫海盆－南森海盆，加拿大北极区。

参考文献：Booth，Horner，1997；Tuschling et al.，2000；Matishov et al.，2000；Quillfeldt et al.，2003；Poulin et al.，2011；Guiry，Guiry，2015；杨清良等，2002，2006；林更铭等，2013。

太平洋海链藻 *Thalassiosira pacifica* Gran & Angst，1931

分布：欧洲：德国，英国（苏格兰），荷兰，挪威；大西洋诸岛：大西洋；北美：阿留申群岛，加拿大（不列颠哥伦比亚），美国（加利福尼亚州）；南美：阿根廷，巴西，智利；澳大利亚和新西兰：新西兰；亚洲：俄罗斯远东，中国，日本和韩国沿海；北极：楚科奇海，楚科奇海－加拿大海盆，高纬度（>85°N）西北冰洋。

参考文献：Quillfeldt et al.，2003；Katsuki et al.，2009；Joo et al.，2012；Guiry，Guiry，2015。

席氏海链藻 *Thalassiosira simonsenii* Hasle & G. Fryxell，1977

分布：南美：巴西；澳大利亚和新西兰：澳大利亚；亚洲：韩国和中国沿海；北极：楚科奇海－加拿大海盆。

参考文献：Joo et al.，2012；Guiry，Guiry，2015。

细弱海链藻 *Thalassiosira subtilis* (Ostenf.) Gran，1900

基名(Basionym)： *Podosira subtilis* Ostenfeld；

同模式异名[Homotypic Synonym(s)]： *Podosira subtilis* Ostenfeld，1899

分布(有害物种)：欧洲：亚得里亚海，黑海，德国(赫尔戈兰岛等)；北美：加拿大；南美：巴西；澳大利亚和新西兰：澳大利亚，新西兰；亚洲：日本和中国沿海；北极：楚科奇海-加拿大海盆，阿拉斯加巴罗角沿海。

参考文献： Bursa，1963；Guiry，Guiry，2015；杨清良等，2002，2006；林更铭等，2013。

多孔藻属 Genus *Porosira* Jørgensen，1905

冰河多孔藻 *Porosira glacialis* (Grunow) Jørgensen，1905

基名(Basionym)： *Podosira hormoides* var. *glacialis* Grunow

同模式异名[Homotypic Synonym(s)]： *Podosira hormoides* var. *glacialis* Grunow，1884；*Podosira glacialis* (Grunow) Cleve，1896；*Lauderia glacialis* (Grunow) Gran，1900

异模式异名[Heterotypic Synonym(s)]： *Porosira antarctica* O. G. Kozlova，1962

分布(两极性种)：欧洲：波罗的海，黑海，英国，德国(赫尔戈兰岛)；澳大利亚和新西兰：新西兰；亚洲：俄罗斯(远东地区等)，中国(台湾)，日本沿海；南极和亚南极诸岛：南极/亚南极群岛，乔治五世海岸；北极：巴伦支海和喀拉海，拉普捷夫海，楚科奇海，加拿大北极区，高纬度(>85°N)西北冰洋，楚科奇海-加拿大海盆-马卡罗夫海盆-南森海盆。

参考文献： Hasle，1976；Hsiao，1980；Booth，Horner，1997；Matishov et al.，2000；Tuschling et al.，2000；Katsuki et al.，2009；Quillfeldt et al.，2003；Guiry，Guiry，2015；杨清良等，2002，2006。

杆链藻属 Genus *Bacterosira* Gran，1900

[据藻类库(Guiry，M. D. & Guiry，G. M. 2015. *AlgaeBase*)的记载，本属的分类地位(包括科至纲等分类阶元)尚待进一步研究，本书暂按 Round(1990)将其放于此处]

深脐杆链藻 *Bacterosira bathyomphala* (Cleve) Syvertsen & Hasle，1993(版图Ⅱ，3a-b)

基名(Basionym)： *Coscinodiscus bathyomphalus* Cleve

同模式异名[Homotypic Synonym(s)]： *Coscinodiscus bathyomphalus* Cleve，1883

异模式异名[Heterotypic Synonym(s)]： *Lauderia fragilis* Gran，1897；*Bacterosira fragilis* (Gran) Gran，1900

分布(北极种)：欧洲：亚得里亚海，波罗的海，黑海，英国，挪威；北美：加拿大；亚洲：俄罗斯远东，中国沿海；北极：巴伦支海和喀拉海，高纬度(>85°N)西北冰洋，楚科奇海-加拿大海盆-马卡罗夫海盆-南森海盆。

参考文献： Heimdal，1989；Round et al.，1990；Booth，Horner，1997；Matishov et al.，2000；Quillfeldt et al.，2003；Katsuki et al.，2009；Guiry，Guiry，2015；杨清良等，2002，2006；林更铭等，2013。

史昂藻属 Genus *Shionodiscus* A. J. Alverson, S. H. Kang & E. C. Theriot, 2006

奥斯史昂藻 *Shionodiscus oestrupii*(Ostenfeld) A. J. Alverson, S. H. Kang & E. C. Theriot, 2006

基名(Basionym)： *Coscinosira oestrupii* Ostenfeld

同模式异名[Homotypic Synonym(s)]： *Coscinosira oestrupii* Ostenfeld, 1900; *Thalassiosira oestrupii* (Ostenfeld) Hasle, 1972

分布： 欧洲：亚得里亚海，黑海，英国，罗马尼亚；北美：加拿大；南美：巴西；澳大利亚和新西兰：新西兰；亚洲：中国和日本沿海；东南亚：新加坡；南极和亚南极诸岛：南极/亚南极群岛；北极：加拿大北极区。

参考文献： Hsiao, 1980; Guiry, Guiry, 2015。

骨条藻科 Family Skeletonemataceae Lebour, 1930

骨条藻属 Genus *Skeletonema* Greville, 1865

中肋骨条藻 *Skeletonema costatum* (Greville) Cleve, 1873(版图Ⅲ, 1a－b)

基名(Basionym)： *Melosira costata* Greville

同模式异名[Homotypic Synonym(s)]： *Melosira costata* Greville, 1866

分布(世界种/有害物种)： 欧洲：亚得里亚海，波罗的海，黑海，英国，芬兰，法国，德国(赫尔戈兰岛等)，挪威，罗马尼亚；大西洋诸岛：加那利群岛；北美：加拿大(不列颠哥伦比亚，新斯科舍等)，五大湖；中美洲：加利福尼亚湾；南美：巴西，哥伦比亚；澳大利亚和新西兰：澳大利亚，新西兰；亚洲：俄罗斯(远东地区等)，中国，日本；东南亚：新加坡；亚北极：白令海；北极：巴伦支海和喀拉海，拉普捷夫海，阿拉斯加巴罗角沿海，楚科奇海，楚科奇海－加拿大海盆，哈得孙湾－巴芬湾。

参考文献： Bursa, 1963; Werner, 1977; Tuschling et al., 2000; Matishov et al., 2000; Quillfeldt et al., 2003; Guiry, Guiry, 2015; 杨清良等, 2002; 林更铭等, 2013。

短棘藻属 Genus *Detonula* F. Schütt ex De Toni, 1894

丝状短棘藻 *Detonula confervacea*(Cleve) Gran, 1900

基名(Basionym)： *Lauderia confervacea* Cleve

同模式异名[Homotypic Synonym(s)]： *Lauderia confervacea* Cleve, 1896

异模式异名[Heterotypic Synonym(s)]： *Detonula cystifera* Gran, 1900

分布： 欧洲：亚得里亚海，波罗的海，黑海，英国，德国(赫尔戈兰岛)，罗马尼亚；北美：加拿大(新斯科舍等)；澳大利亚和新西兰：澳大利亚，新西兰；亚洲：中国(台湾)；北极：巴伦支海和喀拉海，楚科奇海，楚科奇海－加拿大海盆。

参考文献： Matishov et al., 2000; Quillfeldt et al., 2003; Guiry, Guiry, 2015; 林更铭等, 2013。

劳德藻科 Family Lauderiaceae(Schütt) Lemmermann, 1899

劳德藻属 Genus *Lauderia* Cleve, 1873

环纹劳德藻 *Lauderia annulata* Cleve, 1873

异模式异名[Heterotypic Synonym(s)]: *Lauderia borealis* Gran, 1900

分布: 欧洲: 亚得里亚海, 波罗的海, 黑海, 法国, 英国, 德国(赫尔戈兰岛), 克罗地亚; 大西洋诸岛: 加那利群岛; 南美: 巴西, 哥伦比亚; 澳大利亚和新西兰: 澳大利亚, 新西兰; 亚洲: 俄罗斯远东, 中国和日本沿海; 南极和亚南极诸岛: 南极/亚南极群岛; 北极: 巴伦支海和喀拉海, 楚科奇海-加拿大海盆。

参考文献: Matishov et al., 2000; Guiry, Guiry, 2015; 林更铭等, 2013。

冠盘藻科 Family Stephanodiscaceae Glezer, Makarova, 1986

小环藻属 Genus *Cyclotella*(Kützing) Brébisson, 1838

库津小环藻 *Cyclotella kuetzingiana* Thwaites, 1848

同模式异名[Homotypic Synonym(s)]: *Cyclotella meneghiniana* var. *kuetzingiana*(Thwaites) Playfair; *Orthoseira kuetzingiana*(Thwaites) Heiberg, 1863

分布(淡水种): 欧洲: 黑海, 英国, 法国, 爱尔兰, 罗马尼亚, 西班牙; 北美: 加拿大, 五大湖, 美国; 南美: 巴西; 澳大利亚和新西兰: 澳大利亚(新南威尔士州); 亚洲: 中国沿海, 蒙古; 西南亚: 巴基斯坦; 东南亚: 新加坡; 北极: 挪威(斯瓦尔巴特群岛), 楚科奇海。

参考文献: Quillfeldt et al., 2003; Guiry, Guiry, 2015。

梅里小环藻 *Cyclotella meneghiniana* Kützing, 1844

同模式异名[Homotypic Synonym(s)]: *Cyclotella kutzingiana* var. *meneghiniana*(Kützing) Brun, 1880; *Stephanocyclus meneghiniana*(Kützing) Skabichevskii, 1975

异模式异名[Heterotypic Synonym(s)]: *Surirella melosiroides* G. G. A. Meneghini ms., 1844

分布(淡水种): 欧洲: 波罗的海, 黑海, 英国, 爱尔兰, 意大利, 卢森堡, 芬兰, 德国, 波兰, 罗马尼亚, 西班牙, 土耳其(欧洲); 大西洋诸岛: 冰岛; 北美: 加拿大, 美国(阿肯色州, 佛罗里达州, 尤他州, 俄亥俄州); 南美: 阿根廷, 巴西, 哥伦比亚; 澳大利亚和新西兰: 新西兰, 澳大利亚(昆士兰等); 太平洋诸岛: 夏威夷群岛; 亚洲: 蒙古, 中国, 韩国和日本; 西南亚: 伊朗, 以色列; 东南亚: 新加坡; 北极: 楚科奇海。

参考文献: Quillfeldt et al., 2003; Guiry, Guiry, 2015。

条纹小环藻 *Cyclotella striata*(Kützing) Grunow, 1880

基名(Basionym): *Coscinodiscus striatus* Kützing

同模式异名[Homotypic Synonym(s)]: *Coscinodiscus striatus* Kützing, 1844

异模式异名[Heterotypic Synonym(s)]: *Cyclotella dallasiana* W. Smith, 1856

分布: 欧洲: 亚得里亚海, 波罗的海, 德国, 英国, 爱尔兰, 西班牙; 大西洋诸岛: 冰岛; 北美: 加拿大(新斯科舍等), 五大湖, 美国(南卡罗来纳州等); 澳大利亚和新西兰: 澳大利亚，新西兰；太平洋诸岛：夏威夷群岛；西南亚：印度；亚洲：俄罗斯远东，中国和日本沿海；东南亚：新加坡；北极：挪威(斯瓦尔巴特群岛)，巴伦支海和喀拉海，楚科奇海。

参考文献： Matishov et al.，2000；Quillfeldt et al.，2003；Guiry，Guiry，2015。

直链藻目 Order Melosirales Crawford，1990

直链藻科 Family Melosiraceae Kützing，1844

直链藻属 Genus *Melosira* Agardh，1824

北极直链藻 *Melosira arctica* Dickie，1852(版图Ⅲ，2a－b)

同模式异名[Homotypic Synonym(s)]： *Gaillonella arctica*(Dickie) Ehrenberg，1853

异模式异名[Heterotypic Synonym(s)]： *Melosira hyperborea* Schütt

分布(浮游海洋极地冷水种，冰藻)：欧洲：波罗的海，英国，土耳其(欧洲)；北美：加拿大；亚洲：俄罗斯远东，日本沿海；北极：巴伦支海和喀拉海，拉普捷夫海，楚科奇海，北欧北极区(斯堪的纳维亚和格陵兰)，俄罗斯北极区，加拿大北极区，阿拉斯加北极区，楚科奇海－加拿大海盆－马卡罗夫海盆－南森海盆。

参考文献： Booth，Horner，1997；Tuschling et al.，2000；Matishov et al.，2000；Quillfeldt et al.，2003；Kaczmarksa，Jahn，2006；Poulin et al.，2011；Guiry，Guiry，2015；杨清良等，2002；林更铭等，2013。

念珠直链藻 *Melosira moniliformis* (O. F. Müller) C. Agardh，1824

基名(Basionym)： *Conferva moniliformis* O. F. Müller

同模式异名[Homotypic Synonym(s)]： *Conferva moniliformis* O. F. Müller，1783；*Lysigonium moniliforme* (O. F. Müller) Link，1820；*Lysigonium moniliforme* (O. F. Müller)，Trevisan，1848；*Melosira borreri* var. *moniliformis* (O. F. Müller) Grunow，1878

分布： 欧洲：亚得里亚海，波罗的海，黑海，英国，德国(赫尔戈兰岛)，罗马尼亚，西班牙；北美：加拿大，美国(弗吉尼亚州)；南美：巴西，哥伦比亚；澳大利亚和新西兰：澳大利亚(新南威尔士州，昆士兰州)，新西兰；亚洲：俄罗斯远东，韩国，中国和日本沿海；北极：巴伦支海和喀拉海，高纬度(＞85°N)西北冰洋。

参考文献： Matishov et al.，2000；Katsuki et al.，2009；Guiry，Guiry，2015。

念珠直链藻近球形变种 *Melosira moniliformis* var. *subglobosa*(Grunow) Hustedt，1927

基名(Basionym)： *Melosira borreri* var. *subglobosa* Grunow

同模式异名[Homotypic Synonym(s)]： *Melosira borreri* var. *subglobosa* Grunow，1878

分布： 欧洲：黑海，罗马尼亚，西班牙；北美：加拿大；亚洲：俄罗斯远东；北极：楚科奇海－东西伯利亚－拉普捷夫海。

参考文献： Okolodkov，1992；Guiry，Guiry，2015。

拟货币直链藻 *Melosira nummuloides* C. Agardh，1824 (版图Ⅲ，3a－b)

分布： 欧洲：亚得里亚海，波罗的海，黑海，英国，德国(赫尔戈兰岛)，法国，罗马尼亚，西班牙；大西洋诸岛：加那利群岛；北美：加拿大(新斯科舍等)，美国(弗吉尼亚州)；

南美：哥伦比亚；澳大利亚和新西兰：澳大利亚（新南威尔士州，昆士兰州，维多利亚），新西兰；太平洋诸岛：夏威夷群岛；亚洲：俄罗斯远东，韩国，中国和日本沿海；东南亚：新加坡；北极：巴伦支海和喀拉海，楚科奇海，阿拉斯加巴罗角沿海，楚科奇海－加拿大海盆。

参考文献： Bursa，1963；Matishov et al.，2000；Quillfeldt et al.，2003；Guiry，Guiry，2015；杨清良等，2002；林更铭等，2013。

变异直链藻 *Melosira varians* Agardh，1827

同模式异名［Homotypic Synonym(s)］： *Lysigonium varians*（C. Agardh）De Toni，1892

分布（淡水种）：欧洲：波罗的海，黑海，英国，爱尔兰，德国，波兰，罗马尼亚，西班牙，土耳其（欧洲）；北美：美国（阿肯色州，西北部等），加拿大，五大湖；南美：阿根廷，巴西；澳大利亚和新西兰：澳大利亚（新南威尔士州，昆士兰州，南澳大利亚，维多利亚），新西兰；太平洋诸岛：夏威夷群岛；西南亚：伊朗，以色列，土耳其（亚洲）；亚洲：俄罗斯（远东地区等），蒙古，中国，韩国；北极：巴伦支海和喀拉海，楚科奇海－加拿大海盆。

参考文献： Matishov et al.，2000；Guiry，Guiry，2015；林更铭等，2013。

冠盖藻科 Family Stephanopyxidaceae Nikolaev，1988

冠盖藻属 Genus *Stephanopyxis*（Ehrenberg）Ehrenberg，1845

日本冠盖藻 *Stephanopyxis nipponica* Gran & Yendo，1914（版图Ⅳ，1a－c）

分布： 北美：加拿大；亚洲：日本和中国沿海；北极：阿拉斯加巴罗角沿海，楚科奇海－加拿大海盆。

参考文献： Bursa，1963；Guiry，Guiry，2015；杨清良等，2002；林更铭等，2013。

帕拉藻目 Order Parallales Crawford，1988

帕拉藻科 Family Paraliaceae Crawford，1988

帕拉藻属 Genus *Paralia* Heiberg，1863

具槽帕拉藻 *Paralia sulcata*（Ehrenberg）Cleve，1873（版图Ⅳ，2a－c）

基名（Basionym）： *Gaillonella sulcata* Ehrenberg

同模式异名［Homotypic Synonym(s)］： *Gaillonella sulcata* Ehrenberg，1838；*Melosira sulcata*（Ehrenberg）Kützing，1844

异模式异名［Heterotypic Synonym(s)］： *Paralia sulcata* var. *genuina* Grunow，*Orthosira marina* W. Smith，1856；*Melosira marina*（W. Smith）Janisch，1862；*Paralia marina*（W. Smith）Heiberg，1863

分布（底栖/固着种类）：欧洲：亚得里亚海，波罗的海，黑海，罗马尼亚，西班牙，德国（赫尔戈兰岛），法国，英国（德文郡等），克罗地亚；北美：加拿大（新斯科舍等）；南美：巴西，哥伦比亚；澳大利亚和新西兰：澳大利亚，新西兰；亚洲：俄罗斯（远东地区等），日本和中国沿海；东南亚：新加坡；北极：巴伦支海和喀拉海，楚科奇海，楚科奇海－加拿大海盆。

参考文献： Matishov et al. , 2000； Quillfeldt et al. , 2003； Joo et al. , 2012； Guiry， Guiry， 2015；林更铭等，2013。

放射褶藻科 Family Radialiplicataceae Gleser & Moiseeva，1992

埃勒贝藻属 Genus *Ellerbeckia* R. M. Crawford，1988

砂生埃勒贝藻 *Ellerbeckia arenaria*（Moore ex Ralfs） R. M. Crawford，1988

基名（Basionym）： *Melosira arenaria* Moore ex Ralfs

同模式异名［Homotypic Synonym（s）］： *Melosira arenaria* Moore ex Ralfs，1843； *Lysigonium arenarium*（Moore） Trevisan，1848； *Orthoseira arenaria*（Moore） W. Smith，1856； *Gaillonella arenaria*（Moore） Pelletan，1889； *Paralia arenaria*（Moore） Moisseeva，1986

分布（淡水种）： 欧洲：波罗的海，黑海，罗马尼亚，西班牙，英国，爱尔兰，德国，波兰；北美：五大湖，美国；澳大利亚和新西兰：澳大利亚（新南威尔士州 等），新西兰；亚洲：俄罗斯（远东地区等），蒙古，中国；西南亚：以色列；北极：阿拉斯加巴罗角沿海。

参考文献： Bursa，1963； Guiry， Guiry，2015。

沟链藻目 Order Aulacoseirales R. M. Crawford，1990

沟链藻科 Family Aulacoseiraceae Crawford，1990

沟链藻属 Genus *Aulacoseira* Thwaites，1848

颗粒沟链藻 *Aulacoseira granulata*（Ehrenberg） Simonsen，1979

基名（Basionym）： *Gaillonella granulata* Ehrenberg

同模式异名［Homotypic Synonym（s）］： *Gaillonella granulata* Ehrenberg，1843； *Melosira granulata*（Ehrenberg） Ralfs，1861； *Melosira punctata* var. *granulata*（Ehrenberg） Cleve & Möller，1879； *Lysigonium granulatum*（Ehrenberg） Kuntze，1891； *Orthoseira granulata*（Ehrenberg） Schonfeldt，1907； *Melosira polymorpha* subsp. *granulata*（Ehrenberg） H. Bethge，1925

分布（淡水种）： 欧洲：波罗的海，黑海，西班牙，英国，爱尔兰，德国，波兰，罗马尼亚，西班牙；北美：五大湖，加拿大，美国（犹他州，阿肯色州，佛罗里达州等）；南美：阿根廷，巴西，哥伦比亚；澳大利亚和新西兰：澳大利亚（新南威尔士州，北领地，昆士兰州，塔斯马尼亚岛，维多利亚，西部澳大利亚）；太平洋诸岛：夏威夷群岛；亚洲：俄罗斯（远东地区等），蒙古，尼泊尔，韩国，日本，中国，土耳其（亚洲）；东南亚：新加坡；西南亚：以色列；北极：巴伦支海和喀拉海，东西伯利亚，拉普捷夫海，楚科奇海。

参考文献： Zenkevitch，1963； Matishov et al. ，2000； Guiry， Guiry，2015；胡鸿钧等，2006。

冰岛沟链藻 *Aulacoseira islandica*（O. Müller） Simonsen，1979

基名（Basionym）： *Melosira islandica* O. F. Müller

同模式异名［Homotypic Synonym（s）］： *Melosira islandica* O. F. Müller，1906； *Melosira polymorpha* subsp. ［granulata］ var. *islandica*（Otto Müller） H. Bethge，1925； *Melosira granulata* var. *islandica*(O. Müller) H. Okuno, 1958

分布(淡水种)：欧洲：波罗的海，黑海，爱尔兰，西班牙，英国，德国，罗马尼亚；北美：加拿大，五大湖，美国(密歇根州，纽约等)；澳大利亚和新西兰：新西兰；西南亚：以色列；亚洲：俄罗斯(远东地区等)，蒙古，中国；北极：巴伦支海和喀拉海，东西伯利亚，拉普捷夫海，楚科奇海，高纬度(>85°N)西北冰洋。

参考文献：Zenkevitch, 1963；Matishov et al., 2000；Katsuki et al., 2009；Guiry, Guiry, 2015；胡鸿钧等，2006。

意大利沟链藻 *Aulacoseira italica*(Ehrenberg) Simonsen, 1979

基名(Basionym)：*Gaillonella italica* Ehrenberg

同模式异名[Homotypic Synonym(s)]：*Gaillonella italica* Ehrenberg, 1838；*Melosira italica* (Ehrenberg) Kützing, 1844

分布(淡水种)：欧洲：波罗的海，黑海，德国，波兰，西班牙，爱尔兰，英国，罗马尼亚；北美：加拿大，五大湖，美国(犹他州，阿肯色州，密歇根州等)；南美：巴西，哥伦比亚；澳大利亚和新西兰：澳大利亚(新南威尔士州，北领地，昆士兰州，塔斯马尼亚岛，维多利亚，西部澳大利亚)；太平洋诸岛：夏威夷群岛；亚洲：俄罗斯远东，蒙古，中国；东南亚：新加坡；西南亚：以色列；北极：东西伯利亚，拉普捷夫海，楚科奇海。

参考文献：Zenkevitch, 1963；Guiry, Guiry, 2015；胡鸿钧等，2006。

圆筛藻目 Order Coscinodiscales Round & Crawford, 1990

圆筛藻科 Family Coscinodiscaceae Kützing, 1844

拟圆筛藻属 Genus *Coscinodiscopsis* E. A. Sar & I. Sunesen, 2008

琼氏拟圆筛藻 *Coscinodiscopsis jonesiana* (Greville) E. A. Sar & I. Sunesen in Sar, Sunesen & Hinz, 2008

基名(Basionym)：*Eupodiscus jonesianus* Greville

同模式异名[Homotypic Synonym(s)]：*Eupodiscus jonesianus* Greville, 1862；*Coscinodiscus jonesianus*(Greville) Ostenfeld, 1915

分布：欧洲：波罗的海，黑海，英国，罗马尼亚；南美：巴西，哥伦比亚；亚洲：俄罗斯远东，中国和日本沿海；北极：楚科奇海。

参考文献：Katsuki et al., 2009；Guiry, Guiry, 2015；林更铭等(未发表的北极调查资料)。

圆筛藻属 Genus *Coscinodiscus* Ehrenberg, 1838

星脐圆筛藻 *Coscinodiscus asteromphalus* Ehrenberg, 1844(版图Ⅴ, 1a－b)

同模式异名[Homotypic Synonym(s)]：*Coscinodiscus radiatus* var. *asteromphalus* (Ehrenberg) Ehrenberg, 1354

异模式异名[Heterotypic Synonym(s)]：*Coscinodiscus asteromphalus* var. *conspicua* Grunow, 1883；*Coscinodiscus asteromphalus* var. *genuina* Grunow, 1884

分布：欧洲：亚得里亚海，波罗的海，黑海，英国，罗马尼亚；北美：加拿大，五大湖；

南美：巴西，哥伦比亚；澳大利亚和新西兰：澳大利亚，新西兰；亚洲：俄罗斯远东，中国和日本沿海；南极和亚南极诸岛：南极/亚南极群岛；北极：楚科奇海－加拿大海盆。

参考文献： Melnikov et al.，2002；Guiry，Guiry，2015；杨清良等，2002，2006；林更铭等，2013。

中心圆筛藻 ***Coscinodiscus centralis*** **Ehrenberg，1844**

异模式异名[Heterotypic Synonym(s)]： *Coscinodiscus asteromphalus* var. *centralis* Grunow，1884；*Coscinodiscus oculus－iridis* var. *tenuistriata* Grunow，1884

分布(有害物种)： 欧洲：亚得里亚海，波罗的海，黑海，英国，法国，德国(黑尔戈兰岛)，挪威；大西洋诸岛：加那利群岛；北美：加拿大(新斯科舍等地)；南美：哥伦比亚；澳大利亚和新西兰：澳大利亚，新西兰；亚洲：中国和日本沿海；南极和亚南极诸岛：南极/亚南极群岛；北极：巴伦支海和喀拉海，楚科奇海－加拿大海盆。

参考文献： Matishov et al.，2000；Katsuki et al.，2009；Guiry，Guiry，2015；杨清良等，2002；林更铭等，2013。

整齐圆筛藻 ***Coscinodiscus concinnus*** **W. Smith，1856**

分布(有害物种)： 欧洲：波罗的海，黑海，英国，法国，德国(黑尔戈兰岛)，爱尔兰，罗马尼亚；大西洋诸岛：加那利群岛；北美：加拿大(新斯科舍等地)；南美：巴西；澳大利亚和新西兰：澳大利亚，新西兰；亚洲：中国和日本沿海；北极：巴伦支海和喀拉海，阿拉斯加巴罗角沿海。

参考文献： Bursa，1963；Matishov et al.，2000；Guiry，Guiry，2015。

弓束圆筛藻 ***Coscinodiscus curvatulus*** **Grunow ex A. Schmidt，1878**(版图Ⅴ，2)

分布： 欧洲：亚得里亚海，波罗的海，黑海，英国，德国(黑尔戈兰岛)；北美：加拿大，五大湖；加勒比海诸岛：古巴；澳大利亚和新西兰：新西兰；亚洲：中国和日本沿海；南极和亚南极诸岛：南极/亚南极群岛；亚北极：白令海－白令海峡；北极：巴伦支海和喀拉海，楚科奇海－加拿大海盆。

参考文献： Werner，1977；Matishov et al.，2000；Guiry，Guiry，2015；杨清良等，2002；林更铭等，2013。

弓束圆筛藻小型变种 ***Coscinodiscus curvatulus*** **var.** ***minor*****(Ehr.) Grunow，1884**(版图Ⅴ，3)

分布： 亚洲：中国和日本沿海；北极：喀拉海，俄罗斯(法兰士约瑟夫地群岛)，楚科奇海。

参考文献： Tomas et al.，1997；林更铭等(未发表的北极调查资料)。

格氏圆筛藻 ***Coscinodiscus granii*** **Gough，1905**

分布： 欧洲：亚得里亚海，波罗的海，黑海，英国，法国，德国(黑尔戈兰岛)，罗马尼亚；北美：加拿大；南美：巴西；澳大利亚和新西兰：澳大利亚，新西兰；亚洲：中国和日本沿海；北极：加拿大北部(努勒维特)，阿拉斯加巴罗角沿海。

参考文献： Bursa，1963；Riedel et al.，2003；Guiry，Guiry，2015。

库氏圆筛藻冰河变种 *Coscinodiscus kuetzingii* var. *glacialis* Grunow

分布：北极：西北冰洋(加拿大北极区)。

参考文献：Hsiao，1980。

湖沼圆筛藻北方变种 *Coscinodiscus lacustris* var. *septentrionalis*(Grunow) Rattray

[据最新资料记载，该变种的分类地位(包括命名)可能还需进一步核实和研究]

分布：北极：西北冰洋(加拿大北极区)。

参考文献：Hsiao，1980；Guiry，Guiry，2015。

具边圆筛藻 *Coscinodiscus marginatus* Ehrenberg，1844

异模式异名[Heterotypic Synonym(s)]：*Coscinodiscus limbatus* Ehrenberg，1840；*Coscinodiscus fimbriatus－limbatus* Ehrenberg，1854

分布：欧洲：亚得里亚海，波罗的海，黑海，英国，法国，西班牙；北美：加拿大，五大湖；南美：巴西，哥伦比亚；澳大利亚和新西兰：澳大利亚，新西兰；东南亚：新加坡；亚洲：俄罗斯远东，中国和日本沿海；南极和亚南极诸岛：南极/亚南极群岛；亚北极：白令海；北极：哈得孙湾－巴芬湾，巴伦支海和喀拉海，拉普捷夫海，楚科奇海，阿拉斯加巴罗角沿海。

参考文献：Bursa，1963；Werner，1977；Matishov et al.，2000；Guiry，Guiry，2015；杨清良等，2002，2006。

虹彩圆筛藻 *Coscinodiscus oculus－iridis* (Ehrenberg) Ehrenberg，1840

基名(Basionym)：*Coscinodiscus radiatus* var. *oculus－iridis* Ehrenberg

同模式异名[Homotypic Synonym(s)]：*Coscinodiscus radiatus* var. *oculus－iridis* Ehrenberg，1840；*Coscinodiscus radiatus* var. *oculus－iridis*(Ehrenberg；Ehrenberg) Van Heurck，1896；*Coscinodiscus radiatus* var. *oculus－iridis* (Ehrenberg) E. Jørgensen，1905

异模式异名[Heterotypic Synonym(s)]：*Coscinodiscus oculus－iridis* var. *genuina* Grunow，1884；*Coscinodiscus oculus－iridis* var. *typicus* Cleve－Euler，1942

分布：欧洲：亚得里亚海，波罗的海，黑海，英国，罗马尼亚；北美：加拿大；南美洲：巴西；澳大利亚和新西兰：澳大利亚，新西兰；亚洲：俄罗斯远东，中国和日本沿海；南极和亚南极诸岛：南极洲/亚南极群岛；亚北极：白令海－白令海峡；北极：巴伦支海和喀拉海，拉普捷夫海，楚科奇海，阿拉斯加巴罗角沿海，楚科奇海－加拿大海盆。

参考文献：Bursa，1963；Werner，1977；Tuschling et al.，2000；Quillfeldt et al.，2003；Matishov et al.，2000；Guiry，Guiry，2015；杨清良等，2002，2006；林更铭等，2013。

辐射圆筛藻 *Coscinodiscus radiatus* Ehrenberg，1840

分布：欧洲：亚得里亚海，波罗的海，黑海，德国(赫尔戈兰岛)，法国，罗马尼亚，西班牙；大西洋诸岛：加那利群岛；北美：五大湖，美国(南卡罗来纳州)；南美：巴西，哥伦比亚；澳大利亚和新西兰：澳大利亚，新西兰；亚洲：俄罗斯远东，中国和日本沿海；东南亚：新加坡；南极和亚南极诸岛：南极/亚南极群岛；北极：巴伦支海和喀拉海，拉普捷夫海，楚科奇海，阿拉斯加巴罗角沿海，楚科奇海－加拿大海盆。

参考文献：Bursa，1963；Matishov et al.，2000；Quillfeldt et al.，2003；Guiry，Guiry，2015；杨清良等，2002；林更铭等，2013。

细弱圆筛藻 *Coscinodiscus subtilis* Ehrenberg，1841（版图Ⅵ，1）

分布：欧洲：英国；大西洋诸岛：加那利群岛；北美：美国（阿肯色州），加拿大；亚洲：中国沿海；南极和亚南极诸岛：南极/亚南极群岛；北极：拉普捷夫海，楚科奇海，阿拉斯加巴罗角沿海，楚科奇海－东西伯利亚－拉普捷夫海，楚科奇海－加拿大海盆。

参考文献：Okolodkov，1992；Guiry，Guiry，2015；杨清良等，2002；林更铭等，2013。

多刺圆筛藻 *Coscinodiscus polyacanthus* Grunow in Cleve et Grunow

分布：北极：西北冰洋（加拿大北极区）。

参考文献：Hsiao，1980。

半盘藻科 Family Hemidiscaceae Hendey，1937

辐环藻属 Genus *Actinocyclus* Ehrenberg，1873

弯曲辐环藻 *Actinocyclus curvatulus* Janisch，1874

异模式异名［Heterotypic Synonym(s)］：*Coscinodiscus curvatulus* var. *subocellatus* Grunow，1884；*Actinocyclus subocellatus*（Grunow）Rattray，1890

分布：欧洲：德国（赫尔戈兰岛）；北美：加拿大；南美：巴西；澳大利亚和新西兰：新西兰；亚洲：中国和日本沿海；南极和亚南极诸岛：南极/亚南极群岛；北极：楚科奇海－加拿大海盆。

参考文献：Melnikov et al.，2002；Quillfeldt et al.，2003；Guiry，Guiry，2015。

多束辐环藻 *Actinocyclus divisus*（Grunow）Hustedt，1958（版图Ⅵ，2a－b）

基名（Basionym）：*Coscinodiscus divisus* Grunow

同模式异名［Homotypic Synonym(s)］：*Coscinodiscus divisus* Grunow，1878

异模式异名［Heterotypic Synonym(s)］：*Actinocyclus cholnokyi* VanLandingham，1967

分布：欧洲：波罗的海，英国；南美：巴西；亚洲：中国沿海；南极和亚南极诸岛：南极/亚南极群岛；北极：楚科奇海－加拿大海盆。

参考文献：Guiry，Guiry，2015；林更铭等，2013。

爱氏辐环藻 *Actinocyclus ehrenbergii* Ralfs in Pritchard，1861（版图Ⅶ，1）

分布：欧洲：德国（赫尔戈兰岛），罗马尼亚，西班牙；亚洲：日本和中国沿海；北极：楚科奇海－加拿大海盆。

参考文献：Guiry，Guiry，2015；林更铭等（未发表的资料）。

库氏辐环藻 *Actinocyclus kützingii*（A. Schmidt）Simonsen（版图Ⅶ，2）

基名（Basionym）：*Coscinodiscus kützingii* A. Schmidt

同模式异名［Homotypic Synonym(s)］：*Coscinodiscus kützingii* A. Schmidt，1878

分布：欧洲：英国；北美：加拿大（新斯科舍）；亚洲：日本和中国沿海；北极：西北冰

洋(楚科奇海-加拿大海盆)。

参考文献： Guiry，Guiry，2015；林更铭等(未发表的调查资料)。

纤细辐环藻 *Actinocyclus tenuissimus* Cleve，1878

分布： 北美：加拿大；亚洲：日本沿海；北极：高纬度(>85°N)西北冰洋。

参考文献： Katsuki et al.，2009；Guiry，Guiry，2015。

赫利奥藻科 Family Heliopeltaceae H. L. Smith，1872

辐裥藻属 Genus *Actinoptychus* Ehrenberg，1843

六辐辐裥藻 *Actinoptychus senarius* (Ehrenberg) Ehrenberg，1843

基名(Basionym)： *Actinocyclus senarius* Ehrenberg

同模式异名[Homotypic Synonym(s)]： *Actinocyclus senarius* Ehrenberg，1838

异模式异名[Heterotypic Synonym(s)]： *Actinocyclus undulatus* J. W. Bailey，1842；*Actinocyclus undulatus* Kützing，1844；*Actinoptychus undulatus* (J. W. Bailey) Ralfs，1861；*Actinoptychus undulatus* J. W. Bailey ex Hustedt，1927

分布： 欧洲：亚得里亚海，波罗的海，黑海，英国，德国(赫尔戈兰岛)，法国，罗马尼亚，西班牙；大西洋诸岛：加那利群岛；北美：美国(南卡罗来纳州及美国西北部)，加拿大(新斯科舍)；南美：巴西；澳大利亚和新西兰：澳大利亚，新西兰；亚洲：俄罗斯远东，日本和中国沿海；东南亚：新加坡；南极和亚南极诸岛：南极/亚南极岛屿；北极：巴伦支海和喀拉海，楚科奇海，阿拉斯加巴罗角沿海。

参考文献： Bursa，1963；Matishov et al.，2000；Quillfeldt et al.，2003；Guiry，Guiry，2015。

星纹藻目 Order Asterolamprales Round in F. E. Round，R. M. Crawford & D. G. Mann，1990

星纹藻科 Family Asterolampraceae H. L. Smith，1872

星脐藻属 Genus *Asteromphalus* Ehrenberg，1844

胡克星脐藻 *Asteromphalus hookeri* Ehrenberg，1844(版图Ⅷ，1a-b)

异模式异名[Heterotypic Synonym(s)]： *Asteromphalus buchii* Ehrenberg，1844；*Asteromphalus humboldtii* Ehrenberg，1844；*Asteromphalus cuvieri* Ehrenberg，1844

分布： 欧洲：英国，北海；南美：巴西；澳大利亚和新西兰：澳大利亚，新西兰；南极和亚南极诸岛：南极/亚南极群岛，北太平洋等北温带水域；北极：挪威和巴伦支海，楚科奇海-加拿大海盆。

参考文献： Lebour，1930；Tomas，1997；Guiry，Guiry，2015；林更铭等(未发表的调查资料)。

粗星脐藻 *Asteromphalus robustus* Castracane

[据最新资料记载，该种的分类地位(包括命名)可能尚需进一步核实和研究]

分布： 欧洲：亚得里亚海，黑海，克罗地亚，罗马尼亚；亚洲：中国沿海；北极：西北冰洋[高纬度(>85°N)海盆]。

参考文献：Katsuki et al.，2009；Guiry，Guiry，2015。

星脐藻 ***Asteromphalus* sp.**（版图Ⅷ，2a－b）

［如版图所示，该种的壳面特征与扇形星脐藻［*Asteromphalus flabellatus*（Brébisson）Greville，1859］的区别仅在于：本种细胞壳面圆形，不同于后者（椭圆形）直径有长短之分．两者是否为同一种，或为扇形星脐藻种下的新变型尚待进一步研究］

分布：北极：白令海峡至楚科奇海。

参考文献：林更铭等（未发表的资料）。

三角藻目 Order Triceratlales Round & Crawford，1990

三角藻科 Family Triceratiaceae（Schütt）Lemmermann，1899

三角藻属 Genus *Triceratium* Ehrenberg，1839

蜂窝三角藻 ***Triceratium favus* Ehrenberg，1839**（版图Ⅷ，3a－b）

同模式异名［Homotypic Synonym（s）］：*Biddulphia favus*（Ehrenberg）Van Heurck，1885；*Odontella favus*（Ehrenberg）Cleve，1901；*Odontella favus*（Ehrenberg）M. Peragallo，1903

分布：欧洲：亚得里亚海，波罗的海，黑海，法国，德国（赫尔戈兰岛），罗马尼亚；大西洋诸岛：加那利群岛；南美：巴西；澳大利亚和新西兰：新西兰；亚洲：中国，日本，印度；北极：白令海峡－楚科奇海。

参考文献：Guiry，Guiry，2015；林更铭等（未发表的资料）。

金钗三角藻 ***Triceratium nobile* Witt，1885**

同模式异名［Homotypic Synonym（s）］：*Biddulphia nobilis*（Witt）E. Jørgensen，1905

分布：北极：西北冰洋（加拿大北极区）。

参考文献：Hsiao，1980；Guiry，Guiry，2015。

齿状藻属 Genus *Odontella* Agardh，1832

长耳齿状藻 ***Odontella aurita*（Lyngbye）C. Agardh，1832**（版图Ⅸ，1a－b）

基名（Basionym）：*Diatoma aurita* Lyngbye

同模式异名［Homotypic Synonym（s）］：*Diatoma aurita* Lyngbye，1819；*Biddulphia aurita*（Lyngbye）Brébisson，1838

分布：欧洲：亚得里亚海，波罗的海，黑海，英国，德国（赫尔戈兰岛），法国，荷兰，西班牙；大西洋诸岛：加那利群岛；北美：加拿大（新斯科舍等）；南美：巴西，哥伦比亚；澳大利亚和新西兰：澳大利亚；亚洲：俄罗斯远东，日本和中国沿海；东南亚：新加坡；南极和亚南极诸岛：南极/亚南极群岛；北极：巴伦支海和喀拉海，加拿大北极区，楚科奇海－东西伯利亚－拉普捷夫海，楚科奇海，楚科奇海－加拿大海盆，阿拉斯加巴罗角沿海。

参考文献：Bursa，1963；Hsiao，1980；Okolodkov，1992；Matishov et al.，2000；Quillfeldt et al.，2003；Guiry，Guiry，2015；林更铭等，2013。

颗粒齿状藻 *Odontella granulata*(Roper) R. Ross, 1986

基名(Basionym): *Biddulphia granulata* Roper

同模式异名[Homotypic Synonym(s)]: *Biddulphia granulata* Roper, 1859

分布: 欧洲:波罗的海,英国,法国,德国(赫尔戈兰岛);南美:巴西;亚洲:日本和中国沿海;北极:巴伦支海和喀拉海,楚科奇海-加拿大海盆。

参考文献: Matishov et al., 2000; Guiry, Guiry, 2015; 林更铭等, 2013。

三桨舰藻属 Genus *Trieres* M. P. Ashworth & E. C. Theriot in Ashworth et al., 2013

中国三桨舰藻 *Trieres chinensis* (Greville) M. P. Ashworth & E. C. Theriot in Ashworth et al., 2013: 1221(as "*sinensis*")(版图Ⅸ, 2a-b)

基名(Basionym): *Biddulphia chinensis* Greville(= *Biddulphia sinensis* Grevill, 下同)

同模式异名[Homotypic Synonym(s)]: *Zygoceros chinensis* (Greville) P. T. Cleve, *Biddulphia chinensis* Greville, 1866; *Odontella chinensis* (Greville) Grunow, 1884

分布: 欧洲:波罗的海,黑海,法国,英国,德国(赫尔戈兰岛),荷兰;大西洋诸岛:加那利群岛;南美:巴西,哥伦比亚;澳大利亚和新西兰:澳大利亚,新西兰;亚洲:日本和中国沿海;北极:楚科奇海。

参考文献: Ashworth et al., 2013; Guiry, Guiry, 2015; 林更铭等(未发表的资料)。

斜斑藻科 Family Plagiogrammaceae De Toni, 1890

斜斑藻属 Genus *Plagiogramma* Greville, 1859

具横区斜斑藻 *Plagiogramma staurophorum* (W. Gregory) Heiberg, 1863

基名(Basionym): *Denticula staurophora* Gregory

同模式异名[Homotypic Synonym(s)]: *Denticula staurophora* Gregory, 1857

异模式异名[Heterotypic Synonym(s)]: *Plagiogramma gregoryanum* Greville, 1859

分布: 欧洲:亚得里亚海,波罗的海,英国,法国,西班牙;南美:巴西;澳大利亚和新西兰:澳大利亚,新西兰;亚洲:中国沿海;东南亚:新加坡;北极:加拿大北极区。

参考文献: Hsiao, 1980; Guiry, Guiry, 2015。

盒形藻目 Order Biddulphiales Krieger, 1954

盒形藻科 Family Biddulphiaceae Kützing, 1844

扁梯藻属 Genus *Isthmia* C. Agardh, 1832

纹扁梯藻 *Isthmia nervosa* Kützing, 1844

分布: 欧洲:波罗的海,爱尔兰(安特里姆),英国,法国;北美:加拿大;南美:巴西;澳大利亚和新西兰:澳大利亚;亚洲:中国沿海;北极:阿拉斯加巴罗角沿海。

参考文献: Bursa, 1963; Guiry, Guiry, 2015。

三棱藻属 Genus *Trigonium* Cleve, 1867

北极三棱藻 *Trigonium arcticum*(Brightwell) Cleve, 1868

基名(Basionym): *Triceratium arcticum* Brightwell

同模式异名[Homotypic Synonym(s)]: *Triceratium arcticum* Brightwell, 1853; *Biddulphia arctica*(Brightwell) Boyer, 1901

分布: 欧洲:英国;亚洲:俄罗斯远东,日本和中国沿海;南极和亚南极诸岛:南极/亚南极群岛,乔治王岛;北极:加拿大北极区。

参考文献: Hsiao, 1980; Guiry, Guiry, 2015。

半管藻目 Order Hemiaulales Round & R. M. Crawford, 1990

半管藻科 Family Hemiaulaceae Heiberg, 1863

弯角藻属 Genus *Eucampia* Ehrenberg, 1839

格陵兰弯角藻 *Eucampia groenlandica* Cleve, 1896(版图Ⅸ, 3a－b; 版图Ⅹ, 1)

分布(浮游海洋极地冷水种):北美:加拿大;北极:阿拉斯加－加拿大－俄罗斯北极区,拉普捷夫海,楚科奇海－加拿大海盆。

参考文献: Syvertsten. Hasle, 1983; Tuschling et al., 2000; Poulin et al., 2011; Guiry, Guiry, 2015; 林更铭等, 2013。

短角弯角藻 *Eucampia zoodiacus* Ehrenberg, 1839 (= *Eucampia zodiacus* Ehrenberg, 1839)(版图Ⅹ, 2a－b)

[根据有关记载(Syvertsen, Hasle, 1983),该种包括两种形态:短角型 *Eucampia zodiacus* f. *zodiacus* 和筒角型 *Eucampia zodiacus* f. *cylindrocornis* Syvertsen]

分布: 欧洲:英国,克罗地亚;大西洋诸岛:加那利群岛;北美:加拿大;亚洲:俄罗斯远东,日本和中国沿海;北极:巴伦支海和喀拉海,楚科奇海－加拿大海盆－马卡罗夫海盆－南森海盆,楚科奇海－加拿大海盆。

参考文献: Syvertsten, Hasle, 1983; Booth, Horner, 1997; Matishov et al., 2000; Guiry, Guiry, 2015; 杨清良等, 2002; 林更铭等, 2013。

角管藻属 Genus *Cerataulina* H. Peragallo ex Schütt, 1896

海洋角管藻 *Cerataulina pelagica*(Cleve) Hendey, 1937

基名(Basionym): *Zygoceros pelagicum* Cleve

同模式异名[Homotypic Synonym(s)]: *Zygoceros pelagicum* Cleve, 1889

异模式异名[Heterotypic Synonym(s)]: *Cerataulus bergonii* H. Peragallo, 1892; *Cerataulina bergonii*(H. Peragallo) Schütt, 1896

分布(有害物种):欧洲:亚得里亚海,波罗的海,黑海,英国,法国,德国(赫尔戈兰岛),罗马尼亚,克罗地亚;大西洋诸岛:加那利群岛;中美洲:墨西哥(下加利福尼亚);南美:巴西,哥伦比亚;澳大利亚和新西兰:澳大利亚,新西兰;亚洲:中国和日本沿海;北极：巴伦支海和喀拉海，拉普捷夫海，楚科奇海－加拿大海盆，阿拉斯加巴罗角沿海。

参考文献： Bursa，1963；Tuschling et al.，2000；Matishov et al.，2000；Guiry，Guiry，2015；林更铭等，2013。

中鼓藻科 Family Bellerocheaceae R. M. Crawford

中鼓藻属 Genus *Bellerochea* Van Heurck，1885

钟形中鼓藻 ***Bellerochea horologicalis*** **Stosch，1980**(版图Ⅹ，3a－b)

异模式异名[Heterotypic Synonym(s)]： *Bellerochea malleus*(Brightwell) Van Heurck，1885

分布： 欧洲：波罗的海，黑海，英国，德国(赫尔戈兰岛)；大西洋诸岛：加那利群岛；北美：加拿大(新斯科舍等)；南美：巴西，哥伦比亚；澳大利亚和新西兰：澳大利亚，新西兰；非洲：突尼斯；亚洲：俄罗斯远东，中国和日本沿海；北极：阿拉斯加巴罗角沿海，楚科奇海－加拿大海盆。

参考文献： Bursa，1963；Guiry，Guiry，2015；林更铭等，2013。

石丝藻目 Order Lithodesmiales Round & Crawford，1990

石丝藻科 Family Lithodesmiaceae Round & Crawford，1990

双尾藻属 Genus *Ditylum* Bailey，1861

布氏双尾藻 ***Ditylum brightwellii*** **(T. West) Grunow in Van Heurck，1885**(版图Ⅺ，1)

基名(Basionym)： *Triceratium brightwellii* T. West

同模式异名[Homotypic Synonym(s)]： *Triceratium brightwellii* T. West，1860

异模式异名[Heterotypic Synonym(s)]： *Ditylum trigonum* L. W. Bailey ex L. W. Bailey，1862；*Ditylum inaequale* J. W. Bailey ex L. W. Bailey，1862

分布： 欧洲：亚得里亚海，波罗的海，黑海，英国，法国，德国(赫尔戈兰岛)，克罗地亚，罗马尼亚，西班牙；北美：美国(缅因州)，加拿大(新斯科舍等)；南美：巴西；澳大利亚和新西兰：澳大利亚，新西兰；亚洲：俄罗斯远东，中国和日本沿海；东南亚：新加坡；北极：巴伦支海和喀拉海，楚科奇海－加拿大海盆。

参考文献： Matishov et al.，2000；Guiry，Guiry，2015；林更铭等，2013。

波利藻属 Genus *Pauliella* F. E. Round & P. W. Basson，1997

带纹波利藻 ***Pauliella taeniata*** **(Grunow) F. E. Round & P. W. Basson，1997**

基名(Basionym)： *Achnanthes taeniata* Grunow

同模式异名[Homotypic Synonym(s)]： *Achnanthes taeniata* Grunow，1880

异模式异名[Heterotypic Synonym(s)]： *Achnanthes taeniata* var. *hyperborea* Grunow，1878；*Achnanthes hyperborea*(Grunow) Grunow，1884

分布(海冰/海洋浮游极地冷水种)：欧洲：波罗的海，黑海，英国，罗马尼亚，芬兰；北美：加拿大，美国(西北部)；澳大利亚和新西兰：澳大利亚；亚洲：俄罗斯远东；北极：北欧北极区(斯堪的纳维亚和格陵兰)，拉普捷夫海，波弗特海，加拿大北部(努勒维特)，阿拉斯加－加拿大-俄罗斯北极区，楚科奇海-加拿大海盆-马卡罗夫海盆-南森海盆，阿拉斯加巴罗角沿海。

参考文献： Bursa, 1963；Horner, Schrader, 1982；Booth, Horner, 1997；Tuschling et al., 2000；Melnikov et al., 2002；Quillfeldt et al., 2003；Riedel et al., 2003；Poulin et al., 2011；Guiry, Guiry, 2015。

龙骨藻属 Genus *Tropidoneis* Cleve, 1891

大龙骨藻 *Tropidoneis maxima*(Gregory) Cleve, 1894

基名(Basionym)： *Amphiprora maxima* Gregory

分布： 欧洲：英国；亚洲：俄罗斯远东，日本和中国沿海；北极：加拿大北极区。

参考文献： Hsiao, 1980；Guiry, Guiry, 2015。

大龙骨藻可疑变种 *Tropidoneis maxima* var. *dubia*(Cleve et Grunow) Cleve

[据最新资料记载，该变种的分类地位(包括命名)可能还需进一步核实和研究]

异模式异名[Heterotypic Synonym(s)]： *Amphiprora maxima* var. *dubia* Cleve & Grunow, 1880

分布： 欧洲：英国；北极：加拿大北极区。

参考文献： Hsiao, 1980；Guiry, Guiry, 2015。

棘冠藻目 Order Corethrales Round & Crawford, 1990

棘冠藻科 Family Corethraceae Lebour, 1930

棘冠藻属 Genus *Corethron* Castracane, 1886

羽状棘冠藻 *Corethron pennatum*(Grunow) Ostenfeld in Van Heurck, 1909

基名(Basionym)： *Actiniscus pennatus* Grunow

同模式异名[Homotypic Synonym(s)]： *Actiniscus pennatus* Grunow, 1883

异模式异名[Heterotypic Synonym(s)]： *Corethron criophilum* Castracane, 1886；*Corethron hispidum* Castracane, 1886；*Corethron murrayanum* Castracane, 1886；*Corethron pelagicum* Brun, 1891；*Corethron valdiviae* Karsten, 1904

分布： 欧洲：波罗的海，英国，法国，西班牙；北美：加拿大；南美：巴西，哥伦比亚；澳大利亚和新西兰：澳大利亚，新西兰；亚洲：中国和日本沿海；南极和亚南极诸岛：南极/亚南极群岛；北极：巴伦支海和喀拉海，楚科奇海-加拿大海盆。

参考文献： Matishov et al., 2000；Joo et al., 2012；Guiry, Guiry, 2015；杨清良等, 2002, 2006。

根管藻目 Order Rhizosoleniales Silva, 1962

根管藻科 Family Rhizosoleniaceae De Toni, 1890

根管藻属 Genus *Rhizosolenia* Brightwell, 1858

钝棘根管藻 *Rhizosolenia hebetata* J. W. Bailey, 1856(版图Ⅺ, 2)

异模式异名[Heterotypic Synonym(s)]： *Rhizosolenia hebetata* f. *hiemalis* Gran, 1904

分布：欧洲：亚得里亚海，波罗的海，黑海，英国，法国，克罗地亚；大西洋诸岛：加那利群岛；北美：加拿大(新斯科舍等)；南美：巴西，哥伦比亚；澳大利亚和新西兰：澳大利亚，新西兰；亚洲：俄罗斯远东，韩国，中国，日本；亚北极：白令海；北极：巴伦支海和喀拉海，拉普捷夫海，哈得孙湾－巴芬湾，楚科奇海，楚科奇海－加拿大海盆。

参考文献：Werner, 1977；Tuschling et al., 2000；Matishov et al., 2000；Joo et al., 2012；Guiry, Guiry, 2015；杨清良等，2002，2006；林更铭等，2013。

钝棘根管藻半刺变型 ***Rhizosolenia hebetata*** **f.** ***semispina*** **(Hansen) Gran, 1908**(版图Ⅺ, 3a－b)

基名(Basionym)：*Rhizosolenia semispina* Hensen

同模式异名[Homotypic Synonym(s)]：*Rhizosolenia semispina* Hensen, 1887；*Rhizosolenia styliformis* var. *semispina*(Hensen) G. Karsten, 1905

分布：欧洲：波罗的海，黑海，德国(赫尔戈兰岛)，英国，爱尔兰(戈尔韦等)；北美：加拿大；南美：哥伦比亚；澳大利亚和新西兰：澳大利亚，新西兰；亚洲：韩国，中国，日本；南极和亚南极诸岛：南极/亚南极群岛；北极：巴伦支海和喀拉海，楚科奇海，楚科奇海－加拿大海盆－马卡罗夫海盆－南森海盆。

参考文献：Booth, Horner, 1997；Matishov et al., 2000；Quillfeldt et al., 2003；Guiry, Guiry, 2015；林更铭等，2013。

钝棘根管藻近尖变种 ***Rhizosolenia hebetata*** **var.** ***subacuta*** **Grunow, 1884**

分布：北极：加拿大北极区。

参考文献：Hsiao, 1980；Guiry, Guiry, 2015。

刚毛根管藻 ***Rhizosolenia setigera*** **Brightwell, 1858**(版图Ⅻ, 1a－b)

异模式异名[Heterotypic Synonym(s)]：*Rhizosolenia japonica* Castracane, 1886；*Rhizosolenia hensenii* Schütt, 1900

分布：欧洲：亚得里亚海，波罗的海，黑海，德国(赫尔戈兰岛)，英国，法国，荷兰；大西洋诸岛：加那利群岛；北美：加拿大(新斯科舍等)；南美：阿根廷，巴西，哥伦比亚；澳大利亚和新西兰：澳大利亚(新南威尔士州等)，新西兰；亚洲：俄罗斯远东，韩国，中国和日本沿海；北极：巴伦支海和喀拉海，楚科奇海－加拿大海盆。

参考文献：Matishov et al., 2000；Melnikov et al., 2002；Guiry, Guiry, 2015；杨清良等，2002，2006；林更铭等，2013。

笔尖根管藻 ***Rhizosolenia styliformis*** **T. Brightwell, 1858**(版图Ⅻ, 2a－b)

异模式异名[Heterotypic Synonym(s)]：*Rhizosolenia styliformis* var. *polydactyla* Van Heurck, 1909；*Rhizosolenia styliformis* var. *longispina* Hustedt, 1914

分布：欧洲：亚得里亚海，波罗的海，黑海，德国(赫尔戈兰岛)，英国，法国，爱尔兰(戈尔韦等)；大西洋诸岛：加那利群岛；北美：加拿大(新斯科舍等)；南美：巴西，哥伦比亚；澳大利亚和新西兰：澳大利亚，新西兰；亚洲：中国，日本；南极和亚南极诸岛：南极/亚南极群岛；北极：巴伦支海和喀拉海，楚科奇海－加拿大海盆，阿拉斯加巴罗角沿海。

参考文献：Bursa，1963；Matishov et al.，2000；Guiry，Guiry，2015；杨清良等，2002，2006；林更铭等，2013。

鼻状藻属 Genus *Proboscia* Sundström，1986

翼鼻状藻 *Proboscia alata*(Brightwell) Sundström，1986(版图Ⅻ，3)

基名(Basionym)：*Rhizosolenia alata* Brightwell

同模式异名[Homotypic Synonym(s)]：*Rhizosolenia alata* Brightwell，1858

异模式异名[Heterotypic Synonym(s)]：*Rhizosolenia alata* var. *gracillima*(Cleve) Grunow ex Van Heurck，1880；*Rhizosolenia gracillima* Cleve，1881；*Rhizosolenia alata* f. *gracillima*(Cleve) Gran，1908；*Rhizosolenia alata* f. *genuina* Gran，1908

分布：欧洲：亚得里亚海，波罗的海，黑海，德国(赫尔戈兰岛)，英国，法国，罗马尼亚，克罗地亚，西班牙；大西洋诸岛：加那利群岛；北美：加拿大(新斯科舍等)；中美洲：加利福尼亚湾；南美：阿根廷，巴西，哥伦比亚；澳大利亚和新西兰：澳大利亚，新西兰；亚洲：中国，日本，韩国；南极和亚南极诸岛：南极/亚南极群岛；北极：巴伦支海和喀拉海，加拿大北极区，楚科奇海，楚科奇海－加拿大海盆，阿拉斯加巴罗角沿海。

参考文献：Bursa，1963；Hsiao，1980；Matishov et al.，2000；Melnikov et al.，2002；Quillfeldt et al.，2003；Guiry，Guiry，2015；杨清良等，2002，2006；林更铭等，2013。

几内亚藻属 Genus *Guinardia* H. Peragallo，1892

柔弱几内亚藻 *Guinardia delicatula*(Cleve) Hasle in Hasle & Syvertsen，1997

基名(Basionym)：*Rhizosolenia delicatula* Cleve

同模式异名[Homotypic Synonym(s)]：*Rhizosolenia delicatula* Cleve，1900

分布：欧洲：亚得里亚海，波罗的海，黑海，德国(赫尔戈兰岛)，英国，法国，荷兰，罗马尼亚；大西洋诸岛：加那利群岛；北美：加拿大；南美：巴西；亚洲：俄罗斯远东，韩国，中国，日本；澳大利亚和新西兰：澳大利亚，新西兰；北极：巴伦支海和喀拉海，楚科奇海－加拿大海盆－马卡罗夫海盆－南森海盆。

参考文献：Booth，Horner，1997；Matishov et al.，2000；Guiry，Guiry，2015。

斯氏几内亚藻 *Guinardia striata*(Stolterfoth) Hasle in Hasle & Syvertsen，1996

基名(Basionym)：*Eucampia striata* Stolterfoth

同模式异名[Homotypic Synonym(s)]：*Eucampia striata* Stolterfoth，1879

异模式异名[Heterotypic Synonym(s)]：*Rhizosolenia stolterfothii* H. Peragallo，1888

分布：欧洲：亚得里亚海，波罗的海，黑海，德国(赫尔戈兰岛)，英国，法国，克罗地亚，西班牙；大西洋诸岛：加那利群岛；北美：加拿大(新斯科舍等)；南美：巴西，哥伦比亚；亚洲：日本，中国，韩国；澳大利亚和新西兰：澳大利亚，新西兰；亚北极：白令海和白令海峡；北极：楚科奇海。

参考文献：Guiry，Guiry，2015；杨清良等，2002。

指管藻属 Genus *Dactyliosolen* Castracane，1886

脆指管藻 *Dactyliosolen fragilissimus*(Bergon) Hasle in Hasle & Syvertsen，1996

基名(Basionym)：*Rhizosolenia fragilissima* Bergon

同模式异名[Homotypic Synonym(s)]：*Rhizosolenia fragilissima* Bergon，1903

分布：欧洲：亚得里亚海，波罗的海，黑海，英国，法国，罗马尼亚，克罗地亚；大西洋诸岛：加那利群岛；北美：美国(马里兰州)，加拿大(新斯科舍等)；南美：巴西，哥伦比亚；澳大利亚和新西兰：澳大利亚；亚洲：俄罗斯远东，韩国，中国和日本沿海；北极：巴伦支海和喀拉海，阿拉斯加附近。

参考文献：Matishov et al.，2000；Flint et al.，2002；Guiry，Guiry，2015。

角毛藻目 Order Chaetocerotales Round & R. M. Crawford，1990

角毛藻科 Family Chaetocerotaceae Ralfs in Pritchard，1861

角毛藻属 Genus *Chaetoceros* Ehrenberg，1844

窄隙角毛藻 *Chaetoceros affinis* Lauder，1864(版图XⅢ，1a－b)

异模式异名[Heterotypic Synonym(s)]：*Chaetoceros schuttii* Cleve；*Chaetoceros javanicus* Cleve，1873；*Chaetoceros ralfsii* Cleve，1873；*Chaetoceros angulatus* F. Schütt，1895

分布：欧洲：亚得里亚海，波罗的海，黑海，地中海，德国(赫尔戈兰岛)，英国，法国，克罗地亚，罗马尼亚；北美：加拿大(新斯科舍等)；南美：巴西，哥伦比亚；澳大利亚和新西兰：澳大利亚，新西兰；亚洲：俄罗斯(远东地区等)，日本，韩国，中国沿海；北极：巴伦支海和喀拉海，楚科奇海－加拿大海盆。

参考文献：Matishov et al.，2000；Joo et al.，2012；Guiry，Guiry，2015；杨清良等，2002；林更铭等，2013。

大西洋角毛藻 *Chaetoceros atlanticus* Cleve，1873(版图XⅢ，2a－b)

异模式异名[Heterotypic Synonym(s)]：*Chaetoceros dispar* Castracane，1886；*Chaetoceros polygonus* F. Schütt，1895；*Chaetoceros audax* F. Schütt，1895

分布(有害物种)：欧洲：亚得里亚海，波罗的海，黑海，英国，克罗地亚；大西洋诸岛：加那利群岛；北美：加拿大(新斯科舍等)；南美：巴西，哥伦比亚；澳大利亚和新西兰：澳大利亚；亚洲：俄罗斯(远东地区等)，日本和中国沿海；南极和亚南极诸岛：南极/亚南极群岛；北极：巴伦支海和喀拉海，楚科奇海－加拿大海盆－马卡罗夫海盆－南森海盆。

参考文献：Booth，Horner，1997；Matishov et al.，2000；Guiry，Guiry，2015；杨清良等，2002，2006；林更铭等，2013。

北方角毛藻 *Chaetoceros borealis* Bailey，1854

分布(有害物种)：欧洲：亚得里亚海，波罗的海，黑海，德国(赫尔戈兰岛)，英国，克罗地亚；大西洋诸岛：加那利群岛；北美：加拿大；南美：巴西；澳大利亚和新西兰：新西兰；亚洲：俄罗斯远东，韩国，中国，日本；北极：巴伦支海和喀拉海，楚科奇海－加拿大海盆，阿拉斯加(巴罗角)。

参考文献： Bursa，1963；Matishov et al.，2000；Guiry，Guiry，2015；杨清良等，2002，2006；林更铭等，2013。

短孢角毛藻 *Chaetoceros brevis* Schütt，1895(版图XIII，3a－b)

异模式异名［Heterotypic Synonym(s)］： *Chaetoceros hiemalis* Cleve，1900；*Chaetoceros pseudobrevis* Pavillard，1911

分布： 欧洲：亚得里亚海，波罗的海，黑海，英国，法国；北美：加拿大；南美：哥伦比亚；澳大利亚和新西兰：新西兰；亚洲：俄罗斯远东，韩国，中国，日本；北极：巴伦支海和喀拉海，楚科奇海－加拿大海盆。

参考文献： Matishov et al.，2000；Guiry，Guiry，2015；林更铭等，2013。

角孢角毛藻 *Chaetoceros ceratosporus* Ostenfeld，1910

异模式异名［Heterotypic Synonym(s)］： *Chaetoceros gracilis* Apstein，1905

分布： 欧洲：波罗的海，黑海，英国；北美：加拿大；亚洲：韩国；北极：巴伦支海和喀拉海，拉普捷夫海。

参考文献： Zenkevitch，1963；Matishov et al.，2000；Guiry，Guiry，2015。

扁面角毛藻 *Chaetoceros compressus* Lauder，1864(版图XIV，1a－b)

分布： 欧洲：亚得里亚海，波罗的海，黑海，英国，克罗地亚，罗马尼亚；大西洋诸岛：加那利群岛；北美：加拿大；南美：哥伦比亚；澳大利亚和新西兰：澳大利亚；亚洲：俄罗斯(远东地区等)，中国和日本沿海；北极：巴伦支海和喀拉海，楚科奇海，楚科奇海－加拿大海盆。

参考文献： Matishov et al.，2000；Quillfeldt et al.，2003；Joo et al.，2012；Guiry，Guiry，2015；杨清良等，2002，2006。

曲刺角毛藻 *Chaetoceros concavicornis* Mangin，1917(版图XIV，2a－b)

同模式异名［Homotypic Synonym(s)］： *Chaetoceros borealis* f. *concavicornis* (Mangin) Braaud，1935

分布(有害物种，寒带性外洋性种)：欧洲：亚得里亚海，波罗的海，英国，法国；北美：加拿大(新斯科舍等)；南美：巴西；澳大利亚和新西兰：澳大利亚，新西兰；亚洲：俄罗斯(远东地区等)，韩国，日本沿海；南极和亚南极诸岛：南极/亚南极群岛；北极：巴伦支海和喀拉海，拉普捷夫海，楚科奇海－加拿大海盆－马卡罗夫海盆－南森海盆。

参考文献： Booth，Horner，1997；Matishov et al.，2000；Tuschling et al.，2000；Guiry，Guiry，2015；杨清良等，2002，2006；林更铭等，2013。

缢缩角毛藻 *Chaetoceros constrictus* Gran，1897

分布(广温性沿岸种)：欧洲：波罗的海，英国；北美：加拿大；南美：巴西，哥伦比亚；澳大利亚和新西兰：新西兰；亚洲：俄罗斯(远东地区等)，韩国，日本和中国沿海；北极：巴伦支海和喀拉海，楚科奇海，阿拉斯加(巴罗角)。

参考文献： Bursa，1963；Matishov et al.，2000；Guiry，Guiry，2015；杨清良等，2002，2006。

旋转角毛藻 ***Chaetoceros contortus*** **F. Schütt，1895**

分布（浮游海洋极地冷水种）：欧洲：波罗的海，罗马尼亚；南美：巴西；澳大利亚和新西兰：新西兰；亚洲：日本，韩国；北极：阿拉斯加－加拿大－俄罗斯北极区。

参考文献： Poulin et al.，2011；Guiry，Guiry，2015。

扭角毛藻 ***Chaetoceros convolutus*** **Castracane，1886**

分布（有害物种，外洋寒带性/低温高盐）：欧洲：亚得里亚海，波罗的海，黑海，英国，克罗地亚；北美：加拿大；南美：巴西；澳大利亚和新西兰：澳大利亚，新西兰；亚洲：俄罗斯（远东地区等），韩国，日本和中国沿海；南极和亚南极诸岛：南极/亚南极群岛；亚北极：白令海；北极：巴伦支海和喀拉海，高纬度（>85°N）西北冰洋，哈得孙湾－巴芬湾，拉普捷夫海，楚科奇海。

参考文献： Werner，1977；Matishov et al.，2000；Katsuki et al.，2009；Guiry，Guiry，2015；杨清良等，2002，2006。

旋链角毛藻 ***Chaetoceros curvisetus*** **Cleve，1889**（版图XIV，3a－b）

分布（有害物种，广温沿岸性）：欧洲：亚得里亚海，波罗的海，黑海，英国，法国，克罗地亚，挪威，罗马尼亚，西班牙；大西洋诸岛：加那利群岛；北美：加拿大（新斯科舍等）；中美洲：墨西哥（下加利福尼亚）；南美：巴西，哥伦比亚；加勒比海诸岛：古巴；亚洲：俄罗斯，日本，韩国，中国；澳大利亚和新西兰：澳大利亚，新西兰；南极和亚南极诸岛：南极/亚南极群岛；北极：巴伦支海和喀拉海，楚科奇海－加拿大海盆。

参考文献： Matishov et al.，2000；Joo et al.，2012；Guiry，Guiry，2015；杨清良等，2002，2006；林更铭等，2013。

丹麦角毛藻 ***Chaetoceros danicus*** **Cleve，1889**（版图XV，1）

分布（有害物种，北温带沿岸性）：欧洲：亚得里亚海，波罗的海，黑海，德国（赫尔戈兰岛），英国，法国，克罗地亚，罗马尼亚；大西洋诸岛：加那利群岛；北美：加拿大；南美：巴西，哥伦比亚；澳大利亚和新西兰：澳大利亚，新西兰；亚洲：俄罗斯远东，韩国，中国和日本沿海；东南亚：新加坡；亚北极：白令海；北极：巴伦支海和喀拉海，拉普捷夫海，哈得孙湾－巴芬湾，高纬度（>85°N）西北冰洋，楚科奇海。

参考文献： Werner，1977；Matishov et al.，2000；Katsuki et al.，2009；Guiry，Guiry，2015；林更铭等，2013。

并基角毛藻 ***Chaetoceros decipiens*** **Cleve，1873**（版图XV，2a－b）

异模式异名［Heterotypic Synonym(s)］： *Chaetoceros decipiens* var. *grunowii*（F. Schütt）Cleve；*Chaetoceros grunowii* F. Schütt，1895

分布（浮游海洋分布种，温带外洋性）：欧洲：亚得里亚海，波罗的海，黑海，英国，法国，克罗地亚；大西洋诸岛：加那利群岛；北美：加拿大（新斯科舍等）；南美：巴西，哥伦比亚；澳大利亚和新西兰：澳大利亚，新西兰；亚洲：俄罗斯（远东地区等），韩国，日本和中国沿海；北极：北欧北极区(斯堪的纳维亚和格陵兰)，巴伦支海和喀拉海，加拿大北极区，楚科奇海－加拿大海盆－马卡罗夫海盆－南森海盆。

参考文献： Booth, Horner, 1997；Matishov et al.，2000；Poulin et al.，2011；Joo et al.，2012；Guiry，Guiry，2015；杨清良等，2002，2006；林更铭等，2013。

并基角毛藻巴罗变型 *Chaetoceros decipiens* f. *barrowensis* A. S. Bursa

［据最新资料记载，该变型的分类地位(包括命名)可能还需进一步核实和研究］

分布： 北极：阿拉斯加(巴罗角)。

参考文献： Bursa，1963；Guiry，Guiry，2015。

密联角毛藻 *Chaetoceros densus* (Cleve) Cleve，1899

基名(Basionym)： *Chaetoceros borealis* var. *densus* Cleve

同模式异名［Homotypic Synonym(s)］： *Chaetoceros borealis* var. *densus* Cleve，1897

分布(有害物种，外洋广温性)：欧洲：亚得里亚海，黑海，英国，法国，罗马尼亚；北美：加拿大，美国；澳大利亚和新西兰：澳大利亚；亚洲：韩国，日本和中国沿海；亚北极：白令海；北极：挪威海，巴伦支海，阿拉斯加(巴罗角)，楚科奇海。

参考文献： Bursa，1963；Guiry，Guiry，2015；杨清良等，2002，2006。

皇冠角毛藻 *Chaetoceros diadema* (Ehrenberg) Gran，1897(版图XV，3a－b；版图XVI，1a－b)

基名(Basionym)： *Syndendrium diadema* Ehrenberg

同模式异名［Homotypic Synonym(s)］： *Syndendrium diadema* Ehrenberg，1854

异模式异名［Heterotypic Synonym(s)］： *Chaetoceros distans* var. *subsecundus* Grunow ex Van Heurck，1880；*Chaetoceros groenlandicus* Cleve，1896；*Chaetoceros ralfsii* Schütt，1896；*Chaetoceros paradoxus* Peragallo，1897

分布： 欧洲：加勒比海，波罗的海，黑海，英国，法国，赫尔戈兰岛；北美：加拿大；澳大利亚和新西兰：澳大利亚，新西兰；亚洲：日本，中国，韩国，俄罗斯；北极：巴伦支海和喀拉海，拉普捷夫海，高纬度(＞85°N)西北冰洋，楚科奇海－加拿大海盆。

参考文献： Tuschling et al.，2000；Matishov et al.，2000；Katsuki et al.，2009；Guiry，Guiry，2015；杨清良等，2002，2006；林更铭等，2013。

双突角毛藻 *Chaetoceros didymus* Ehrenberg，1845(版图XVI，2)

分布： 欧洲：亚得里亚海，波罗的海，黑海，德国(赫尔戈兰岛)，英国，法国，克罗地亚，西班牙；大西洋诸岛：加那利群岛；中美洲：加利福尼亚湾；南美：巴西；澳大利亚和新西兰：澳大利亚，新西兰；亚洲：俄罗斯远东，日本，韩国和中国沿海；北极：楚科奇海－加拿大海盆。

参考文献： Joo et al.，2012；Guiry，Guiry，2015。

爱氏角毛藻 *Chaetoceros eibenii* Grunow in Van Heurck，1882

同模式异名［Homotypic Synonym(s)］： *Chaetoceros paradoxus* var. *eibenii* (Grunow) Grunow，1896

分布(有害物种)：欧洲：波罗的海，德国(赫尔戈兰岛)，英国，法国，克罗地亚；北美：加拿大；南美：巴西，哥伦比亚；澳大利亚和新西兰：澳大利亚，新西兰；亚洲：韩国，日本和中国沿海；北极：阿拉斯加(巴罗角)，楚科奇海。

参考文献：Bursa，1963；Guiry，Guiry，2015；杨清良等，2002。

细角毛藻 *Chaetoceros filiformis* Meunier，1910

分布：欧洲：英国；亚洲：日本和中国沿海；北极：巴伦支海和喀拉海，楚科奇海－加拿大海盆。

参考文献：Matishov et al.，2000；Guiry，Guiry，2015；林更铭等，2013。

脆弱角毛藻 *Chaetoceros fragilis* Meunier，1910

分布：欧洲：亚得里亚海，英国；亚洲：中国(台湾)；北极：加拿大海盆。

参考文献：Melnikov et al.，2002；Guiry，Guiry，2015。

叉尖角毛藻 *Chaetoceros furcellatus* Yendo，1911(版图XVI，3a－c)

分布(北极种)：欧洲：亚得里亚海，波罗的海，英国；北美：加拿大；南美：巴西；亚洲：俄罗斯远东，日本沿海；北极：北欧北极区(斯堪的纳维亚和格陵兰)，阿拉斯加北极区，加拿大北极区，哈得孙湾，俄罗斯北极区，巴伦支海和喀拉海，拉普捷夫海，楚科奇海－加拿大海盆－马卡罗夫海盆－南森海盆，阿拉斯加(巴罗角)。

参考文献：Bursa，1961，1963；Matheke，Horner，1974；Heimdal，1989；Booth，Horner，1997；Tuschling et al.，2000；Matishov et al.，2000；Quillfeldt et al.，2003；Poulin et al.，2011；Guiry，Guiry，2015；杨清良等，2002，2006；林更铭等，2013。

纤细角毛藻 *Chaetoceros gracilis* F. Schütt，1895

分布：欧洲：亚得里亚海，波罗的海，英国，法国；亚洲：韩国和中国(台湾)；亚北极：白令海；北极：拉普捷夫海，哈得孙湾和巴芬湾，波弗特海，楚科奇海，阿拉斯加(巴罗角)。

参考文献：Bursa，1963；Werner，1977；Horner，Schrader，1982；Guiry，Guiry，2015；杨清良等，2002，2006。

无沟角毛藻 *Chaetoceros holsaticus* F. Schütt，1895

异模式异名[Heterotypic Synonym(s)]：*Chaetoceros balticus* Cleve，1896

分布：欧洲：亚得里亚海，波罗的海，黑海，英国，法国，罗马尼亚；北美：加拿大；南美：巴西；澳大利亚和新西兰：新西兰；亚洲：日本和中国沿海；北极：巴伦支海和喀拉海，楚科奇海－东西伯利亚－拉普捷夫海。

参考文献：Okolodkov，1992；Matishov et al.，2000；Tuschling et al.，2000；Guiry，Guiry，2015。

加拉角毛藻 *Chaetoceros karianus* Grunow，1880

分布：欧洲：黑海，英国，法国；北美：加拿大；北极：巴伦支海和喀拉海，高纬度(＞85°N)西北冰洋，楚科奇海。

参考文献：Matishov et al.，2000；Katsuki et al.，2009；Guiry，Guiry，2015；杨清良

等，2002。

垂缘角毛藻 ***Chaetoceros laciniosus*** **F. Schütt，1895**

分布： 欧洲：亚得里亚海，波罗的海，黑海，英国，法国，挪威，罗马尼亚；大西洋诸岛：加那利群岛；北美：加拿大，美国(罗德岛群岛)；南美：巴西；澳大利亚和新西兰：新西兰；亚洲：俄罗斯(远东地区等)，韩国，日本和中国沿海；南极和亚南极诸岛：南极/亚南极群岛；北极：巴伦支海和喀拉海，高纬度(>85°N)西北冰洋，楚科奇海-加拿大海盆。

参考文献： Matishov et al.，2000；Katsuki et al.，2009；Guiry，Guiry，2015；林更铭等，2013。

高孢角毛藻 ***Chaetoceros mitra*** **(Bailey) Cleve，1896**

基名(Basionym)： *Dicladia mitra* J. W. Bailey

同模式异名[Homotypic Synonym(s)]： *Dicladia mitra* J. W. Bailey，1856

异模式异名[Heterotypic Synonym(s)]： *Dicladia groenlandica* Cleve，1873

分布： 欧洲：波罗的海，黑海，英国；北美：加拿大；澳大利亚和新西兰：澳大利亚；亚洲：俄罗斯远东，韩国，日本和中国沿海；北极：楚科奇海-加拿大海盆，高纬度(>85°N)西北冰洋。

参考文献： Katsuki et al.，2009；Joo et al.，2012；Guiry，Guiry，2015。

根状角毛藻 ***Chaetoceros radicans*** **F. Schütt，1895**(版图XⅦ，1)

异模式异名[Heterotypic Synonym(s)]： *Chaetoceros scolopendra* Cleve，1896

分布： 欧洲：亚得里亚海，波罗的海，德国(赫尔戈兰岛)，英国，法国；北美：加拿大，哥伦比亚；南美：巴西；澳大利亚和新西兰：澳大利亚；亚洲：俄罗斯(远东地区等)，韩国，日本和中国沿海；南极和亚南极诸岛：南极/亚南极群岛；北极：巴伦支海和喀拉海，加拿大海盆。

参考文献： Matishov et al.，2000；Melnikov et al.，2002；Guiry，Guiry，2015。

相似角毛藻 ***Chaetoceros similis*** **Cleve，1896**(版图XⅦ，2a-b)

分布： 欧洲：亚得里亚海，波罗的海，黑海，英国，法国，罗马尼亚；北美：加拿大；南美：巴西；澳大利亚和新西兰：澳大利亚，新西兰；亚洲：俄罗斯远东，韩国，日本和中国沿海；北极：巴伦支海和喀拉海，楚科奇海-加拿大海盆。

参考文献： Matishov et al.，2000；Guiry，Guiry，2015；林更铭等，2013。

单一角毛藻 ***Chaetoceros simplex*** **Ostenfeld，1902**

分布： 欧洲：亚得里亚海，波罗的海，黑海，英国，法国，克罗地亚，罗马尼亚；北美：加拿大；南美：巴西；澳大利亚和新西兰：新西兰；亚洲：韩国；南极和亚南极群岛：南极/亚南极群岛；北极：巴伦支海和喀拉海；楚科奇海-加拿大海盆。

参考文献： Matishov et al.，2000；Joo et al.，2012；Guiry，Guiry，2015。

聚生角毛藻 ***Chaetoceros socialis*** **Lauder，1864**(版图XⅦ，3a-b)

异模式异名[Heterotypic Synonym(s)]： *Chaetoceros radians* F. Schütt，1895；*Chaetoceros* *socialis* f. *autumnalis* A. I. Proshkina - Lavrenko, 1953; *Chaetoceros socialis* 22 】 f. *vernalis* A. I. Proshkina - Lavrenko, 1953; *Chaetoceros socialis* f. *radians* (F. Schütt) A. I. Proshkina - Lavrenko, 1963; *Chaetoceros socialis* var. *radians* (Schutt) P. M. Tsarenko, 2009

分布(有害物种，浮游海洋极地冷水种)：欧洲：亚得里亚海，波罗的海，黑海，北海，英国，法国，丹麦，克罗地亚，意大利，挪威，罗马尼亚；大西洋群岛：加那利群岛；北美：加拿大(新斯科舍等)，美国(罗德岛群岛)；中美洲：加利福尼亚湾；南美：阿根廷，巴西，哥伦比亚；澳大利亚和新西兰：澳大利亚，新西兰；亚洲：俄罗斯，韩国，日本，中国；东南亚：泰国；南极和亚南极诸岛：南极/亚南极群岛；北极：北欧北极区(斯堪的纳维亚和格陵兰)，巴伦支海和喀拉海，阿拉斯加北极区，楚科奇海-加拿大海盆-马卡罗夫海盆-南森海盆，楚科奇海-加拿大海盆。

参考文献：Booth，Horner，1997；Matishov et al.，2000；Quillfeldt et al.，2003；Poulin et al.，2011；Guiry，Guiry，2015；杨清良等，2002，2006；林更铭等，2013。

细弱角毛藻 *Chaetoceros subtilis* Cleve，1896

分布：欧洲：亚得里亚海，波罗的海，黑海，英国，克罗地亚，罗马尼亚；北美：加拿大；南美：巴西，哥伦比亚；澳大利亚和新西兰：澳大利亚；亚洲：俄罗斯(远东地区等)，韩国，日本，中国；北极：巴伦支海和喀拉海，楚科奇海-加拿大海盆，阿拉斯加(巴罗角)。

参考文献：Bursa，1963；Matishov et al.，2000；Guiry，Guiry，2015；林更铭等，2013。

极细角毛藻 *Chaetoceros tenuissimus* Meunier，1913

异模式异名[Heterotypic Synonym(s)]：*Chaetoceros simplex* var. *calcitrans* Paulsen，1905

分布：欧洲：亚得里亚海，波罗的海，黑海，法国，罗马尼亚，克罗地亚；北美：加拿大；南美：巴西；北极：加拿大北部(努勒维特)。

参考文献：Riedel et al.，2003；Guiry，Guiry，2015。

威格海母角毛藻 *Chaetoceros wighamii* Brightwell，1856(版图XVIII，1a-b)

异模式异名[Heterotypic Synonym(s)]：*Chaetoceros bottnicus* Cleve，1896；*Chaetoceros biconcavus* Gran，1897

分布(浮游半咸淡-海洋极地冷水种)：欧洲：亚得里亚海，波罗的海，黑海，英国，法国，克罗地亚，罗马尼亚，西班牙；北美：加拿大，美国(马里兰州)；亚洲：俄罗斯，韩国，日本和中国沿海；北极：加拿大北极区，俄罗斯北极区，阿拉斯加北极区，哈得孙湾和巴芬湾，巴伦支海和喀拉海，拉普捷夫海，楚科奇海，阿拉斯加(巴罗角)。

参考文献：Bursa，1963；Werner，1977；Matishov et al.，2000；Tuschling et al.，2000；Poulin et al.，2011；Guiry，Guiry，2015；杨清良等，2002。

四棘藻科 Family Attheyaceae Round & Crawford，1990

四棘藻属 Genus *Attheya* West，1860

装饰四棘藻 *Attheya decora* T. West，1860

分布：欧洲：波罗的海，黑海，英国；北美：加拿大；北极：阿拉斯加(巴罗角)。

参考文献： Bursa，1963；Guiry，Guiry，2015。

北方四棘藻 ***Attheya septentrionalis*** **（Østrup） R. M. Crawford in R. M. Crawford，C. Gardner & Medlin，1994**

基名（Basionym）： *Chaetoceros septentrionalis* Østrup

同模式异名［Homotypic Synonym（s）］： *Gonioceros septentrionalis*（Østrup） Round，R. M. Crawford & D. G. Mann；*Chaetoceros septentrionalis* Østrup，1895

分布（北极种，海冰与海洋极地冷水种）：欧洲：波罗的海，黑海，英国，罗马尼亚；大西洋诸岛：格陵兰；北美：加拿大；澳大利亚和新西兰：澳大利亚；北极：北欧北极区（斯堪的纳维亚和格陵兰），阿拉斯加北极区和加拿大北极区，俄罗斯北极，巴伦支海和喀拉海，拉普捷夫海，波弗特海，楚科奇海，加拿大北部（努勒维特），楚科奇海－加拿大海盆－马卡罗夫海盆－南森海盆。

参考文献： Horner，Schrader，1982；Heimdal，1989；Booth，Horner，1997；Tuschling et al.，2000；Matishov et al.，2000；Riedel et al.，2003；Quillfeldt et al.，2003；Poulin et al.，2011；Guiry，Guiry，2015。

细柱藻目 Order Leptocylindrales Round & R. M. Crawford，1990

细柱藻科 Family Leptocylindraceae Lebour，1930

细柱藻属 Genus *Leptocylindrus* Cleve，1889

丹麦细柱藻 ***Leptocylindrus danicus*** **Cleve，1889**（版图XVIII，2a－b）

分布： 欧洲：亚得里亚海，波罗的海，黑海，德国（赫尔戈兰岛），英国，法国，克罗地亚，挪威，罗马尼亚，西班牙；大西洋诸岛：加那利群岛；北美：加拿大（新斯科舍等）；南美：巴西，哥伦比亚；澳大利亚和新西兰：澳大利亚，新西兰；亚洲：俄罗斯远东，日本和中国沿海；南极和亚南极诸岛：南极/亚南极群岛；亚北极：白令海；北极：哈得孙湾和巴芬湾，巴伦支海和喀拉海，拉普捷夫海，楚科奇海，阿拉斯加（巴罗角），楚科奇海－加拿大海盆。

参考文献： Bursa，1963；Werner，1977；Matishov et al.，2000；Quillfeldt et al.，2003；Guiry，Guiry，2015；杨清良等，2002，2006；林更铭等，2013。

微小细柱藻 ***Leptocylindrus minimus*** **Gran，1915**

异模式异名［Heterotypic Synonym（s）］： *Leptocylindrus belgicus* Meunier，1915

分布（有害物种）：欧洲：亚得里亚海，波罗的海，黑海，德国（赫尔戈兰岛），英国，法国，克罗地亚，罗马尼亚，西班牙；大西洋诸岛：加那利群岛；北美：加拿大（新斯科舍等）；南美：巴西；澳大利亚和新西兰：新西兰；亚洲：中国（台湾）；北极：巴伦支海和喀拉海，楚科奇海－加拿大海盆。

参考文献： Matishov et al.，2000；Melnikov et al.，2002；Guiry，Guiry，2015；杨清良等，2002；林更铭等，2013。

脆杆藻纲 Class Fragilariophyceae Round, 1990

脆杆藻目 Order Fragilariales Silva, 1962

脆杆藻科 Family Fragilariaceae Greville, 1833

小沟藻属 Genus *Fossula* G. R. Hasle, E. E. Syvertsen & C. H. von Quillfeldt, 1996

北极小沟藻 *Fossula arctica* G. R. Hasle, E. E. Syvertsen & C. H. von Quillfeldt, 1996

分布：北美：加拿大；北极：楚科奇海，楚科奇海－波弗特海。

参考文献：Quillfeldt et al., 2003；Sukhanova et al., 2009；Guiry, Guiry, 2015。

脆杆藻属 Genus *Fragilaria* Lyngbye, 1819

钝脆杆藻 *Fragilaria capucina* Desmazières, 1830

异模式异名[Heterotypic Synonym(s)]：*Fragilaria capucina* var. *lanceolata* Grunow, 1881；*Fragilaria capucina* f. *lanceolata* (Grunow) Hustedt, 1957；*Fragilaria capucina* f. *lanceolata* (Grunow) Skabichevskii, 1960

分布(淡水种)：欧洲：波罗的海，黑海，奥地利，英国，爱尔兰，芬兰，德国，波兰，罗马尼亚，西班牙；大西洋诸岛：冰岛；北美：美国(阿肯色州，密歇根州，西北部等)，加拿大，五大湖；南美：阿根廷，巴西，哥伦比亚；澳大利亚和新西兰：澳大利亚(昆士兰，新南威尔士州和维多利亚)，新西兰；太平洋诸岛：夏威夷群岛；亚洲：俄罗斯远东，蒙古，韩国，中国，尼泊尔；北极：楚科奇海，加拿大北极区，埃尔斯米尔岛。

参考文献：Quillfeldt et al., 2003；Guiry, Guiry, 2015；胡鸿钧等，2006。

克罗脆杆藻 *Fragilaria crotonensis* Kitton, 1869

同模式异名[Homotypic Synonym(s)]：*Synedra crotonensis* (Kitton) Cleve & Möller, 1878；*Nematoplata crotonensis* (Kitton) Kuntze, 1898

异模式异名[Heterotypic Synonym(s)]：*Synedra crotonensis* var. *prolongata* f. *belgica* Grunow, 1881；*Fragilaria crotonensis* var. *prolongata* Grunow, 1885

分布(淡水种)：欧洲：波罗的海，黑海，英国，爱尔兰，波兰，罗马尼亚，西班牙；北美：五大湖，美国(阿肯色州，密歇根州，西北部等)，加拿大(魁北克)；澳大利亚和新西兰：澳大利亚(维多利亚和新南威尔士州等)，新西兰；太平洋诸岛：夏威夷群岛；亚洲：俄罗斯(远东地区等)，蒙古，韩国和中国；西南亚：伊朗和以色列；北极：巴伦支海和喀拉海，楚科奇海－加拿大海盆。

参考文献：Matishov et al., 2000；Guiry, Guiry, 2015；林更铭等，2013。

冰岛脆杆藻 *Fragilaria islandica* Grunow ex Van Heurck, 1881(版图XVIII, 3a－b)

分布：欧洲：英国，罗马尼亚，北海，德国(赫尔戈兰岛)；亚洲：日本沿海；南极和亚南极诸岛：南极/亚南极群岛；北极：扬马延岛(大西洋北部)，莫曼海，北挪威，巴伦支海和喀拉海，加拿大海盆。

参考文献： Lebour，1930；Matishov et al.，2000；Melnikov et al.，2002；Guiry，Guiry，2015。

条纹脆杆藻 *Fragilaria striatula* Lyngbye，1819

分布： 欧洲：波罗的海，黑海，英国；北美：加拿大(新斯科舍等)；澳大利亚和新西兰：新西兰；亚洲：日本和中国沿海；南极和亚南极群岛：乔治王岛，澳大利亚威尔克斯地；北极：加拿大北部(努勒维特)，加拿大海盆。

参考文献： Melnikov et al.，2002；Guiry，Guiry，2015。

星杆藻属 Genus *Asterionella* Hassall，1850

美丽星杆藻 *Asterionella formosa* Hassall，1850

同模式异名[Homotypic Synonym(s)]： *Asterionella gracillima* var. *formosa* (Hassall) Wislouch，1921

分布(淡水种)： 欧洲：波罗的海，黑海，英国，爱尔兰，芬兰，法国，德国，荷兰，罗马尼亚，西班牙；北美：五大湖，加拿大，美国(阿肯色州，密歇根州，安大略湖，西北部等)；南美：巴西，哥伦比亚；澳大利亚和新西兰：澳大利亚(新南威尔士州，昆士兰州，维多利亚，塔斯马尼亚岛)，新西兰；太平洋诸岛：夏威夷群岛；亚洲：俄罗斯(远东地区等)，韩国，蒙古，日本和中国，土耳其(亚洲)；西南亚：伊朗；北极：巴伦支海和喀拉海，楚科奇海-东西伯利亚-拉普捷夫海。

参考文献： Okolodkov，1992；Matishov et al.，2000；Tuschling et al.，2000；Quillfeldt et al.，2003；Guiry，Guiry，2015。

美丽星杆藻纤细变种 *Asterionella formosa* var. *gracillima* (Hanztsch) Grunow in van Heurck，1881

基名(Basionym)： *Diatoma gracillima* C. A. Hantzsch

同模式异名[Homotypic Synonym(s)]： *Diatoma gracillima* C. A. Hantzsch，1861；*Asterionella gracillima* (Hantzsch) Heiberg，1863

分布(淡水种)： 欧洲：黑海，英国，爱尔兰，罗马尼亚，西班牙；北美：五大湖，加拿大，美国(阿肯色州等)；澳大利亚和新西兰：澳大利亚(维多利亚)；亚洲：韩国；西南亚：伊朗；北极：阿拉斯加(巴罗角)。

参考文献： Bursa，1963；Guiry，Guiry，2015。

拟星杆藻属 Genus *Asterionellopsis* Round in F. E. Round, R. M. Crawford & D. G. Mann，1990

冰河拟星杆藻 *Asterionellopsis glacialis* (Castracane) Round in Round，R. M. Crawford & D. G. Mann，1990

基名(Basionym)： *Asterionella glacialis* Castracane

同模式异名[Homotypic Synonym(s)]： *Asterionella glacialis* Castracane，1886

异模式异名[Heterotypic Synonym(s)]： *Asterionella japonica* Cleve，1882

分布： 欧洲：亚得里亚海，波罗的海，黑海，英国，德国(赫尔戈兰岛)，克罗地亚，法国，西班牙；大西洋诸岛：加那利群岛；北美：加拿大(新斯科舍等)；中美洲：加利福尼亚湾；南美：巴西，哥伦比亚；澳大利亚和新西兰：澳大利亚，新西兰；亚洲：俄罗斯远东，日本和中国沿海；东南亚：新加坡；北极：楚科奇海。

参考文献： Quillfeldt et al.，2003；Guiry，Guiry，2015。

星平藻属 Genus *Asteroplanus* C. Gardner & R. M. Crawford，1997

加拉星平藻 *Asteroplanus karianus* (Grunow) C. Gardner & R. M. Crawford in R. M. Crawford & C. Gardner，1997

基名(Basionym)： *Asterionella kariana* Grunow

同模式异名[Homotypic Synonym(s)]： *Asterionella kariana* Grunow，1880；*Asterionellopsis kariana*(Grunow) Round，1990

分布： 欧洲：波罗的海，德国(赫尔戈兰岛)，英国；大西洋诸岛：加那利群岛；北美：加拿大；南美：巴西；澳大利亚和新西兰：新西兰；亚洲：俄罗斯远东，日本和中国沿海；北极：巴伦支海和喀拉海，阿拉斯加(巴罗角)。

参考文献： Bursa，1963；Matishov et al.，2000；Guiry，Guiry，2015。

蛾眉藻属 Genus *Ceratoneis* Ehrenberg，1839

新月蛾眉藻 *Ceratoneis closterium* Ehrenberg，1839(版图XIX，1)

同模式异名[Homotypic Synonym(s)]： *Nitzschiella closterium* (Ehrenberg) Rabenhorst，1864；*Cylindrotheca closterium* (Ehrenberg) Reimann & J. C. Lewin，1964

分布(两极性种，海冰/海洋浮游种，界性种)：欧洲：亚得里亚海，波罗的海，黑海，英国，克罗地亚，法国，德国(赫尔戈兰岛等)，荷兰，葡萄牙，罗马尼亚，西班牙；大西洋诸岛：加那利群岛；北美：加拿大(新不伦瑞克，新斯科舍等)，美国(西北部)；中美洲：加利福尼亚湾；南美：巴西，哥伦比亚；澳大利亚和新西兰：澳大利亚(新南威尔士州，北领地等)；亚洲：俄罗斯远东，韩国，日本和中国沿海；西南亚：印度；东南亚：新加坡；南极和亚南极诸岛：南极/亚南极群岛，乔治五世海岸；亚北极：白令海和白令海峡；北极：巴伦支海和喀拉海，拉普捷夫海，楚科奇海，波弗特海，哈得孙湾－巴芬湾，楚科奇海－加拿大海盆－马卡罗夫海盆－南森海盆，阿拉斯加－加拿大－俄罗斯北极区。

参考文献： Bursa，1961；Matheke，Horner，1974；Hasle，1976；Werner，1977；Horner，Schrader，1982；Booth，Horner，1997；Matishov et al.，2000；Tuschling et al.，2000；Melnikov et al.，2002；Quillfeldt et al.，2003；Poulin et al.，2011；Guiry，Guiry，2015；何剑锋等，2005；杨清良等，2002，2006。

似横带藻属 Genus *Staurosirella* D. M. Wiliams & Round，1988

羽状似横带藻 *Staurosirella pinnata* (Ehrenberg) D. M. Williams & Round，1987

基名(Basionym)： *Fragilaria pinnata* Ehrenberg

同模式异名[Homotypic Synonym(s)]： *Fragilaria pinnata* Ehrenberg，1843

异模式异名[Heterotypic Synonym(s)]： *Navicula lestikowii* Lange－Bertalot；*Fragilaria* *pinnata* var. *pinnata* Ehrenberg, 1843; *Fragilaria lancettula* Schumann, 1867; *Nematoplata lancettula* (*Schumann*) Kuntze, 1898; *Fragilaria pinnata* var. *lancettula* (Schumann) Hustedt, 1913; *Fragilaria mutabilis* var. *lancettula* (J. Schumann) Cleve - Euler, 1915; *Fragilaria pinnata* f. *lancettula* (Schumann) Hustedt, 1957; *Punctastriata pinnata* (Ehrenberg) D. M. Williams & Round, 1987

分布(海水/淡水种): 欧洲: 波罗的海, 黑海, 法国, 德国, 罗马尼亚, 西班牙, 英国, 爱尔兰, 芬兰, 意大利, 波兰; 大西洋诸岛: 冰岛; 北美: 五大湖, 美国(阿肯色州, 佛罗里达州等); 南美: 阿根廷, 巴西, 哥伦比亚; 澳大利亚和新西兰: 澳大利亚(新南威尔士州, 昆士兰州, 塔斯马尼亚岛, 维多利亚等); 太平洋诸岛: 夏威夷群岛; 西南亚: 以色列; 亚洲: 俄罗斯远东, 韩国, 蒙古, 中国, 土耳其(亚洲); 东南亚: 新加坡; 南极和亚南极诸岛: 澳大利亚威尔克斯地; 北极: 楚科奇海, 加拿大北极区, 埃尔斯米尔群岛。

参考文献: Hsiao, 1980; Quillfeldt et al., 2003; Michelutti et al., 2013; Guiry, Guiry, 2015; 胡鸿钧等, 2006。

针杆藻属 Genus *Synedra* Ehrenberg, 1830

尖针杆藻原变种 *Synedra acus* var. *acus* Kützing, 1844

分布: 亚洲: 中国沿海; 北极: 楚科奇海 - 东西伯利亚 - 拉普捷夫海。

参考文献: Okolodkov, 1992; Guiry, Guiry, 2015。

堪察加针杆藻 *Synedra camtschatica* Grunow, 1862

同模式异名[Homotypic Synonym(s)]: *Catacombas camtschatica* (Grunow) D. M. Williams & Round, 1986

分布(底栖/固着种类): 北极: 楚科奇海。

参考文献: Quillfeldt et al., 2003; Guiry, Guiry, 2015。

平片针杆藻钝头变种 *Synedra tabulata* var. *obtusa* Pantocsek, 1889

分布[古地质年代种类(化石种), 没有今生种群]: 亚洲: 韩国; 北极: 加拿大北极区。

参考文献: Hsiao, 1980; Guiry, Guiry, 2015。

肘状针杆藻 *Synedra ulna* (Nitzsch) Ehrenberg, 1832

基名(Basionym): *Bacillaria ulna* Nitzsch

分布(淡水种): 欧洲: 亚得里亚海, 波罗的海, 英国, 爱尔兰, 德国, 罗马尼亚, 西班牙; 大西洋诸岛: 冰岛; 北美: 五大湖, 美国(阿肯色州, 西北部等); 南美: 哥伦比亚; 澳大利亚和新西兰: 澳大利亚(新南威尔士州, 昆士兰州, 南澳大利亚, 塔斯马尼亚岛, 维多利亚, 西部澳大利亚); 太平洋诸岛: 夏威夷群岛; 亚洲: 蒙古, 韩国, 中国, 尼泊尔; 西南亚: 伊朗, 印度(旁遮普); 北极: 巴伦支海和喀拉海, 楚科奇海 - 加拿大海盆。

参考文献: Matishov et al., 2000; Guiry, Guiry, 2015; 胡鸿钧等, 2006; 林更铭等, 2013。

拟针杆藻属 Genus *Synedropsis* G. R. Hasle，L. K. Medlin & E. E. Syvertsen，1994

极北拟针杆藻 *Synedropsis hyperborea*(Grunow) G. R. Hasle，L. K. Medlin & E. E. Syvertsen，1994

基名(Basionym)：*Synedra hyperborea* Grunow

同模式异名[Homotypic Synonym(s)]：*Synedra hyperborea* Grunow，1884

异模式异名[Heterotypic Synonym(s)]：*Synedra hyperborea* var. *rostellata* Grunow，1884；*Synedra hyperborea* var. *flexuosa* Grunow，1884

分布：欧洲：英国，挪威；大西洋诸岛：丹麦格陵兰；北美：五大湖，加拿大(新斯科舍等)；北极：俄罗斯北极区，加拿大北极区，努勒维特，加拿大海盆，高纬度(>85°N)西北冰洋，巴伦支海，楚科奇海－东西伯利亚－拉普捷夫海。

参考文献：Hsiao，1980；Okolodkov，1992；Hasle et al.，1994；Tuschling et al.，2000；Melnikov et al.，2002；Riedel et al.，2003；Quillfeldt et al.，2003；Katsuki et al.，2009；Guiry，Guiry，2015。

栉纹藻属 Genus *Ctenophora*(Grunow) D. M. Williams & Round，1986

美丽栉纹藻 *Ctenophora pulchella*(Ralfs ex Kützing) D. M. Williams & Round，1986

基名(Basionym)：*Synedra pulchella* (Ralfs ex Kützing) Kützing

异模式异名[Heterotypic Synonym(s)]：*Synedra pulchella* (Ralfs ex Kützing) Kützing，1844；*Exilaria pulchella* Ralfs ex Kützing，1844；*Synedra pulchella* var. *smithii* Grunow，1881；*Synedra pulchella* var. *abnormis* Macchiati，1889；*Fragilaria pulchella*(Ralfs ex Kützing) Lange－Bertalot，1980

分布(淡水底栖/固着种类)：欧洲：波罗的海，黑海，法国，德国，西班牙，土耳其(欧洲)，英国，爱尔兰，芬兰，波兰，罗马尼亚，瑞典；北美：五大湖，美国(阿肯色州等)，加拿大；南美：巴西；澳大利亚和新西兰：澳大利亚(新南威尔士州，昆士兰州，塔斯马尼亚岛，维多利亚等)，新西兰；太平洋诸岛：夏威夷群岛；亚洲：俄罗斯远东，蒙古，韩国，土耳其(亚洲)；南极和亚南极群岛：南极/亚南极群岛；北极：加拿大北极区，楚科奇海。

参考文献：Hsiao，1980；Quillfeldt et al.，2003；Guiry，Guiry，2015。

汉娜藻属 Genus *Hannaea* R. M. Patrick in R. Patrick & C. W. Reimer，1966

弧形汉娜藻 *Hannaea arcus*(Ehrenberg) R. M. Patrick in R. M. Patrick & L. R. Freese，1961

基名(Basionym)：*Navicula arcus* Ehrenberg

同模式异名[Homotypic Synonym(s)]：*Navicula arcus* Ehrenberg，1836；*Ceratoneis arcus* (Ehrenberg) Kützing，1844；*Cymbella arcus*(Ehrenberg) Hassall，1845；*Fragilaria arcus* (Ehrenberg) Cleve，1898

异模式异名[Heterotypic Synonym(s)]：*Synedra gibbosa* Ralfs，1861。

分布(淡水底栖/固着生物)：欧洲：波罗的海，黑海，爱尔兰，罗马尼亚，西班牙，英国，德国，波兰；北美：五大湖，加拿大，美国；南美：哥伦比亚；西南亚：巴基斯坦，伊朗；亚洲：俄罗斯远东，蒙古，中国，尼泊尔，土耳其（亚洲）；北极：挪威（斯瓦尔巴特群岛），巴伦支海和喀拉海，加拿大埃尔斯米尔岛，阿拉斯加北部，楚科奇海。

参考文献： Matishov et al. , 2000；Quillfeldt et al. , 2003；Antoniades et al. , 2005；Guiry, Guiry, 2015；胡鸿钧等，2006。

槌棒藻属 Genus *Opephora* Petit, 1889

易变槌棒藻 *Opephora mutabilis*（Grunow） Sabbe & Wyverman, 1995

基名（Basionym）： *Sceptroneis mutabilis* Grunow

同模式异名［Homotypic Synonym(s)］： *Sceptroneis mutabilis* Grunow, 1879

异模式异名［Heterotypic Synonym(s)］： *Sceptroneis marina* var. *parva* Grunow, 1881；*Grunoviella parva*（Grunow） Peragallo & Peragallo, 1897；*Opephora parva*（Grunow） Krasske, 1939；*Opephora olsenii* Møller, 1950；*Opephora horstiana* Witkowski, 1994

分布（半咸淡种，底栖/固着种类）： 欧洲：波罗的海，英国，芬兰，法国，荷兰，德国，瑞典；北美：美国西北部，加拿大；澳大利亚和新西兰：新西兰，澳大利亚（维多利亚）；亚洲：韩国；东南亚：印度尼西亚；北极：楚科奇海。

参考文献： Quillfeldt et al. , 2003；Guiry, Guiry, 2015。

尺骨藻属 Genus *Ulnaria*（Kutzing） P. Compère, 2001

柔弱尺骨藻 *Ulnaria delicatissima*（W. Smith） M. Aboal & P. C. Silva, 2004

基名（Basionym）： *Synedra delicatissima* W. Smith

同模式异名［Homotypic Synonym(s)］： *Synedra delicatissima* W. Smith, 1853；*Synedra acus* f. *delicatissima*（W. Smith） Krieger, 1927；*Fragilaria delicatissima*（W. Smith） Lange - Bertalot, 1980

分布（淡水种）： 欧洲：英国，德国，罗马尼亚；北美：五大湖，美国；南美：巴西，哥伦比亚；澳大利亚和新西兰：澳大利亚（维多利亚），新西兰；亚洲：俄罗斯远东，蒙古，韩国；北极：楚科奇海。

参考文献： Quillfeldt et al. , 2003；Guiry, Guiry, 2015。

板状藻属 Genus *Tabularia*（Kützing） D. M. Williams & Round, 1986

成束板状藻 *Tabularia fasciculata*（C. Agardh） D. M. Williams & Round, 1986

基名（Basionym）： *Diatoma fasciculata* C. A. Agardh

同模式异名［Homotypic Synonym(s)］： *Diatoma fasciculata* C. A. Agardh, 1812；*Echinella fasciculata*（Agardh） Jurgens, 1816；*Lyngbyea fasciculata*（C. Agardh） Sommerfelt, 1826；*Exilaria fasciculata*（C. Agardh） Greville, 1827；*Exilaria fasciculata* Kützing, 1833；*Fragilaria fasciculata*（C. Agardh） Lange - Bertalot, 1980

异模式异名［Heterotypic Synonym(s)］： *Synedra fasciculata*（Agardh） Kützing；*Diatoma fasciculata* Agardh, 1812；*Diatoma tabulata* C. Agardh, 1832；*Diatoma tabulata* C. A. Agardh, 1832；*Synedra affinis* Kützing, 1844；*Synedra tabulata*（C. Agardh） Kützing, 1844；*Synedra tabulata* var. *fasciculata*（C. Agardh）Hustedt，1932；*Synedra tabulata* var. *affinis*(Kützing) Cleve – Euler，1953；*Fragilaria tabulata*(C. Agardh) Lange – Bertalot，1981；*Tabularia tabulata*（C. Agardh）Snoeijs，1992；*Tabularia affinis*(Kützing) P. Snoeijs，1992

分布(淡水种，底栖/固着种类)：欧洲：亚得里亚海，波罗的海，黑海，罗马尼亚，西班牙，土耳其(欧洲)，英国，爱尔兰，芬兰，德国，法国，瑞典，波兰，乌克兰；北美：五大湖，美国(弗吉尼亚州，西北部等)，加拿大(新不伦瑞克等)；南美：阿根廷；大西洋诸岛：加那利群岛；澳大利亚和新西兰：澳大利亚(新南威尔士州，北领地，昆士兰州，维多利亚)，新西兰；太平洋诸岛：夏威夷群岛；西南亚：巴基斯坦，以色列；亚洲：俄罗斯远东，蒙古，中国；南极和亚南极群岛：乔治王岛；北极：加拿大北极区，楚科奇海。

参考文献：Hsiao，1980；Quillfeldt et al.，2003；Guiry，Guiry，2015；胡鸿钧等，2006。

覆盖板状藻 *Tabularia investiens*(W. Smith) D. M. Williams & Round，1986

基名(Basionym)：*Synedra investiens* W. Smith

同模式异名[Homotypic Synonym(s)]：*Fragilaria investiens*（W. Smith）Cleve – Euler，*Synedra investiens* W. Smith，1856

分布(底栖/固着种类)：欧洲：亚得里亚海，德国，英国；大西洋诸岛：加那利群岛；北美：加拿大；南美：巴西；澳大利亚和新西兰：澳大利亚，新西兰；亚洲：中国；北极：楚科奇海。

参考文献：Quillfeldt et al.，2003；Guiry，Guiry，2015。

平板藻目 Order Tabellariales Round，1990

平板藻科 Family Tabellariaceae Kützing，1844

平板藻属 Genus *Tabellaria* Ehrenberg ex Kützing，1844

窗格平板藻 *Tabellaria fenestrata*(Lyngbye) Kützing，1844

基名(Basionym)：*Diatoma fenestrata* Lyngbye

同模式异名[Homotypic Synonym(s)]：*Diatoma fenestrata* Lyngbye，1819；*Tabellaria flocculosa* var. *fenestrata*(Lyngbye) Rabenhorst，1847；*Striatella fenestrata*(Lyngbye) Kuntze，1898

异模式异名[Heterotypic Synonym(s)]：*Tabellaria trinodis* Ehrenberg，1840

分布(淡水种)：欧洲：波罗的海，黑海，英国，爱尔兰，德国，波兰，罗马尼亚，西班牙；大西洋诸岛：加那利群岛，冰岛；北美：五大湖，加拿大，美国(阿肯色州，密歇根州，纽约，安大略湖，犹他州，西北部等)；南美：巴西，哥伦比亚；澳大利亚和新西兰：澳大利亚(新南威尔士州)，新西兰；太平洋诸岛：夏威夷群岛；亚洲：俄罗斯远东，蒙古，中国，韩国；东南亚：新加坡；北极：巴伦支海和喀拉海，加拿大北极区。

参考文献：Hsiao，1980；Matishov et al.，2000；Guiry，Guiry，2015；胡鸿钧等，2006。

绒毛平板藻 *Tabellaria flocculosa*(Roth) Kützing，1844

基名(Basionym)：*Conferva flocculosa* Roth

同模式异名[Homotypic Synonym(s)]：*Conferva flocculosa* Roth，1797；*Bacillaria flocculosa* (Roth) Leiblein，1827；*Candollella flocculosa* (Roth) Gaillon，1833；*Striatella flocculosa* (Roth) Kuntze，1898

异模式异名[Heterotypic Synonym(s)]：*Bacillaria tabellaris* Ehrenberg，1833；*Tabellaria ventricosa* Kützing，1844；*Tabellaria flocculosa* var. *ventricosa* (Kützing) Grunow，1862；*Tabellaria fenestrata* var. *intermedia* Grunow，1881；*Tabellaria fenestrata* f. *intermedia* (Grunow) Skabichevskii，1960

分布(淡水种，淡水底栖/固着种类)：欧洲：波罗的海，英国，爱尔兰，丹麦，芬兰，德国，波兰，罗马尼亚，西班牙；大西洋诸岛：冰岛；北美：五大湖，美国(阿肯色州，密歇根州，纽约，安大略湖，弗吉尼亚州，威斯康星州，西北部等)，加拿大(魁北克等)；南美：哥伦比亚；澳大利亚和新西兰：澳大利亚(新南威尔士州，北领地，昆士兰州，塔斯马尼亚岛，维多利亚)，新西兰；太平洋诸岛：夏威夷群岛；西南亚：伊朗，以色列；亚洲：俄罗斯远东，蒙古，中国，韩国；亚北极：白令海；北极：巴伦支海和喀拉海，拉普捷夫海，加拿大北极区，哈得孙湾-巴芬湾，楚科奇海。

参考文献：Werner，1977；Hsiao，1980；Matishov et al.，2000；Quillfeldt et al.，2003；Guiry，Guiry，2015；胡鸿钧等，2006。

楔形藻目 Order Licmophorales Round，1990

楔形藻科 Family Licmophoraceae Kützing，1844

楔形藻属 Genus *Licmophora* Agardh，1827

短纹楔形藻 *Licmophora abbreviata* C. Agardh，1831

分布：欧洲：波罗的海，黑海，英国，罗马尼亚，西班牙；大西洋诸岛：加那利群岛；北美：加拿大；太平洋诸岛：夏威夷群岛；亚洲：俄罗斯远东，日本和中国沿海；北极：巴伦支海和喀拉海，楚科奇海-加拿大海盆，阿拉斯加(巴罗角)。

参考文献：Bursa，1963；Matishov et al.，2000；Guiry，Guiry，2015；杨清良等，2002；林更铭等，2013。

达尔马提亚楔形藻 *Licmophora dalmatica* (Kützing) Grunow，1867

[据最新资料记载，该种的分类地位(包括命名)可能还需进一步核实和研究]

分布：欧洲：亚得里亚海，黑海，英国；北极：加拿大北极区。

参考文献：Hsiao，1980；Guiry，Guiry，2015。

爱氏楔形藻 *Licmophora ehrenbergii* (Kützing) Grunow，1867

基名(Basionym)(Basionym)：*Podosphenia ehrenbergii* Kützing

同模式异名[Homotypic Synonym(s)]：*Podosphenia ehrenbergii* Kützing，1844

分布：欧洲：亚得里亚海，波罗的海，黑海，克罗地亚，罗马尼亚；大西洋诸岛：加那利群岛；南美：哥伦比亚；澳大利亚和新西兰：新西兰，澳大利亚(昆士兰等)；亚洲：俄罗斯远东，中国沿海；东南亚：新加坡；北极：巴伦支海和喀拉海，楚科奇海。

参考文献：Matheke，Horner，1974；Matishov et al.，2000；Guiry，Guiry，2015。

纤细楔形藻 *Licmophora gracilis*(Ehrenberg) Grunow，1867(版图XIX，2a－c)

基名(Basionym)：*Podosphenia gracilis* Ehrenberg

同模式异名[Homotypic Synonym(s)]：*Podosphenia gracilis* Ehrenberg，1838

分布：欧洲：亚得里亚海，波罗的海，黑海，英国，罗马尼亚，西班牙；大西洋诸岛：加那利群岛；亚洲：中国沿海；东南亚：新加坡；南极和亚南极群岛：乔治王岛；北极：巴伦支海和喀拉海，加拿大北极区。

参考文献：Hsiao，1980；Matishov et al.，2000；Guiry，Guiry，2015。

纤细楔形藻英国变种 *Licmophora gracilis* var. *anglica*(Kützing)Peragallo et Peragallo，1901

基名(Basionym)：*Rhipidophora anglica* Kützing

同模式异名[Homotypic Synonym(s)]：*Rhipidophora anglica* Kützing，1844；*Podosphenia anglica*(Kützing) Rabenhorst，1864；*Licmophora anglica*(Kützing) Grunow，1881

分布：欧洲：波罗的海，黑海，英国，罗马尼亚，西班牙，瑞典；澳大利亚和新西兰：澳大利亚，新西兰；北极：加拿大北极区。

参考文献：Hsiao，1980；Guiry，Guiry，2015。

透明楔形藻 *Licmophora hyalina*(Kützing) Grunow，1867

[据最新资料记载，该种的分类地位(包括命名)可能还需进一步核实和研究]

分布：欧洲：加勒比海，英国；北美：加拿大；南美：哥伦比亚；北极：加拿大北极区，楚科奇海。

参考文献：Hsiao，1980；Quillfeldt et al.，2003；Guiry，Guiry，2015。

缝舟藻目 Order Rhaphoneidales Round，1990

缝舟藻科 Family Rhaphoneidaceae Forti，1912

缝舟藻属 Genus *Rhaphoneis* Ehrenberg，1844

菱形缝舟藻 *Rhaphoneis rhombica* (Grunow) G. W. Andrews

[据最新资料记载，该种的分类地位(包括命名)可能还需进一步核实和研究]

分布(底栖/固着种类)：北极：楚科奇海。

参考文献：Quillfeldt et al.，2003；Guiry，Guiry，2015。

具槽藻属 Genus *Delphineis* G. W. Andrews，1977

双菱具槽藻 *Delphineis surirella* (Ehrenberg) G. W. Andrews，1981(版图XIX，3)

基名(Basionym)：*Zygoceros surirella* Ehrenberg

同模式异名[Homotypic Synonym(s)]：*Zygoceros surirella* Ehrenberg，1840；*Rhaphoneis surirella*(Ehrenberg) Grunow，1881

分布：欧洲：亚得里亚海，英国，西班牙，法国，德国(赫尔戈兰岛)；北美：美国(北卡罗来纳州)，加拿大(新斯科舍等)；南美：巴西，哥伦比亚；澳大利亚和新西兰：澳大利亚；

亚洲：俄罗斯远东，中国，日本；东南亚：新加坡；北极：楚科奇海。

参考文献：Quillfeldt et al.，2003；Guiry，Guiry，2015；林更铭等(未发表的调查资料)。

海线藻目 Order Thalassionematales Round，1990

海线藻科 Family Thalassionemataceae Round，1990

海线藻属 Genus *Thalassionema* Grunow ex Mereschkowsky，1902

伏氏海线藻 *Thalassionema frauenfeldii* (Grunow) Tempère & Peragallo，1910(版图XX，1a－b)

基名(Basionym)：*Asterionella frauenfeldii* Grunow

同模式异名[Homotypic Synonym(s)]：*Asterionella frauenfeldii* Grunow，1863；*Thalassiothrix frauenfeldii*(Grunow) Grunow，1880

分布：欧洲：亚得里亚海，波罗的海，黑海，德国(赫尔戈兰岛)，法国，克罗地亚，英国，意大利，罗马尼亚；南美：哥伦比亚；澳大利亚和新西兰：澳大利亚，新西兰；亚洲：俄罗斯远东，中国和日本沿海；北极：阿拉斯加(巴罗角)，楚科奇海。

参考文献：Bursa，1963；Guiry，Guiry，2015；杨清良等，2002，2006。

爪哇海线藻 *Thalassionema javanicum* (Grunow) G. R. Hasle

基名(Basionym)：*Thalassiothrix frauenfeldii* var. *javanica* Grunow

同模式异名[Homotypic Synonym(s)]：*Thalassiothrix frauenfeldii* var. *javanica* Grunow，1881

异模式异名[Heterotypic Synonym(s)]：*Thalassiothrix javanica*(Grunow) Hustedt ex Meister，1932

分布：北极：楚科奇海－加拿大海盆。

参考文献：Joo et al.，2012；Guiry，Guiry，2015。

菱形海线藻 *Thalassionema nitzschioides*(Grunow) Mereschkowsky，1902(版图XX，2a－b)

基名(Basionym)：*Synedra nitzschioides* Grunow

同模式异名[Homotypic Synonym(s)]：*Synedra nitzschioides* Grunow，1862；*Thalassiothrix nitzschioides* (Grunow) Grunow，1881；*Thalassiothrix fraunfeldii* var. *nitzschioides* (Grunow) Jörgensen，1900

异模式异名[Heterotypic Synonym(s)]：*Thalassiothrix nitzschioides* var. *javanica* Grunow；*Synedra nitzschioides* var. *minor* Cleve，1883；*Thalassiothrix curvata* Castracane，1886

分布(浮游海洋极地寒带至温带种)：欧洲：亚得里亚海，波罗的海，黑海，德国(赫尔戈兰岛)，英国，爱尔兰，法国，克罗地亚，荷兰，挪威，罗马尼亚，西班牙；大西洋诸岛：加那利群岛；北美：加拿大(新斯科舍等)，美国(弗吉尼亚州)；中美洲：墨西哥(下加利福尼亚半岛)，加利福尼亚湾；南美：巴西，哥伦比亚；澳大利亚和新西兰：澳大利亚；亚洲：俄罗斯远东，日本和中国沿海；东南亚：新加坡；南极和亚南极群岛：南极/亚南极群岛；北极：巴伦支海和喀拉海，楚科奇海，楚科奇海－加拿大海盆，高纬度(＞85°N)西北冰洋，阿拉斯加－加拿大－俄罗斯北极区。

参考文献： Matishov et al.，2000；Melnikov et al.，2002；Quillfeldt et al.，2003；Katsuki et al.，2009；Poulin et al.，2011；Guiry，Guiry，2015；杨清良等，2002；林更铭等，2013。

海毛藻属 Genus *Thalassiothrix* Cleve & Grunow，1880

长海毛藻 *Thalassiothrix longissima* Cleve & Grunow，1880

异模式异名[Heterotypic Synonym(s)]： *Synedra thalassiothrix* Cleve，1873

分布： 欧洲：亚得里亚海，波罗的海，黑海，英国，克罗地亚，罗马尼亚；北美：加拿大(新斯科舍等)；南美：哥伦比亚，秘鲁；澳大利亚和新西兰：澳大利亚，新西兰；亚洲：俄罗斯远东，日本和中国沿海；北极：巴伦支海和喀拉海，楚科奇海－加拿大海盆，阿拉斯加(巴罗角)。

参考文献： Bursa，1963；Matishov et al.，2000；Guiry，Guiry，2015；杨清良等，2002，2006；林更铭等，2013。

杆线藻目 Order Rhabdonematales Round & Crawford，1990

杆线藻科 Family Rhabdonemataceae Round & Crawford，1990

杆线藻属 Genus *Rhabdonema* Kützing，1844

弯杆线藻 *Rhabdonema arcuatum*(Lyngbye) Kützing，1844

基名(Basionym)： *Diatoma arcuata* Lyngbye

同模式异名[Homotypic Synonym(s)]： *Diatoma arcuata* Lyngbye，1818

分布： 欧洲：波罗的海，英国，罗马尼亚；北美：加拿大；澳大利亚和新西兰：新西兰；亚洲：俄罗斯远东，日本和中国沿海；南极和亚南极诸岛：乔治王岛；北极：巴伦支海和喀拉海，楚科奇海，阿拉斯加(巴罗角)。

参考文献： Bursa，1963；Matishov et al.，2000；Quillfeldt et al.，2003；Guiry，Guiry，2015。

小形杆线藻 *Rhabdonema minutum* Kützing，1844

分布： 欧洲：亚得里亚海，波罗的海，英国，西班牙；澳大利亚和新西兰：新西兰，澳大利亚(维多利亚)；亚洲：俄罗斯远东；北极：加拿大北极区，楚科奇海－东西伯利亚－拉普捷夫海。

参考文献： Hsiao，1980；Okolodkov，1992；Guiry，Guiry，2013。

斑条藻科 Family Grammatophoraceae Lobban & Ashworth，2014

斑条藻属 Genus *Grammatophora* Ehrenberg，1840

有角斑条藻 *Grammatophora angulosa* Ehrenberg，1841

分布： 欧洲：亚得里亚海，黑海，英国，法国，西班牙；大西洋诸岛：加那利群岛；北美：加拿大；南美：巴西；澳大利亚和新西兰：澳大利亚(新南威尔士州等)，新西兰；亚洲：俄罗斯远东，中国沿海；南极和亚南极群岛：乔治王岛；北极：加拿大北极区。

参考文献： Hsiao，1980；Guiry，Guiry，2015。

北极斑条藻 *Grammatophora arctica* Cleve，1868

分布： 南极和亚南极诸岛：乔治王岛；北极：巴伦支海和喀拉海，加拿大北极区。

参考文献： Hsiao，1980；Matishov et al.，2000；Guiry，Guiry，2015。

弧形斑条藻 *Grammatophora arcuata* Ehrenberg，1853

分布(底栖/固着种类)：亚洲：俄罗斯远东；澳大利亚和新西兰：新西兰；南极和亚南极诸岛：南极和亚南极群岛；北极：巴伦支海和喀拉海，楚科奇海。

参考文献： Matishov et al.，2000；Quillfeldt et al.，2003；Guiry，Guiry，2015。

小钩斑条藻 *Grammatophora hamulifera* Kützing，1844

分布： 欧洲：亚得里亚海，英国；南美：巴西；澳大利亚和新西兰：澳大利亚，新西兰；亚洲：中国沿海；北极：加拿大北极区。

参考文献： Hsiao，1980；Guiry，Guiry，2015。

海生斑条藻 *Grammatophora marina*(Lyngbye) Kützing，1844

基名(Basionym)： *Diatoma marina* Lyngbye

同模式异名[Homotypic Synonym(s)]： *Diatoma marina* Lyngbye，1819

分布： 欧洲：亚得里亚海，波罗的海，黑海，德国(赫尔戈兰岛)，英国，罗马尼亚，西班牙；大西洋群岛：加那利群岛；北美：加拿大(新斯科舍等)；南美：巴西，哥伦比亚；澳大利亚和新西兰：新西兰，澳大利亚(昆士兰州，维多利亚)；亚洲：俄罗斯远东，日本和中国沿海；东南亚：新加坡；北极：阿拉斯加(巴罗角)。

参考文献： Bursa，1963；Guiry，Guiry，2015。

条纹藻目 Order Striatellales Round，1990

条纹藻科 Family Striatellaceae Kützing，1844

条纹藻属 Genus *Striatella* C. Agardh，1832

单点条纹藻 *Striatella unipunctata*(Lyngbye) C. Agardh，1832

基名(Basionym)： *Fragilaria unipunctata* Lyngbye

同模式异名[Homotypic Synonym(s)]： *Fragilaria unipunctata* Lyngbye，1819

分布： 欧洲：亚得里亚海，波罗的海，黑海，英国，克罗地亚，法国，罗马尼亚，西班牙；大西洋诸岛：加那利群岛；北美：加拿大(新斯科舍等)；南美：巴西，哥伦比亚；澳大利亚和新西兰：澳大利亚(新南威尔士州)，新西兰；太平洋诸岛：关岛；亚洲：日本和中国沿海；东南亚：新加坡；北极：高纬度(>85°N)西北冰洋。

参考文献： Katsuki et al.，2009；Guiry，Guiry，2015。

硅藻纲 Class Bacillariophyceae Haeckel, 1878

短缝藻目 Order Eunotiales Silva, 1962

短缝藻科 Family Eunotiaceae Kützing, 1844

短缝藻属 Genus *Eunotia* Ehrenberg, 1837

较小短缝藻 *Eunotia minor* (Kützing) Grunow in van Heurck, 1881

基名(Basionym): *Himantidium minus* Kützing

同模式异名[Homotypic Synonym(s)]: *Himantidium minus* Kützing, 1844; *Himantidium pectinale* var. *minus* (Kützing) Rabenhorst, 1847; *Himantidium pectinale* var. *minus* (Kützing) Grunow, 1862; *Eunotia pectinalis* var. *minor* (Kützing) Rabenhorst, 1864; *Eunotia pectinalis* f. *minor*(Kützing) Otto Müller, 1910; *Eunotia pectinalis* f. *minor*(Kützing) A. Berg, 1939

分布(淡水种): 欧洲: 波罗的海, 英国, 爱尔兰, 德国, 西班牙, 波兰, 罗马尼亚; 北美: 五大湖, 美国; 南美: 巴西, 哥伦比亚; 亚洲: 蒙古, 中国, 尼泊尔; 太平洋诸岛: 夏威夷群岛; 亚洲: 韩国; 澳大利亚和新西兰: 新西兰; 北极: 楚科奇海－东西伯利亚－拉普捷夫海。

参考文献: Okolodkov, 1992; Guiry, Guiry, 2015; 胡鸿钧等, 2006。

利雷藻目 Order Lyrellales D. G. Mann in F. E. Round et al., 1990

利雷藻科 Family Lyrellaceae D. G. Mann in F. E. Round et al., 1990

利雷藻属 Genus *Lyrella* Karajeva, 1978

大西洋利雷藻 *Lyrella atlantica*(Schmidt) D. G. Mann in F. E. Round, R. M. Crawford & D. G. Mann, 1990

基名(Basionym): *Navicula lyra* var. *atlantica* A. Schmidt

异模式异名[Heterotypic Synonym(s)]: *Navicula lyra* var. *atlantica* A. Schmidt, 1874

分布: 欧洲: 黑海, 罗马尼亚, 西班牙, 英国; 澳大利亚和新西兰: 新西兰; 亚洲: 俄罗斯远东; 北极: 加拿大北极区。

参考文献: Hsiao, 1980; Guiry, Guiry, 2015。

佩特罗尼藻属 Genus *Petroneis* A. J. Stickle & D. G. Mann in F. E. Round, R. M. Crawford & D. G. Mann, 1990

海洋佩特罗尼藻*Petroneis marina* (Ralfs) D. G. Mann in Round, Crawford & D. G. Mann, 1990

基名(Basionym): *Navicula marina* Ralfs

同模式异名[Homotypic Synonym(s)]: *Navicula marina* Ralfs, 1861

异模式异名[Heterotypic Synonym(s)]: *Navicula punctulata* W. Smith, 1853

分布: 欧洲: 波罗的海, 英国, 法国, 西班牙; 北美: 加拿大, 美国; 南美: 巴西, 哥伦比亚；澳大利亚和新西兰：澳大利亚；亚洲：俄罗斯远东，中国沿海；北极：波弗特海，加拿大海盆，加拿大北极区。

参考文献：Hsiao，1980；Horner，Schrader，1982；Melnikov et al.，2002；Guiry，Guiry，2015。

横开佩特罗尼藻 *Petroneis transfuga*(Grunow ex Cleve) D. G. Mann，1990

基名(Basionym)：*Navicula transfuga* Grunow ex Cleve

同模式异名[Homotypic Synonym(s)]：*Navicula transfuga* Grunow ex Cleve，1883

分布：亚洲：中国沿海；东南亚：新加坡；北极：加拿大北极区。

参考文献：Hsiao，1980；Guiry，Guiry，2015。

胸隔藻目 Order Mastogloiales D. G. Mann in F. E. Round et al.，1990

胸隔藻科 Family Mastogloiaceae Mereschkowsky，1903

暗额藻属 Genus *Aneumastus* D. G. Mann & A. J. Stickle in F. E. Round, R. M. Crawford & D. G. Mann，1990

斑点暗额藻 *Aneumastus maculosus*(Donkin) Lange-Bertalot，2001

基名(Basionym)：*Navicula maculosa* Donkin

同模式异名[Homotypic Synonym(s)]：*Navicula maculosa* Donkin，1871；*Navicula granulata* var. *maculosa*(Donkin) Van Heurck，1896；*Schizonema maculosum*(Donkin) Kuntze，1898

异模式异名[Heterotypic Synonym(s)]：*Navicula albinensis* Grunow，1884

分布(海水/淡水种)：欧洲：亚得里亚海，英国，德国；北极：波弗特海，拉普捷夫海。

参考文献：Horner，Schrader，1982；Tuschling et al.，2000；Guiry，Guiry，2015。

桥弯藻目 Order Cymbellales D. G. Mann in F. E. Round et al.，1990

桥弯藻科 Family Cymbellaceae Greville，1833

盘状藻属 Genus *Placoneis* Mereschkowsky，1903

腹侧盘状藻 *Placoneis gastrum*(Ehrenberg) Mereschkovsky，1903

基名(Basionym)：*Pinnularia gastrum* Ehrenberg

同模式异名[Homotypic Synonym(s)]：*Pinnularia gastrum* Ehrenberg，1843；*Navicula gastrum*(Ehrenberg) Kützing，1844；*Schizonema gastrum*(Ehrenberg) Kuntze，1898

异模式异名[Heterotypic Synonym(s)]：*Navicula gastrum* f. *maxima* Tempère & Peragallo，1909

分布(淡水种)：欧洲：波罗的海，英国，爱尔兰，德国，法国，罗马尼亚，西班牙，波兰；北美：五大湖，美国；澳大利亚和新西兰：澳大利亚(昆士兰州等)，新西兰；太平洋诸岛：夏威夷群岛；亚洲：俄罗斯远东，蒙古，中国；北极：加拿大北极区。

参考文献：Hsiao，1980；Guiry，Guiry，2015；胡鸿钧等，2006。

异极藻科 Family Gomphonemataceae Kützing，1844

异极藻属 Genus *Gomphonema* Ehrenberg，1832

渐尖异极藻 *Gomphonema acuminatum* Ehrenberg，1832

异模式异名[Heterotypic Synonym(s)]： *Gomphonema laticeps* Ehrenberg，1843；*Gomphonema acuminatum* var. *laticeps*（Ehrenberg）Grunow，1880；*Gomphonema acuminatum* f. *laticeps*（Ehrenberg）L. Dippel，1905；*Gomphonema acuminatum* f. *laticeps*（Ehrenberg）Ant. Mayer，1913

分布（淡水种）：欧洲：波罗的海，黑海，德国，爱尔兰，英国，波兰，罗马尼亚，西班牙；大西洋诸岛：冰岛；北美：五大湖，加拿大，美国（阿肯色州，西北部等）；南美：巴西，哥伦比亚；澳大利亚和新西兰：澳大利亚（新南威尔士州，昆士兰州，维多利亚等）；太平洋诸岛：夏威夷群岛；亚洲：俄罗斯远东，蒙古，中国沿海；西南亚：伊朗；北极：加拿大海盆。

参考文献： Melnikov et al.，2002；Guiry，Guiry，2015；胡鸿钧等，2006。

弱小异极藻北极变种 *Gomphonema exiguum* var. *arctica*（Grunow）Cleve

[据最新资料记载，该变种的分类地位（包括命名）可能尚需进一步核实和研究]

分布： 北极：波弗特海。

参考文献： Horner，Schrader，1982；Guiry，Guiry，2015。

弱小异极藻粗大变种 *Gomphonema exiguum* var. *pachyclada*（L. A. Brébisson）Cleve

[据最新资料记载，该变种的分类地位（包括命名）可能尚需进一步核实和研究]

分布： 北极：加拿大北极区。

参考文献： Hsiao，1980；Guiry，Guiry，2015。

微小异极藻 *Gomphonema parvulum*（Kützing）Kützing，1849

基名（Basionym）： *Sphenella parvula* Kützing

同模式异名[Homotypic Synonym(s)]： *Sphenella parvula* Kützing，1844；*Sphenoneis parvula*（Kützing）Trevisan，1848；*Gomphonella parvula*（Kützing）Rabenhorst，1853

异模式异名[Heterotypic Synonym(s)]： *Gomphonema lagenula* Kützing，1844；*Gomphonema parvulum* var. *exilis* Grunow，1878；*Gomphonema parvulum* var. *lanceolata* Grunow，1880；*Gomphonema parvulum* var. *subcapitata* Grunow，1880；*Gomphonema parvulum* f. *lanceolata*（Grunow）Otto Müller，1905；*Gomphonema parvulum* f. *subcapitata*（Grunow）Otto Müller，1905；*Gomphonema parvulum* f. *lagenula*（Kützing）Otto Müller，1905；*Gomphonema parvulum* var. *curta* R. d'Aubert，1920；*Gomphonema parvulum* var. *lagenula*（Kützing）Frenguelli，1923；*Gomphonema parvulum* f. *semiaperta* Mayer，1928

分布（淡水底栖/固着种）：欧洲：波罗的海，黑海，英国，爱尔兰，芬兰，德国，波兰，意大利，卢森堡，罗马尼亚，西班牙；北美：五大湖，美国（阿肯色州，西北部等）；南美：阿根廷，巴西，哥伦比亚；澳大利亚和新西兰：澳大利亚（昆士兰等），新西兰；太平洋诸岛：夏威夷群岛；亚洲：俄罗斯远东，蒙古，韩国，中国沿海，尼泊尔；西南亚：伊朗，土耳其

(亚洲);东南亚:新加坡;北极:楚科奇海。

参考文献: Quillfeldt et al. , 2003; Guiry, Guiry, 2015; 胡鸿钧等, 2006。

异楔藻属 Genus *Gomphoneis* Cleve, 1894

弱小异楔藻 *Gomphoneis exigua*(Kützing) Medlin

基名(Basionym): *Gomphonema exiguum* Kützing

同模式异名[Homotypic Synonym(s)]: *Gomphonemopsis exigua* (Kützing) L. K. Medlin, *Gomphonema exiguum* Kützing, 1844

分布(淡水种,底栖/固着种类):欧洲:波罗的海,罗马尼亚,英国,德国;北美:加拿大,美国;澳大利亚和新西兰:新西兰,澳大利亚(新南威尔士州等);亚洲:俄罗斯远东,蒙古,中国和日本沿海;北极:加拿大北极区,楚科奇海。

参考文献: Hsiao, 1980; Quillfeldt et al. , 2003; Guiry, Guiry, 2015。

弯楔藻科 Family Rhoicospheniaceae Topachevs'kyj & Oksiyuk, 1960

拟异极藻属 Genus *Gomphonemopsis* L. K. Medlin in L. K. Medlin & F. E. Round, 1986

滨海拟异极藻 *Gomphonemopsis littoralis*(Hendey) L. K. Medlin

基名(Basionym): *Gomphonema littorale* Hendey

同模式异名[Homotypic Synonym(s)]: *Gomphonema littorale* Hendey, 1977

分布: 欧洲:英国;北极:楚科奇海。

参考文献: Quillfeldt et al. , 2003; Guiry, Guiry, 2015。

异菱藻科 Family Anomoeoneidaceae D. G. Mann

迪克藻属 Genus *Dickieia* Berkeley ex Kützing, 1844

近膨大迪克藻 *Dickieia subinflata* (Grunow) D. G. Mann, 1994

基名(Basionym): *Navicula subinflata* Grunow

同模式异名[Homotypic Synonym(s)]: *Navicula subinflata* Grunow, 1883

异模式异名[Heterotypic Synonym(s)]: *Placoneis subinflata* (Grunow) Mereschowsky, 1903

分布: 欧洲:英国,罗马尼亚;北美:美国;北极:加拿大北极区。

参考文献: Hsiao, 1980; Guiry, Guiry, 2015。

曲壳藻目 Order Achnanthales Silva, 1962

曲壳藻科 Family Achnanthaceae Kützing, 1844

曲壳藻属 Genus *Achnanthes* Bory, 1822

厄氏曲壳藻 *Achnanthes oestrupii* (Cleve-Euler) Hustedt, 1930

基名(Basionym): *Achnanthes lanceolata* var. *oestrupii* A. Cleve

分布(淡水种):欧洲:英国,爱尔兰,德国,西班牙;北美:美国;亚洲:蒙古;北极:

挪威(斯瓦尔巴特群岛)，楚科奇海。

参考文献： Quillfeldt et al. ，2003；Guiry，Guiry，2015。

带纹曲壳藻 *Achnanthes taeniata* Grunow，1880

基名(Basionym)： *Achnanthes taeniata* var. *hyperborea* Grunow

同模式异名[Homotypic Synonym(s)]： *Achnanthes taeniata* var. *hyperborea* Grunow，1878；*Achnanthes hyperborea*(Grunow) Grunow，1884

分布： 欧洲：英国，罗马尼亚；北极：巴伦支海和喀拉海，拉普捷夫海，楚科奇海－加拿大海盆。

参考文献： Matishov et al. ，2000；Guiry，Guiry，2013；何剑锋等，2005；林更铭等，2013。

弯壳藻科 Family Achnanthidiaceae D. G. Mann in F. E. Round et al. ，1990

扁平藻属 Genus *Planothidium* Round & L. Bukhtiyarova，1996

优美扁平藻 *Planothidium delicatulum*(Kützing) Round & Bukhtiyarova，1996

基名(Basionym)： *Achnanthidium delicatulum* Kützing

同模式异名[Homotypic Synonym(s)]： *Achnanthidium delicatulum* Kützing，1844；*Falcatella delicatula* (Kützing) Rabenhorst，1853；*Achnanthes delicatula* (Kützing) Grunow，1880；*Achnanthes delicatula*(Kützing) Brun，1880；*Microneis delicatula*(Kützing) Cleve，1895；*Achnantheiopsis delicatula*(Kützing) Lange－Bertalot，1997

分布(海水/淡水种，底栖/固着广布种)：欧洲：波罗的海，黑海，德国，荷兰，西班牙，爱尔兰，英国，芬兰，法国，葡萄牙，波兰，罗马尼亚，瑞典；北美：五大湖，加拿大，美国(阿肯色州，西北部)；澳大利亚和新西兰：澳大利亚(新南威尔士州，北领地，昆士兰州，塔斯马尼亚岛，维多利亚等)，新西兰；亚洲：俄罗斯远东，蒙古，韩国，中国；西南亚：伊朗，以色列；南极和亚南极群岛：乔治王岛；北极：加拿大北极区，楚科奇海。

参考文献： Hsiao，1980；Quillfeldt et al. ，2003；Guiry，Guiry，2015；胡鸿钧等，2006。

弯壳藻属 Genus *Achnanthidium* Kützing，1844

极小弯壳藻 *Achnanthidium minutissimum*(Kützing) Czarnecki，1994

基名(Basionym)： *Achnanthes minutissima* Kützing

同模式异名[Homotypic Synonym(s)]： *Achnanthes minutissima* Kützing，1833；*Achnanthidium lanceolatum* f. *minutissima*(Kützing) Tömösvary，1879；*Microneis minutissima* (Kützing) Cleve，1895；*Cocconeis minutissima* (Kützing) Schönfeldt，1907；*Microneis minutissima* (Kützing) Meister，1912

异模式异名[Heterotypic Synonym(s)]： *Achnanthidium microcephalum* Kützing，1844；*Achnanthes microcephala* (Kützing) Grunow，1880；*Achnanthes minutissima* var. *cryptocephala* Grunow，1880；*Achnanthes minutissima* f. *curta* Grunow，1880；*Achnanthes microcephala* (Kützing) Cleve，1895；*Microneis microcephala* (Kützing) Cleve，1895；*Microneis minutissima* var. *cryptocephala*

(Grunow) Cleve, 1895; *Achnanthes cryptocephala*(Grunow) M. Peragallo, 1897; *Schizonema microcephalum* (Kützing) Kuntze, 1898; *Cocconeis microcephala*(Kützing) Schonfeldt, 1907; *Microneis microcephala*(Kützing) Meister, 1912

分布(淡水/陆生种，广布种)：欧洲：波罗的海，黑海，英国(苏格兰等)，爱尔兰，芬兰，德国，意大利，荷兰，罗马尼亚，西班牙，瑞典，比利时，法国，卢森堡，波兰，捷克和/或斯洛伐克；大西洋诸岛：冰岛；北美：五大湖，加拿大(魁北克等)，美国(阿肯色州，密歇根州，西北部等)；南美：巴西，哥伦比亚；太平洋诸岛：夏威夷群岛；澳大利亚和新西兰：澳大利亚(新南威尔士州，北领地，昆士兰，塔斯马尼亚岛，维多利亚，西澳大利亚)，新西兰；西南亚：伊朗；亚洲：蒙古，韩国，中国，尼泊尔，土耳其(亚洲)；南极和亚南极的诸岛：克罗泽群岛；北极：挪威斯瓦尔巴特群岛，加拿大北极区，加拿大埃尔斯米尔岛和威尔士王子岛。

参考文献：Hsiao，1980；Guiry，Guiry，2015。

卵形藻科 Family Cocconeidaceae Kützing，1844

卵形藻属 Genus *Cocconeis* Ehrenberg，1837

中肋卵形藻 *Cocconeis costata* Gregory，1855

分布：欧洲：波罗的海，英国，法国；大西洋诸岛：加那利群岛；北美：加拿大；南美：巴西；澳大利亚和新西兰：澳大利亚；亚洲：俄罗斯远东，中国沿海；南极和亚南极诸岛：南极/亚南极群岛，乔治王岛；北极：挪威斯瓦尔巴特群岛，加拿大北极区。

参考文献：Hsiao，1980；Guiry，Guiry，2015。

扁圆卵形藻椭圆变种 *Cocconeis placentula* var. *euglypta*(Ehrenberg) Grunow，1884

基名(Basionym)：*Cocconeis euglypta* Ehrenberg

同模式异名[Homotypic Synonym(s)]：*Cocconeis euglypta* Ehrenberg，1854；*Cocconeis lineata* var. *euglypta* (Ehrenberg) Grunow，1880；*Cocconeis rouxii* var. *euglypta* (Ehrenberg) J. Héribaud，1893；*Cyclotella lineata* var. *euglypta* Gutwinski，1895；*Cocconeis placentula* f. *euglypta* (Ehrenberg) Hustedt，1957

分布(淡水种)：欧洲：波罗的海，黑海，西班牙，英国，爱尔兰，德国，波兰，罗马尼亚，西班牙；北美：五大湖，加拿大，美国(阿肯色州，西北部等)；南美：巴西，哥伦比亚；澳大利亚和新西兰：澳大利亚，新西兰；太平洋诸岛：夏威夷群岛；西南亚：伊朗，以色列；亚洲：俄罗斯远东，蒙古，韩国，中国和日本沿海；东南亚：新加坡；北极：加拿大北极区，埃尔斯米尔群岛。

参考文献：Hsiao，1980；Michelutti et al.，2013；Guiry，Guiry，2015；胡鸿钧等，2006。

盾卵形藻 *Cocconeis scutellum* Ehrenberg

分布(底栖/固着种类)：欧洲：亚得里亚海，波罗的海，黑海，英国，爱尔兰，克罗地亚，法国，德国，意大利，罗马尼亚，西班牙，瑞典；大西洋诸岛：加那利群岛；北美：五大湖，加拿大(新斯科舍等)，美国(西北部等)；南美：巴西，哥伦比亚；澳大利亚和新西兰：澳大利亚(北领地等)；太平洋诸岛：波利尼西亚，夏威夷群岛；亚洲：俄罗斯远东，韩国，日本和中国沿海；南极和亚南极群岛：乔治王岛；北极：挪威斯瓦尔巴特群岛，巴伦支海和喀拉海，加拿大海盆，加拿大北极区，楚科奇海。

参考文献：Hsiao，1980；Matishov et al.，2000；Melnikov et al.，2002；Quillfeldt et al.，2003；Guiry，Guiry，2015。

盾卵形藻极小变种 *Cocconeis scutellum* var. *minutissima* Grunow，1880

分布：欧洲：波罗的海，黑海，英国，罗马尼亚；亚洲：俄罗斯远东，中国沿海；北极：楚科奇海－东西伯利亚－拉普捷夫海。

参考文献：Okolodkov，1992；Guiry，Guiry，2015。

盾卵形藻小型变种 *Cocconeis scutellum* var. *parva*（Grunow）Cleve，1895

基名(Basionym)：*Cocconeis scutellum* f. *parva* Grunow

同模式异名[Homotypic Synonym(s)]：*Cocconeis scutellum* f. *parva* Grunow，1880

分布(淡水种)：欧洲：波罗的海，黑海，英国，爱尔兰，德国，法国，意大利，罗马尼亚，西班牙；北美：五大湖，加拿大，美国；澳大利亚和新西兰：澳大利亚(新南威尔士州，昆士兰州，维多利亚)，新西兰；亚洲：俄罗斯远东，韩国，中国沿海；北极：加拿大北极区。

参考文献：Hsiao，1980；Guiry，Guiry，2015。

美丽卵形藻 *Cocconeis speciosa* Gregory，1855

分布：欧洲：英国；澳大利亚和新西兰：新西兰；东南亚：新加坡；北极：楚科奇海。

参考文献：Quillfeldt et al.，2003；Guiry，Guiry，2015。

十字形卵形藻 *Cocconeis stauroneiformis*（W. Smith）H. Okuno，1957

基名(Basionym)：*Cocconeis scutellum* var. *stauroneiformis* W. Smith

同模式异名[Homotypic Synonym(s)]：*Cocconeis scutellum* var. *stauroneiformis* W. Smith，1853；*Cocconeis scutellum* var. *stauroneiformis* Rabenhorst，1864；*Cocconeis scutellum* var. *stauroneiformis* Van Heurck，1880

分布(底栖/固着种类)：欧洲：波罗的海，英国，德国；北美：加拿大；澳大利亚和新西兰：澳大利亚(新南威尔士州等)，新西兰；亚洲：韩国，日本和中国沿海；北极：加拿大北极区，楚科奇海。

参考文献：Hsiao，1980；Quillfeldt et al.，2003；Guiry，Guiry，2015。

舟形藻目 Order Naviculales Bessey，1907

贝克藻科 Family Berkeleyaceae D. G. Mann in F. E. Round et al.，1990

贝克藻属 Genus *Berkeleya* Greville，1827

橙红贝克藻 *Berkeleya rutilans*（Trentepohl ex Roth）Grunow，1880

基名(Basionym)：*Conferva rutilans* Trentepohl ex Roth

同模式异名[Homotypic Synonym(s)]：*Conferva rutilans* Trentepohl ex Roth，1806；*Bangia rutilans*（Roth）Lyngbye，1819；*Hydrolinum rutilans*（Trentepohl ex Roth）Link，1820；*Schizonema*

rutilans (Trentepohl ex Roth) Agardh, 1824; *Girodella rutilans* (Roth) Gaillon, 1833; *Monema rutilans* (Trentepohl ex Roth) Meneghini, 1845; *Berkeleya dillwynii* var. *rutilans* (Trentepohl ex Roth) Eiben, 1871; *Amphipleura rutilans* (Trentepohl ex Roth) Cleve, 1894; *Carrodoria rutilans* (Roth) Kuntze, 1898

分布(海水/淡水种)：欧洲：波罗的海，黑海，英国，爱尔兰，德国，波兰，法国，斯堪的纳维亚半岛，罗马尼亚，西班牙，瑞典；北美：加拿大，美国(佛罗里达州，缅因州，弗吉尼亚州，西北部等)；澳大利亚和新西兰：澳大利亚，新西兰；亚洲：蒙古，日本和中国沿海；南极和亚南极诸岛：南极/亚南极群岛；北极：加拿大北极区，楚科奇海。

参考文献： Matheke, Horner, 1974; Hsiao, 1980; Quillfeldt et al., 2003; Guiry, Guiry, 2015

狭形藻属 Genus *Stenoneis* Cleve, 1894

平淡狭形藻棒状变种 *Stenoneis inconspicua* var. *baculus* (Cleve) Cleve, 1894

基名(Basionym)： *Navicula baculus* Cleve

同模式异名[Homotypic Synonym(s)]： *Navicula baculus* Cleve, 1883

异模式异名[Heterotypic Synonym(s)]： *Navicula bipatens* Heiden, 1906

分布(北极环极地区海冰群落特有种)：北极：加拿大北极区，楚科奇海－东西伯利亚－拉普捷夫海，加拿大北部(努勒维特)，楚科奇海。

参考文献： Hsiao, 1980; Okolodkov, 1992; Riedel et al., 2003; Quillfeldt et al., 2003; Guiry, Guiry, 2015。

钝喙狭形藻 *Stenoneis obtuserostrata* (Hustedt) Poulin, 1990

基名(Basionym)： *Navicula obtuserostrata* Hustedt

同模式异名[Homotypic Synonym(s)]： *Navicula obtuserostrata* Hustedt, 1961; *Navicula ungavae* Poulin, Cardinal, 1982

分布(北极环极地区海冰群落特有种)：北极：楚科奇海，楚科奇海－东西伯利亚－拉普捷夫海。

参考文献： Okolodkov, 1992; Quillfeldt et al., 2003; Guiry, Guiry, 2015。

双肋膜藻科 Family Amphipleuraceae Grunow, 1862

茧形藻属 Genus *Amphiprora* Ehrenberg, 1843

翼茧形藻 *Amphiprora alata* (Ehrenberg) Kützing, 1844

基名(Basionym)： *Navicula alata* Ehrenberg

分布(淡水种)：欧洲：波罗的海，英国，爱尔兰，罗马尼亚，西班牙；北美：五大湖，美国；澳大利亚和新西兰：澳大利亚(新南威尔士州，昆士兰州)；亚洲：蒙古，日本和中国；北极：拉普捷夫海，波弗特海，楚科奇海，楚科奇海－加拿大海盆。

参考文献： Horner, Schrader, 1982; Tuschling et al., 2000; Quillfeldt et al., 2003; Guiry, Guiry, 2015；杨清良等，2002，2006；林更铭等，2013。

巨大茧形藻北方变种 *Amphiprora gigantea* var. *septentrionalis*(Grunow) Cleve

[据最新资料记载，该变种的分类地位(包括命名)可能还需进一步核实和研究]

分布：北极：加拿大北极区。

参考文献：Hsiao，1980；Guiry，Guiry，2015。

杰玛茧形藻加拉变种 *Amphiprora kjellmanii* var. *kariana* Grunow in Cleve et Grunow

[据最新资料记载，正种已移至内茧藻属(*Entomoneis*)，但该变种未定，其分类地位(包括命名)有待进一步核实和研究]

分布：北极：加拿大北极区。

参考文献：Hsiao，1980；Guiry，Guiry，2015。

杰玛茧形藻具线纹变种 *Amphiprora kjellmanii* var. *striolata*(Grunow) Cleve

[据最新资料记载，该变种的分类地位(包括命名)有待进一步核实和研究]

分布：北极：加拿大北极区。

参考文献：Hsiao，1980；Guiry，Guiry，2015。

克立茧形藻 *Amphiprora kryophila* Cleve

[据最新资料记载，该种的分类地位(包括命名)可能还需进一步核实和研究]

分布：北极：加拿大北极区。

参考文献：Hsiao，1980；Guiry，Guiry，2015。

伪成双茧形藻 *Amphiprora pseudoduplex*(Osada & Kobayasi) Hällfors，2004

基名(Basionym)：*Entomoneis pseudoduplex* K. Osada & H. Kobayasi

同模式异名[Homotypic Synonym(s)]：*Entomoneis pseudoduplex* K. Osada & H. Kobayasi，1990

分布：欧洲：波罗的海；北极：高纬度(>85°N)西北冰洋。

参考文献：Katsuki et al.，2009；Guiry，Guiry，2015。

海生双眉藻属 Genus *Halamphora* (Cleve) Levkov，2009

咖啡海生双眉藻 *Halamphora coffeaeformis*(C. Agardh) Levkov，2009

基名(Basionym)：*Frustulia coffeaeformis* C. Agardh

同模式异名[Homotypic Synonym(s)]：*Frustulia coffeaeformis* C. Agardh，1827；*Amphora coffeiformis*(C. Agardh) Kützing，1844

异模式异名[Heterotypic Synonym(s)]：*Amphora salina* W. Smith，1853；*Amphora coffeaeformis* var. *salina* (W. Smith) Schönfeldt，1907；*Amphora crameri* Foged，1966；*Amphora paulii* Patrick，1970

分布(潜在有害/有毒种)：欧洲：亚得里亚海，波罗的海，黑海，英国，捷克，法国，德国，罗马尼亚，西班牙；大西洋诸岛：加那利群岛；北美：五大湖，美国(西北部，俄克拉荷马州等)；南美：哥伦比亚，巴西；澳大利亚和新西兰：澳大利亚(新南威尔士州，北领地，昆士兰，南部和西部澳大利亚)；太平洋诸岛：夏威夷群岛；南极和亚南极诸岛：乔治王岛；

亚洲：韩国，中国，日本，蒙古；西南亚：印度，伊朗，以色列；东南亚：新加坡；北极：北欧北极区（斯堪的纳维亚和格陵兰），俄罗斯北极区，阿拉斯加北极区，加拿大北极区，楚科奇海－东西伯利亚－拉普捷夫海。

参考文献： Okolodkov，1992；Poulin et al.，2011；Guiry，Guiry，2015。

短缝海生双眉藻 *Halamphora eunotia*（Cleve）Levkov，2009

基名（Basionym）： *Amphora eunotia* Cleve

同模式异名［Homotypic Synonym(s)］： *Amphora eunotia* Cleve，1873

分布（半咸淡种）：欧洲：英国；澳大利亚和新西兰：澳大利亚，新西兰；亚洲：俄罗斯远东，韩国，中国沿海；北极：加拿大北极区。

参考文献： Hsiao，1980；Guiry，Guiry，2015。

霍萨海生双眉藻 *Halamphora holsatica*（Hustedt）Levkov，2009

基名（Basionym）： *Amphora holsatica* Hustedt

同模式异名［Homotypic Synonym(s)］： *Amphora holsatica* Hustedt，1925

分布（半咸淡种）：欧洲：波罗的海，英国，德国，罗马尼亚，西班牙；北美：美国（西北部等）；西南亚：以色列；亚洲：俄罗斯远东，韩国，日本；东南亚：新加坡；澳大利亚和新西兰：澳大利亚（北领地等）；北极：楚科奇海－东西伯利亚－拉普捷夫海。

参考文献： Okolodkov，1992；Guiry，Guiry，2015。

弯菪藻科 Family Scoliotropidaceae Mereschkowsky，1903

古船藻属 Genus *Biremis* D. G. Mann & E. J. Cox in F. E. Round，R. M. Crawford & D. G. Mann，1990

可疑古船藻 *Biremis ambigua*（Cleve）D. G. Mann in Round，Crawford & Mann，1990

基名（Basionym）： *Pinnularia ambigua* Cleve

同模式异名［Homotypic Synonym(s)］： *Pinnularia ambigua* Cleve，1895；*Schizonema ambiguum*（Cleve）Kuntze，1898

异模式异名［Heterotypic Synonym(s)］： *Navicula retusa* Brébisson，1883

分布（底栖/固着种类）：欧洲：黑海，英国，德国，西班牙，法国；北美：美国；澳大利亚和新西兰：澳大利亚，新西兰；北极：加拿大北极区，楚科奇海－东西伯利亚－拉普捷夫海，楚科奇海。

参考文献： Hsiao，1980；Okolodkov，1992；Quillfeldt et al.，2003；Guiry，Guiry，2015。

独居古船藻 *Biremis solitaria*（Cleve）Witkowski，Lange－Bertalot & Metzeltin，2000

［据最新资料记载，该种的分类地位（包括命名）可能还需进一步核实和研究］

异模式异名［Heterotypic Synonym(s)］： *Navicula solitaria* Cleve，1896

分布： 北极：楚科奇海，加拿大北极区，楚科奇海－东西伯利亚－拉普捷夫海。

参考文献： Hsiao，1980；Okolodkov，1992；Quillfeldt et al.，2003；Guiry，Guiry，2015。

鞍型藻科 Family Sellaphoraceae Mereschkowsky，1902

幻觉藻属 Genus *Fallacia* Stickle & D. G. Mann，1990

钳状幻觉藻*Fallacia forcipata*(Greville) Stickle & Mann in Round，Crawford & Mann，1990

基名(Basionym)：*Navicula forcipata* Greville

同模式异名[Homotypic Synonym(s)]：*Navicula forcipata* Greville，1859；*Navicula lyra* var. *forcipata*(Greville) O'Meara，1875；*Schizonema forcipatum*(Greville) Kuntze，1898

分布(淡水种)：欧洲：亚得里亚海，波罗的海，黑海，英国(诺森伯兰郡等)，德国，罗马尼亚，西班牙，荷兰；北美：美国；南美：巴西；大西洋诸岛：加那利群岛；澳大利亚和新西兰：澳大利亚，新西兰；亚洲：俄罗斯远东，中国沿海；北极：加拿大北极区，阿尔法脊，拉普捷夫海。

参考文献：Hsiao，1980；Melnikov，1997；Tuschling et al.，2000；Guiry，Guiry，2015。

钳状幻觉藻密条变种 *Fallacia forcipata* var. *densestriata*(A. W. F. Schmidt) Álvarez - Blanco & S. Blanco，2014

基名(Basionym)：*Navicula forcipata* var. *densestriata* A. W. F. Schmidt

同模式异名[Homotypic Synonym(s)]：*Navicula forcipata* var. *densestriata* (*densistriata*) A. W. F. Schmidt，1881

分布：欧洲：罗马尼亚；亚洲：中国沿海；北极：加拿大北部(努勒维特)，楚科奇海。

参考文献：Riedel et al.，2003；Quillfeldt et al.，2003；Guiry，Guiry，2015。

侏儒幻觉藻 *Fallacia pygmaea*(Kützing) A. J. Stickle & D. G. Mann，in Round，Crawford & Mann，1990

基名(Basionym)：*Navicula pygmaea* Kützing

同模式异名[Homotypic Synonym(s)]：*Navicula pygmaea* Kützing，1849；*Schizonema pygmaeum* (Kützing) Kuntze，1898；*Lyrella pygmaea*(Kützing) Makarova & Karajeva，1987

分布(半咸淡种)：欧洲：亚得里亚海，波罗的海，黑海，奥地利，捷克共和国和/或斯洛伐克，德国，爱尔兰，罗马尼亚，西班牙，英国，荷兰，波兰；北美：五大湖，美国(西北部等)；南美：阿根廷，巴西；大西洋诸岛：加那利群岛；澳大利亚和新西兰：澳大利亚(新南威尔士州，昆士兰州，维多利亚等)，新西兰；亚洲：俄罗斯远东，蒙古，日本和中国沿海，土耳其(亚洲)；北极：拉普捷夫海；加拿大北极区。

参考文献：Hsiao，1980；Tuschling et al.，2000；Guiry，Guiry，2015。

羽纹藻科 Family Pinnulariaceae D. G. Mann

羽纹藻属 Genus *Pinnularia* Ehrenberg，1843

双戟羽纹藻 *Pinnularia bihastata*(A. Mann) R. M. Patrick，1966

基名(Basionym)：*Navicula bihastata* A. Mann

同模式异名[Homotypic Synonym(s)]：*Navicula bihastata* A. Mann，1924

异模式异名［Heterotypic Synonym(s)］： *Pinnularia trigonocephala* Cleve，1895；*Navicula trigonocephala*(Cleve) M. Peragallo，1903，

分布(淡水种)： 北美：美国；北极：波弗特海，楚科奇海－加拿大海盆－马卡罗夫海盆－南森海盆。

参考文献： Horner，Schrader，1982；Booth，Horner，1997；Guiry，Guiry，2015。

北极羽纹藻 *Pinnularia polaris* H. Heiden

［据最新资料记载，该种的分类地位(包括命名)可能还需进一步核实和研究］

分布： 欧洲：波罗的海；北极：楚科奇海－东西伯利亚－拉普捷夫海。

参考文献： Okolodkov，1992；Guiry，Guiry，2015。

方区羽纹藻 *Pinnularia quadratarea*(A. Schmidt) Cleve，1895

基名(Basionym)： *Navicula quadratarea* A. Schmidt

同模式异名［Homotypic Synonym(s)］： *Navicula quadratarea* A. Schmidt，1874

异模式异名［Heterotypic Synonym(s)］： *Navicula pinnularia* Cleve，1868

分布： 欧洲：黑海，英国；南美：哥伦比亚；澳大利亚和新西兰：澳大利亚；南极和亚南极诸岛：乔治王岛；北极：高纬度(＞85°N)西北冰洋，加拿大北极区，加拿大海盆，楚科奇海－东西伯利亚－拉普捷夫海。

参考文献： Matheke，Horner，1974；Hsiao，1980；Okolodkov，1992；Tuschling et al.，2000；Melnikov et al.，2002；Quillfeldt et al.，2003；Katsuki et al.，2009；Guiry，Guiry，2015。

方区羽纹藻波罗的海变种 *Pinnularia quadratarea* var. *baltica* (Grunow) Cleve

［据最新资料记载，该变种的分类地位(包括命名)可能还需进一步核实和研究］

分布： 北极：楚科奇海。

参考文献： Matheke，Horner，1974；Guiry，Guiry，2015。

方区羽纹藻双缩变种 *Pinnularia quadratarea* var. *bicontracta*(E. V. Østrup) H. H. Gran

［据最新资料记载，该变种的分类地位(包括命名)可能还需进一步核实和研究］

分布： 北美：加拿大；北极：喀拉海和拉普捷夫海，楚科奇海，楚科奇海－东西伯利亚－拉普捷夫海，波弗特海，加拿大北极区，加拿大海盆，加拿大北部(努勒维特)。

参考文献： Matheke，Horner，1974；Hsiao，1980；Horner，Schrader，1982；Okolodkov，1992；Melnikov et al.，2002；Riedel et al.，2003；Guiry，Guiry，2015。

方区羽纹藻双缩变种极大变型 *Pinnularia quadratarea* var. *bicontracta* f. *maxima* (E. V. Østrup) H. H. Gran

［据最新资料记载，该变型的分类地位(包括命名)可能还需进一步核实和研究］

分布： 北极：加拿大北极区，楚科奇海－东西伯利亚－拉普捷夫海。

参考文献： Hsiao，1980；Okolodkov，1992；Guiry，Guiry，2015。

方区羽纹藻双楔变种*Pinnularia quadratarea* var. *bicuneata* H. Heiden

［据最新资料记载，该变种的分类地位(包括命名)可能还需进一步核实和研究］

分布：北极：加拿大北极区，楚科奇海－东西伯利亚－拉普捷夫海。

参考文献：Hsiao，1980；Okolodkov，1992；Guiry，Guiry，2015。

方区羽纹藻头状变种 *Pinnularia quadratarea* var. *capitata* H. Heiden

［据最新资料记载，该变种的分类地位(包括命名)可能还需进一步核实和研究］

分布：北极：楚科奇海，楚科奇海－东西伯利亚－拉普捷夫海。

参考文献：Okolodkov，1992；Quillfeldt et al.，2003；Guiry，Guiry，2015。

方区羽纹藻缢缩变种 *Pinnularia quadratarea* var. *constricta*（Østrup）Heiden，1874

基名(Basionym)：*Navicula pinnularia* var. *constricta* Østrup

同模式异名[Homotypic Synonym(s)]：*Navicula pinnularia* var. *constricta* Østrup，1895

分布(淡水种)：北美：加拿大；南极和亚南极诸岛：南极/亚南极群岛；北极：楚科奇海，高纬度(>85°N)西北冰洋。

参考文献：Quillfeldt et al.，2003；Katsuki et al.，2009；Guiry，Guiry，2015。

方区羽纹藻缢缩变种断纹变种 *Pinnularia quadratarea* var. *constricta* f. *interrupta* H. Heiden

［据最新资料记载，该变型的分类地位(包括命名)可能还需进一步核实和研究］

分布：北极：加拿大海盆，楚科奇海－东西伯利亚－拉普捷夫海。

参考文献：Okolodkov，1992；Melnikov et al.，2002；Guiry，Guiry，2015。

方区羽纹藻楔形变种 *Pinnularia quadratarea* var. *cuneata* E. V. Østrup

［据最新资料记载，该变种的分类地位(包括命名)可能还需进一步核实和研究］

分布：北极：加拿大北极区，楚科奇海，楚科奇海－东西伯利亚－拉普捷夫海。

参考文献：Hsiao，1980；Okolodkov，1992；Quillfeldt et al.，2003；Guiry，Guiry，2015。

方区羽纹藻密纹变种 *Pinnularia quadratarea* var. *densestriata* Cleve

［据最新资料记载，该变种的分类地位(包括命名)可能还需进一步核实和研究］

分布：北极：加拿大北极区，楚科奇海。

参考文献：Hsiao，1980；Quillfeldt et al.，2003；Guiry，Guiry，2015。

方区羽纹藻网纹变种 *Pinnularia quadratarea* var. *dubia* H. Heiden

［据最新资料记载，该变种的分类地位(包括命名)可能还需进一步核实和研究］

分布：北极：楚科奇海，楚科奇海－东西伯利亚－拉普捷夫海。

参考文献：Okolodkov，1992；Quillfeldt et al.，2003；Guiry，Guiry，2015。

方区羽纹藻凯尔盖朗变种 *Pinnularia quadratarea* var. *kerguelensis*（Grunow）Cleve

［据最新资料记载，该变种的分类地位(包括命名)可能还需进一步核实和研究］

分布：北极：拉普捷夫海，波弗特海。

参考文献：Horner，Schrader，1982；Tuschling et al.，2000；Guiry，Guiry，2015。

方区羽纹藻狭辐节变种 *Pinnularia quadratarea* var. *leptostauron*（Grunow）Cleve

［据最新资料记载，该变种的分类地位(包括命名)可能还需进一步核实和研究］

分布：北极：楚科奇海 - 东西伯利亚 - 拉普捷夫海。

参考文献：Okolodkov，1992；Guiry，Guiry，2015。

方区羽纹藻小型变种 *Pinnularia quadratarea* var. *minor*（E. V. Østrup）H. Heiden

[据最新资料记载，该变种的分类地位（包括命名）可能还需进一步核实和研究]

分布：北极：高纬度（>85°N）西北冰洋。

参考文献：Katsuki et al.，2009；Guiry，Guiry，2015。

方区羽纹藻帕特里克变种 *Pinnularia quadratarea* var. *patrickae* M. Poulin & A. Cardinal

[据最新资料记载，该变种的分类地位（包括命名）可能还需进一步核实和研究]

分布：北极：楚科奇海 - 东西伯利亚 - 拉普捷夫。

参考文献：Okolodkov，1992；Guiry，Guiry，2015。

方区羽纹藻斯图克斯贝里变种 *Pinnularia quadratarea* var. *stuxbergii*（Cleve）Cleve

[据最新资料记载，该变种的分类地位（包括命名）可能还需进一步核实和研究]

分布：北极：加拿大北极区。

参考文献：Hsiao，1980；Guiry，Guiry，2015。

方区羽纹藻斯图克斯贝里变种极小变型 *Pinnularia quadratarea* var. *stuxbergii* f. *minima*（E. V. Østrup）H. H. Gran

[据最新资料记载，该变型的分类地位（包括命名）可能还需进一步核实和研究]

分布：北极：加拿大北极区。

参考文献：Hsiao，1980；Guiry，Guiry，2015。

方区羽纹藻近缢缩变种 *Pinnularia quadratarea* var. *subconstricta*（（Østrup））Heiden in Schmidt et al

分布：北极：加拿大北极区。

参考文献：Hsiao，1980。

方区羽纹藻近连续变种 *Pinnularia quadratarea* var. *subcontinua*（Grunow）Cleve

[据最新资料记载，该变种的分类地位（包括命名）可能还需进一步核实和研究]

分布：北极：加拿大北极区。

参考文献：Hsiao，1980；Guiry，Guiry，2015。

方区羽纹藻近平滑变种 *Pinnularia quadratarea* var. *subglabra*（Østrup）M. Poulin & A. Cardinal

[据最新资料记载，该变种的分类地位（包括命名）可能还需进一步核实和研究]

分布：北极：楚科奇海，楚科奇海 - 东西伯利亚 - 拉普捷夫海。

参考文献：Okolodkov，1992；Quillfeldt et al.，2003；Guiry，Guiry，2015。

岩生羽纹藻 *Pinnularia rupestris* Hantzsch in Rabenhorst，1861

同模式异名[Homotypic Synonym(s)]：*Navicula rupestris*（Hantzsch）Schmidt，1876；*Pin-*

nularia viridis var. *rupestris*(Hantzsch) Cleve, 1895; *Navicula viridis* var. *rupestris*(Hantzsch) Fricke, 1902; *Pinnularia commutata* var. *rupestris* (Hantzsch) L. Dippel, 1905; *Pinnularia sudetica* var. *rupestris*(Hantszch) Cleve – Euler, 1955

异模式异名[Heterotypic Synonym(s)]: *Pinnularia reinschiana* Mayer, 1939; *Pinnularia sudetica* var. *reinschiana*(Mayer) Cleve – Euler, 1955

分布(淡水种): 欧洲: 英国, 爱尔兰, 德国, 波兰, 罗马尼亚; 北美: 五大湖, 美国; 南美: 哥伦比亚; 澳大利亚和新西兰: 澳大利亚, 新西兰; 北极: 楚科奇海。

参考文献: Quillfeldt et al., 2003; Guiry, Guiry, 2015。

半膨大羽纹藻 *Pinnularia semiinflata*(E. V. Østrup) H. H. Gran

[据最新资料记载, 该种的分类地位(包括命名)可能还需进一步核实和研究]

分布: 北美: 加拿大; 北极: 加拿大北部(努勒维特), 东西伯利亚 – 拉普捷夫海, 楚科奇海, 楚科奇海 – 加拿大海盆 – 马卡罗夫海盆 – 南森海盆。

参考文献: Okolodkov, 1992; Booth, Horner, 1997; Riedel et al., 2003; Quillfeldt et al., 2003; Guiry, Guiry, 2015。

半膨大羽纹藻并基变种 *Pinnularia semiinflata* var. *decipens* (Cleve) H. H. Gran

[据最新资料记载, 该变种的分类地位(包括命名)可能还需进一步核实和研究]

分布: 北极: 楚科奇海 – 东西伯利亚 – 拉普捷夫海。

参考文献: Okolodkov, 1992; Guiry, Guiry, 2015。

聚生羽纹藻德比斯变种 *Pinnularia socialis* var. *debesii*(Hustedt) Krammer, 2000

基名(Basionym): *Pinnularia debesii* Hustedt

同模式异名[Homotypic Synonym(s)]: *Pinnularia debesii* Hustedt, 1926

异模式异名[Heterotypic Synonym(s)]: *Pinnularia maior* var. *socialis* Debes, publ. as *Pinnularia debesii* Hustedt, 1926

分布(淡水种): 欧洲: 罗马尼亚, 西班牙; 亚洲: 中国(台湾); 北极: 阿拉斯加(巴罗角)。

参考文献: Bursa, 1963; Guiry, Guiry, 2015。

侧缘膜藻属 Genus *Craspedopleura* M. Poulin, 1993

克立侧缘膜藻 *Craspedopleura kryophila* (Cleve) M. Poulin

[据最新资料记载, 该种的分类地位(包括命名)可能尚需进一步核实和研究]

分布(北极环极地区海冰群落特有种): 楚科奇海。

参考文献: Quillfeldt et al., 2003; Guiry, Guiry, 2015。

褐指藻科 Family Phaeodactylaceae Silva, 1962

褐指藻属 Genus *Phaeodactylum* Bohlin, 1897

三角褐指藻 *Phaeodactylum tricornutum* Bohlin, 1897

异模式异名[Heterotypic Synonym(s)]: *Nitzschia closterium* f. *minutissima* Allen & Nelson, 1910

分布：欧洲：亚得里亚海，波罗的海，英国，法国，德国，芬兰；北美：加拿大(不列颠哥伦比亚，新斯科舍)，美国(缅因州)；中美洲：墨西哥湾；南美：巴西；澳大利亚和新西兰：新西兰；太平洋诸岛：关岛；亚洲：日本和中国沿海；北极：加拿大海盆。

参考文献：Melnikov et al. , 2002；Guiry, Guiry, 2015。

双壁藻科 Family Diploneidaceae D. G. Mann

双壁藻属 Genus *Diploneis* Ehrenberg, 1844

成对双壁藻 *Diploneis didyma* (Ehrenberg) Ehrenberg, 1839

基名(Basionym)：*Pinnularia didyma* Ehrenberg

异模式异名[Heterotypic Synonym(s)]：*Navicula didymus* Ehrenberg, 1840；*Pinnularia didyma* Ehrenberg, 1844

分布(海水/淡水种)：欧洲：亚得里亚海，波罗的海，黑海，英国，法国，德国，罗马尼亚，西班牙；北美：加拿大，美国(加利福尼亚州，佛罗里达州和南卡罗来纳州)；南美：巴西；大西洋诸岛：加那利群岛；澳大利亚和新西兰：澳大利亚(首都地区等)，新西兰；北极：挪威斯瓦尔巴特群岛，加拿大北极区，加拿大海盆，楚科奇海。

参考文献：Hsiao, 1980；Melnikov et al. , 2002；Quillfeldt et al. , 2003；Guiry, Guiry, 2015。

内弯双壁藻 *Diploneis incurvata*(Gregory) Cleve, 1894

基名(Basionym)：*Navicula incurvata* Gregory

同模式异名[Homotypic Synonym(s)]：*Navicula splendida* var. *incurvata* (Gregory) Rabenhorst；*Navicula incurvata* Gregory, 1856

分布：欧洲：英国；南美：哥伦比亚；澳大利亚和新西兰：新西兰；亚洲：蒙古，中国沿海；东南亚：新加坡；北极：加拿大北极区。

参考文献：Hsiao, 1980；Guiry, Guiry, 2015。

线条双壁藻 *Diploneis lineata* (Donkin) Cleve, 1894

基名(Basionym)：*Navicula lineata* Donkin

同模式异名[Homotypic Synonym(s)]：*Navicula lineata* Donkin, 1858

异模式异名[Heterotypic Synonym(s)]：*Navicula adriatica* Grunow, 1860

分布：欧洲：英国，西班牙；亚洲：中国沿海；北极：加拿大北极区。

参考文献：Hsiao, 1980；Guiry, Guiry, 2015。

海滨双壁藻 *Diploneis litoralis*(Donkin) Cleve, 1894

分布：欧洲：英国，罗马尼亚；大西洋诸岛：加那利群岛；澳大利亚和新西兰：新西兰；亚洲：中国沿海；东南亚：新加坡；北极：加拿大海盆。

参考文献：Melnikov et al. , 2002；Guiry, Guiry, 2015。

海滨双壁藻原变种 *Diploneis litoralis* var. *litoralis* (Donkin) Cleve, 1894

[据最新资料记载，该变种的分类地位(包括命名)可能还需进一步核实和研究]

分布：北极：楚科奇海。

参考文献： Quillfeldt et al.，2003；Guiry，Guiry，2015。

海滨双壁藻北极变种 *Diploneis litoralis* var. *arctica* Cleve

［据最新资料记载，该变种的分类地位(包括命名)可能还需进一步核实和研究］

分布： 北美：加拿大；北极：加拿大北部(努勒维特)，加拿大北极区，楚科奇海－东西伯利亚－拉普捷夫海，楚科奇海。

参考文献： Hsiao，1980；Okolodkov，1992；Riedel et al.，2003；Quillfeldt et al.，2003；Guiry，Guiry，2015。

海滨双壁藻窗格变种 *Diploneis litoralis* var. *clathrata*（Østrup）Cleve，1896

［据最新资料记载，该变种的分类地位(包括命名)可能还需进一步核实和研究］

分布： 北极：高纬度(＞85°N)西北冰洋，加拿大北极区，加拿大北部(努勒维特)，楚科奇海。

参考文献： Hsiao，1980；Riedel et al.，2003；Quillfeldt et al.，2003；Katsuki et al.，2009；Guiry，Guiry，2015。

厄氏双壁藻 *Diploneis oestrupii* Hustedt

分布： 北极：楚科奇海－东西伯利亚－拉普捷夫海。

参考文献： Okolodkov，1992；Guiry，Guiry，2015。

史氏双壁藻 *Diploneis smithii*（Brébisson）Cleve，1894

基名(Basionym)： *Navicula smithii* Brébisson

同模式异名［Homotypic Synonym(s)］： *Navicula smithii* Brébisson，1856

异模式异名［Heterotypic Synonym(s)］： *Navicula elliptica* W. Smith，1853

分布(海水/淡水种)：欧洲：亚得里亚海，波罗的海，黑海，英国，芬兰，德国，罗马尼亚，西班牙；大西洋诸岛：加那利群岛；北美：五大湖，加拿大(新不伦瑞克等)，美国(西北部等)；南美：巴西，哥伦比亚；澳大利亚和新西兰：澳大利亚(新南威尔士州，昆士兰州，维多利亚)；亚洲：俄罗斯远东，日本和中国沿海；东南亚：新加坡；北极：高纬度(＞85°N)西北冰洋，加拿大北极区，喀拉海和拉普捷夫海，楚科奇海。

参考文献： Matheke，Horner，1974；Hsiao，1980；Quillfeldt et al.，2003；Katsuki et al.，2009；Guiry，Guiry，2015。

史氏双壁藻菱形变种 *Diploneis smithii* var. *rhombica* Mereschkowsky，1902

分布： 欧洲：波罗的海，黑海，英国，罗马尼亚；澳大利亚和新西兰：新西兰，南澳大利亚；亚洲：中国沿海；东南亚：新加坡；北极：高纬度(＞85°N)西北冰洋。

参考文献： Katsuki et al.，2009；Guiry，Guiry，2015。

近系带双壁藻 *Diploneis subcincta*(A. Schmidt) Cleve，1894

［据最新资料记载，该种的分类地位(包括命名)可能还需进一步核实和研究］

异模式异名［Heterotypic Synonym(s)］： *Navicula subcincta* A. Schmidt，1874

分布： 亚洲：中国沿海；北极：楚科奇海。

参考文献： Matheke, Horner, 1974; Guiry, Guiry, 2015。

摆动双壁藻 *Diploneis vacillans* (A. Schmidt) Cleve, 1894

[据最新资料记载，该种的分类地位(包括命名)可能还需进一步核实和研究]

分布： 欧洲：亚得里亚海，波罗的海，黑海，英国；澳大利亚和新西兰：澳大利亚；亚洲：中国沿海；北极：加拿大北极区。

参考文献： Hsiao, 1980; Guiry, Guiry, 2015。

舟形藻科 Family Naviculaceae Kützing, 1844

缪氏藻属 Genus *Meuniera* P. C. Silva, 1996

膜状缪氏藻 *Meuniera membranacea* (Cleve) P. C. Silva in Hasle & Syvertsen, 1996

基名(Basionym)： *Navicula membranacea* Cleve

同模式异名[Homotypic Synonym(s)]： *Stauropsis membranacea* (Cleve) Meunier; *Navicula membranacea* Cleve, 1897; *Stauroneis membranacea* (Cleve) Hustedt, 1959

分布： 欧洲：波罗的海，法国，德国(赫尔戈兰岛)，英国，西班牙；北美：加拿大；中美洲：下加利福尼亚半岛，加利福尼亚湾；南美：巴西，哥伦比亚；澳大利亚和新西兰：澳大利亚，新西兰；亚洲：中国和日本沿海；东南亚：新加坡；北极：巴伦支海和喀拉海，加拿大北部(努勒维特)，楚科奇海－加拿大海盆。

参考文献： Matishov et al., 2000; Riedel et al., 2003; Guiry, Guiry, 2015; 林更铭等，2013。

美壁藻属 Genus *Caloneis* Cleve, 1894

短形美壁藻 *Caloneis brevis* (Gregory) Cleve, 1894

基名(Basionym)： *Navicula brevis* Gregory

同模式异名[Homotypic Synonym(s)]： *Navicula brevis* Gregory, 1857

分布： 欧洲：英国，德国；亚洲：俄罗斯远东，日本和中国沿海；亚北极：白令海；北极：加拿大北极区，哈得孙湾－巴芬湾，东西伯利亚，拉普捷夫海，楚科奇海。

参考文献： Zenkevitch, 1963; Matheke, Horner, 1974; Werner, 1977; Hsiao, 1980; Guiry, Guiry, 2015; 杨清良等，2002。

赫伯美壁藻 *Caloneis hebes* (Ralfs) R. M. Patrick, 1966

基名(Basionym)： *Navicula hebes* Ralfs

同模式异名[Homotypic Synonym(s)]： *Navicula hebes* Ralfs, 1861

异模式异名[Heterotypic Synonym(s)]： *Navicula obtusa* W. Smith, 1853; *Schizonema obtusum* Kuntze, 1898

分布： (淡水种)：欧洲：英国，爱尔兰，西班牙；北美：美国；南美：哥伦比亚；北极：加拿大北极区，高纬度(>85°N)西北冰洋。

参考文献： Hsiao, 1980; Katsuki et al., 2009; Guiry, Guiry, 2015。

克立美壁藻 *Caloneis kryophila*(Cleve) Cleve，1894

分布：北极：加拿大北极区。

参考文献：Hsiao，1980；Guiry，Guiry，2015。

离生美壁藻 *Caloneis liber* (W. Smith) Cleve，1894

基名(Basionym)：*Navicula liber* W. Smith

同模式异名[Homotypic Synonym(s)]：*Navicula liber* W. Smith，1853；*Schizonema liber* (W. Smith) Kuntze，1898

异模式异名[Heterotypic Synonym(s)]：*Navicula maxima* Gregory，1855；*Navicula liber* var. *maxima*(Gregory) Grunow，1867；*Caloneis liber* var. *maxima*(Gregory) E. Jørgensen，1905；*Caloneis liber* var. *maxima*(Gregory) Frenguelli，1939

分布(半咸淡种)：欧洲：亚得里亚海，黑海，罗马尼亚，西班牙；北美：五大湖，加拿大，美国；南美：巴西，哥伦比亚；大西洋诸岛：加那利群岛；澳大利亚和新西兰：澳大利亚(塔斯马尼亚岛等)，新西兰；亚洲：中国沿海；东南亚：新加坡；北极：加拿大北极区。

参考文献：Hsiao，1980；Guiry，Guiry，2015。

舟形藻属 Genus *Navicula* Bory de Saint - Vincent，1822

寒冷舟形藻 *Navicula algida* Grunow，1884

分布：欧洲：英国；北美：加拿大；北极：高纬度(>85°N)西北冰洋，加拿大北极区，加拿大北部(努勒维特)，楚科奇海。

参考文献：Hsiao，1980；Riedel et al.，2003；Quillfeldt et al.，2003；Katsuki et al.，2009；Guiry，Guiry，2015。

方格舟形藻 *Navicula cancellata* Donkin，1872

同模式异名[Homotypic Synonym(s)]：*Navicula retusa* var. *cancellata*(Donkin) R. Ross，1986

分布(半咸淡种)：欧洲：亚得里亚海，波罗的海，黑海，英国，法国，罗马尼亚，西班牙；大西洋诸岛：加那利群岛；南美：哥伦比亚；澳大利亚和新西兰：澳大利亚，新西兰；亚洲：日本和中国沿海；南极和亚南极群岛：乔治王岛；北极：加拿大北极区。

参考文献：Hsiao，1980；Guiry，Guiry，2015。

克莱门舟形藻 *Navicula clementis* Grunow，1882

异模式异名[Heterotypic Synonym(s)]：*Navicula clementis* var. *rhombica* Brockmann，1950；*Navicula inclementis* Hendey，1964；*Placoneis rhombica*(Brockmann) Lange - Bertalot，2005

分布(海水/淡水底栖/固着种)：欧洲：英国，爱尔兰，法国，德国，罗马尼亚，西班牙；大西洋诸岛：冰岛；北美：加拿大，五大湖，美国(阿肯色州等)；南美：哥伦比亚，巴西；澳大利亚和新西兰：澳大利亚(首都地区，新南威尔士州，昆士兰州)；北极：加拿大北极列岛，楚科奇海。

参考文献：Matheke，Horner，1974；Quillfeldt et al.，2003；Antoniades et al.，2005；Guiry，Guiry，2015。

克拉舟形藻 *Navicula cluthensis* Gregory，1854

分布：欧洲：英国；亚洲：中国沿海；北极：加拿大北极区。

参考文献：Hsiao，1980；Guiry，Guiry，2015。

厚嘴舟形藻 *Navicula crassirostris* Grunow

［据最新资料记载，该种的分类地位（包括命名）可能尚需进一步核实和研究］

分布：北极：加拿大北极区。

参考文献：Hsiao，1980；Guiry，Guiry，2015。

克里舟形藻 *Navicula criophila*（Castracane）De Toni，1891

［据最新资料记载，该种的分类地位（包括命名）可能尚需进一步核实和研究］

异模式异名［Heterotypic Synonym（s）］：*Navicula kryophila* Cleve，1883；*Pinnularia criophila* Castracane，1886

分布（少数仅出现于海冰中的藻类之一）：欧洲：英国；北美：加拿大；南极和亚南极诸岛：南极/亚南极群岛；北极：楚科奇海－加拿大海盆－马卡罗夫海盆－南森海盆。

参考文献：Booth，Horner，1997；Guiry，Guiry，2015。

并基舟形藻 *Navicula decipiens* Cleve－Euler

［据最新资料记载，该种的分类地位（包括命名）可能尚需进一步核实和研究］

分布：北极：加拿大北极区。

参考文献：Hsiao，1980；Guiry，Guiry，2015。

掌状放射舟形藻 *Navicula digitoradiata*（Gregory）Ralfs in Pritchard，1861

基名（Basionym）：*Pinnularia digitoradiata* Gregory

分布（海洋/淡水种）：欧洲：亚得里亚海，波罗的海，黑海，英国，法国，德国，罗马尼亚，西班牙；大西洋诸岛：加那利群岛；北美：加拿大，美国；南美：哥伦比亚；澳大利亚和新西兰：澳大利亚，新西兰；太平洋诸岛：夏威夷；亚洲：中国沿海；北极：加拿大北极区。

参考文献：Hsiao，1980；Guiry，Guiry，2015。

直舟形藻 *Navicula directa*（W. Smith）Ralfs，1861（版图XX，3a－b；版图XXI，1）

基名（Basionym）：*Pinnularia directa* W. Smith

同模式异名［Homotypic Synonym（s）］：*Pinnularia directa* W. Smith，1853

分布（海冰－底栖海洋极地寒带至温带种）：欧洲：亚得里亚海，波罗的海，黑海，英国，罗马尼亚，西班牙；北美：加拿大（新斯科舍等）；南美：哥伦比亚；澳大利亚和新西兰：澳大利亚；亚洲：中国沿海；南极和亚南极诸岛：南极/亚南极群岛，乔治五世海岸，乔治王岛；北极：挪威北极，巴伦支海和喀拉海，拉普捷夫海，波弗特海，楚科奇海，高纬度（>85°N）西北冰洋，北冰洋阿尔法脊，阿拉斯加－加拿大－俄罗斯北极区，加拿大海盆，楚科奇海－加拿大海盆。

参考文献：Matheke，Horner，1974；Horner，Schrader，1982；Melnikov，1997；Matishov et al.，2000；Tuschling et al.，2000；Melnikov et al.，2002；Quillfeldt et al.，2003；Katsuki et al.，2009；Poulin et al.，2011；Guiry，Guiry，2015；杨清良等，2002；林更铭等，2013。

直舟形藻爪哇变种 *Navicula directa* var. *javanica* Cleve

[据最新资料记载，该变种的分类地位(包括命名)可能尚需进一步核实和研究]

分布：亚洲：中国沿海；北极：楚科奇海，楚科奇海－东西伯利亚－拉普捷夫海。

参考文献：Okolodkov，1992；Quillfeldt et al.，2003；Guiry，Guiry，2015。

直舟形藻细弱变种 *Navicula directa* var. *subtilis*(Gregory) Cleve，1883

异模式异名[Heterotypic Synonym(s)]：*Navicula acutiuscula* Gregory，*Pinnularia subtilis* Gergory

分布：欧洲：英国；亚洲：中国沿海；北极：加拿大北极区。

参考文献：Hsiao，1980；Guiry，Guiry，2015。

远距舟形藻 *Navicula distans* (W. Smith) Ralfs，1861

基名(Basionym)：*Pinnularia distans* W. Smith

同模式异名[Homotypic Synonym(s)]：*Pinnularia distans* W. Smith，1853

分布：欧洲：亚得里亚海，黑海，英国，罗马尼亚；大西洋诸岛：加那利群岛；北美：加拿大，美国(南卡罗来纳州)；澳大利亚和新西兰：新西兰；亚洲：俄罗斯远东，日本和中国沿海；东南亚：新加坡；北极：阿拉斯加(巴罗角)。

参考文献：Bursa，1963；Guiry，Guiry，2015。

飞马舟形藻 *Navicula finmarchica*(Cleve，Grunow) Cleve，1895

基名(Basionym)：*Stauroneis finmarchica* Cleve & Grunow

分布：欧洲：黑海，英国，罗马尼亚；大西洋诸岛：加那利群岛；北极：加拿大海盆。

参考文献：Melnikov et al.，2002；Guiry，Guiry，2015。

极寒舟形藻 *Navicula gelida* Grunow，1884

分布：欧洲：英国；北美：加拿大；北极：加拿大北极区，加拿大北部(努勒维特)，加拿大海盆。

参考文献：Hsiao，1980；Melnikov et al.，2002；Riedel et al.，2003；Guiry，Guiry，2015。

极寒舟形藻瑞迪变种 *Navicula gelida* var. *radissonii* M. Poulin & A. Cardinal

[据最新资料记载，该变种的分类地位(包括命名)可能尚需进一步核实和研究]

分布：北极：楚科奇海－东西伯利亚－拉普捷夫海。

参考文献：Okolodkov，1992；Guiry，Guiry，2015。

冰河舟形藻 *Navicula glacialis*(Cleve) Grunow

[据最新资料记载，该种的分类地位(包括命名)可能尚需进一步核实和研究]

分布：亚洲：日本和中国沿海；东南亚：新加坡；北极：加拿大北极区，加拿大海盆。

参考文献：Hsiao，1980；Melnikov et al.，2002；Guiry，Guiry，2015。

冰川舟形藻 *Navicula glaciei* Van Heurck，1909

分布：南极和亚南极诸岛：南极和亚南极群岛，埃文斯角，乔治王岛，罗斯岛，澳大利亚威尔克斯地；北极：楚科奇海，楚科奇海－东西伯利亚－拉普捷夫海。

参考文献：Okolodkov，1992；Quillfeldt et al.，2003；Guiry，Guiry，2015。

格氏舟形藻 *Navicula granii* (Jørgensen) Gran，1908

［据最新资料记载，该种的分类地位(包括命名)可能尚需进一步核实和研究］

异模式异名［Heterotypic Synonym(s)］：*Stauroneis granii* E. Jorgensen，1905

分布：欧洲：波罗的海，英国；北美：加拿大(新斯科舍等)；北极：巴伦支海和喀拉海，加拿大北极区，加拿大海盆，加拿大北部(努勒维特)，阿拉斯加(巴罗角)，楚科奇海。

参考文献：Bursa，1963；Hsiao，1980；Matishov et al.，2000；Melnikov et al.，2002；Riedel et al.，2003；Guiry，Guiry，2015；杨清良等，2002。

群生舟形藻 *Navicula gregaria* Donkin，1861

同模式异名［Homotypic Synonym(s)］：*Schizonema gregarium* (Donkin) Kuntze，1898

异模式异名［Heterotypic Synonym(s)］：*Navicula gregalis* Cholnoky，1963

分布(广布种)：欧洲：波罗的海，黑海，英国，丹麦，芬兰，法国，德国，波兰，意大利，葡萄牙，罗马尼亚，西班牙，瑞典；大西洋诸岛：冰岛；北美：美国(阿肯色州等)，五大湖；南美：哥伦比亚；澳大利亚和新西兰：澳大利亚(新南威尔士州，昆士兰州，维多利亚)，新西兰；太平洋诸岛：夏威夷群岛；亚洲：中国沿海；西南亚：伊朗；南极和亚南极诸岛：克罗泽群岛，詹姆斯罗斯岛；北极：加拿大埃尔斯米尔岛，楚科奇海。

参考文献：Quillfeldt et al.，2003；Guiry，Guiry，2015。

瑕疵舟形藻 *Navicula imperfecta* Cleve，1883

分布：欧洲：英国；北极：加拿大北极区，楚科奇海，楚科奇海－东西伯利亚－拉普捷夫海。

参考文献：Hsiao，1980；Okolodkov，1992；Quillfeldt et al.，2003；Guiry，Guiry，2015。

英帕舟形藻 *Navicula impexa* Hustedt，1961

分布(淡水底栖/固着种)：欧洲：英国，爱尔兰；北美：加拿大；北极：加拿大北部(努勒维特)，楚科奇海－东西伯利亚－拉普捷夫海，楚科奇海。

参考文献：Okolodkov，1992；Riedel et al.，2003；Quillfeldt et al.，2003；Guiry，Guiry，2015。

加拉舟形藻 *Navicula kariana* Cleve & Grunow，1880

分布：欧洲：英国；北极：加拿大北极区，加拿大北部(努勒维特)，高纬度(＞85°N)西北冰洋。

参考文献：Hsiao，1980；Katsuki et al.，2009；Riedel et al.，2003；Guiry，Guiry，2015。

加拉舟形藻德特斯变种 *Navicula kariana* var. *detersa* Grunow

［据最新资料记载，该变种的分类地位(包括命名)可能尚需进一步核实和研究］

分布(少数仅出现于海冰中的藻类之一)：北极：高纬度(＞85°N)西北冰洋，楚科奇海，楚科奇海－加拿大海盆－马卡罗夫海盆－南森海盆。

参考文献： Booth，Horner，1997；Katsuki et al.，2009；Quillfeldt et al.，2003；Guiry，Guiry，2015。

加拉舟形藻寒冷变种 *Navicula kariana* var. *frigida*（Grunow）Cleve，1895

［据最新资料记载，该变种的分类地位（包括命名）可能尚需进一步核实和研究］

分布： 欧洲：英国；北美：加拿大；北极：楚科奇海－东西伯利亚－拉普捷夫海。

参考文献： Okolodkov，1992；Quillfeldt et al.，2003；Guiry，Guiry，2015。

杰玛舟形藻 *Navicula kjellmanii*（Cleve）Cleve

［据最新资料记载，该种的分类地位（包括命名）可能尚需进一步核实和研究］

分布： 北极：加拿大北极区，波弗特海。

参考文献： Hsiao，1980；Horner，Schrader，1982；Guiry，Guiry，2015。

冰雪舟形藻 *Navicula kryokonites* Cleve

［据最新资料记载，该种的分类地位（包括命名）可能尚需进一步核实和研究］

分布： 北极：巴伦支海和喀拉海，楚科奇海－东西伯利亚－拉普捷夫海。

参考文献： Okolodkov，1992；Matishov et al.，2000；Guiry，Guiry，2015。

冰雪舟形藻半全变种 *Navicula kryokonites* var. *semiperfecta* Cleve

［据最新资料记载，该变种的分类地位（包括命名）可能尚需进一步核实和研究］

分布： 北极：楚科奇海－东西伯利亚－拉普捷夫海。

参考文献： Okolodkov，1992；Guiry，Guiry，2015。

冰雪舟形藻近延长变种 *Navicula kryokonites* var. *subprotracta* Cleve

［据最新资料记载，该变种的分类地位（包括命名）可能尚需进一步核实和研究］

分布： 北极：楚科奇海。

参考文献： Quillfeldt et al.，2003；Guiry，Guiry，2015。

细线舟形藻 *Navicula lineola* Grunow

［据最新资料记载，该种的分类地位（包括命名）可能尚需进一步核实和研究］

分布： 北极：加拿大北极区，楚科奇海。

参考文献： Hsiao，1980；Quillfeldt et al.，2003；Guiry，Guiry，2015。

细线舟形藻佩拉变种 *Navicula lineola* var. *perlepida*（Grunow）Cleve

［据最新资料记载，该变种的分类地位（包括命名）可能尚需进一步核实和研究］

分布： 北极：楚科奇海。

参考文献： Quillfeldt et al.，2003；Guiry，Guiry，2015。

新并基舟形藻 *Navicula novadecipiens* Hustedt

［据最新资料记载，该种的分类地位（包括命名）可能尚需进一步核实和研究］

分布： 北极：楚科奇海，楚科奇海－东西伯利亚－拉普捷夫海。

参考文献：Okolodkov，1992；Quillfeldt et al.，2003；Guiry，Guiry，2015。

厄氏舟形藻 *Navicula oestrupii* Hériabud －Joseph

［据最新资料记载，该种的分类地位(包括命名)可能尚需进一步核实和研究］

分布：北极：加拿大北极区，楚科奇海－东西伯利亚－拉普捷夫海。

参考文献：Hsiao，1980；Okolodkov，1992；Guiry，Guiry，2015。

大洋舟形藻 *Navicula pelagica* Cleve，1896(版图XXI，2a－b)

异模式异名［Heterotypic Synonym(s)］：*Stauropsis pelagica*(Cleve) Meunier

分布(北极种/海冰海洋极地冷水种)：欧洲：波罗的海，英国；北美：加拿大；北极：北欧北极区(斯堪的纳维亚和格陵兰)，加拿大北部(努勒维特)，巴伦支海和喀拉海，楚科奇海－加拿大海盆－马卡罗夫海盆－南森海盆，阿拉斯加－加拿大－俄罗斯北极，拉普捷夫海，波弗特海，楚科奇海。

参考文献：Horner，Schrader，1982；Heimdal，1989；Booth，Horner，1997；Tuschling et al.，2000；Matishov et al.，2000；Riedel et al.，2003；Quillfeldt et al.，2015；Poulin et al.，2011；Guiry，Guiry，2013；何剑锋等，2005；林更铭等，2013。

明亮舟形藻 *Navicula pellucida* Karsten

［据最新资料记载，该种的分类地位(包括命名)可能尚需进一步核实和研究］

分布：北极：加拿大北极区。

参考文献：Hsiao，1980；Guiry，Guiry，2015。

微亮舟形藻 *Navicula pellucidula* Hustedt

［据最新资料记载，该种的分类地位(包括命名)可能尚需进一步核实和研究］

分布：北美：加拿大；北极：加拿大北部(努勒维特)，楚科奇海，楚科奇海－东西伯利亚－拉普捷夫海。

参考文献：Okolodkov，1992；Riedel et al.，2003；Quillfeldt et al.，2003；Guiry，Guiry，2015。

通亮舟形藻 *Navicula perlucens* Østrup

［据最新资料记载，该变种的分类地位(包括命名)可能尚需进一步核实和研究］

分布：北极：加拿大北极区。

参考文献：Hsiao，1980；Guiry，Guiry，2015。

下弯舟形藻 *Navicula recurvata* Gran

［据最新资料记载，该变种的分类地位(包括命名)可能尚需进一步核实和研究］

分布：北极：加拿大北极区，加拿大北部(努勒维特)。

参考文献：Hsiao，1980；Riedel et al.，2003；Guiry，Guiry，2015。

喙头舟形藻 *Navicula rhynchocephala* Kützing，1844

同模式异名［Homotypic Synonym(s)］：*Schizonema rhynchocephala*(Kützing) Kuntze，1898

异模式异名[Heterotypic Synonym(s)]：*Navicula rhynchocephala* var. *constricta* Hustedt, 1954

分布(海水/淡水底栖/固着种)：欧洲：波罗的海，黑海，英国，芬兰，德国，波兰，爱尔兰，罗马尼亚，西班牙，瑞典；北美：五大湖，美国(阿肯色州等)，加拿大(魁北克)；南美：巴西，哥伦比亚；澳大利亚和新西兰：澳大利亚(新南威尔士州，北领地，昆士兰州，塔斯马尼亚岛，维多利亚)；太平洋诸岛：夏威夷群岛；西南亚：伊朗，土耳其(亚洲)；亚洲：中国，蒙古，俄罗斯远东；东南亚：新加坡；南极和亚南极诸岛：加拿大爱德华王子群岛，南乔治岛；北极：楚科奇海。

参考文献：Quillfeldt et al., 2003；Guiry, Guiry, 2015；胡鸿钧等，2006。

嗜盐舟形藻 *Navicula salinarum* Grunow, 1880

同模式异名[Homotypic Synonym(s)]：*Schizonema salinarum*(Grunow) Kuntze, 1898

分布(半咸淡)：欧洲：波罗的海，黑海，英国，爱尔兰，芬兰，法国，罗马尼亚，西班牙，意大利，瑞典；北美：五大湖，美国；南美：哥伦比亚；澳大利亚和新西兰：澳大利亚(新南威尔士州，昆士兰州，维多利亚)，新西兰；西南亚：伊朗；亚洲：蒙古，俄罗斯远东，中国和日本沿海；北极：加拿大北极区，楚科奇海。

参考文献：Hsiao, 1980；Quillfeldt et al., 2003；Guiry, Guiry, 2015；胡鸿钧等，2006。

北方舟形藻 *Navicula septentrionalis*(Grunow) Gran, 1905(版图XXI，3a-b)

基名(Basionym)：*Stauroneis septentrionalis* Grunow

同模式异名[Homotypic Synonym(s)]：*Stauroneis septentrionalis* Grunow, 1884

异模式异名[Heterotypic Synonym(s)]：*Navicula quadripedis* Cleve-Euler, 1952

分布：欧洲：黑海，英国；北美：加拿大(新斯科舍等)；北极：加拿大北极区，加拿大北部(努勒维特)，楚科奇海-加拿大海盆-马卡罗夫海盆-南森海盆，拉普捷夫海，楚科奇海。

参考文献：Hsiao, 1980；Booth, Horner, 1997；Tuschling et al., 2000；Riedel et al., 2003；Quillfeldt et al., 2003；Guiry, Guiry, 2015；杨清良等，2002；何剑锋等，2005；林更铭等，2013。

西伯利亚舟形藻 *Navicula sibirica*(Grunow) Cleve, 1895

基名(Basionym)：*Rhoikoneis bollenana* var. *siberica* Grunow

同模式异名[Homotypic Synonym(s)]：*Rhoikoneis bollenana* var. *siberica* Grunow, 1882

分布：亚洲：俄罗斯远东；北极：加拿大北极区，楚科奇海-东西伯利亚-拉普捷夫海。

参考文献：Hsiao, 1980；Okolodkov, 1992；Quillfeldt et al., 2003；Guiry, Guiry, 2015。

斯图舟形藻近圆变种 *Navicula stuxbergii* var. *subglabra* Østrup

[据最新资料记载，该变种的分类地位(包括命名)可能尚需进一步核实和研究]

分布：北极：加拿大北极区。

参考文献：Hsiao, 1980；Guiry, Guiry, 2015。

华丽舟形藻 *Navicula superba* Cleve

［据最新资料记载，该种的分类地位(包括命名)可能尚需进一步核实和研究］

分布：北极：加拿大北极区，楚科奇海－东西伯利亚－拉普捷夫海。

参考文献：Hsiao，1980；Okolodkov，1992；Tuschling et al.，2000；Quillfeldt et al.，2003；Guiry，Guiry，2015。

华丽舟形藻粗厚变种 *Navicula superba* var. *crassa*(Østrup) Gran

［据最新资料记载，该变种的分类地位(包括命名)可能尚需进一步核实和研究］

分布：北极：加拿大北极区。

参考文献：Hsiao，1980；Guiry，Guiry，2015。

华丽舟形藻椭圆变种 *Navicula superba* var. *elliptica* Cleve

［据最新资料记载，该变种的分类地位(包括命名)可能尚需进一步核实和研究］

分布：北极：楚科奇海－东西伯利亚－拉普捷夫海。

参考文献：Okolodkov，1992；Guiry，Guiry，2015。

华丽舟形藻近尖变种 *Navicula superba* var. *subacuta* Gran

［据最新资料记载，该变种的分类地位(包括命名)可能尚需进一步核实和研究］

分布：北美：加拿大；北极：楚科奇海－东西伯利亚－拉普捷夫海，加拿大北极区，加拿大北部(努勒维特)。

参考文献：Hsiao，1980；Okolodkov，1992；Riedel et al.，2003；Guiry，Guiry，2015。

横开舟形藻斜纹变种 *Navicula transfuga* var. *plagiostoma*(Grunow) Cleve

［据最新资料记载，该变种的分类地位(包括命名)可能尚需进一步核实和研究］

分布：北极：加拿大北极区。

参考文献：Hsiao，1980；Guiry，Guiry，2015。

横开舟形藻北方变种 *Navicula transfuga* var. *septentrionalis* Østrup

［据最新资料记载，该变种的分类地位(包括命名)可能尚需进一步核实和研究］

分布：北极：加拿大北极区。

参考文献：Hsiao，1980；Guiry，Guiry，2015。

横展舟形藻 *Navicula transitans* Cleve，1883

分布(少数仅出现于海冰中的藻类之一)：欧洲：波罗的海，法国；北美：加拿大；亚洲：俄罗斯远东；北极：挪威北极，阿拉斯加－加拿大－俄罗斯北极区，加拿大北部(努勒维特)，中部北极海盆，楚科奇海－加拿大海盆－马卡罗夫海盆－南森海盆，楚科奇海－东西伯利亚－拉普捷夫海，波弗特海。

参考文献：Gran，1904；Matheke，Horner，1974；Hsiao，1980；Belyaeva，1980；Horner，Schrader，1982；Okolodkov，1992；Booth，Horner，1997；Riedel et al.，2003；Quillfeldt et al.，2003；Poulin et al.，2011；Guiry，Guiry，2015。

横展舟形藻不对称变种 *Navicula transitans* var. *asymmetrica*(Cleve) Cleve

[据最新资料记载，该变种的分类地位(包括命名)可能尚需进一步核实和研究]

分布：北极：楚科奇海－东西伯利亚－拉普捷夫海。

参考文献：Okolodkov，1992；Guiry，Guiry，2015。

横展舟形藻截平变种 *Navicula transitans* var. *derasa*（Grunow）Cleve，1883(版图XXⅡ，1a－b)

基名(Basionym)：*Navicula derasa* Grunow

同模式异名[Homotypic Synonym(s)]：*Navicula derasa* Grunow，1880

分布(海冰海洋极地冷水种)：欧洲：波罗的海，黑海，英国；北美：加拿大；亚洲：俄罗斯远东；北极：阿拉斯加北极区，俄罗斯北极区，加拿大北极区，高纬度(＞85°N)西北冰洋，加拿大海盆，楚科奇海。

参考文献：Hsiao，1980；Melnikov et al.，2002；Quillfeldt et al.，2003；Katsuki et al.，2009；Poulin et al.，2011；Guiry，Guiry，2015。

横展舟形藻截平变种柔弱变型 *Navicula transitans* var. *derasa* f. *delicatula* Heimdal，1970(版图XXⅡ，2)

分布：北极：加拿大北部(努勒维特)，楚科奇海－加拿大海盆。

参考文献：Riedel et al.，2003；Guiry，Guiry，2015；林更铭等，2013。

横展舟形藻啮蚀变种 *Navicula transitans* var. *erosa*(Cleve) Cleve

[据最新资料记载，该变种的分类地位(包括命名)可能尚需进一步核实和研究]

分布：北极：加拿大北极区，楚科奇海－东西伯利亚－拉普捷夫海。

参考文献：Hsiao，1980；Okolodkov，1992；Guiry，Guiry，2015。

横展舟形藻砧形变种 *Navicula transitans* var. *incudiformis*(Grunow in Cleve) Cleve

[据最新资料记载，该变种的分类地位(包括命名)可能尚需进一步核实和研究]

分布：北极：加拿大北极区，楚科奇海－东西伯利亚－拉普捷夫海。

参考文献：Hsiao，1980；Okolodkov，1992；Guiry，Guiry，2015。

三头舟形藻 *Navicula trigonocephala*（Ehrenberg）Ralfs in Pritchard，1861

基名(Basionym)：*Pinnularia trigonocephala* Ehrenberg

同模式异名[Homotypic Synonym(s)]：*Pinnularia trigonocephala* Ehrenberg，1854

分布：北美：加拿大；南美：巴西，五大湖；北极：高纬度(＞85°N)西北冰洋，加拿大北极区，加拿大北部(努勒维特)，楚科奇海。

参考文献：Hsiao，1980；Riedel et al.，2003；Quillfeldt et al.，2003；Katsuki et al.，2009；Guiry，Guiry，2015。

三头舟形藻较小变型 *Navicula trigonocephala* f. *minor* Østrup

[据最新资料记载，该变型的分类地位(包括命名)可能尚需进一步核实和研究]

分布：北极：楚科奇海－东西伯利亚－拉普捷夫海。

参考文献：Okolodkov，1992；Guiry，Guiry，2015。

三头舟形藻收缩变种 *Navicula trigonocephala* var. *contracta* Østrup

[据最新资料记载，该变种的分类地位(包括命名)可能尚需进一步核实和研究]

分布：北极：加拿大北极区。

参考文献：Hsiao，1980；Guiry，Guiry，2015。

三头舟形藻扁平变种 *Navicula trigonocephala* var. *depressa* Østrup

[据最新资料记载，该变种的分类地位(包括命名)可能尚需进一步核实和研究]

分布：北美：加拿大；北极：加拿大北部(努勒维特)，加拿大北极区，楚科奇海－东西伯利亚－拉普捷夫海。

参考文献：Hsiao，1980；Okolodkov，1992；Riedel et al.，2003；Quillfeldt et al.，2003；Guiry，Guiry，2015。

强壮舟形藻 *Navicula valida* Cleve & Grunow

[据最新资料记载，该种的分类地位(包括命名)可能尚需进一步核实和研究]

分布：北极：高纬度(＞85°N)西北冰洋，加拿大北极区，加拿大海盆，楚科奇海－东西伯利亚－拉普捷夫海。

参考文献：Hsiao，1980；Okolodkov，1992；Melnikov et al.，2002；Katsuki et al.，2009；Guiry，Guiry，2015。

强壮舟形藻微小变种 *Navicula valida* var. *minuta* Cleve

[据最新资料记载，该变种的分类地位(包括命名)可能尚需进一步核实和研究]

分布：北极：加拿大北极区，楚科奇海－东西伯利亚－拉普捷夫海，波弗特海。

参考文献：Hsiao，1980；Horner，Schrader，1982；Okolodkov，1992；Tuschling et al.，2000；Guiry，Guiry，2015。

范氏舟形藻 *Navicula vanhoeffenii* Gran，1897(版图XXII，3)

同模式异名[Homotypic Synonym(s)]：*Stauropsis vanhoeffenii* (Gran) Meunier，1910

分布(北极种)：欧洲：波罗的海，英国；北美：加拿大；北极：巴伦支海和喀拉海，拉普捷夫海，楚科奇海，楚科奇海－加拿大海盆－马卡罗夫海盆－南森海盆，加拿大海盆，加拿大北部(努勒维特)。

参考文献：Heimdal，1989；Booth，Horner，1997；Matishov et al.，2000；Melnikov et al.，2002；Riedel et al.，2003；Quillfeldt et al.，2003；Guiry，Guiry，2015；何剑锋等，2005；林更铭等，2013。

万卡舟形藻 *Navicula wankaremae* Cleve

[据最新资料记载，该种的分类地位(包括命名)可能尚需进一步核实和研究]

分布：北极：楚科奇海－东西伯利亚－拉普捷夫海。

参考文献：Okolodkov，1992；Guiry，Guiry，2015。

粗纹藻属 Genus *Trachyneis* Cleve，1894

粗纹藻 *Trachyneis aspera*（Ehrenberg）Cleve，1894

基名(Basionym)： *Navicula aspera* Ehrenberg

同模式异名[Homotypic Synonym(s)]： *Navicula aspera* Ehrenberg，1840；*Stauroneis aspera*（Ehrenberg）Kützing，1844；*Stauroneis achnanthes*（Ehrenberg）Kützing，1844；*Pinnularia aspera*（Ehrenberg）Ehrenberg，1854；*Schizonema asperum*（Ehrenberg；Ehrenberg）Kuntze，1898

异模式异名[Heterotypic Synonym(s)]： *Stauroptera aspera* Ehrenberg，1841；*Stauroneis pulchella* W. Smith，1853；*Navicula stauroneiformis* Leuduger - Fortmorel，1892；*Navicula aspera* var. genuina(Cleve) Fricke，1902

分布： 欧洲：亚得里亚海，波罗的海，英国，罗马尼亚，西班牙；北美：美国，加拿大（新不伦瑞克）；南美：哥伦比亚；大西洋诸岛：加那利群岛；澳大利亚和新西兰：澳大利亚（维多利亚等）；亚洲：俄罗斯远东，日本和中国沿海；东南亚：新加坡；南极和亚南极诸岛：南极/亚南极群岛，乔治王岛；北极：喀拉海和拉普捷夫海，加拿大北极区，楚科奇海。

参考文献： Usachev，1946；Matheke，Horner，1974；Hsiao，1980；Guiry，Guiry，2015。

伪异极藻属 Genus *Pseudogomphonema* L. K. Medlin in L. K. Medlin et F. E. Round，1986

北极伪异极藻 *Pseudogomphonema arcticum*(Grunow) Medlin

[据最新资料记载，该种的分类地位(包括命名)可能尚需进一步核实和研究]

基名(Basionym)： *Gomphonema arcticum* Grunow

同模式异名[Homotypic Synonym(s)]： *Gomphonema arcticum* Grunow，1880

分布： 北美：加拿大；北极：加拿大北部(努勒维特)，楚科奇海 - 加拿大海盆 - 马卡罗夫海盆 - 南森海盆，楚科奇海 - 东西伯利亚 - 拉普捷夫海。

参考文献： Okolodkov，1992；Booth，Horner，1997；Tuschling et al.，2000；Melnikov et al.，2002；Riedel et al.，2003；Quillfeldt et al.，2003；Guiry，Guiry，2015。

格陵兰伪异极藻 *Pseudogomphonema groenlandicum*(Østrup) L. K. Medlin in Medlin & Round，1986

基名(Basionym)： *Gomphonema groenlandicum* E. V. Østrup

同模式异名[Homotypic Synonym(s)]： *Gomphonema groenlandicum* E. V. Østrup，1895

分布： 北极：加拿大北部(努勒维特)，加拿大北极区，楚科奇海 - 加拿大海盆 - 马卡罗夫海盆 - 南森海盆，楚科奇海 - 东西伯利亚 - 拉普捷夫海。

参考文献： Hsiao，1980；Okolodkov，1992；Booth，Horner，1997；Tuschling et al.，2000；Riedel et al.，2003；Quillfeldt et al.，2003；Guiry，Guiry，2015。

堪察加伪异极藻 *Pseudogomphonema kamtschaticum*（Grunow）L. K. Medlin in Medlin & Round，1986

基名(Basionym)： *Gomphonema kamtschaticum* Grunow

同模式异名[Homotypic Synonym(s)]： *Gomphonema kamtschaticum* Grunow，1878

分布： 欧洲：英国；澳大利亚和新西兰：新西兰；南极和亚南极诸岛：南极/亚南极群岛，乔治王岛；北极：楚科奇海－东西伯利亚－拉普捷夫海。

参考文献： Okolodkov，1992；Quillfeldt et al.，2003；Guiry，Guiry，2015。

北方伪异极藻 ***Pseudogomphonema septentrionale*** **(Østrup) L. K. Medlin，1986**

基名(Basionym)： *Gomphonema septentrionale* Østrup

同模式异名[Homotypic Synonym(s)]： *Gomphonema septentrionale* Østrup，1895

分布： 北极：加拿大北部(努勒维特)，楚科奇海－东西伯利亚－拉普捷夫海。

参考文献： Okolodkov，1992；Riedel et al.，2003；Quillfeldt et al.，2003；Guiry，Guiry，2015。

罗伊康藻属 Genus *Rhoikoneis* Grunow，1863

博伦罗伊康藻 ***Rhoikoneis bolleana*** **Grunow，1863**

同模式异名[Homotypic Synonym(s)]： *Navicula bolleana* (Grunow) Cleve

分布： 亚洲：中国沿海；北极：拉普捷夫海，波弗特海。

参考文献： Horner，Schrader，1982；Tuschling et al.，2000；Guiry，Guiry，2015。

哈斯来藻属 Genus *Haslea* Simonsen，1974

克鲁格哈斯来藻 ***Haslea crucigera*** **(W. Smith) Simonsen，1974**

基名(Basionym)： *Schizonema crucigerum* W. Smith

同模式异名[Homotypic Synonym(s)]： *Schizonema crucigerum* W. Smith，1856；*Stauroneis crucigera*(W. Smith) Heiberg，1863；*Dickieia crucigera*(W. Smith) De Toni，1891；*Navicula crucigera*(W. Smith) Cleve，1894

分布： 欧洲：波罗的海，英国，德国，罗马尼亚，西班牙；北美：加拿大；南美：巴西；澳大利亚和新西兰：新西兰；东南亚：新加坡；北极：楚科奇海。

参考文献： Matheke，Horner，1974；Guiry，Guiry，2015。

十字哈斯来藻 ***Haslea crucigeroides*** **(Hustedt) Simonsen，1974**

[据最新资料记载，该种的分类地位(包括命名)可能尚需进一步核实和研究]

异模式异名[Heterotypic Synonym(s)]： *Navicula crucigeroides* Hustedt，1961

分布： 欧洲：英国；北美：加拿大；北极：加拿大北极区，加拿大北部(努勒维特)，高纬度(>85°N)西北冰洋，楚科奇海－东西伯利亚－拉普捷夫海。

参考文献： Hsiao，1980；Okolodkov，1992；Riedel et al.，2003；Quillfeldt et al.，2003；Katsuki et al.，2009；Guiry，Guiry，2015。

十字哈斯来藻密纹变种 ***Haslea crucigeroides*** **var.** ***densestriata*** **A. Cardinal，M. Poulin，& L. Bérard－Therriault**

[据最新资料记载，该变种的分类地位(包括命名)可能尚需进一步核实和研究]

分布：北极：楚科奇海－东西伯利亚－拉普捷夫海。

参考文献：Okolodkov，1992；Guiry，Guiry，2015。

透明哈斯来藻 *Haslea crystallina*（Hustedt）Simonsen，1974

基名(Basionym)：*Navicula crystallina* Hustedt

同模式异名[Homotypic Synonym(s)]：*Navicula crystallina* Hustedt，1961

分布：欧洲：英国；北极：楚科奇海。

参考文献：Quillfeldt et al.，2003；Guiry，Guiry，2015。

杰玛哈斯来藻 *Haslea kjellmanii*（Cleve）Simonsen

[据最新资料记载，该种的分类地位(包括命名)可能尚需进一步核实和研究]

分布：北美：加拿大；亚洲：俄罗斯远东；北极：加拿大北部(努勒维特)，楚科奇海－东西伯利亚－拉普捷夫海。

参考文献：Okolodkov，1992；Riedel et al.，2003；Quillfeldt et al.，2003；Guiry，Guiry，2015。

针状哈斯来藻 *Haslea spicula*（Hickie）Lange－Bertalot，1997(版图XXⅢ，1a－b)

基名(Basionym)：*Stauroneis spicula* Hickie

同模式异名[Homotypic Synonym(s)]：*Stauroneis spicula* Hickie，1874；*Navicula spicula*（Hickie）Cleve，1894；*Schizonema spicula*（W. J. Hickie）Kuntze，1898；*Pleurostaurum spicula*（Hickie）Schönfeldt，1907

分布(半淡水种)：欧洲：西班牙，罗马尼亚，西班牙，英国；澳大利亚和新西兰：澳大利亚(新南威尔士州，北领地，昆士兰州，南澳大利亚)；北美：美国(佛罗里达州，马萨诸塞州，弗吉尼亚州)；北极：加拿大北极区，波弗特海。

参考文献：Hsiao，1980；Horner，Schrader，1982；Guiry，Guiry，2015。

玻璃体哈斯来藻 *Haslea vitrea*（Cleve）Simonsen

基名(Basionym)：*Pleurosigma vitreum* Cleve

同模式异名[Homotypic Synonym(s)]：*Pleurosigma vitreum* Cleve，1880

分布：北美：加拿大；北极：高纬度(＞85°N)西北冰洋，楚科奇海－东西伯利亚－拉普捷夫海。

参考文献：Okolodkov，1992；Quillfeldt et al.，2003；Katsuki et al.，2009；Guiry，Guiry，2015。

斜纹藻科 Family Pleurosigmataceae Mereschkowsky，1903

斜纹藻属 Genus *Pleurosigma* W. Smith，1852

宽角斜纹藻 *Pleurosigma angulatum*(Quekett) W. Smith，1852(版图XXⅢ，2a－b)

基名(Basionym)：*Navicula angulata* Quekett

同模式异名[Homotypic Synonym(s)]：*Navicula angulata* Quekett，1848

分布(半咸淡种)：欧洲：亚得里亚海，波罗的海，黑海，英国，克罗地亚，法国，德国，罗马尼亚，西班牙；大西洋诸岛：加那利群岛；北美：加拿大（新斯科舍等），美国；南美：巴西，哥伦比亚；澳大利亚和新西兰：澳大利亚（新南威尔士州等），新西兰；亚洲：俄罗斯远东，中国沿海；北极：巴伦支海和喀拉海，加拿大北极区，楚科奇海－加拿大海盆。

参考文献： Hsiao，1980；Matishov et al.，2000；Guiry，Guiry，2015；林更铭等，2013。

南极斜纹藻 *Pleurosigma antarcticum* Heiden et Kolbe

分布： 北极：加拿大北极区。

参考文献： Hsiao，1980。

克莱斜纹藻 *Pleurosigma clevei* Grunow in Cleve et Grunow，1880

分布（底栖/固着种类）：北极：楚科奇海－东西伯利亚－拉普捷夫海。

参考文献： Okolodkov，1992；Quillfeldt et al.，2003；Guiry，Guiry，2015。

端尖斜纹藻 *Pleurosigma cuspidatum*（Cleve）H. Peragallo，1891

基名（Basionym）： *Pleurosigma lanceolatum* var. *cuspidatum* Cleve

同模式异名［Homotypic Synonym（s）］： *Pleurosigma lanceolatum* var. *cuspidatum* Cleve，1881

分布： 欧洲：黑海，英国，罗马尼亚；北极：加拿大北极区。

参考文献： Hsiao，1980；Guiry，Guiry，2015。

柔弱斜纹藻 *Pleurosigma delicatulum* W. Smith，1852

同模式异名［Homotypic Synonym（s）］： *Gyrosigma delicatulum*（W. Smith）Griffith & Henfrey，1856；*Pleurosigma angulatum* var. *delicatulum*（W. Smith）van Heurck，1885

分布： 欧洲：黑海，英国，罗马尼亚，西班牙；北美：五大湖，美国；南美：巴西，哥伦比亚；亚洲：中国沿海，俄罗斯远东；东南亚：新加坡；北极：楚科奇海－东西伯利亚－拉普捷夫海。

参考文献： Okolodkov，1992；Guiry，Guiry，2015。

长斜纹藻卡利安变种 *Pleurosigma elongatum* var. *karianum*（Grunow in Cleve et Grunow）Cleve

分布： 北极：加拿大北极区。

参考文献： Hsiao，1980。

长斜纹藻 *Pleurosigma elongatum* W. Smith，1852

同模式异名［Homotypic Synonym（s）］： *Gyrosigma elongatum*（W. Smith）Griffith & Henfrey，1856；*Pleurosigma angulatum* var. *elongatum*（W. Smith）van Heurck，1885；*Gyrosigma elongatum*（W. Smith）G. S. West，1909

分布（半咸淡种，底栖/固着种类）：欧洲：亚得里亚海，波罗的海，黑海，英国，德国，罗马尼亚，西班牙；大西洋诸岛：加那利群岛；北美：加拿大，美国（佛罗里达州等）；南美：阿根廷，巴西，哥伦比亚；澳大利亚和新西兰：澳大利亚（新南威尔士州，昆士兰州，维多利亚，西部澳大利亚），新西兰；太平洋诸岛：夏威夷群岛；亚洲：中国和日本沿海；东南亚：

新加坡；北极：巴伦支海和喀拉海，加拿大海盆，楚科奇海－加拿大海盆。

参考文献： Matishov et al.，2000；Melnikov et al.，2002；Quillfeldt et al.，2003；Guiry，Guiry，2015；林更铭等，2013。

长形斜纹藻 *Pleurosigma longum* Cleve，1873

分布： 欧洲：亚得里亚海，英国；亚洲：俄罗斯远东；北极：加拿大北极区，楚科奇海。

参考文献： Matheke，Horner，1974；Hsiao，1980；Guiry，Guiry，2015。

海生斜纹藻 *Pleurosigma marinum* Donkin，1858

分布： 欧洲：英国；澳大利亚和新西兰：澳大利亚，新西兰；亚洲：中国和日本沿海；东南亚：新加坡；北极：加拿大北极区。

参考文献： Hsiao，1980；Guiry，Guiry，2015。

诺玛斜纹藻 *Pleurosigma normanii* Ralfs in Pritchard，1861

同模式异名[Homotypic Synonym(s)]： *Scalptrum normanii*(Ralfs) Kuntze，1891；*Gyrosigma normanii*(Ralfs) Mann，1907

异模式异名[Heterotypic Synonym(s)]： *Pleurosigma affine* Grunow，1880

分布(底栖/固着种类)： 欧洲：亚得里亚海，黑海，法国，英国；大西洋诸岛：加那利群岛；北美：加拿大(新斯科舍等)，美国；南美：巴西，哥伦比亚；澳大利亚和新西兰：澳大利亚，新西兰；亚洲：日本和中国沿海；东南亚：新加坡；北极：楚科奇海－波弗特海。

参考文献： Quillfeldt et al.，2003；Sukhanova et al.，2009；Guiry，Guiry，2015。

西伯利亚斜纹藻 *Pleurosigma siberica* (Grunow) A. Cardinal，M. Poulin & L. Bérard－Therriault

[据最新资料记载，该种的分类地位(包括命名)可能尚需进一步核实和研究]

分布： 北极：加拿大北部(努勒维特)，楚科奇海。此外，Booth 和 Horner(1997)在楚科奇海－加拿大海盆－马卡罗夫海盆－南森海盆记录到该种的疑似种(*Pleurosigma* cf. *siberica*)。

参考文献： Booth，Horner，1997；Riedel et al.，2003；Quillfeldt et al.，2003；Guiry，Guiry，2015。

斯塔斜纹藻 *Pleurosigma stuxbergii* Cleve & Grunow，1880

分布(少数仅出现于海冰中的藻类之一)： 北美：加拿大；北极：巴伦支海和喀拉海，加拿大北部(努勒维特)，楚科奇海－加拿大海盆－马卡罗夫海盆－南森海盆，楚科奇海－东西伯利亚－拉普捷夫海。

参考文献： Okolodkov，1992；Booth，Horner，1997；Matishov et al.，2000；Riedel et al.，2003；Quillfeldt et al.，2003；Guiry，Guiry，2015；林更铭等，2013。

斯塔斜纹藻微小变种 *Pleurosigma stuxbergii* var. *minor* Grunow

分布： 北极：加拿大北极区，楚科奇海－东西伯利亚－拉普捷夫海。

参考文献： Hsiao，1980；Okolodkov，1992。

斯塔斜纹藻菱形变种 *Pleurosigma stuxbergii* var. *rhomboides*（Cleve）H. Peragallo，1891

分布：北极：加拿大北部(努勒维特)，加拿大北极区，高纬度(>85°N)西北冰洋，楚科奇海。

参考文献：Hsiao，1980；Riedel et al.，2003；Quillfeldt et al.，2003；Katsuki et al.，2009；Guiry，Guiry，2015。

纤细型斜纹藻 *Pleurosigma tenuiforme* C. H. von Quillfeldt

分布：北极：楚科奇海。

参考文献：Quillfeldt et al.，2003；Guiry，Guiry，2015。

布纹藻属 Genus *Gyrosigma* Hassall，1845

渐尖布纹藻 *Gyrosigma acuminatum*(Kützing) Rabenhorst，1853

基名(Basionym)：*Frustulia acuminata* Kützing

同模式异名[Homotypic Synonym(s)]：*Frustulia acuminata* Kützing，1833；*Sigmatella acuminata*(Kützing) Brébisson & Godey，1835；*Navicula acuminata*（Kützing）Kützing，1844；*Pleurosigma acuminatum*(Kützing) W. Smith，1852；*Pleurosigma acuminatum*(Kützing) Grunow，1860

异模式异名[Heterotypic Synonym(s)]：*Navicula spenceri* Bailey ex Quekett，1848；*Pleurosigma spencerii*（Bailey ex Quekett）W. Smith，1852；*Gyrosigma spencerii*(Bailey ex Quekett) Griffith & Henfrey，1856；*Gyrosigma spenceri*(W. Smith) Griffith & Henfrey，1856；*Pleurosigma kuetzingii* Grunow，1860；*Pleurosigma gracilentum* Rabenhorst，1861；*Pleurosigma spenceri* var. *kuetzingii*（Grunow）Grunow，1880；*Scalptrum spenceri*(Quekett) Kuntze，1891；*Gyrosigma kuetzingii*(Grunow) Cleve，1894

分布(淡水种)：欧洲：波罗的海，黑海，英国，德国，爱尔兰，波兰，葡萄牙，罗马尼亚，西班牙；北美：五大湖，加拿大，美国(阿肯色州，西北部等)；南美：巴西，哥伦比亚；澳大利亚和新西兰：新西兰，澳大利亚(昆士兰州，新南威尔士州，维多利亚等)；太平洋诸岛：夏威夷群岛；大西洋诸岛：加那利群岛；西南亚：伊朗，印度(旁遮普)，土耳其(亚洲)；亚洲：俄罗斯远东，蒙古，中国和日本沿海；北极：楚科奇海－东西伯利亚－拉普捷夫海。

参考文献：Okolodkov，1992；Guiry，Guiry，2015；胡鸿钧等，2006。

波罗的海布纹藻 *Gyrosigma balticum*（Ehrenberg）Rabenhorst，1853

基名(Basionym)：*Navicula baltica* Ehrenberg

同模式异名[Homotypic Synonym(s)]：*Navicula baltica* Ehrenberg，1838；*Pleurosigma balticum*(Ehrenberg) W. Smith，1852；*Scalptrum balticum*(Ehrenberg) Kuntze，1891

分布：欧洲：亚得里亚海，波罗的海，黑海，英国，德国，克罗地亚，法国，罗马尼亚，西班牙；北美：加拿大(新斯科舍等)，美国；南美：巴西，哥伦比亚；亚洲：新加坡；澳大利亚和新西兰：新西兰，澳大利亚(昆士兰等)；亚洲：俄罗斯远东，中国和日本沿海；北极：楚科奇海。

参考文献：Matheke，Horner，1974；Guiry，Guiry，2015。

康西利布纹藻 *Gyrosigma concilians*(Cleve) Okolodkov, 1989

基名(Basionym): *Amphiprora concilians* Cleve

同模式异名[Homotypic Synonym(s)]: *Amphiprora concilians* Cleve

分布: 北极:加拿大北极区,加拿大北部(努勒维特),楚科奇海-东西伯利亚-拉普捷夫海。

参考文献: Hsiao, 1980; Okolodkov, 1992; Riedel et al., 2003; Quillfeldt et al., 2003; Guiry, Guiry, 2015。

康西利布纹藻收缩变种 *Gyrosigma concilians* var. *constricta* Okolodkov

分布: 北极:拉普捷夫海。

参考文献: Tuschling et al., 2000。

透明布纹藻 *Gyrosigma diaphanum* Cleve, 1894

分布: 欧洲:波罗的海;北美:加拿大;北极:楚科奇海-东西伯利亚-拉普捷夫海,加拿大北部(努勒维特)。

参考文献: Okolodkov, 1992; Riedel et al., 2003; Guiry, Guiry, 2015。

簇生布纹藻 *Gyrosigma fasciola* (Ehrenberg) J. W. Griffith & Henfrey, 1856

基名(Basionym): *Ceratoneis fasciola* Ehrenberg

同模式异名[Homotypic Synonym(s)]: *Ceratoneis fasciola* Ehrenberg, 1839; *Pleurosigma fasciola* (Ehrenberg) W. Smith, 1852; *Scalptrum fasciolum*(Ehrenberg) Kuntze, 1891

分布: 欧洲:波罗的海,黑海,英国,法国,葡萄牙,罗马尼亚,西班牙;北美:加拿大(新不伦瑞克,新斯科舍),美国;南美:巴西;澳大利亚和新西兰:澳大利亚,新西兰;南极和亚南极诸岛:乔治王岛;亚洲:中国和日本沿海;东南亚:新加坡;北极:巴伦支海和喀拉海,楚科奇海,波弗特海,加拿大北极区,楚科奇海-加拿大海盆。

参考文献: Matheke, Horner, 1974; Hsiao, 1980; Horner, Schrader, 1982; Matishov et al., 2000; Guiry, Guiry, 2015; 林更铭等, 2013。

哈森布纹藻 *Gyrosigma hudsonii* Poulin & Cardinal

分布: 北极:加拿大北部(努勒维特),楚科奇海-东西伯利亚-拉普捷夫海。

参考文献: Okolodkov, 1992; Riedel et al., 2003; Quillfeldt et al., 2003; Guiry, Guiry, 2015。

长尾布纹藻 *Gyrosigma macrum*(W. Smith) J. W. Griffith & Henfrey, 1856(版图XXIII,3a-c)

基名(Basionym): *Pleurosigma macrum* W. Smith

同模式异名[Homotypic Synonym(s)]: *Pleurosigma macrum* W. Smith, 1853; *Pleurosigma fasciolum*(*fasciola*) var. *macrum* (W. Smith) H. Peragallo, 1891; *Scalptrum macrum* (W. Smith) Kuntze, 1891

分布(淡水种): 欧洲:亚得里亚海,波罗的海,英国,法国,罗马尼亚;北美:加拿大,美国，五大湖；南美：巴西，哥伦比亚；澳大利亚和新西兰：新西兰；亚洲：蒙古，中国和日本；北极：巴伦支海和喀拉海，楚科奇海－加拿大海盆。

参考文献： Matishov et al.，2000；Guiry，Guiry，2015；林更铭等，2013。

奇长布纹藻 *Gyrosigma prolongatum*（W. Smith）J. W. Griffith & Henfrey，1856

基名(Basionym)： *Pleurosigma prolongatum* W. Smith

同模式异名[Homotypic Synonym(s)]： *Pleurosigma prolongatum* W. Smith，1852；*Pleurosigma fasciola* var. *prolongatum*（W. Smith）Van Heurck，1896

分布： 欧洲：亚得里亚海，英国；澳大利亚和新西兰：新西兰；北极：楚科奇海－东西伯利亚－拉普捷夫海。

参考文献： Okolodkov，1992；Guiry，Guiry，2015。

斯氏布纹藻 *Gyrosigma spencerii*(Bailey ex Quekett) Griffith & Henfrey，1856

基名(Basionym)： *Navicula spenceri* Bailey ex Quekett

异模式异名[Heterotypic Synonym(s)]： *Pleuorsigma spencerii* W. Smith

分布(淡水种)： 欧洲：英国，爱尔兰，德国，罗马尼亚，西班牙；大西洋诸岛：加那利群岛；北美：美国(阿肯色州等)，加拿大，五大湖；南美：巴西；澳大利亚和新西兰：新西兰，澳大利亚(昆士兰州)；亚洲：中国，俄罗斯远东；北极：阿拉斯加(巴罗角)，楚科奇海。

参考文献： Bursa，1963；Matheke，Horner，1974；Guiry，Guiry，2015；胡鸿钧等，2006。

纤细布纹藻 *Gyrosigma tenuissimum*（W. Smith）Griffith & Henfrey，1856

基名(Basionym)： *Pleurosigma tenuissimum* W. Smith

同模式异名[Homotypic Synonym(s)]： *Pleurosigma tenuissimum* W. Smith，1853

分布： 欧洲：波罗的海，黑海，英国，罗马尼亚；大西洋诸岛：加那利群岛；北美：加拿大；南美：哥伦比亚；澳大利亚和新西兰：新西兰；西南亚：巴基斯坦；亚洲：中国沿海；北极：楚科奇海－东西伯利亚－拉普捷夫海。

参考文献： Matheke，Horner，1974；Okolodkov，1992；Guiry，Guiry，2015。

纤细布纹藻北方变种 *Gyrosigma tenuissimum* var. *hyperborea*（GRuN.）Cleve

分布： 北极：楚科奇海，楚科奇海－东西伯利亚－拉普捷海，加拿大北部(努勒维特)。

参考文献： Okolodkov，1992；Riedel et al.，2003；Quillfeldt et al.，2003。

斜生藻科 Family Plagiotropidaceae D. G. Mann in Round，Crawford & Mann，1990

短暂藻属 Genus *Ephemera* Paddock，1988

平膜短暂藻 *Ephemera planamembranacea*（Hendey）Paddock，1988

基名(Basionym)： *Navicula planamembranacea* Hendey

同模式异名[Homotypic Synonym(s)]： *Navicula planamembranacea* Hendey，1964

分布： 欧洲：英国；北美：加拿大；南极和亚南极诸岛：南极/亚南极群岛；北极：加拿大北部(努勒维特)。

参考文献：Riedel et al. , 2003；Guiry，Guiry，2015。

斜生藻属 Genus *Plagiotropis* Pfitzer，1871

长斜生藻 *Plagiotropis longa*（Cleve）Kuntze，1898

［据最新资料记载，该种的分类地位(包括命名)可能尚需进一步核实和研究］

分布：北美：加拿大；南美：哥伦比亚；北极：高纬度(>85°N)西北冰洋，楚科奇海。

参考文献：Quillfeldt et al. , 2003；Katsuki et al. , 2009；Guiry，Guiry，2015。

极大斜生藻 *Plagiotropis maxima*(Gregory) O. Kuntze，1898

［据最新资料记载，该种的分类地位(包括命名)可能尚需进一步核实和研究］

分布：欧洲：亚得里亚海；南美：哥伦比亚；北极：楚科奇海－东西伯利亚－拉普捷夫海。

参考文献：Okolodkov，1992；Guiry，Guiry，2015。

斯卡利杰拉斜生藻 *Plagiotropis scaligera* Grunow，1880

分布(淡水种)：楚科奇海。

参考文献：Quillfeldt et al. , 2003；Guiry，Guiry，2015。

曼格藻属 Genus *Manguinea* Paddock，1988

硬直曼格藻 *Manguinea rigida*（M. Peragallo）Paddock，1988

基名(Basionym)：*Amphiprora rigida* M. Peragallo

异模式异名［Heterotypic Synonym(s)］：*Tropidoneis glacialis* Heiden

分布：南部南极极地海域；北极：西部北极区波弗特海。

参考文献：Poulin et al. , 2011；Guiry，Guiry，2015。

辐节藻科 Family Stauroneidaceae D. G. Mann，1990

辐节藻属 Genus *Stauroneis* Ehrenberg，1843

剑形辐节藻 *Stauroneis anceps* Ehrenberg，1843

同模式异名［Homotypic Synonym(s)］：*Schizonema anceps*(Ehrenberg) Kuntze，1898；*Navicula anceps*(Ehrenberg) Mann，1907

异模式异名［Heterotypic Synonym(s)］：*Stauroneis anceps* f. *gracilis*（Ehrenberg）Cleve；*Stauroneis amphicephala* Kützing，1844；*Stauroneis anceps* var. *amphicephala*（Kützing）van Heurck，1880；*Stauroneis anceps* var. *amphicephala*（Kützing）Cleve，1894

分布(淡水种)：欧洲：波罗的海，黑海，英国，丹麦，德国，爱尔兰，罗马尼亚，西班牙，波兰；大西洋诸岛：格陵兰，冰岛；北美：美国，加拿大，五大湖；南美：巴西，哥伦比亚；亚洲：中国，蒙古；西南亚：伊朗；东南亚：新加坡；澳大利亚与新西兰：新西兰，澳大利亚(昆士兰州等)；太平洋诸岛：夏威夷群岛；北极：加拿大北极区，埃尔斯米尔群岛，阿尔法海脊。

参考文献：Melnikov，1997；Guiry，Guiry，2015；胡鸿钧等，2006。

剑形辐节藻透明变种 *Stauroneis anceps* var. *hyalina* Peragallo & Brun

分布：欧洲：英国，爱尔兰，罗马尼亚，西班牙；北美：五大湖；澳大利亚和新西兰：澳大利亚(昆士兰州)；北极：楚科奇海－东西伯利亚－拉普捷夫海。

参考文献：Okolodkov，1992；Guiry，Guiry，2015。

剑形辐节藻透明变种近头状变型 *Stauroneis anceps* var. *hyalina* f. *subcapitata* E. V. Østrup

［据最新资料记载，该变型的分类地位(包括命名)可能尚需进一步核实和研究］

分布：北极：楚科奇海－东西伯利亚－拉普捷夫海。

参考文献：Okolodkov，1992；Guiry，Guiry，2015。

透明辐节藻楔形变种 *Stauroneis pellucida* var. *cuneata* E. V. Østrup

［据最新资料记载，该变种的分类地位(包括命名)可能尚需进一步核实和研究］

分布：北极：楚科奇海－东西伯利亚－拉普捷夫海。

参考文献：Okolodkov，1992；Guiry，Guiry，2015。

透明辐节藻侧反曲变种 *Stauroneis pellucida* var. *pleurosigmoidea* E. V. Østrup

［据最新资料记载，该变种的分类地位(包括命名)可能尚需进一步核实和研究］

分布：北极：楚科奇海－东西伯利亚－拉普捷夫海。

参考文献：Okolodkov，1992；Guiry，Guiry，2015。

四足辐节藻 *Stauroneis quadripedis*(Cleve－Euler) Hendey

［据最新资料记载，该种的分类地位(包括命名)可能尚需进一步核实和研究］

分布：欧洲：英国；北极：拉普捷夫海，波弗特海。

参考文献：Horner，Schrader，1982；Tuschling et al.，2000；Guiry，Guiry，2015。

拉迪森辐节藻 *Stauroneis radissonii* M. Poulin & A. Cardinal

［据最新资料记载，该种的分类地位(包括命名)可能尚需进一步核实和研究］

分布：北极：楚科奇海－东西伯利亚－拉普捷夫海，楚科奇海。

参考文献：Okolodkov，1992；Quillfeldt et al.，2003；Guiry，Guiry，2015。

海锥藻目 Order Thalassiophysales D. G. Mann

串珠藻科 Family Catenulaceae Mereschkowsky，1902

双眉藻属 Genus *Amphora* Ehrenberg ex Kützing，1844

狭窄双眉藻偏肿变种 *Amphora angusta* var. *ventricosa* (Gregory) Cleve

［据最新资料记载，该变种的分类地位(包括命名)可能尚需进一步核实和研究］

分布：东南亚：新加坡；北极：加拿大北极区。

参考文献：Hsiao，1980；Guiry，Guiry，2015。

旧扇双眉藻 *Amphora exsecta* Grunow in Schmidt et al.

［据最新资料记载，该种的分类地位(包括命名)可能尚需进一步核实和研究］

分布：亚洲：中国沿海；北极：加拿大北极区。

参考文献：Hsiao，1980；Guiry，Guiry，2015。

平滑双眉藻光滑变种 *Amphora laevis* var. *laevissima*（Gregory）Cleve，1896

［据最新资料记载，该变种的分类地位（包括命名）可能尚需进一步核实和研究］

分布（底栖/固着种类）：欧洲：英国；北美：加拿大；北极：加拿大北部（努勒维特），加拿大北极区，楚科奇海－东西伯利亚－拉普捷夫海。

参考文献：Hsiao，1980；Okolodkov，1992；Tuschling et al.，2000；Riedel et al.，2003；Quillfeldt et al.，2003；Guiry，Guiry，2015。

平滑双眉藻微小变种 *Amphora laevis* var. *minuta* Cleve

分布：澳大利亚和新西兰：新西兰；北极：加拿大北极区（记作 *Amphora laevissima* var. *minuta* Cleve，可能是该种的笔误）。

参考文献：Hsiao，1980；Guiry，Guiry，2015。

眼点双眉藻 *Amphora ocellata* Donkin，1861

分布：欧洲：英国．大西洋诸岛：加那利群岛；澳大利亚和新西兰：新西兰；亚洲：俄罗斯远东，中国沿海；北极：巴伦支海和喀拉海，拉普捷夫海，波弗特海。

参考文献：Horner，Schrader，1982；Tuschling et al.，2000；Matishov et al.，2000；Guiry，Guiry，2015。

易变双眉藻 *Amphora proteus* Gregory，1857

同模式异名［Homotypic Synonym(s)］：*Amphora affinis* var. *proteus*（Gregory）Tempère & Peragallo，1908

异模式异名［Heterotypic Synonym(s)］：*Amphora hexagonalis* O. N. Witt，1873；*Amphora speciosa* Castracane，1886

分布：欧洲：亚得里亚海，波罗的海，黑海，英国，德国，罗马尼亚，西班牙；大西洋诸岛：加那利群岛；北美：美国；澳大利亚和新西兰：澳大利亚；亚洲：俄罗斯远东，韩国，中国沿海；东南亚：新加坡；北极：加拿大北极区，加拿大海盆。

参考文献：Hsiao，1980；Melnikov et al.，2002；Guiry，Guiry，2015。

硅藻目 Order Bacillariales Hendey，1937

硅藻科 Family Bacillariaceae Ehrenberg，1831

棍形藻属 Genus *Bacillaria* J. F. Gmelin，1791

派格棍形藻 *Bacillaria paxillifera*（O. F. Müller）T. Marsson，1901：254（as "*paxillifer*"）

基名（Basionym）：*Vibrio paxillifer* O. F. Müller

同模式异名［Homotypic Synonym(s)］：*Vibrio paxillifer* O. F. Müller，1786；*Oscillaria paxillifera*（O. F. Müller）Schrank，1823；*Oscillatoria paxillifer*（O. F. Müller）Schrank，1823；*Diatoma paxillifera*（O. F. Müller）Brébisson，1838；*Nitzschia paxillifer*（O. F. Müller）Heiberg，1863；*Oscil-*

latoria paxillifera (O. F. Müller) Schrank ex Gomont, 1892; *Bacillaria paxillifer* (O. F. Müller) T. Marsson, 1901; *Homoeocladia paxillifer*(O. F. Müller) Elmore, 1921

异模式异名[Heterotypic Synonym(s)]: *Bacillaria paradoxa* J. F. Gmelin, 1791; *Nitzschia paradoxa*(J. F. Gmelin) Grunow, 1880

分布(海水/淡水广布种): 欧洲: 亚得里亚海, 波罗的海, 黑海, 奥地利, 德国(赫尔戈兰岛等), 罗马尼亚, 西班牙, 克罗地亚, 丹麦, 芬兰, 法国, 英国, 意大利; 大西洋诸岛: 加那利群岛; 北美: 美国(阿肯色州, 阿拉巴马州, 佛罗里达州等), 加拿大(新斯科舍), 五大湖; 南美: 阿根廷, 巴西, 哥伦比亚; 非洲: 埃及, 冈比亚; 澳大利亚和新西兰: 澳大利亚(新南威尔士州, 昆士兰州, 南澳大利亚, 维多利亚, 西部澳大利亚), 新西兰; 太平洋诸岛: 夏威夷群岛; 亚洲: 俄罗斯远东, 中国和日本沿海; 西南亚: 伊朗; 东南亚: 新加坡; 北极: 加拿大北极区。

参考文献: Hsiao, 1980; Guiry, Guiry, 2015。

派格棍形藻肿胀变种 *Bacillaria paxillifer* var. *tumidula* (Grunow) Witkowski, Lange-Bertalot, Metzeltin, 2000: 357(as "*paxillifera*")

基名(Basionym): *Nitzschia paradoxa* var. *tumidula* Grunow

同模式异名[Homotypic Synonym(s)]: *Nitzschia paradoxa* var. *tumidula* Grunow, 1880

异模式异名[Heterotypic Synonym(s)]: *Bacillaria paradoxa* var. *tumidula* (Grunow) De Toni, 1892

分布: 欧洲: 罗马尼亚, 西班牙; 北美: 加拿大; 东南亚: 新加坡; 北极: 加拿大北部(努勒维特)。

参考文献: Riedel et al., 2003; Guiry, Guiry, 2015。

菱板藻属 Genus *Hantzschia* Grunow, 1877

范氏菱板藻 *Hantzschia weyprechtii* Grunow, 1880

分布: 欧洲: 英国; 北美: 加拿大; 北极: 巴伦支海和喀拉海, 加拿大北极区, 加拿大北部(努勒维特), 高纬度(>85°N)西北冰洋。

参考文献: Hsiao, 1980; Matishov et al., 2000; Riedel et al., 2003; Katsuki et al., 2009; Guiry, Guiry, 2015。

盘杆藻属 Genus *Tryblionella* W. Smith, 1853

尖锥盘杆藻 *Tryblionella acuminata* W. Smith, 1853

同模式异名[Homotypic Synonym(s)]: *Nitzschia acuminata*(W. Smith) Grunow, 1880

分布: 欧洲: 波罗的海, 黑海, 亚得里亚海, 英国, 爱尔兰, 罗马尼亚, 西班牙; 北美: 美国, 五大湖; 南美: 巴西, 哥伦比亚; 澳大利亚和新西兰: 新西兰, 澳大利亚(昆士兰州); 亚洲: 俄罗斯远东, 中国沿海; 北极: 加拿大北极区。

参考文献: Hsiao, 1980; Guiry, Guiry, 2015。

边缘盘杆藻 *Tryblionella marginulata*(Grunow) D. G. Mann in Round, Crawford & Mann, 1990

基名(Basionym): *Nitzschia marginulata* Grunow

同模式异名[Homotypic Synonym(s)]: *Nitzschia marginulata* Grunow, 1880

分布: 欧洲:亚得里亚海,波罗的海,罗马尼亚,英国;大西洋诸岛:加那利群岛;南美:巴西;澳大利亚和新西兰:澳大利亚(昆士兰州等),新西兰;亚洲:俄罗斯远东,中国沿海;北极:加拿大北极区。

参考文献: Hsiao, 1980; Guiry, Guiry, 2015。

菱形藻属 Genus *Nitzschia* Hassall, 1845

针状菱形藻 *Nitzschia acicularis*(Kützing) W. Smith, 1853

基名(Basionym): *Synedra acicularis* Kützing

同模式异名[Homotypic Synonym(s)]: *Synedra acicularis* Kützing, 1844; *Nitzschiella acicularis* (Kützing) Rabenhorst, 1864; *Homoeocladia acicularis* (Kützing) Kuntze, 1898

分布(海水/淡水种):欧洲:波罗的海,黑海,英国,爱尔兰,法国,德国,波兰,罗马尼亚,西班牙,土耳其(欧洲);北美:五大湖,美国(阿肯色州,西北部等);南美:阿根廷,巴西,哥伦比亚;澳大利亚和新西兰:澳大利亚(新南威尔士州,昆士兰州,南澳大利亚,维多利亚);太平洋诸岛:夏威夷群岛;西南亚:伊朗,土耳其(亚洲);东南亚:新加坡;亚洲:俄罗斯(远东地区等),蒙古,中国沿海;南极和亚南极诸岛:南极/亚南极群岛;北极:巴伦支海和喀拉海,加拿大埃尔斯米尔群岛,加拿大北极区,楚科奇海-加拿大海盆。

参考文献: Hsiao, 1980; Matishov et al., 2000; Guiry, Guiry, 2015; Michelutti et al., 2013; 林更铭等, 2013。

有棱菱形藻 *Nitzschia angularis* W. Smith, 1853

分布(底栖/固着种类):欧洲:亚得里亚海,波罗的海,英国,罗马尼亚,西班牙;大西洋诸岛:加那利群岛;北美:加拿大,美国;南美:巴西;澳大利亚和新西兰:澳大利亚,新西兰;西南亚:伊朗;亚洲:俄罗斯远东,中国沿海;北极:加拿大北极区,楚科奇海-东西伯利亚-拉普捷夫海,波弗特海。

参考文献: Hsiao, 1980; Horner, Schrader, 1982; Okolodkov, 1992; Quillfeldt et al., 2003; Guiry, Guiry, 2015。

北极菱形藻 *Nitzschia arctica* Cleve

分布: 北极:高纬度(>85°N)西北冰洋,加拿大海盆,楚科奇海。

参考文献: Melnikov et al., 2002; Quillfeldt et al., 2003; Katsuki et al., 2009。

双裂菱形藻 *Nitzschia bilobata* W. Smith, 1853

分布: 欧洲:亚得里亚海,黑海,罗马尼亚,英国,法国;大西洋诸岛:加那利群岛;北美:加拿大;南美:巴西;澳大利亚和新西兰:澳大利亚;亚洲:中国;北极:楚科奇海。

参考文献: Matheke, Horner, 1974; Guiry, Guiry, 2015。

布雷菱形藻北方变种 *Nitzschia brebissonii* var. *borealis* Cleve

分布(淡水种)：东南亚：新加坡；北极：加拿大北部(努勒维特)，加拿大北极区，楚科奇海－东西伯利亚－拉普捷夫海。

参考文献：Hsiao，1980；Okolodkov，1992；Riedel et al.，2003；Quillfeldt et al.，2003；Guiry，Guiry，2015。

淡薄菱形藻 *Nitzschia diaphana* Cleve

分布：北极：加拿大北极区。

参考文献：Hsiao，1980；Guiry，Guiry，2015。

稀纹菱形藻 *Nitzschia distans* W. Gregory，1857

分布：欧洲：亚得里亚海，黑海，罗马尼亚，英国；大西洋诸岛：加那利群岛；澳大利亚和新西兰：澳大利亚(新南威尔士州，昆士兰，维多利亚)，新西兰；亚洲：中国沿海；北极：楚科奇海。

参考文献：Quillfeldt et al.，2003；Guiry，Guiry，2015。

稀纹菱形藻异常变种 *Nitzschia distans* var. *erratica* Cleve

分布：北极：加拿大北极区，楚科奇海－东西伯利亚－拉普捷夫海。

参考文献：Hsiao，1980；Okolodkov，1992；Quillfeldt et al.，2003。

寒冷菱形藻 *Nitzschia frigida* Grunow，1880(版图XXIV，1a－b)

分布(冰藻；海冰海洋极地种；涉冰群落前卫种)：欧洲：波罗的海，英国；北美：加拿大；澳大利亚和新西兰：新西兰；亚洲：俄罗斯远东；南极和亚南极诸岛：南极/亚南极群岛；北极：巴伦支海和喀拉海，拉普捷夫海，北欧北极区(斯堪的纳维亚和格陵兰)，阿拉斯加－加拿大－俄罗斯北极区，楚科奇海－加拿大海盆－马卡罗夫海盆－南森海盆，波弗特海。

参考文献：Matheke，Horner，1974；Hsiao，1980；Horner，Schrader，1982；Heimdal，1989；Booth，Horner，1997；Matishov et al.，2000；Tuschling et al.，2000；Melnikov et al.，2002；Quillfeldt et al.，2003；Poulin et al.，2011；Guiry，Guiry，2015；杨清良等，2002，2006；何剑锋等，2005；林更铭等，2013。

极冷菱形藻 *Nitzschia gelida* Cleve et Grunow

分布：北极：加拿大北极区，楚科奇海－东西伯利亚－拉普捷夫海。

参考文献：Hsiao，1980；Okolodkov，1992；Quillfeldt et al.，2003；Guiry，Guiry，2015。

极冷菱形藻玛尼变种 *Nitzschia gelida* var. *manitounukensis* Poulin & Cardinal，1983

分布：北极：加拿大北部(努勒维特)。

参考文献：Riedel et al.，2003；Guiry，Guiry，2015。

格鲁菱形藻 *Nitzschia gruendleri* Grunow

分布：北极：加拿大北极区。

参考文献：Hsiao，1980；Guiry，Guiry，2015。

哈德森菱形藻 *Nitzschia hudsonii* M. Poulin & A. Cardinal

[据最新资料记载，该种的分类地位(包括命名)可能尚需进一步核实和研究]

分布：北美：加拿大；北极：楚科奇海，加拿大北部(努勒维特)。

参考文献：Riedel et al.，2003；Quillfeldt et al.，2003；Guiry，Guiry，2015。

杂菱形藻 *Nitzschia hybrida* Grunow

分布：欧洲：波罗的海，黑海，英国，法国，罗马尼亚，西班牙；澳大利亚和新西兰：澳大利亚(新南威尔士州)；亚洲：俄罗斯远东，中国沿海；南极和亚南极诸岛：乔治王岛；北极：加拿大北极区，楚科奇海－东西伯利亚－拉普捷夫海。

参考文献：Hsiao，1980；Okolodkov，1992；Quillfeldt et al.，2003；Guiry，Guiry，2015。

未定菱形藻 *Nitzschia incerta*(Grunow) M. Peragallo，1903

基名(Basionym)：*Nitzschia lorenziana* var. *incerta* Grunow

同模式异名[Homotypic Synonym(s)]：*Nitzschia lorenziana* var. *incerta* Grunow

分布：欧洲：亚得里亚海，黑海，克罗地亚；南美：巴西，哥伦比亚；澳大利亚和新西兰：澳大利亚(昆士兰)；亚洲：中国和日本沿海；北极：楚科奇海。

参考文献：Matheke，Horner，1974；Guiry，Guiry，2015。

克立菱形藻 *Nitzschia kryophila* Cleve，1883

分布：北极：楚科奇海－东西伯利亚－拉普捷夫海。

参考文献：Okolodkov，1992。

光滑菱形藻 *Nitzschia laevissima* Grunow

分布：北美：加拿大；北极：拉普捷夫海，楚科奇海，楚科奇海－加拿大海盆－马卡罗夫海盆－南森海盆，加拿大北部(努勒维特)，加拿大海盆。

参考文献：Matheke，Horner，1974；Booth，Horner，1997；Tuschling et al.，2000；Melnikov et al.，2002；Quillfeldt et al.，2003；Riedel et al.，2003；Guiry，Guiry，2015。

披针菱形藻 *Nitzschia lanceolata* W. Smith，1853

同模式异名[Homotypic Synonym(s)]：*Homoeocladia lanceolata*(W. Smith) Kuntze

分布(底栖/固着种类)：欧洲：黑海，英国，罗马尼亚；北美：美国；南美：哥伦比亚；澳大利亚和新西兰：澳大利亚(北领地)；亚洲：俄罗斯远东，中国和日本沿海；东南亚：新加坡；北极：楚科奇海。

参考文献：Quillfeldt et al.，2003；Guiry，Guiry，2015。

披针菱形藻矮小变种中肋变型 *Nitzschia lanceolata* var. *pygmaea* f. *costata* Okol.

分布：楚科奇海－东西伯利亚－拉普捷夫海。

参考文献：Okolodkov，1992。

李科菱形藻 *Nitzschia lecointei* van Heurck，1909

异模式异名[Heterotypic Synonym(s)]：*Nitzschia acicularis* var. *interrupta* Heiden & Kolbe，

1928；*Nitzschia lanceolata* var. *spicula* Manguin，1960；*Nitzschia lanceolata* var. *pygmaea* f. *australis* Manguin，1960

分布：南极和亚南极诸岛：南极/亚南极群岛，乔治五世海岸，罗斯群岛；北极：加拿大北极区，加拿大北部(努勒维特)，楚科奇海－东西伯利亚－拉普捷夫海。

参考文献：Hsiao，1980；Okolodkov，1992；Riedel et al.，2003；Guiry，Guiry，2015。

线形菱形藻 *Nitzschia linearis* (C. Agardh) W. Smith，1853

基名(Basionym)：*Frustulia linearis* C. Agardh

同模式异名[Homotypic Synonym(s)]：*Frustulia linearis* C. Agardh

分布(淡水种，底栖/固着种类)：欧洲：波罗的海，黑海，英国，爱尔兰，德国，波兰，罗马尼亚，西班牙；北美：美国(阿肯色州等)，五大湖，加拿大；南美：巴西，哥伦比亚；澳大利亚和新西兰：澳大利亚(昆士兰州，新南威尔士州，北领地，塔斯马尼亚州，维多利亚州，西部澳洲)；太平洋诸岛：夏威夷群岛；亚洲：中国，蒙古，土耳其(亚洲)；北极：加拿大北极区，楚科奇海。

参考文献：Hsiao，1980；Quillfeldt et al.，2003；Guiry，Guiry，2015；胡鸿钧等，2006。

长菱形藻 *Nitzschia longissima* (Brébisson) Ralfs，1861(版图XXIV，2a－b)

基名(Basionym)：*Ceratoneis longissima* Brébisson

同模式异名[Homotypic Synonym(s)]：*Nitzschiella longissima* (Brébisson) Rabenhorst；*Ceratoneis longissima* Brébisson，1849

异模式异名[Heterotypic Synonym(s)]：*Nitzschia birostrata* W. Smith，1853

分布(底栖－浮游海洋极地寒带至温带种，海冰种)：欧洲：亚得里亚海，波罗的海，黑海，英国，克罗地亚，法国，德国(赫尔戈兰岛)，罗马尼亚，西班牙，乌克兰；大西洋诸岛：加那利群岛；北美：加拿大(新斯科舍等)，五大湖；中美：加利福尼亚湾；南美：巴西；澳大利亚和新西兰：澳大利亚，新西兰；亚洲：中国和日本沿海；西南亚：土耳其(亚洲)；东南亚：新加坡；南极和亚南极诸岛：南极/亚南极群岛；北极：巴伦支海和喀拉海，阿拉斯加－加拿大－俄罗斯北极区，加拿大海盆，楚科奇海－加拿大海盆。

参考文献：Hsiao，1980；Matishov et al.，2000；Melnikov et al.，2002；Quillfeldt et al.，2003；Poulin et al.，2011；Guiry，Guiry，2015；杨清良等，2002，2006；林更铭等，2013。

洛氏菱形藻 *Nitzschia lorenziana* Grunow in Cleve & Möller，1879

分布：欧洲：亚得里亚海，波罗的海，黑海，英国，克罗地亚，德国，罗马尼亚，西班牙；大西洋诸岛：加那利群岛；北美：美国(阿肯色州等)，五大湖，南美：巴西，哥伦比亚；澳大利亚和新西兰：澳大利亚(新南威尔士州，昆士兰州，维多利亚)，新西兰；亚洲：俄罗斯远东，中国和日本沿海；东南亚：新加坡；北极：楚科奇海－加拿大海盆。

参考文献：Guiry，Guiry，2015；杨清良等，2002；林更铭等，2013。

新寒冷菱形藻 *Nitzschia neofrigida* L. K. Medlin

分布：北美：加拿大；北极：拉普捷夫海，楚科奇海，加拿大海盆，楚科奇海－加拿大海盆－马卡罗夫海盆－南森海盆。

参考文献： Booth，Horner，1997；Tuschling et al.，2000；Melnikov et al.，2002；Quillfeldt et al.，2003；Guiry，Guiry，2015；何剑锋等，2005。

透明菱形藻 *Nitzschia pellucida* Grunow，1880

分布(底栖/固着种类)：欧洲：罗马尼亚；北美：美国，加拿大；澳大利亚和新西兰：新西兰；亚洲：俄罗斯远东；北极：加拿大海盆，楚科奇海。

参考文献： Melnikov et al.，2002；Quillfeldt et al.，2003；Guiry，Guiry，2015。

北极星菱形藻 *Nitzschia polaris* Grunow ex Cleve，1883

分布(海冰海洋极地冷水种)：欧洲：英国；北美：加拿大；北极：阿拉斯加北极区，俄罗斯北极区，楚科奇海，加拿大北极区。

参考文献： Hsiao，1980；Quillfeldt et al.，2003；Poulin et al.，2011；Guiry，Guiry，2015。

普罗马勒菱形藻 *Nitzschia promare* Medlin in Medlin & Hasle，1990

分布： 北极：楚科奇海，楚科奇海－东西伯利亚－拉普捷夫海，楚科奇海－加拿大海盆－马卡罗夫海盆－南森海盆，高纬度(>85°N)西北冰洋，加拿大海盆。

参考文献： Okolodkov，1992；Booth，Horner，1997；Melnikov et al.，2002；Quillfeldt et al.，2003；Katsuki et al.，2009；Guiry，Guiry，2015；何剑锋等，2005。

特格菱形藻 *Nitzschia tergestina*(Kützing) Ralfs in Pritchard，1861

[据最新资料记载，该种的分类地位(包括命名)可能尚需进一步核实和研究]

分布： 北极：加拿大北极区。

参考文献： Hsiao，1980；Guiry，Guiry，2015。

粗糙菱形藻 *Nitzschia scabra* Cleve

分布： 北美：加拿大；北极：高纬度(>85°N)西北冰洋，加拿大北部(努勒维特)，拉普捷夫海，楚科奇海。

参考文献： Tuschling et al.，2000；Riedel et al.，2003；Quillfeldt et al.，2003；Katsuki et al.，2009；Guiry，Guiry，2015。

弯菱形藻 *Nitzschia sigma*(Kützing) W. Smith，1853

基名(Basionym)： *Synedra sigma* Kützing

同模式异名[Homotypic Synonym(s)]： *Synedra sigma* Kützing，1844；*Homoeocladia sigma* (Kützing) Kuntze，1898；*Sigmatella sigma*(Kützing) Frenguelli，1923

分布(淡水底栖/固着种类)：欧洲：亚得里亚海，波罗的海，黑海，英国，法国，德国，罗马尼亚，西班牙；大西洋诸岛：加那利群岛；北美：五大湖，美国(阿肯色州，弗吉尼亚州，西北部等)，加拿大(新不伦瑞克等)；南美：阿根廷，巴西，哥伦比亚；澳大利亚和新西兰：澳大利亚(新南威尔士州，北领地，昆士兰，维多利亚，西部澳大利亚)；太平洋诸岛：夏威夷群岛；亚洲：俄罗斯远东，蒙古，中国和日本沿海，土耳其(亚洲)；西南亚：伊朗；东南亚：新加坡；北极：拉普捷夫海，楚科奇海，波弗特海。

参考文献： Horner，Schrader，1982；Tuschling et al.，2000；Quillfeldt et al.，2003；Guiry，

Guiry, 2015。

拟螺形菱形藻 *Nitzschia sigmoidea* (Nitzsch) W. Smith, 1853

基名(Basionym): *Bacillaria sigmoidea* Nitzsch

同模式异名[Homotypic Synonym(s)]: *Bacillaria sigmoidea* Nitzsch, 1817; *Cymbella sigmoidea*(Nitzsch) C. Agardh, 1830; *Synedra sigmoidea* (Nitzsch) Kützing, 1844; *Frustulia sigmoidea*(Nitzsch) Jenner, 1845; *Homoeocladia sigmoidea*(Nitzsch) Elmore, 1921

异模式异名[Heterotypic Synonym(s)]: *Nitzschia elongata* Hassal, 1845

分布(淡水种):欧洲:波罗的海,黑海．英国,德国,爱尔兰,波兰,罗马尼亚,西班牙;北美:五大湖,加拿大,美国(阿肯色州,弗吉尼亚州,西北部等);南美:巴西,哥伦比亚;澳大利亚和新西兰:新西兰,澳大利亚(新南威尔士州,北领地,昆士兰州,维多利亚);太平洋诸岛:夏威夷群岛;亚洲:俄罗斯远东,蒙古,中国沿海;西南亚:伊朗,土耳其(亚洲);东南亚:新加坡;北极:拉普捷夫海,波弗特海。

参考文献: Horner, Schrader, 1982; Tuschling et al. , 2000; Guiry, Guiry, 2015。

带状菱形藻 *Nitzschia taeniiformis* Simonsen

分布: 北极:高纬度(>85°N)西北冰洋。

参考文献: Katsuki et al. , 2009; Guiry, Guiry, 2015。

费氏菱形藻 *Nitzschia vidovichii* Grunow

[据最新资料记载,该种的分类地位(包括命名)可能尚需进一步核实和研究]

分布: 欧洲:黑海,罗马尼亚;大西洋诸岛:加那利群岛;南美:巴西;澳大利亚和新西兰:澳大利亚;亚洲:中国沿海;北极:楚科奇海－东西伯利亚－拉普捷夫海。

参考文献: Okolodkov, 1992; Guiry, Guiry, 2015。

伪菱形藻属 Genus *Pseudo-nitzschia* H. Peragallo in H. & M. Peragallo, 1900

澳大利亚伪菱形藻 *Pseudo-nitzschia australis* Frenguelli, 1939

异模式异名[Heterotypic Synonym(s)]: *Nitzschia pseudoseriata* G. R. Hasle, 1965

分布(潜在有害/有毒种):欧洲:爱尔兰(沃特福德等),英国(苏格兰等),葡萄牙,西班牙;北美:美国(加利福尼亚州,俄勒冈州,华盛顿),墨西哥;南美:智利;非洲:南非;澳大利亚和新西兰:澳大利亚,新西兰;北极:北欧北极区(斯堪的纳维亚和格陵兰),阿拉斯加－加拿大－俄罗斯北极区。

参考文献: Poulin et al. , 2011; Guiry, Guiry, 2015。

靓纹伪菱形藻 *Pseudo-nitzschia calliantha* Lundholm, Moestrup & Hasle in Lundholm et al. , 2003

分布(轻微有害/有毒种):欧洲:黑海,英国(苏格兰奥克尼群岛等),克罗地亚,丹麦,希腊,意大利,挪威,罗马尼亚,南斯拉夫(斯洛文尼亚),西班牙,土耳其(欧洲);大西洋诸岛:百慕大群岛;北美:美国(佛罗里达,马里兰,北卡罗来纳),加拿大(新不伦瑞克省;新斯科舍省;爱德华王子岛);南美:巴西,智利;非洲:突尼斯;澳大利亚与新西兰:澳大利亚(新南威尔士州，塔斯马尼亚岛)；亚洲：俄罗斯；东南亚：马来西亚，越南；北极：加拿大北极(赫歇尔岛)，俄罗斯北极区。

参考文献： Poulin et al.，2011；Guiry，Guiry，2015。

柔弱伪菱形藻 *Pseudo-nitzschia delicatissima*(Cleve) Heiden in Heiden & Kolbe，1928

基名(Basionym)： *Nitzschia delicatissima* Cleve

同模式异名[Homotypic Synonym(s)]： *Homoeocladia delicatissima* (Cleve) Meunier；*Nitzschia delicatissima* Cleve，1897

异模式异名[Heterotypic Synonym(s)]： *Nitzschia actydrophila* Hasle，1965

分布(有害海洋浮游物种，极地至温带种)：欧洲：波罗的海，黑海，罗马尼亚，西班牙，英国，丹麦，希腊，爱尔兰，意大利，葡萄牙，西班牙；大西洋诸岛：加那利群岛；北美：五大湖，加拿大，墨西哥；南美：巴西；澳大利亚和新西兰：新西兰，澳大利亚(塔斯马尼亚岛等)；亚洲：俄罗斯远东，中国和日本沿海；北极：北欧北极区(斯堪的纳维亚和格陵兰)，加拿大北极区，俄罗斯北极区，阿拉斯加北极区，楚科奇海－加拿大海盆－马卡罗夫海盆－南森海盆，巴伦支海和喀拉海，楚科奇海，楚科奇海－东西伯利亚－拉普捷夫海，波弗特海。

参考文献： Hsiao，1980；Horner，Schrader，1982；Okolodkov，1992；Booth，Horner，1997；Matishov et al.，2000；Melnikov et al.，2002；Quillfeldt et al.，2003；Poulin et al.，2011；Guiry，Guiry，2015；杨清良等，2002，2006；林更铭等，2013。

虚假伪菱形藻 *Pseudo-nitzschia fraudulenta* (Cleve) Hasle，1993

基名(Basionym)： *Nitzschia fraudulenta* Cleve

同模式异名[Homotypic Synonym(s)]： *Nitzschia fraudulenta* Cleve，1897；*Pseudo-nitzschia seriata* var. *fraudulenta*(Cleve) H. Peragallo，1897

分布(有害/有毒种)：欧洲：波罗的海，黑海，希腊，爱尔兰，德国(赫尔戈兰岛)，西班牙；北美：加拿大，哥伦比亚；南美：巴西；澳大利亚和新西兰：澳大利亚(新南威尔士州等)，新西兰；北极：北欧北极区(斯堪的纳维亚和格陵兰)，俄罗斯北极区。

参考文献： Poulin et al.，2011；Guiry，Guiry，2013。

格氏伪菱形藻 *Pseudo-nitzschia granii* (G. R. Hasle) G. R. Hasle，1974

基名(Basionym)： *Nitzschia granii* G. R. Hasle

同模式异名[Homotypic Synonym(s)]： *Nitzschia granii* G. R. Hasle，1964

分布： 北美：加拿大；北极：楚科奇海。

参考文献： Quillfeldt et al.，2003；Guiry，Guiry，2015。

膨胀伪菱形藻 *Pseudo-nitzschia inflatula* (G. R. Hasle) G. R. Hasle，1993

基名(Basionym)： *Nitzschia inflatula* G. R. Hasle

同模式异名[Homotypic Synonym(s)]： *Nitzschia inflatula* G. R. Hasle，1974

分布： 欧洲：黑海；东南亚：马来西亚，泰国；北极：高纬度(>85°N)西北冰洋。

参考文献： Katsuki et al.，2009；Guiry，Guiry，2015。

细条伪菱形藻 *Pseudo-nitzschia lineola* (Cleve) Hasle，1965

基名(Basionym)：*Nitzschia lineola* Cleve

同模式异名[Homotypic Synonym(s)]：*Nitzschia lineola* Cleve，1897

异模式异名[Heterotypic Synonym(s)]：*Nitzschia barkleyi* Hustedt，1952；*Pseudo-nitzschia barkleyi*(Hustedt) Manguin，1960

分布：北美：加拿大，美国(华盛顿州)；澳大利亚和新西兰：澳大利亚，新西兰；东南亚：马来西亚；南极和亚南极诸岛：南极/亚南极群岛；北极：阿拉斯加(巴罗角)。

参考文献：Bursa，1963；Guiry，Guiry，2015。

钝头伪菱形藻 *Pseudo-nitzschia obtusa* (Hasle) Hasle & Lundholm，2005

基名(Basionym)：*Nitzschia seriata* f. *obtusa* G. R. Hasle

同模式异名[Homotypic Synonym(s)]：*Nitzschia seriata* f. *obtusa* G. R. Hasle，1965；*Pseudo-nitzschia seriata* f. *obtusa*(Hasle) Hasle，1993

分布：欧洲：波罗的海，挪威；北美：加拿大，美国(阿拉斯加州)；亚洲：俄罗斯，鄂霍次克海；北极：加拿大北极，俄罗斯北极，楚科奇海，楚科奇海-加拿大海盆-马卡罗夫海盆-南森海盆。

参考文献：Booth，Horner，1997；Quillfeldt et al.，2003；Guiry，Guiry，2015。

延长伪菱形藻 *Pseudo-nitzschia prolongatoides* (G. R. Hasle) G. R. Hasle，1993

基名(Basionym)：*Nitzschia prolongatoides* G. R. Hasle

同模式异名[Homotypic Synonym(s)]：*Nitzschia prolongatoides* G. R. Hasle，1965

异模式异名[Heterotypic Synonym(s)]：*Pseudo-nitzschia prolongata* Manguin；*Nitzschia prolongata* Manguin，1957

分布：欧洲：黑海；亚洲：中国沿海；南极和亚南极群岛：南极/亚南极群岛；北极：高纬度(>85°N)西北冰洋。

参考文献：Katsuki et al.，2009；Guiry，Guiry，2015。

伪柔弱伪菱形藻 *Pseudo-nitzschia pseudodelicatissima* (Hasle) Hasle，1993

基名(Basionym)：*Nitzschia pseudodelicatissima* Hasle

同模式异名[Homotypic Synonym(s)]：*Nitzschia pseudodelicatissima* Hasle，1976

异模式异名[Heterotypic Synonym(s)]：*Nitzschia delicatula* Hasle，1965

分布(有害物种)：欧洲：波罗的海，黑海，法国，希腊，爱尔兰，葡萄牙，西班牙，克里米亚半岛；大西洋诸岛：冰岛；北美：美国(加利福尼亚州，马萨诸塞州)，加拿大；南美：巴西；澳大利亚和新西兰：新西兰；亚洲：日本和中国沿海；东南亚：马来西亚；北极：巴伦支海和喀拉海，楚科奇海，楚科奇海-加拿大海盆-马卡罗夫海盆-南森海盆。

参考文献：Booth，Horner，1997；Matishov et al.，2000；Quillfeldt et al.，2003；Guiry，Guiry，2015。

尖刺伪菱形藻 ***Pseudo-nitzschia pungens*** **(Grunow ex Cleve) G. R. Hasle，1993**(版图XXⅣ，3)

基名(Basionym)：*Nitzschia pungens* Grunow ex Cleve

同模式异名[Homotypic Synonym(s)]：*Nitzschia pungens* Grunow ex Cleve，1897

分布(潜在有害种类)：欧洲：波罗的海，黑海，北海，英国，罗马尼亚，比利时，丹麦，法国，德国(赫尔戈兰岛等)，希腊，爱尔兰，荷兰，葡萄牙，西班牙；大西洋诸岛：加那利群岛；北美：美国(加利福尼亚州，马萨诸塞州，俄勒冈州，华盛顿州，得克萨斯州)，墨西哥，加拿大(爱德华王子岛等)；南美：巴西，秘鲁；澳大利亚和新西兰：澳大利亚(新南威尔士州，维多利亚等)，新西兰；亚洲：俄罗斯远东，中国，日本，韩国；东南亚：马来西亚，新加坡，越南；北极：北欧北极区(斯堪的纳维亚和格陵兰)，加拿大北极区，俄罗斯北极区，阿拉斯加北极区，楚科奇海。

参考文献：Poulin et al.，2011；Guiry，Guiry，2015；杨清良等，2002，2006。

成列伪菱形藻 ***Pseudo-nitzschia seriata*** **(Cleve) H. Peragallo in H. Peragallo & M. Peragallo，1899**(版图XXV，1a－b)

基名(Basionym)：*Nitzschia seriata* Cleve

同模式异名[Homotypic Synonym(s)]：*Nitzschia seriata* Cleve，1883

分布(潜在有害种，浮游海洋极地寒带至温带种)：欧洲：波罗的海，黑海，英国，罗马尼亚，西班牙，丹麦，爱尔兰，挪威；大西洋诸岛：加那利群岛，格陵兰；北美：加拿大(新斯科舍等)；南美：巴西；澳大利亚和新西兰：新西兰；亚洲：俄罗斯远东，中国和日本沿海；东南亚：新加坡；亚北极：白令海；北极：北欧北极区(斯堪的纳维亚和格陵兰)，俄罗斯北极区，巴伦支海和喀拉海，拉普捷夫海，加拿大北极区，哈得孙湾－巴芬湾，加拿大海盆，阿拉斯加北极区，波弗特海，楚科奇海，楚科奇海－加拿大海盆。

参考文献：Werner，1977；Hsiao，1980；Horner，Schrader，1982；Matishov et al.，2000；Melnikov et al.，2002；Quillfeldt et al.，2003；Poulin et al.，2011；Guiry，Guiry，2015；杨清良等，2002，2006；林更铭等，2013。

膨大伪菱形藻 ***Pseudo-nitzschia turgidula*** **(Hustedt) G. R. Hasle，1993**

基名(Basionym)：*Nitzschia turgidula* Hustedt

同模式异名[Homotypic Synonym(s)]：*Nitzschia turgidula* Hustedt，1958

分布(有害物种，潜在有害/有毒种)：澳大利亚和新西兰：新西兰；东南亚：马来西亚；南极和亚南极诸岛：南极/亚南极群岛；北极：阿拉斯加－加拿大－俄罗斯北极。

参考文献：Poulin et al.，2011；Guiry，Guiry，2015。

新细齿藻属 Genus *Neodenticula* Akiba & Yanagisawa，1986

西氏新细齿藻 ***Neodenticula seminae*** **(R. Simonsen & T. Kanaya) F. Akiba & Y. Yanagisawa，1986**(版图XXV，2a－d)

基名(Basionym)：*Denticula seminae* R. Simonsen & T. Kanaya

同模式异名[Homotypic Synonym(s)]：*Denticula seminae* R. Simonsen & T. Kanaya，1961；

Denticulopsis seminae(Simonsen & Kanaya) Simonsen, 1979

异模式异名[Heterotypic Synonym(s)]: *Denticula marina* Semina, 1956

分布: 欧洲:黑海;北美:阿留申群岛,圣劳伦斯湾;亚洲:俄罗斯远东,日本和中国;亚北极:白令海;北极:加拿大哈得孙湾-巴芬湾,楚科奇海-加拿大海盆,楚科奇海,楚科奇海-东西伯利亚-拉普捷夫海,楚科奇海-加拿大海盆。

参考文献: Werner, 1977; Okolodkov, 1992; Poulin et al., 2011; Joo et al., 2012; Guiry, Guiry, 2015; 杨清良等, 2002, 2006; 林更铭等, 2013。

拟脆杆藻属 Genus *Fragilariopsis* Hustedt in Schmidt, 1913

短拟脆杆藻 *Fragilariopsis curta* (Van Heurck) Hustedt, 1958

基名(Basionym): *Fragilaria curta* Van Heurck

同模式异名[Homotypic Synonym(s)]: *Fragilaria curta* Van Heurck, 1909; *Fragilariopsis linearis* var. *curta*(Van Heurck) Frenguelli, 1958; *Nitzschia curta*(Van Heurck) Hasle, 1972

分布: 欧洲:英国;澳大利亚和新西兰:新西兰;南极和亚南极诸岛:南极/亚南极群岛,东部南极,乔治五世海岸,罗斯群岛,罗斯海,澳大利亚威尔克斯地;北极:加拿大北极区。

参考文献: Hsiao, 1980; Guiry, Guiry, 2015。

圆柱拟脆杆藻 *Fragilariopsis cylindrus*(Grunow) Krieger, 1954(版图XXVI, 1a-b)

基名(Basionym): *Fragilaria cylindrus* Grunow

同模式异名[Homotypic Synonym(s)]: *Fragilaria cylindrus* Grunow, 1883; *Nitzschia cylindrus*(Grunow) Hasle, 1972

异模式异名[Heterotypic Synonym(s)]: *Fragilaria nana* Steemann Nielsen, 1935; *Fragilariopsis cylindrus* var. *planctonica* Willi Krieger, 1954; *Fragilariopsis cylindrus* f. *minor* Manguin, 1960; *Fragilariopsis linearis* var. *intermedia* Manguin, 1960

分布[海冰-海洋浮游种;极地-温带种]:欧洲:波罗的海,英国;北美:加拿大;亚洲:中国和日本沿海;东南亚:新加坡;南极和亚南极诸岛:南极/亚南极群岛,乔治五世海岸,默茨冰川,罗斯海,威德尔海,澳大利亚威尔克斯地;北极:北欧北极区(斯堪的纳维亚和格陵兰),俄罗斯北极区,巴伦支海和喀拉海,加拿大北极区,高纬度(>85°N)西北冰洋,加拿大海盆,阿拉斯加北极区,楚科奇海,波弗特海,楚科奇海-加拿大海盆-马卡罗夫海盆-南森海盆,阿拉斯加(巴罗角),楚科奇海-东西伯利亚-拉普捷夫海。

参考文献: Bursa, 1963; Hsiao, 1980; Horner, Schrader, 1982; Okolodkov, 1992; Booth, Horner, 1997; Tuschling et al., 2000; Matishov et al., 2000; Melnikov et al., 2002; Quillfeldt et al., 2003; Katsuki et al., 2009; Poulin et al., 2011; Guiry, Guiry, 2013; 何剑锋等, 2005; 林更铭等, 2013。

线形拟脆杆藻 *Fragilariopsis linearis*(Castracane) Frenguelli, 1943

基名(Basionym): *Fragilaria linearis* Castracane

同模式异名[Homotypic Synonym(s)]: *Fragilaria linearis* Castracane, 1886; *Nitzschia lineata*(Castracane) Hasle, 1972

分布：北美：五大湖；南极和亚南极群岛：南极/亚南极群岛；北极：加拿大北极区。

参考文献：Hsiao，1980；Guiry，Guiry，2015。

海洋拟脆杆藻 *Fragilariopsis oceanica* (Cleve) Hasle，1965(版图XXVII，1)

基名(Basionym)：*Fragilaria oceanica* Cleve

同模式异名[Homotypic Synonym(s)]：*Fragilaria oceanica* Cleve，1873

异模式异名[Heterotypic Synonym(s)]：*Fragilaria arctica* Grunow，1880；*Nitzschia grunowii* Hasle，1972

分布(北极北方海洋浮游种和涉冰种；极地至温带种)：欧洲：波罗的海，英国；大西洋诸岛：西格陵兰；北美：加拿大(魁北克等)；澳大利亚和新西兰：新西兰；亚洲：俄罗斯(远东地区等)，鄂霍次克海，日本和中国沿海；东南亚：新加坡；北极：北欧北极区(斯堪的纳维亚和格陵兰)，挪威北极，俄罗斯北极区，巴伦支海，喀拉海和拉普捷夫海，中部北极海盆，阿尔法脊，加拿大北极区，加拿大海盆，阿拉斯加北极区，阿拉斯加(巴罗角)，阿拉斯加－加拿大－俄罗斯北极，楚科奇海，楚科奇海－东西伯利亚－拉普捷夫海，楚科奇海－加拿大海盆。

参考文献：Gran，1904；Usachev，1947，1949，1961；Bursa，1963；Kawamura，1967；Matheke，Horner，1974；Belyaeva，1980；Hsiao，1980；Heimdal，1989；Okolodkov，1992；Melnikov，1997；Matishov et al.，2000；Melnikov et al.，2002；Quillfeldt et al.，2003；Poulin et al.，2011；Guiry，Guiry，2015；何剑锋等，2005；杨清良等，2002，2006；林更铭等，2013。

斜肋拟脆杆藻 *Fragilariopsis obliquecostata* (van Heurck) Heiden，1928

基名(Basionym)：*Fragilaria obliquecostata* van Heurck

同模式异名[Homotypic Synonym(s)]：*Nitzschia obliquecostata* (van Heurck) Hasle；*Fragilaria obliquecostata* van Heurck，1909

异模式异名[Heterotypic Synonym(s)]：*Fragilaria antarctica* van Heurck，1909；*Fragilaria obliquecostata* f. *maxima* van Heurck，1909；*Fragilaria antarctica* f. *lata* van Heurck，1909；*Fragilaria sublinearis* van Heurck，1909；*Fragilariopsis sublinearis* (Van Heurck) Heiden & Kolbe，1943

分布：南极和亚南极诸岛：南极/亚南极群岛，乔治五世海岸；北极：加拿大北极。

参考文献：Hsiao，1980；Guiry，Guiry，2015。

双菱藻目 Order Surirellales D. G. Mann，1990

内茧藻科 Family Entomoneidaceae Reimer in Patrick & Reimer，1975

内茧藻属 Genus *Entomoneis* Ehrenberg，1845

巨大内茧藻北方变种 *Entomoneis gigantea* var. *septentrionalis* (Grunow) M. Poulin & A. Cardinal

[据最新资料记载，该变种的分类地位(包括命名)可能尚需进一步核实和研究]

分布：北极：加拿大海盆，阿拉斯加－加拿大－俄罗斯北极区，楚科奇海。

参考文献：Melnikov et al.，2002；Quillfeldt et al.，2003；Poulin et al.，2011；Guiry，

Guiry，2015。

杰玛内茧藻 *Entomoneis kjellmanii*（Cleve）Poulin & Cardinal，1983

基名(Basionym)： *Amphiprora kjellmanii* Cleve

同模式异名[Homotypic Synonym(s)]： *Amphiprora kjellmanii* Cleve，1880

异模式异名[Heterotypic Synonym(s)]： *Entomoneis kjellmanii* var. *typica* Cleve - Euler，1952

分布[(海冰海洋极地冷水种)海冰种]：欧洲：波罗的海，英国；北美：加拿大；南极和亚南极诸岛：南极/亚南极群岛，乔治五世海岸，罗斯群岛；北极：高纬度(>85°N)西北冰洋，加拿大北极区，加拿大北部(努勒维特)，加拿大海盆，俄罗斯北极区，巴伦支海和喀拉海，拉普捷夫海，阿拉斯加北极区，波弗特海，楚科奇海-东西伯利亚-拉普捷夫海，阿拉斯加-加拿大-俄罗斯北极。

参考文献： Hsiao，1980；Horner，Schrader，1982；Okolodkov，1992；Matishov et al.，2000；Tuschling et al.，2000；Melnikov et al.，2002；Riedel et al.，2003；Katsuki et al.，2009；Poulin et al.，2011；Guiry，Guiry，2015。

杰玛内茧藻加拉变种 *Entomoneis kjellmanii* var. *kariana*（Grunow）M. Poulin & A. Cardinal

分布： 澳大利亚和新西兰：新西兰；北极：楚科奇海，楚科奇海-东西伯利亚-拉普捷夫海。

参考文献： Okolodkov，1992；Quillfeldt et al.，2003；Guiry，Guiry，2015。

杰玛内茧藻细弱变种 *Entomoneis kjellmanii* var. *subtilis*（Grunow）M. Poulin & A. Cardinal

[据最新资料记载，该变种的分类地位(包括命名)可能尚需进一步核实和研究]

分布： 北极：楚科奇海，楚科奇海-东西伯利亚-拉普捷夫海。

参考文献： Okolodkov，1992；Quillfeldt et al.，2003；Guiry，Guiry，2015。

沼泽内茧藻 *Entomoneis palludosa*(W. Smith）Reimer

[据最新资料记载，该种的分类地位(包括命名)可能尚需进一步核实和研究]

分布： 欧洲：罗马尼亚；北极：楚科奇海，楚科奇海-东西伯利亚-拉普捷夫海。

参考文献： Okolodkov，1992；Guiry，Guiry，2015；杨清良等，2002。

沼泽内茧藻极北变种 *Entomoneis paludosa* var. *hyperborea*（Grunow）Poulin & Cardinal，1983

基名(Basionym)： *Amphiprora hyperborea* Grunow

同模式异名[Homotypic Synonym(s)]： *Amphiprora hyperborea* Grunow，1880

异模式异名[Heterotypic Synonym(s)]： *Amphiprora paludosa* f. *minuta* Grunow，1884；*Amphiprora hyperborea* var. *genuina* Cleve - Euler，1952

分布： 欧洲：英国；北美：加拿大；亚洲：日本；南极和亚南极诸岛：南极/亚南极群岛；北极：北冰洋，阿尔法脊，挪威北极海，俄罗斯北极海，巴伦支海，喀拉海和拉普捷夫海，加拿大哈得孙湾，加拿大海盆，楚科奇海，波弗特海，楚科奇海-加拿大海盆-马卡罗夫海盆-

南森海盆。

参考文献：Gran，1904；Usachev，1946，1947；Virketis，1957；Bursa，1961；Kawamura，1967；Matheke，Horner，1974；Horner，Schrader，1982；Booth，Horner，1997；Melnikov，1997；Matishov et al.，2000；Melnikov et al.，2002；Quillfeldt et al.，2003；Guiry，Guiry，2015。

双菱藻科 Family Surirellaceae Kützing，1844

双菱藻属 Genus *Surirella* Turpin，1828

日本双菱藻 *Surirella japonica* A. Schmidt in Schmidt et al.

[据最新资料记载，该种的分类地位(包括命名)可能尚需进一步核实和研究]

分布：亚洲：日本和中国沿海；北极：加拿大北极区。

参考文献：Hsiao，1980；Guiry，Guiry，2015。

奥斯双菱藻 *Surirella oestrupi* Gran

分布：北极：加拿大北极区。

参考文献：Hsiao，1980；Guiry，Guiry，2015。

微小双菱藻 *Surirella minuta* Brébisson in Kützing，1849

异模式异名[Heterotypic Synonym(s)]：*Surirella ovata* Kützing，1844；*Surirella pinnata* W. Smith，1853；*Surirella minuta* var. *pinnata*(W. Smith) Grunow，1862；*Novilla ovata*(Kützing) Heiberg，1863；*Novilla pinnata* (W. Smith) Lagerstedt，1873；*Suriraya ovata* (Kützing) Tömösváry，1879；*Surirella ovata* var. *pinnata* (W. Smith) Brun，1880；*Suriraya pinnata* (W. Smith) Schaarschmidt，1880；*Surirella ovalis* var. *ovata*(Kützing) van Heurck，1885；*Surirella ovalis* var. *pinnata* (W. Smith) Van Heurck，1885；*Suriraya ovalis* var. *pinnata*(W. Smith) Gutwinski，1899；*Suriraya ovalis* var. *ovata*(Kützing) Gutwinski，1899；*Surirella ovalis* f. *ovata*(Kützing) Mayer，1919；*Surirella ovata* var. *pinnata*(W. Smith) Hustedt，1930

分布(淡水种)：欧洲：亚得里亚海，波罗的海，黑海，英国，爱尔兰，罗马尼亚，西班牙，丹麦，德国，波兰；北美：五大湖，美国(密歇根州，阿肯色州等)，加拿大；南美：阿根廷，巴西，哥伦比亚；澳大利亚和新西兰：澳大利亚(新南威尔士州，昆士兰州，维多利亚)，新西兰；亚洲：中国，蒙古，土耳其(亚洲)，俄罗斯远东；西南亚：伊朗；北极：楚科奇海-东西伯利亚-拉普捷夫海。

参考文献：Okolodkov，1992；Guiry，Guiry，2015；胡鸿钧等，2006。

北方双菱藻 *Surirella septentrionalis* E. V. Østrup

[据最新资料记载，该种的分类地位(包括命名)可能尚需进一步核实和研究]

分布：北极：楚科奇海-东西伯利亚-拉普捷夫。

参考文献：Okolodkov，1992；Guiry，Guiry，2015。

甲藻门 Phylum Dinophyta F. E. Round, 1973

甲藻纲 Class Dinophyceae F. E. Fritsch in G. S. West & F. E. Fritsch, 1927

阿克丁藻目 Order Actiniscales Sournia, 1984

阿克丁藻科 Family Actiniscaceae Kützing, 1844

阿克丁藻属 Genus *Actiniscus* (Ehrenberg) Ehrenberg, 1843

五星阿克丁藻 *Actiniscus pentasterias* (Ehrenberg) Ehrenberg, 1844

基名(Basionym)： *Dictyota pentasterias* Ehrenberg

同模式异名[Homotypic Synonym(s)]： *Dictyota pentasterias* Ehrenberg, 1840

异模式异名[Heterotypic Synonym(s)]： *Gymnaster pentasterias* Schütt

[Okolodkov(1998)推测 Meunier(1910)发现的两个新种 *Gymnaster striatum* sp. n. 和 *G. helix* sp. n. 可能也是该种的同种异名]

分布： 欧洲：波罗的海，英国，赫尔戈兰岛，地中海；大西洋诸岛：加那利群岛；北美：墨西哥；中美：加利福尼亚湾；北极：巴伦支海，喀拉海，楚科奇海。

参考文献： Okolodkov, 1998；Guiry, Guiry, 2015。

双裂藻科 Family Dicroerismataceae R. A. Fensome, F. J. R. Taylor, G. Norris, W. A. S. Sarjeant, D. I. Wharton & G. L. Williams

双裂藻属 Genus *Dicroerisma* F. J. R. Taylor & S. A. Cattell, 1970

裸蛹状双裂藻 *Dicroerisma psilonereiella* Taylor & Cattell, 1969

分布： 北极：加拿大北部(努勒维特)。

参考文献： Riedel et al. , 2003；Guiry, Guiry, 2015。

鳍藻目 Order Dinophysiales Lindemann, 1928

鳍藻科 Family Dinophysaceae Bütschli, 1885

鳍藻属 Genus *Dinophysis* Ehrenberg, 1839

渐尖鳍藻 *Dinophysis acuminata* Claparède & Lachmann, 1859(版图XXVII, 2)

异模式异名[Heterotypic Synonym (s)]： *Dinophysis ellipsoides* Kofoid, 1907；*Dinophysis lachmannii* Paulsen, 1949；*Dinophysis skagii* Paulsen, 1949；*Dinophysis borealis* Paulsen, 1949；*Dinophysis boehmii* Paulsen, 1949；*Dinophysis lachmanii* Solum, 1962

分布[产毒种：腹泻贝毒(DSP)]：欧洲：亚得里亚海，波罗的海，黑海，地中海，英国，苏格兰，克罗地亚，法国，希腊，挪威，罗马尼亚，瑞典；大西洋诸岛：加那利群岛；北美：美国(马萨诸塞州，罗得岛州)，加拿大(新斯科舍，新不伦瑞克省)；中美洲：加利福尼亚湾；

南美：巴西，智利，哥伦比亚；澳大利亚和新西兰：澳大利亚，新西兰；亚洲：日本和中国沿海；北极：北欧北极区(斯堪的纳维亚和格陵兰)，俄罗斯北极区，白海，巴伦支海，喀拉海，东西伯利亚海，楚科奇海，阿拉斯加北极区，阿拉斯加(巴罗角)，加拿大北极区，加拿大海盆。

参考文献：Bursa，1963；Okolodkov，1998；Matishov et al.，2000；Melnikov et al.，2002；Poulin et al.，2011；Guiry，Guiry，2015；杨清良等，2002，2006；林更铭等，2013。

尖锐鳍藻 *Dinophysis acuta* Ehrenberg，1839(版图XXVII，3a－b)

分布[产毒种：腹泻贝毒(DSP)]：欧洲：亚得里亚海，波罗的海，黑海，地中海，英国，克罗地亚，法国，德国(赫尔戈兰岛)，挪威，瑞典；北美：美国(罗得岛州)；澳大利亚和新西兰：澳大利亚，新西兰；亚洲：日本和中国沿海；北极：北欧北极区(斯堪的纳维亚和格陵兰)，俄罗斯北极区，白海，巴伦支海，喀拉海，拉普捷夫海，阿拉斯加北极区，楚科奇海，阿拉斯加(巴罗角)，加拿大北极区，加拿大海盆。

参考文献：Bursa，1963；Okolodkov，1998；Matishov et al.，2000；Tuschling et al.，2000；Melnikov et al.，2002；Poulin et al.，2011；Guiry，Guiry，2015。

北极鳍藻 *Dinophysis arctica* Mereschkowsky，1879

分布(两极性种)：欧洲：波罗的海，黑海，英国；亚洲：俄罗斯远东，日本；北极：白海，巴伦支海，喀拉海，拉普捷夫海，楚科奇海，东西伯利亚海，楚科奇海－加拿大海盆。

参考文献：Zenkevitch，1963；Matishov et al.，2000；Okolodkov，1998，1999；Guiry，Guiry，2015；林更铭等，2013。

具尾鳍藻 *Dinophysis caudata* Saville－Kent，1881(版图XXVII，4)

异模式异名[Heterotypic Synonym(s)]：*Dinophysis homuncula* Stein，1883；*Dinophysis diegensis* Kofoid，1907

分布(潜在有害/有毒种)：欧洲：亚得里亚海，波罗的海，黑海，地中海，英国，克罗地亚，法国，罗马尼亚，西班牙；大西洋诸岛：加那利群岛；加勒比海诸岛：古巴；南美：巴西，哥伦比亚；中美洲：加利福尼亚半岛和加利福尼亚湾；澳大利亚和新西兰：澳大利亚，新西兰；亚洲：韩国，日本和中国沿海；北极：阿拉斯加－加拿大－俄罗斯北极区。

参考文献：Poulin et al.，2011；Guiry，Guiry，2015。

倒卵形鳍藻 *Dinophysis fortii* Pavillard，1923

异模式异名[Heterotypic Synonym(s)]：*Dinophysis intermedia* Pavillard，1916

分布[产毒种：腹泻贝毒(DSP)]：欧洲：亚得里亚海，黑海，地中海，英国，克罗地亚，罗马尼亚；南美：巴西；澳大利亚和新西兰：澳大利亚，新西兰；亚洲：日本和中国沿海；北极：北欧北极区(斯堪的纳维亚和格陵兰)，阿拉斯加－加拿大－俄罗斯北极区。

参考文献：Okolodkov，1998；Poulin et al.，2011；Guiry，Guiry，2015。

格氏鳍藻 *Dinophysis granii* Paulsen，1949

分布：北极：阿拉斯加(巴罗角)。

参考文献：Bursa，1963；Guiry，Guiry，2015。

冰岛鳍藻 *Dinophysis islandica* Paulsen，1949

分布：欧洲：黑海；北极：白海，阿拉斯加(巴罗角)。

参考文献：Bursa，1963；Okolodkov，1998；Guiry，Guiry，2015。

短尖鳍藻 *Dinophysis mucronata*(Kofoid & Skogsberg) Sournia，1973

基名(Basionym)：*Phalacroma mucronatum* Kofoid & Skogsberg

同模式异名[Homotypic Synonym(s)]：*Phalacroma mucronatum* Kofoid & Skogsberg，1928

异模式异名[Heterotypic Synonym(s)]：*Phalacroma paulsenii* Schiller，1928；*Dinophysis paulsenii*(Schiller) Balech，1967

分布：欧洲：黑海，英国；南美：巴西；澳大利亚和新西兰：澳大利亚；北极：楚科奇海。

参考文献：Okolodkov，1998；Guiry，Guiry，2015。

诺维鳍藻 *Dinophysis norvegica* Claparède & Lachmann，1859(版图XXⅧ，1a－b)

异模式异名[Heterotypic Synonym(s)]：*Dinophysis norvegica* var. *debilior* Paulsen，1907；*Dinophysis debilior* Paulsen，1949

分布[产毒种：腹泻贝毒(DSP)/北极北方种]：欧洲：波罗的海，黑海，德国(赫尔戈兰岛)，英国，挪威，罗马尼亚，瑞典；北美：美国(缅因州)，加拿大(新斯科舍)；亚洲：俄罗斯远东，日本；北极：北欧北极区(斯堪的纳维亚和格陵兰)，俄罗斯北极区，白海，巴伦支海，喀拉海，拉普捷夫海，东西伯利亚海，北冰洋海盆，加拿大北极区，加拿大海盆，阿拉斯加北极区，楚科奇海，楚科奇海－加拿大海盆。

参考文献：Okolodkov，1998，1999；Matishov et al.，2000；Melnikov et al.，2002；Poulin et al.，2011；Joo et al.，2012；Guiry，Guiry，2015；林更铭等，2013。

华鳍藻属 Genus *Sinophysis* Nie et Wang，1944

艾比华鳍藻 *Sinophysis ebriolum*(E. C. Herdman) Balech，1956

基名(Basionym)：*Phalacroma ebriola* E. C. Herdman

同模式异名[Homotypic Synonym(s)]：*Phalacroma ebriola* E. C. Herdman，1924；*Thecadinium ebriolum*(E. C. Herdmann) Kofoid & Skogsberg，1928

异模式异名[Heterotypic Synonym(s)]：*Phalacroma ebriolum* Lebour，1925；*Dinophysis ebriola* Herdman，1925；*Thecadinium ebriolum* Schiller，1933

分布：欧洲：波罗的海，法国，英国；北极：阿拉斯加(巴罗角)。

参考文献：Bursa，1963；Guiry，Guiry，2015。

尖囊藻科 Family Oxyphysaceae Sournia，1984

秃顶藻属 Genus *Phalacroma* Stein，1883

圆形秃顶藻 *Phalacroma rotundatum*(Claparéde & Lachmann) Kofoid & Michener，1911

基名(Basionym)：*Dinophysis rotundata* Claparède & Lachmann

同模式异名[Homotypic Synonym(s)]：*Prodinophysis rotundata*(Claparède & Lachmann) Balech；*Dinophysis rotundata* Claparède & Lachmann，1859；*Prodinophysis rotundatum*(Claparéde & Lachmann) Balech，1944

异模式异名[Heterotypic Synonym(s)]：*Dinophysis whittingiae* Balech，1971

分布(北极北方热带种，潜在有害/有毒种)：欧洲：亚得里亚海，黑海，波罗的海，地中海，英国，克罗地亚，德国(赫尔戈兰岛等)，希腊，挪威，法国，罗马尼亚；大西洋诸岛：加那利群岛；南美：巴西；澳大利亚和新西兰：澳大利亚，新西兰；亚洲：俄罗斯远东，日本，中国；南极和亚南极诸岛：南极/亚南极群岛；北极：北欧北极区(斯堪的纳维亚和格陵兰)，白海，巴伦支海，喀拉海，拉普捷夫海，楚科奇海，阿拉斯加(巴罗角)，加拿大海盆，阿拉斯加－加拿大－俄罗斯北极区，楚科奇海－加拿大海盆。

参考文献：Bursa，1963；Okolodkov，1998，2005；Matishov et al.，2000；Melnikov et al.，2002；Poulin et al.，2011；Guiry，Guiry，2015；林更铭等，2013。

裸甲藻目 Order Gymnodiniales Lemmermann，1910

裸甲藻科 Family Gymnodiniaceae Lankester，1885

前沟藻(双甲藻)属 Genus *Amphidinium* Claperède & Lachmann，1859

卡特(强壮)前沟藻 *Amphidinium carterae* Hulburt，1957

异模式异名[Heterotypic Synonym(s)]：*Amphidinium microcephalum* R. E. Norris，*Amphidinium klebsii* Carter，1937

分布(有害物种)：欧洲：波罗的海，地中海，英国，丹麦，法国，德国，意大利；大西洋诸岛：加那利群岛；北美：加拿大，墨西哥，美国；中美洲：加勒比海；澳大利亚和新西兰：澳大利亚，新西兰；亚洲：日本和中国沿海；西南亚：以色列，黎巴嫩；北极：巴伦支海和喀拉海，阿拉斯加－加拿大－俄罗斯北极区。

参考文献：Matishov et al.，2000；Poulin et al.，2011；Guiry，Guiry，2015。

厚前沟藻 *Amphidinium crassum* Lohmann，1908(版图XXⅧ，2a－b)

异模式异名[Heterotypic Synonym(s)]：*Amphidinium phaeocysticola* Lebour，1925

分布：欧洲：波罗的海，黑海，地中海，英国，希腊；大西洋诸岛：加那利群岛；南美：巴西；亚洲：俄罗斯远东，日本；北极：白海，巴伦支海，喀拉海，楚科奇海，加拿大北部(努勒维特)，楚科奇海－加拿大海盆。

参考文献：Okolodkov，1998；Matishov et al.，2000；Riedel et al.，2003；Guiry，Guiry，2015；林更铭等，2013。

伸展前沟藻 *Amphidinium extensum* Wulff，1919(版图XXⅧ，3)

分布：欧洲：黑海，地中海，罗马尼亚；澳大利亚和新西兰：新西兰；亚洲：俄罗斯；北极：白海，巴伦支海，喀拉海，楚科奇海，阿拉斯加(巴罗角)，楚科奇海－加拿大海盆。

参考文献：Bursa，1963；Okolodkov，1998；Matishov et al.，2000；Guiry，Guiry，2015；林更铭等，2013。

纺锤前沟藻 *Amphidinium fusiforme* Martin

［据最新资料记载，该种的分类地位(包括命名)可能尚需进一步核实和研究］

分布：亚洲：日本；北极：阿拉斯加(巴罗角)，楚科奇海－加拿大海盆。

参考文献：Bursa，1963；Guiry，Guiry，2015；林更铭等，2013。

喀斯前沟藻 *Amphidinium kesslitzii* J. Schiller，1928

分布(淡水种)：欧洲：地中海；北极：加拿大北部(努勒维特)。

参考文献：Riedel et al.，2003；Guiry，Guiry，2015。

克雷前沟藻 *Amphidinium klebsii* Kofoid & Swezy，1921

分布(半咸淡种)：欧洲：黑海，英国，罗马尼亚；北极：巴伦支海和喀拉海，阿拉斯加(巴罗角)。

参考文献：Bursa，1963；Matishov et al.，2000；Guiry，Guiry，2015。

坚硬前沟藻 *Amphidinium operculatum* Claparède & Lachmann，1859

异模式异名［Heterotypic Synonym(s)］：*Amphidinium elegans* Grell & Wohlfarth－Bottermann，1957

分布［热带至北方浮游/底栖种；产毒种，可产鱼毒和溶血性复合物(Ichthyotoxic and haemolytic compound)］：欧洲：英国，德国，罗马尼亚；大西洋诸岛：加那利群岛；南美：巴西；澳大利亚和新西兰：新西兰；亚洲：日本；北极：北欧北极区(斯堪的纳维亚和格陵兰)，俄罗斯北极区，巴伦支海和喀拉海，加拿大北极区，加拿大哈得孙湾，阿拉斯加北极区，阿拉斯加(巴罗角)，楚科奇海。

参考文献：Bursa，1963；Matishov et al.，2000；Okolodkov，2005；Poulin et al.，2011；Guiry，Guiry，2013。

楔状前沟藻 *Amphidinium sphenoides* Wülff，1916(版图XXIX，1a－b)

分布：欧洲：波罗的海，黑海，地中海，英国；大西洋诸岛：加那利群岛；澳大利亚和新西兰：新西兰；北极：加拿大北部(努勒维特)，楚科奇海－加拿大海盆。

参考文献：Riedel et al.，2003；Guiry，Guiry，2015；林更铭等，2013。

旋沟藻属 Genus *Cochlodinium* Schütt，1896

椭圆旋沟藻 *Cochlodinium archimedis*(Pouchet) Lemmermann，1899

基名(Basionym)：*Gymnodinium archimedis* Pouchet

同模式异名［Homotypic Synonym(s)］：*Gymnodinium archimedis* Pouchet，1883

分布：欧洲：黑海，英国；澳大利亚和新西兰：澳大利亚；北极：巴伦支海，加拿大海盆。

参考文献：Okolodkov，1998；Melnikov et al.，2002；Guiry，Guiry，2015。

布氏旋沟藻 *Cochlodinium brandtii* Wulff，1916

异模式异名［Heterotypic Synonym(s)］：*Cochlodinium augustum* Kofoid & Swezy，1921；

Cochlodinium angustum Kofoid & Swezy, 1921

分布：欧洲：黑海，地中海，英国；澳大利亚和新西兰：澳大利亚，新西兰；北极：巴伦支海和喀拉海，楚科奇海－东西伯利亚－拉普捷夫海。

参考文献：Okolodkov, 1992；Matishov et al., 2000；Guiry, Guiry, 2015。

环沟藻属 Genus *Gyrodinium* Kofoid & Swezy, 1921

珊瑚环沟藻 *Gyrodinium corallinum* Kofoid et Swezy, 1921

分布：北美：加利福尼亚海域；北极：楚科奇海。

［Okolodkov, 1998 年在北极海域发现的个体细胞(37 μm × 25 μm)比 Kofoid et Swezy(1921)描述的加利福尼亚海域标本(124～158)μm × (52～80)μm 小，且缺少该种珊瑚红色素体特点。故两者是否为同一种尚待进一步调查］

参考文献：Okolodkov, 1998；Guiry, Guiry, 2015。

鞭毛环沟藻 *Gyrodinium flagellare* Schiller, 1928

分布：欧洲：黑海；亚洲：俄罗斯远东；北极：巴伦支海和喀拉海，加拿大北部(努勒维特)。

参考文献：Matishov et al., 2000；Riedel et al., 2003；Guiry, Guiry, 2015。

优美环沟藻 *Gyrodinium formosum* P. H. Campbell, 1973

分布：澳大利亚和新西兰：澳大利亚；北极：巴伦支海和喀拉海，加拿大北部(努勒维特)。

参考文献：Matishov et al., 2000；Riedel et al., 2003；Guiry, Guiry, 2015。

梭形环沟藻 *Gyrodinium fusiforme* Kofoid & Swezy, 1921(版图XXIX, 2a－d)

异模式异名［Heterotypic Synonym(s)］：*Spirodinium fusus* Meunier, 1910

分布：欧洲：亚得里亚海，波罗的海，黑海，地中海，英国，克罗地亚，罗马尼亚；澳大利亚和新西兰：澳大利亚；亚洲：俄罗斯远东，中国(台湾)；北极：巴伦支海和喀拉海，加拿大北部(努勒维特)，楚科奇海－加拿大海盆。

参考文献：Matishov et al., 2000；Riedel et al., 2003；Guiry, Guiry, 2015；林更铭等，2013。

纺锤环沟藻 *Gyrodinium fusus*(Meunier) Akselman, 1985

［据最新资料记载，该种的分类地位(包括命名)可能尚需进一步核实和研究］

分布：欧洲：黑海；南美：巴西；北极：白海，巴伦支海，喀拉海，楚科奇海。

参考文献：Okolodkov, 1998；Guiry, Guiry, 2015。

黯淡环沟藻 *Gyrodinium grave*(Meunier) Kofoid et Swezy, 1921

基名(Basionym)：*Spirodinium grave* Meunier

同模式异名［Homotypic Synonym(s)］：*Spirodinium grave* Meunier, 1910

分布：南美：巴西；北极：巴伦支海，喀拉海，加拿大北部(努勒维特)。

参考文献： Okolodkov, 1998; Riedel et al., 2003; Guiry, Guiry, 2015。

滴斑环沟藻 *Gyrodinium guttula* J. Larsen, 1996

分布： 澳大利亚和新西兰：澳大利亚(维多利亚等)；北极：加拿大北部(努勒维特)。

参考文献： Riedel et al., 2003; Guiry, Guiry, 2015。

泪珠环沟藻 *Gyrodinium lachryma* (Meunier) Kofoid & Swezy, 1921

基名(Basionym)： *Spirodinium lachryma* Meunier

同模式异名[Homotypic Synonym(s)]： *Spirodinium lachryma* Meunier, 1910

分布(两极性种)： 欧洲：黑海，地中海，罗马尼亚；大西洋诸岛：加那利群岛；中美洲：墨西哥(下加利福尼亚)；澳大利亚和新西兰：澳大利亚，新西兰；南极和亚南极诸岛：南极/亚南极群岛；北极：巴伦支海，喀拉海，加拿大北部(努勒维特)。

参考文献： Okolodkov, 1998, 1999; Matishov et al., 2000; Riedel et al., 2003; Guiry, Guiry, 2015。

大鼻环沟藻 *Gyrodinium nasutum*(Wulff) Schiller, 1933

基名(Basionym)： *Spirodinium nasutum* Wulff

同模式异名[Homotypic Synonym(s)]： *Spirodinium nasutum* Wulff

分布(海水/淡水种)： 欧洲：黑海，地中海，罗马尼亚；南美：巴西；澳大利亚和新西兰：澳大利亚；北极：巴伦支海，喀拉海，楚科奇海。

参考文献： Okolodkov, 1998; Matishov et al., 2000; Guiry, Guiry, 2015。

赭黄环沟藻 *Gyrodinium ochraceum* Kofoid et Swezy, 1921

分布： 欧洲：地中海；南美：巴西；澳大利亚和新西兰：澳大利亚；亚洲：日本；北极：楚科奇海。

参考文献： Okolodkov, 1998; Guiry, Guiry, 2015。

瓠果环沟藻 *Gyrodinium pepo*(Schütt) Kofoid & Swezy, 1921

基名(Basionym)： *Gymnodinium spirale* var. *pepo* Schütt

同模式异名[Homotypic Synonym(s)]： *Gymnodinium spirale* var. *pepo* Schütt, 1895

异模式异名[Heterotypic Synonym(s)]： *Spirodinium spirale* var. *pepo* Lemmermann, 1899

分布： 欧洲：地中海，英国；澳大利亚和新西兰：澳大利亚；亚洲：日本；北极：加拿大北部(努勒维特)。

参考文献： Riedel et al., 2003; Guiry, Guiry, 2015。

油脂环沟藻 *Gyrodinium pingue*(Schütt) Kofoid & Swezy, 1921(版图XXX, 1a－b)

基名(Basionym)： *Gymnodinium spirale* var. *pinguis* Schütt

同模式异名[Homotypic Synonym(s)]： *Gymnodinium spirale* var. *pinguis* Schütt, 1895

异模式异名[Heterotypic Synonym(s)]： *Spirodinium spirale* var. *pingue* Lemmermann, 1899

分布： 欧洲：黑海，地中海，英国，罗马尼亚；澳大利亚和新西兰：澳大利亚；北极：白海，巴伦支海，喀拉海，楚科奇海－加拿大海盆。

参考文献： Okolodkov, 1998；Matishov et al., 2000；Guiry, Guiry, 2015；林更铭等，2013。

紫红环沟藻 *Gyrodinium prunus*(Wülff) Lebour, 1925(版图XXX, 2)

基名(Basionym)： *Spirodinium prunus* Wulff

同模式异名[Homotypic Synonym(s)]： *Spirodinium prunus* Wulff, 1920

分布： 欧洲：黑海，英国，德国(赫尔戈兰岛)；南美：巴西；澳大利亚和新西兰：澳大利亚；北极：白海，巴伦支海，喀拉海，楚科奇海－加拿大海盆。

参考文献： Okolodkov, 1998；Matishov et al., 2000；Guiry, Guiry, 2015；林更铭等，2013。

螺旋环沟藻 *Gyrodinium spirale* (Bergh) Kofoid et Swezy, 1921

基名(Basionym)： *Gymnodinium spirale* Bergh

同模式异名[Homotypic Synonym(s)]： *Gymnodinium spirale* Bergh, 1881

异模式异名[Heterotypic Synonym(s)]： *Spirodinium spirale* Entz, 1884

分布： 欧洲：波罗的海，黑海，地中海，英国，德国(赫尔戈兰岛)；大西洋诸岛：加那利群岛；南美：巴西；澳大利亚和新西兰：澳大利亚，新西兰；亚洲：韩国，俄罗斯远东，日本和中国沿海；北极：白海，巴伦支海，楚科奇海，楚科奇－波弗特海。

参考文献： Okolodkov, 1998；Sukhanova et al., 2009；Guiry, Guiry, 2015。

变异环沟藻 *Gyrodinium varians*(Wulff) Schiller, 1933

基名(Basionym)： *Spirodinium varians* Wulff

同模式异名[Homotypic Synonym(s)]： *Spirodinium varians* Wulff

分布： 欧洲：黑海，地中海；北极：白海，巴伦支海，喀拉海，楚科奇海。

参考文献： Okolodkov, 1998；Matishov et al., 2000；Guiry, Guiry, 2015。

伍氏环沟藻 *Gyrodinium wulffii* Schiller, 1933(版图XXX, 3a－b)

分布： 欧洲：黑海；亚洲：俄罗斯远东；北极：白海，巴伦支海，喀拉海，楚科奇海，加拿大海盆，楚科奇海－加拿大海盆。

参考文献： Okolodkov, 1998；Matishov et al., 2000；Melnikov et al., 2002；Guiry, Guiry, 2015；林更铭等，2013。

多沟藻属 Genus *Polykrikos* Bütschli, 1873

科氏多沟藻 *Polykrikos kofoidii* Chatton, 1914

异模式异名[Heterotypic Synonym(s)]： *Polykrikos schwarzii* Kofoid, 1907

分布： 欧洲：亚得里亚海，黑海，地中海，罗马尼亚，英国，德国，希腊；北美：加拿大(不列颠哥伦比亚)；大西洋诸岛：大西洋；澳大利亚和新西兰：澳大利亚，新西兰；亚洲：日本，韩国；北极：巴伦支海和喀拉海，阿拉斯加(巴罗角)。

参考文献： Bursa, 1963；Matishov et al., 2000；Guiry, Guiry, 2015。

裸甲藻属 Genus *Gymnodinium* Stein，1878

短小裸甲藻 *Gymnodinium abbreviatum* Kofoid & Swezy，1921

分布：欧洲：黑海，英国；大西洋诸岛：加那利群岛；亚洲：日本；北极：阿拉斯加(巴罗角)。

参考文献：Bursa，1963；Guiry，Guiry，2015。

阿拉斯加裸甲藻 *Gymnodinium alaskense* A. S. Bursa，1963

分布：北极：阿拉斯加(巴罗角)。

参考文献：Bursa，1963；Guiry，Guiry，2015。

北极裸甲藻 *Gymnodinium arcticum* Wulff，1919(版图XXXI，1a－b)

分布：欧洲：波罗的海，黑海，地中海，英国；亚洲：俄罗斯远东；北极：白海，巴伦支海，喀拉海，楚科奇海和东西伯利亚海，楚科奇海－加拿大海盆。

参考文献：Okolodkov，1998；Matishov et al.，2000；Joo et al.，2012；Guiry，Guiry，2015；林更铭等，2013。

盔甲裸甲藻 *Gymnodinium galeatum* J. Larsen，1994

分布：澳大利亚和新西兰：澳大利亚；北极：加拿大北部(努勒维特)。

参考文献：Riedel et al.，2003；Guiry，Guiry，2015。

纤细裸甲藻 *Gymnodinium gracile* Bergh，1881

异模式异名[Heterotypic Synonym(s)]：*Gymnodinium lohmannii* Paulsen，1908；*Gymnodinium roseum* Lohmann，1908

分布(海水/淡水种)：欧洲：波罗的海，黑海，地中海，英国，德国(赫尔戈兰岛)；中美洲：墨西哥(下加利福尼亚)；南美：巴西；亚洲：俄罗斯，日本；北极：巴伦支海和喀拉海，楚科奇海－加拿大海盆－马卡罗夫海盆－南森海盆。

参考文献：Booth，Horner，1997；Okolodkov，1998；Matishov et al.，2000；Guiry，Guiry，2015。

细软裸甲藻 *Gymnodinium gracilentum* P. H. Campbell，1973

分布(半咸淡种)：欧洲：波罗的海；北极：加拿大北部(努勒维特)。

参考文献：Riedel et al.，2003；Guiry，Guiry，2015。

小裸甲藻 *Gymnodinium parvum* J. Larsen，1994

分布：澳大利亚和新西兰：澳大利亚；北极：加拿大北部(努勒维特)。

参考文献：Riedel et al.，2003；Guiry，Guiry，2015。

斑点裸甲藻 *Gymnodinium punctatum* Pouchet，1887

分布：欧洲：黑海，地中海，英国；南美：巴西；澳大利亚和新西兰：澳大利亚，新西兰；北极：楚科奇海－东西伯利亚－拉普捷夫海。

参考文献：Okolodkov，1992；Guiry，Guiry，2015。

简单裸甲藻 *Gymnodinium simplex* (Lohmann) Kofoid & Swezy, 1921

基名(Basionym): *Protodinium simplex* Lohmann

同模式异名[Homotypic Synonym(s)]: *Protodinium simplex* Lohmann, 1908

分布：欧洲：亚得里亚海，波罗的海，黑海，地中海，意大利，英国，克罗地亚；大西洋诸岛：加那利群岛；南美：巴西；澳大利亚和新西兰：澳大利亚，新西兰；亚洲：俄罗斯远东，中国，日本；北极：巴伦支海和喀拉海，加拿大海盆，楚科奇海－加拿大海盆。

参考文献：Okolodkov, 1998; Matishov et al., 2000; Melnikov et al., 2002; Guiry, Guiry, 2015; 林更铭等, 2013。

粉红裸甲藻 *Gymnodinium subroseum* P. H. Campbell, 1973

分布(半咸淡种)：北极：加拿大北部(努勒维特)。

参考文献：Riedel et al., 2003; Guiry, Guiry, 2015。

多疣裸甲藻 *Gymnodinium verruculosum* P. H. Campbell, 1973

分布(半咸淡种)：澳大利亚和新西兰：澳大利亚；北极：加拿大北部(努勒维特)。

参考文献：Riedel et al., 2003; Guiry, Guiry, 2015。

伍氏裸甲藻 *Gymnodinium wulffii* J. Schiller, 1933

分布(淡水种)：欧洲：波罗的海，黑海，地中海，罗马尼亚；北极：白海，巴伦支海和喀拉海，拉普捷夫海，楚科奇海－加拿大海盆。

参考文献：Okolodkov, 1998; Matishov et al., 2000; Tuschling et al., 2000; Guiry, Guiry, 2015; 林更铭等, 2013。

托维藻科 Family Tovelliaceae Ø. Moestrup, Lindberg & N. Daugbjerg in Lindberg, Moestrup & Daugbjerg, 2005

下沟藻属 Genus *Katodinium* Fott, 1957

不对称下沟藻 *Katodinium asymmetricum* (Massart) Loeblich, 1965

基名(Basionym): *Gymnodinium asymmetricum* Massart

同模式异名[Homotypic Synonym(s)]: *Gymnodinium asymmetricum* Massart, 1900

异模式异名[Heterotypic Synonym(s)]: *Massartia asymmetrica* Schiller, 1933; *Massartia asymmetrica* Carter, 1937

分布：欧洲：波罗的海，英国，法国；澳大利亚和新西兰：澳大利亚；亚洲：中国(台湾)；北极：阿拉斯加(巴罗角)。

参考文献：Bursa, 1963; Guiry, Guiry, 2015。

小腺下沟藻 *Katodinium glandulum* (Herdman) Loeblich, 1965

基名(Basionym): *Gymnodinium glandula* Herdman

同模式异名[Homotypic Synonym(s)]: *Gymnodinium glandula* Herdman, 1924

异模式异名[Heterotypic Synonym(s)]: *Gymnodinium glandula* Lebour, 1925; *Massartia glandula* Schiller, 1933; *Katodinium glandula* (Herdman) Loeblich, 1965

分布(海水/淡水种): 欧洲: 英国, 法国; 澳大利亚和新西兰: 澳大利亚; 北极: 阿拉斯加(巴罗角)。

参考文献: Bursa, 1963; Guiry, Guiry, 2015。

灰白下沟藻 *Katodinium glaucum* (Lebour) Loeblich III, 1965

基名(Basionym): *Spirodinium glaucum* Lebour

同模式异名[Homotypic Synonym(s)]: *Spirodinium glaucum* Lebour, 1917; *Gyrodinium glaucum* (Lebour) Kofoid & Swezy, 1921; *Massartia glauca* (Lebour) Schiller, 1937

分布: 欧洲: 波罗的海, 黑海, 地中海, 英国; 大西洋诸岛: 加那利群岛; 中美洲: 墨西哥(下加利福尼亚); 澳大利亚和新西兰: 新西兰; 亚洲: 俄罗斯远东, 日本; 北极: 加拿大北部(努勒维特), 楚科奇海-波弗特海。

参考文献: Riedel et al., 2003; Sukhanova et al., 2009; Guiry, Guiry, 2015。

布拉奇藻目 Order Brachidiniales A. R. Loeblich III ex Sournia, 1984

布拉奇藻科 Family Brachidiniaceae Sournia, 1972

凯伦藻属 Genus *Karenia* Karenia G. Hansen et Moestrup, 2000

短凯伦藻 *Karenia brevis* (C. C. Davis) Gert Hansen & Ø. Moestrup in N. Daugbjerg, G. Hansen, J. Larsen, & Ø. Moestrup, 2000

基名(Basionym): *Gymnodinium breve* C. C. Davis

同模式异名[Homotypic Synonym(s)]: *Gymnodinium breve* C. C. Davis, 1948; *Ptychodiscus brevis* (C. C. Davis) Steidinger, 1979

分布(有毒物种): 欧洲: 黑海, 地中海, 英国, 希腊, 西班牙; 北美: 美国(佛罗里达州); 中美洲: 墨西哥湾; 澳大利亚和新西兰: 新西兰; 亚洲: 日本和中国沿海; 北极: 阿拉斯加-加拿大-俄罗斯北极区。

参考文献: Poulin et al., 2011; Guiry, Guiry, 2015。

米氏凯伦藻 *Karenia mikimotoi* (Miyake & Kominami ex Oda) Gert Hansen & Ø. Moestrup in N. Daugbjerg, G. Hansen, J. Larsen, & Ø. Moestrup, 2000

基名(Basionym): *Gymnodinium mikimotoi* Miyake & Kominami ex Oda

同模式异名[Homotypic Synonym(s)]: *Gymnodinium mikimotoi* Miyake & Kominami ex Oda, 1935

异模式异名[Heterotypic Synonym(s)]: *Gyrodinium nagasakiense* Takayama & Adachi, 1984; *Gymnodinium nagasakiense* Takayama & Adachi, 1985

分布(潜在有害/有毒种): 欧洲: 波罗的海, 黑海, 英国, 丹麦, 爱尔兰, 德国(赫尔戈兰岛), 挪威; 澳大利亚和新西兰: 澳大利亚(维多利亚等), 新西兰; 亚洲: 日本, 韩国和中国沿海; 北极: 阿拉斯加-加拿大-俄罗斯北极区。

参考文献: Poulin et al., 2011; Guiry, Guiry, 2015。

卡罗藻属 Genus *Karlodinium* J. Larsen, 2000

威尼卡罗藻 *Karlodinium veneficum*(Ballantine) Larsen, 2000

基名(Basionym): *Gymnodinium veneficum* D. Ballantine

同模式异名[Homotypic Synonym(s)]: *Gymnodinium veneficum* D. Ballantine, 1956

异模式异名[Heterotypic Synonym(s)]: *Gymnodinium galatheanum* Braarud, 1957; *Woloszyñskia micra* B. Leadbeater & J. D. Dodge, 1966; *Gymnodinium micrum*(B. Leadbeater & J. D. Dodge) Loeblich III, 1970; *Gyrodinium galatheanum* (Baarud) Taylor, 1992; *Karlodinium micrum* (B. Leadbeater & J. D. Dodge) J. Larsen, 2000

分布(潜在有害/有毒种): 欧洲: 波罗的海, 地中海, 英国, 挪威, 科西嘉岛, 法国, 意大利, 西班牙; 大西洋诸岛: 加那利群岛; 北美: 加拿大(新斯科舍), 美国(马里兰州, 佛罗里达州, 乔治亚州, 北卡罗来纳州, 南卡罗来纳州, 弗吉尼亚州); 澳大利亚和新西兰: 澳大利亚(新南威尔士州, 西部澳大利亚, 塔斯马尼亚岛), 新西兰; 亚洲: 韩国, 中国和日本沿海; 北极: 北欧北极区(斯堪的纳维亚和格陵兰), 俄罗斯北极区, 巴伦支海和喀拉海, 楚科奇海-加拿大海盆。

参考文献: Matishov et al., 2000; Poulin et al., 2011; Guiry, Guiry, 2015; 林更铭等, 2013。

尾沟藻属 Genus *Torodinium* Kofoid et Swezy, 1921

强壮尾沟藻 *Torodinium robustum* Kofoid & Swezy, 1921

分布(两极性种): 欧洲: 波罗的海, 黑海, 地中海, 英国; 北美: 墨西哥; 大西洋诸岛: 加那利群岛; 南美: 巴西; 北极: 加拿大北部(努勒维特)。

参考文献: Okolodkov, 1999; Riedel et al., 2003; Guiry, Guiry, 2015。

夜光藻目 Order Noctilucales Haeckel, 1894

普罗特迪尼藻科 Family Protodiniferaceae Kofoid & Swezy, 1921

原夜光藻属 Genus *Pronoctiluca* Fabre-Domergue, 1889

大洋原夜光藻 *Pronoctiluca pelagica* Fabre-Domergue, 1889

异模式异名[Heterotypic Synonym(s)]: *Rhynchomonas marina* Lohmann, 1902; *Pelagorhynchus marina* Pavillard, 1917; *Protodinifera marinum* Kofoid & Swezy, 1921

分布: 欧洲: 波罗的海, 黑海, 地中海, 英国; 南美: 巴西; 澳大利亚和新西兰: 澳大利亚; 北极: 巴伦支海和喀拉海, 加拿大北部(努勒维特)。

参考文献: Matishov et al., 2000; Riedel et al., 2003; Guiry, Guiry, 2015。

膝沟藻目 Order Gonyaulacales F. J. R. Taylor，1980

双圆顶藻科 Family Amphidomataceae Sournia，1984

双圆顶藻属 Genus *Amphidoma* Stein，1883

渐尖双圆顶藻 *Amphidoma acuminata* Stein，1883

分布：欧洲：英国；北极：加拿大北部(努勒维特)。

参考文献：Riedel et al.，2003；Guiry，Guiry，2015。

角藻科 Family Ceratiaceae Lindemann，1928

角藻属 Genus *Ceratium* Schrank，1793

北极角藻 *Ceratium arcticum* (Ehrenberg) Cleve，1901(版图XXXⅡ，1a－b)

基名(Basionym)：*Peridinium arcticum* Ehrenberg

同模式异名[Homotypic Synonym(s)]：*Peridinium arcticum* Ehrenberg；*Neoceratium arcticum*(Ehrenberg) F. Gómez，D. Moreira & P. López－Garcia，2010

分布(北极种)：欧洲：波罗的海，英国；亚洲：俄罗斯远东；北极：巴伦支海和喀拉海，阿拉斯加(巴罗角)，楚科奇海－加拿大海盆。

参考文献：Bursa，1963；Heimdal，1989；Okolodkov，1998；Matishov et al.，2000；Guiry，Guiry，2015；杨清良等，2002；林更铭等，2013。

梭形(纺锤)角藻 *Ceratium fusus*(Ehrenberg) Dujardin，1841(版图XXXⅡ，2)

基名(Basionym)：*Peridinium fusus* Ehrenberg

分布(有害物种)：欧洲：英国，克罗地亚，法国，爱尔兰，罗马尼亚，西班牙，德国；大西洋诸岛：加那利群岛；北美：美国(缅因州)，加拿大(新斯科舍)；南美：巴西；澳大利亚和新西兰：新西兰；南极和亚南极诸岛：南极/亚南极群岛；亚洲：日本和中国沿海；北极：白海，巴伦支海，喀拉海，楚科奇海，阿拉斯加(巴罗角)。

参考文献：Bursa，1963；Okolodkov，1998；Matishov et al.，2000；Guiry，Guiry，2015；杨清良等，2002，2006。

如燕角藻 *Ceratium hirundinella* (O. F. Müller) Dujardin，1841

基名(Basionym)：*Bursaria hirundinella* O. F. Müller

同模式异名[Homotypic Synonym(s)]：*Bursaria hirundinella* O. F. Müller，1773

异模式异名[Heterotypic Synonym(s)]：*Ceratium tetraceros* Schrank，1793；*Ceratium macroceras* Schrank，1802；*Ceratium longicorne* Perty，1849；*Ceratium cumaonense* Carter，1871；*Ceratium leptoceras* Zacharias，1904；*Ceratium brevicorne* Zacharias，1905；*Ceratium pumilum* Zacharias，1905；*Ceratium handelii* Skuja，1937

分布(淡水种)：欧洲：波罗的海，奥地利，英国，法国，波兰，黑海，德国，罗马尼亚，西班牙；北美：美国(阿肯色州，安大略湖，华盛顿州)，五大湖；非洲：塞拉利昂；澳大利亚和新西兰：澳大利亚(新南威尔士州，昆士兰州，维多利亚州，塔斯马尼亚岛)，新西兰；

西南亚：印度，伊朗，以色列；亚洲：俄罗斯远东，土耳其（亚洲），日本和中国沿海；东南亚：新加波；北极：白海，巴伦支海，拉普捷夫海。

参考文献：Okolodkov，1998；Guiry，Guiry，2015；胡鸿钧等，2006。

粗刺角藻 *Ceratium horridum*（Cleve）Gran，1902

基名（Basionym）：*Ceratium tripos* var. *horridum* Cleve

分布：欧洲：亚得里亚海，波罗的海，黑海，地中海，英国，克罗地亚，法国，爱尔兰，德国（赫尔戈兰岛）；大西洋诸岛：加那利群岛；南美：巴西；澳大利亚和新西兰：新西兰；亚洲：日本和中国沿海；西南亚：印度；北极：白海，巴伦支海，喀拉海，拉普捷夫海，楚科奇海，东西伯利亚海和北冰洋海盆，楚科奇海－加拿大海盆。

参考文献：Okolodkov，1998；Joo et al.，2012；Guiry，Guiry，2015。

三角角藻 *Ceratium tripos*（O. F. Müller）Nitzsch，1817（版图XXXII，3）

基名（Basionym）：*Cercaria tripos* O. F. Müller

分布：欧洲：亚得里亚海，波罗的海，黑海，地中海，英国，克罗地亚，法国，爱尔兰（戈尔韦），德国（赫尔戈兰岛），罗马尼亚，西班牙；大西洋诸岛：加那利群岛；北美：加拿大（新斯科舍）；南美：巴西；澳大利亚和新西兰：澳大利亚，新西兰；亚洲：日本和中国沿海；南极和亚南极诸岛：南极/亚南极群岛；北极：巴伦支海和喀拉海，楚科奇海－加拿大海盆。

参考文献：Okolodkov，1998；Matishov et al.，2000；Joo et al.，2012；Guiry，Guiry，2015。

三脚藻属 Genus *Tripos* Bory de St. －Vincent，1823

羊头三脚藻 *Tripos arietinus*（Cleve）F. Gómez，2013

基名（Basionym）：*Ceratium arietinum* Cleve

同模式异名［Homotypic Synonym（s）］：*Ceratium arietinum* Cleve，1900；*Neoceratium arietinum*（Cleve）F. Gómez，D. Moreira & P. López－Garcia，2010

分布：欧洲：亚得里亚海，波罗的海，地中海，黑海，英国，法国，爱尔兰，德国（赫尔戈兰岛）；大西洋诸岛：加那利群岛；南美：巴西；澳大利亚和新西兰：澳大利亚，新西兰；亚洲：日本和中国沿海；北极：巴伦支海和喀拉海，阿拉斯加（巴罗角）。

参考文献：Bursa，1963；Okolodkov，1998；Matishov et al.，2000；Guiry，Guiry，2015。

歧分三脚藻 *Tripos carriensis*（Gourret）F. Gómez，2013

基名（Basionym）：*Ceratium carriense* Gourret

同模式异名［Homotypic Synonym（s）］：*Ceratium carriense* Gourret，1883；*Ceratium tripos* var. *carriense*（Gourret）Lemmermann，1899；*Ceratium massiliense* var. *carriense*（Gourret）Reinecke，1973；*Neoceratium carriense*（Gourret）F. Gomez，D. Moreira & P. Lopez－Garcia，2010

分布：欧洲：亚得里亚海，黑海，地中海，克罗地亚，法国，英国；大西洋诸岛：加那利群岛；南美：巴西；澳大利亚和新西兰：澳大利亚；亚洲：日本和中国沿海；北极：楚科奇海－加拿大海盆。

参考文献： Joo et al.，2012；Guiry，Guiry，2015。

叉状三脚藻 *Tripos furca*（Ehrenberg）F. Gómez，2013（版图XXXⅡ，4a－b）

基名（Basionym）： *Peridinium furca* Ehrenberg

同模式异名［Homotypic Synonym（s）］： *Peridinium furca* Ehrenberg，1834；*Ceratophorus furca*（Ehrenberg）Diesing，1850；*Ceratium furca*（Ehrenberg）Claparède & Lachmann，1859；*Biceratium furca*（Ehrenberg）Vanhöffen，1897；*Neoceratium furca*（Ehrenberg）F. Gomez，D. Moreira & P. Lopez－Garcia，2010

分布： 欧洲：亚得里亚海，波罗的海，黑海，地中海，德国（赫尔戈兰岛），英国，克罗地亚，法国，希腊，爱尔兰，罗马尼亚，西班牙；大西洋诸岛：加那利群岛；北美：美国（马里兰州）；中美洲：加利福尼亚半岛；南美：巴西；加勒比海诸岛：古巴；非洲：南非；澳大利亚和新西兰：澳大利亚，新西兰；亚洲：中国；北极：巴伦支海和喀拉海，楚科奇海。

参考文献： Okolodkov，1998；Matishov et al.，2000；Guiry，Guiry，2015。

线形三脚藻 *Tripos lineatus*（Ehrenberg）F. Gómez，2013

基名（Basionym）： *Peridinium lineatum* Ehrenberg

同模式异名［Homotypic Synonym（s）］： *Peridinium lineatum* Ehrenberg，1854；*Ceratium lineatum*（Ehrenberg）Cleve，1899；*Biceratium lineatum*（Ehrenberg）S. T. Moses，1929

分布： 欧洲：亚得里亚海，波罗的海，黑海，地中海，英国，德国（赫尔戈兰岛），爱尔兰，罗马尼亚，法国；大西洋诸岛：加那利群岛；南美：巴西；中美洲：墨西哥（下加利福尼亚）；澳大利亚和新西兰：澳大利亚，新西兰；南极和亚南极诸岛：南极/亚南极群岛；亚洲：日本和中国沿海；北极：白海，巴伦支海和喀拉海，楚科奇海，楚科奇海－加拿大海盆。

参考文献： Okolodkov，1998；Matishov et al.，2000；Joo et al.，2012；Guiry，Guiry，2015；杨清良等，2002，2006。

弯顶三脚藻 *Tripos longipes*（J. W. Bailey）F. Gómez，2013（版图XXXⅢ，1a－h）

基名（Basionym）： *Peridinium longipes* J. W. Bailey

同模式异名［Homotypic Synonym（s）］： *Ceratium arcticum* var. *longipes*（Bailey）Graham & Bronikovsky；*Peridinium longipes* J. W. Bailey，1854；*Ceratium longipes*（J. W. Bailey）Gran，1902；*Neoceratium longipes*（Bailey）F. Gomez，D. Moreira & P. Lopez－Garcia，2010

分布（北极至温带沿海都有分布）：欧洲：黑海，波罗的海，亚得里亚海，英国，法国，爱尔兰，德国；北美：美国（康涅狄格州），加拿大（新斯科舍）；澳大利亚和新西兰：澳大利亚；亚洲：俄罗斯远东，日本和中国沿海；北极：白海，巴伦支海，喀拉海，拉普捷夫海，楚科奇海，阿拉斯加（巴罗角），楚科奇海－加拿大海盆。

参考文献： Bursa，1963；Tomas，1997；Okolodkov，1998；Matishov et al.，2000；Melnikov et al.，2002；Joo et al.，2012；Guiry，Guiry，2015；杨清良等，2002，2006；林更铭等，2013。

大角三脚藻 *Tripos macroceros*(Ehrenberg) F. Gómez，2013

基名(Basionym)：*Peridinium macroceros* Ehrenberg

同模式异名[Homotypic Synonym(s)]：*Peridinium macroceros* Ehrenberg，1841；*Ceratophorus macroceros*（Ehrenberg）Diesing，1850；*Ceratium tripos* var. *macroceros*（Ehrenberg）Claparède & Lachmann，1859；*Peridinium tripos* var. *macroceros*（Ehrenberg）Diesing，1866；*Ceratium macroceros*(Ehrenberg) Vanhöffen，1897；*Ceratium macroceros*(Ehrenberg) Cleve，1899；*Neoceratium macroceros*（Ehrenberg）F. Gómez，D. Moreira & P. López－Garciaómez，2010

分布：欧洲：亚得里亚海，波罗的海，黑海，地中海，英国，克罗地亚，德国(赫尔戈兰岛)，法国，爱尔兰；大西洋诸岛：加那利群岛；北美：加拿大(新斯科舍)；南美：巴西；澳大利亚和新西兰：澳大利亚，新西兰；亚洲：日本和中国沿海；北极：巴伦支海，喀拉海，阿拉斯加(巴罗角)。

参考文献：Bursa，1963；Okolodkov，1998；Matishov et al.，2000；Guiry，Guiry，2015。

五角星三脚藻 *Tripos pentagonus*（Gourret）F. Gómez，2013

基名(Basionym)：*Ceratium pentagonum* Gourret

同模式异名[Homotypic Synonym(s)]：*Ceratium pentagonum* Gourret，1883；*Neoceratium pentagonum*（Gourret）F. Gomez，D. Moreira & P. Lopez－Garcia，2010

分布：欧洲：亚得里亚海，黑海，地中海，英国，克罗地亚，爱尔兰，罗马尼亚，西班牙，法国；大西洋诸岛：加那利群岛；澳大利亚和新西兰：澳大利亚，新西兰；南极和亚南极诸岛：南极/亚南极群岛；西南亚：印度；亚洲：日本和中国沿海；北极：楚科奇海－加拿大海盆。

参考文献：Joo et al.，2012；Guiry，Guiry，2015。

刺板藻科 Family Cladopyxidaceae Poche，1913

微棘藻属 Genus *Micracanthodinium* Deflandre，1937

克莱微棘藻 *Micracanthodinium claytonii*（R. W. Holmes）Dodge，1982

基名(Basionym)：*Cladopyxis claytonii* R. W. Holmes

同模式异名[Homotypic Synonym(s)]：*Cladopyxis claytonii* R. W. Holmes，1956

分布：欧洲：波罗的海，地中海，英国；大西洋诸岛：加那利群岛；北极：巴伦支海和喀拉海，楚科奇海－加拿大海盆－马卡罗夫海盆－南森海盆。

参考文献：Booth，Horner，1997；Okolodkov，1998；Matishov et al.，2000；Guiry，Guiry，2015。

屋甲藻科 Family Goniodomataceae Lindemann，1928

亚历山大藻属 Genus *Alexandrium* Halim，1960

平野亚历山大藻 *Alexandrium hiranoi* Kita & Fukuyo，1988

分布(有害物种)：亚洲：日本；北极：阿拉斯加－加拿大－俄罗斯北极区。

参考文献：Poulin et al.，2011；Guiry，Guiry，2015。

项圈亚历山大藻 *Alexandrium monilatum*（J. F. Howell）Balech，1995

基名(Basionym)： *Gonyaulax monilata* J. F. Howell

同模式异名[Homotypic Synonym(s)]： *Gonyaulax monilata* J. F. Howell，1953；*Gessnerium monilata*(Howell) Loeblich III，1970；*Pyrodinium monilatum*（Howell）F. J. R. Taylor，1976

异模式异名[Heterotypic Synonym(s)]： *Gonyaulax monilatum*（Howell）Loeblich III ；*Gessnerium mochimaense* Halim，1967

分布(有害物种)：欧洲：黑海；北极：北欧北极区(斯堪的纳维亚和格陵兰)，阿拉斯加 - 加拿大 - 俄罗斯北极区。

参考文献： Poulin et al. ，2011；Guiry，Guiry，2015。

奥氏亚历山大藻 *Alexandrium ostenfeldii*(Paulsen) Balech & Tangen，1985(版图XXXⅣ，1a - b)

基名(Basionym)： *Goniodoma ostenfeldii* Paulsen

同模式异名[Homotypic Synonym(s)]： *Goniodoma ostenfeldii* Paulsen，1904；*Gonyaulax ostenfeldii*（Paulsen）Paulsen，1949；*Goniaulux ostenfeldii*（Paulsen）Paulsen，1949；*Heteraulacus ostenfeldii*(Paulsen) Loeblich III，1970；*Gessnerium ostenfeldii*(Paulsen) L. Loeblich & Loeblich III，1979；*Triadinium ostenfeldii*（Paulsen）Dodge，1981

异模式异名[Heterotypic Synonym(s)]： *Gonyaulax phoneus*(Woloszyñsky & Conrad) Loeblich & Loeblich；*Protogonyaulax phoneus*（Woloszyñska & Conrad）F. J. R. Taylor；*Glenodinium ostenfeldii* Paulsen1903；*Pyrodinium phoneus* Woloszyñskia & Conrad，1939；*Goniaulux tamarensis* var. *globosa* Braarud，1945；*Gonyaulax tamarensis* var. *globosa* Braarud，1945；*Gonyaulax dimorpha* Biecheler，1952；*Gonyaulax globosa*(Braarud) Balech，1971；*Gonyaulax trygvei* Parke，1976；*Gonyaulax peruviana* E. Balech & B. R. E. de Mendiola，1977；*Protogonyaulax globosa*（Braarud）Taylor，1979；*Protogonyaulax peruviana*（E. Balech & B. R. E. Mendiola）F. J. R. Taylor，1979；*Protogonyaulax dimorpha*（Biecheler）F. J. R. Taylor，1979；*Alexandrium peruvianum*（Balech & Mendiola）Balech & Tangen，1985

分布[产毒种 - 麻痹性贝毒(PSP)；北极北方种]：欧洲：波罗的海，黑海，地中海，英国(苏格兰，康沃尔等)，爱尔兰，芬兰，罗马尼亚，波兰，比利时，丹麦，挪威，西班牙，瑞典；大西洋诸岛：冰岛；北美：加拿大(新斯科舍，不列颠哥伦比亚)，美国(北卡罗来纳州等)；南美：秘鲁；非洲：埃及；澳大利亚和新西兰：澳大利亚(塔斯马尼亚岛等)，新西兰；亚洲：中国，日本；北极：北欧北极区(斯堪的纳维亚和格陵兰)，阿拉斯加(巴罗角)，阿拉斯加 - 加拿大 - 俄罗斯北极区，白海，巴伦支海，喀拉海，拉普捷夫海，楚科奇海，楚科奇海 - 加拿大海盆。

参考文献： Bursa，1963；Okolodkov，1998，1999；Matishov et al. ，2000；Poulin et al. ，2011；Guiry，Guiry，2015；林更铭等，2013。

伪膝沟亚历山大藻 *Alexandrium pseudogonyaulax*（Biecheler）Horiguchi ex Kita & Fukuyo，1992

基名(Basionym)： *Goniodoma pseudogonyaulax* Biecheler

同模式异名[**Homotypic Synonym(s)**]：*Goniodoma pseudogonyaulax* Biecheler，1952；*Triadinium pseudogonyaulax*(Biecheleler) J. D. Dodge，1981

分布：欧洲：波罗的海，黑海，地中海，丹麦，西班牙；非洲：毛里塔尼亚；亚洲：日本；澳大利亚和新西兰：澳大利亚，新西兰；北极：阿拉斯加(巴罗角)。

参考文献：Bursa，1963；Guiry，Guiry，2015。

塔马亚历山大藻 *Alexandrium tamarense*(Lebour) Balech，1995

基名(Basionym)：*Gonyaulax tamarensis* Lebour

同模式异名[Homotypic Synonym(s)]：*Gonyaulax tamarensis* Lebour，1925；*Gessnerium tamarensis* (Lebour) Loeblich III & L. Loeblich，1979；*Protogonyaulax tamarensis* (Lebour) F. J. R. Taylor，1979

异模式异名[Heterotypic Synonym(s)]：*Gonyaulax tamarensis* var. *excavata* T. Braarud，1945；*Gonyaulax excavata* (Braarud) Balech，1971；*Protogonyaulax excavata* (Braarud) F. J. R. Taylor，1979；*Alexandrium excavatum* (Braarud) Balech & Tangen，1985

分布[产毒种－麻痹性贝毒(PSP)]：欧洲：波罗的海，黑海，地中海，英国(不列颠，苏格兰奥克尼群岛，设得兰群岛和西部群岛等)，爱尔兰(科克郡，芒斯特省科克郡等)，巴利阿里群岛，法罗群岛，法国，希腊，意大利(撒丁岛等)，挪威，西班牙；北美：加拿大(新斯科舍，魁北克)，美国；南美洲：阿根廷；非洲：南非；澳大利亚和新西兰：新西兰，澳大利亚(塔斯马尼亚岛等)；亚洲：中国，日本，朝鲜，韩国，俄罗斯；东南亚：马来西亚，泰国；南极和亚南极诸岛：南极洲/亚南极岛屿；北极：北欧北极区(斯堪的纳维亚和格陵兰)，阿拉斯加－加拿大－俄罗斯北极区，楚科奇海－加拿大海盆，阿拉斯加(巴罗角)。

参考文献：Bursa，1963；Poulin et al.，2011；Guiry，Guiry，2015；林更铭等，2013。

科利娅属 Genus *Coolia* Meunier，1919

髫蛤科利娅藻 *Coolia monotis* Meunier，1919

同模式异名[Homotypic Synonym(s)]：*Ostreopsis monotis* (Meunier) Lindemann，1928；*Glenodinium monotis*(Meunier) Biecheler，1952

异模式异名[Heterotypic Synonym(s)]：*Coolia malayensis* Leaw，P. －T. Lim & Usup，2001

分布(潜在有害/有毒种)：欧洲：亚得里亚海，地中海，英国，希腊，意大利，荷兰，西班牙；北美：美国(佛罗里达州)；中美洲：伯利兹城；加勒比群岛：加勒比海；澳大利亚和新西兰：澳大利亚，新西兰；东南亚：马来西亚；亚洲：日本；北极：巴伦支海和喀拉海，阿拉斯加－加拿大－俄罗斯北极区。

参考文献：Matishov et al.，2000；Poulin et al.，2011；Guiry，Guiry，2015。

膝沟藻科 Family Gonyaulacaceae Lindemann，1928

艾米藻属 Genus *Amylax* Meunier，1910

三刺艾米藻 *Amylax triacantha*(Jörgensen) Sournia，1984

基名(Basionym)：*Gonyaulax triacantha* Jrgensen

同模式异名[Homotypic Synonym(s)]： *Gonyaulax triacantha* Jörgensen，1899

异模式异名[Heterotypic Synonym(s)]： *Gonyaulax hyperborea*（Cleve）Paulsen，1903

分布(北极北方种)： 欧洲：波罗的海，黑海，地中海，英国，德国(赫尔戈兰岛)；大西洋诸岛：加那利群岛；亚洲：日本；北极：白海，巴伦支海，喀拉海，拉普捷夫海，楚科奇海，楚科奇海－加拿大海盆，阿拉斯加(巴罗角)。

参考文献： Bursa，1963；Okolodkov，1998，1999；Tuschling et al.，2000；Matishov et al.，2000；Melnikov et al.，2002；Guiry，Guiry，2015；林更铭等，2013。

膝沟藻属 Genus *Gonyaulax* Diesing，1866

阿拉斯加膝沟藻 *Gonyaulax alaskensis* Kofoid，1911

分布： 澳大利亚和新西兰：新西兰；北极：巴伦支海，楚科奇海。

参考文献： Okolodkov，1998；Guiry，Guiry，2015。

双刺膝沟藻 *Gonyaulax diegensis* Kofoid，1911

分布： 欧洲：黑海，地中海，英国，德国(赫尔戈兰岛)，罗马尼亚；南美：巴西；澳大利亚和新西兰：澳大利亚，新西兰；亚洲：日本和中国沿海；北极：巴伦支海和喀拉海，拉普捷夫海，楚科奇海，阿拉斯加(巴罗角)。

参考文献： Bursa，1963；Okolodkov，1998；Matishov et al.，2000；Guiry，Guiry，2015。

指状(粗刺)膝沟藻 *Gonyaulax digitalis*（Pouchet）Kofoid，1911

基名(Basionym)： *Protoperidinium digitale* Pouchet

同模式异名[Homotypic Synonym(s)]： *Protoperidinium digitale* Pouchet，1883

异模式异名[Heterotypic Synonym(s)]： *Spiniferites bentori*(R. Ross.) Wall & Dale，1970

分布： 欧洲：亚得里亚海，波罗的海，黑海，地中海，德国(赫尔戈兰岛)，克罗地亚，罗马尼亚，瑞典；大西洋诸岛：加那利群岛；中美洲：加利福尼亚湾；南美：巴西；澳大利亚和新西兰：澳大利亚，新西兰；亚洲：俄罗斯远东，日本和中国沿海；南极和亚南极诸岛：南极/亚南极群岛；北极：白海，巴伦支海，喀拉海，阿拉斯加(巴罗角)。

参考文献： Bursa，1963；Okolodkov，1998；Matishov et al.，2000；Guiry，Guiry，2015。

多纹膝沟藻 *Gonyaulax polygramma* Stein，1883

异模式异名[Heterotypic Synonym(s)]： *Gonyaulax schuettii* Lemmermann，1899

分布： 欧洲：亚得里亚海，波罗的海，黑海，地中海，英国，克罗地亚，希腊，罗马尼亚；大西洋诸岛：加那利群岛；中美洲：下加利福尼亚半岛；南美：巴西，哥伦比亚；澳大利亚和新西兰：澳大利亚，新西兰；亚洲：韩国，日本和中国沿海；北极：白海，巴伦支海，喀拉海，阿拉斯加(巴罗角)。

参考文献： Bursa，1963；Okolodkov，1998；Matishov et al.，2000；Guiry，Guiry，2015。

斯克里普斯膝沟藻 *Gonyaulax scrippsae* Kofoid，1911(版图XXXⅣ，2a－b)

异模式异名[Heterotypic Synonym(s)]： *Spiniferites bulloideus*(Deflandre & Cookson) Sargeant

分布：欧洲：黑海，地中海，英国；南美：巴西，哥伦比亚；澳大利亚和新西兰：澳大利亚；南极和亚南极群岛：南极/亚南极群岛；亚洲：韩国，日本和中国沿海；北极：阿拉斯加（巴罗角），楚科奇海－加拿大海盆。

参考文献：Bursa，1963；Guiry，Guiry，2015；林更铭等，2013。

具刺膝沟藻 *Gonyaulax spinifera*（Claparède & Lachmann）Diesing，1866

基名（Basionym）：*Peridinium spiniferum* Claparède & Lachmann

同模式异名［Homotypic Synonym(s)］：*Peridinium spiniferum* Claparède & Lachmann，1859

异模式异名［Heterotypic Synonym(s)］：*Spiniferites mirabilis*（M. R. Rossignol）Sarjeant；*Peridinium levanderi* Lemmermann；*Spiniferites ramosus*（Ehrenberg）Mantell；*Gonyaulax levanderi*（Lemmermann）Paulsen，1907；*Tectatodinium pellitum* Wall，1967

分布（潜在有害/有毒种）：欧洲：亚得里亚海，波罗的海，黑海，地中海，爱尔兰（戈尔韦），英国，希腊，爱尔兰，罗马尼亚，瑞典，德国（赫尔戈兰岛等）；大西洋诸岛：加那利群岛；北美：加拿大（新斯科舍）；中美洲：加利福尼亚湾；南美：巴西，哥伦比亚；非洲：毛里塔尼亚；澳大利亚和新西兰：澳大利亚，新西兰；亚洲：俄罗斯远东，韩国，日本和中国沿海；北极：北欧北极区（斯堪的纳维亚和格陵兰），阿拉斯加－加拿大－俄罗斯北极区，白海，巴伦支海，喀拉海，拉普捷夫海，楚科奇海，阿拉斯加（巴罗角），楚科奇海－加拿大海盆。

参考文献：Bursa，1963；Okolodkov，1998；Matishov et al.，2000；Poulin et al.，2011；Guiry，Guiry，2015；林更铭等，2013。

舌甲藻属 Genus *Lingulodinium* Wall，1967

多边舌甲藻 *Lingulodinium polyedra*（F. Stein）J. D. Dodge，1989

基名（Basionym）：*Gonyaulax polyedra* F. Stein

同模式异名［Homotypic Synonym(s)］：*Gonyaulax polyedra* F. Stein，1883

分布［产毒种：扇贝毒素（Yessotoxin），热带－北方种］：欧洲：亚得里亚海，波罗的海，黑海，地中海，爱尔兰（科克郡等），英国，罗马尼亚，克罗地亚，西班牙，瑞典；大西洋诸岛：加那利群岛；中美洲：下加利福尼亚半岛，加利福尼亚湾；南美：巴西，哥伦比亚；非洲：毛里塔尼亚；澳大利亚和新西兰：澳大利亚，新西兰；亚洲：日本和中国沿海；北极：北欧北极区（斯堪的纳维亚和格陵兰），阿拉斯加－加拿大－俄罗斯北极区，巴伦支海，喀拉海，阿拉斯加（巴罗角），楚科奇海－加拿大海盆。

参考文献：Bursa，1963；Okolodkov，1998，2005；Matishov et al.，2000；Poulin et al.，2011；Guiry，Guiry，2015；林更铭等，2013。

原角藻科 Family Protoceratiaceae Lindemann，1928

原角藻属 Genus *Protoceratium* Lindemann，1928

网状原角藻 *Protoceratium reticulatum*（Claparède & Lachmann）Bütschli，1885

基名（Basionym）：*Peridinium reticulatum* Claparède & Lachmann

同模式异名[Homotypic Synonym(s)]：*Peridiniopsis reticulatum*（Claparède & Lachmann）Starmach；*Peridinium reticulatum* Claparède & Lachmann，1859

异模式异名[Heterotypic Synonym(s)]：*Gonyaulax grindleyi* Reinecke，1967

分布[产毒种：扇贝毒素(Yessotoxin)]：欧洲：波罗的海，黑海，地中海，亚得里亚海，英国，罗马尼亚，德国(赫尔戈兰岛)，瑞典；大西洋诸岛：大西洋，加那利群岛；北美：加拿大(新斯科舍)；南美：巴西，智利；非洲：毛里塔尼亚；澳大利亚和新西兰：澳大利亚，新西兰；亚洲：俄罗斯远东，日本和中国沿海；北极：北欧北极区(斯堪的纳维亚和格陵兰)，白海，巴伦支海，喀拉海，楚科奇海，阿拉斯加(巴罗角)，阿拉斯加－加拿大－俄罗斯北极区，加拿大海盆，楚科奇海－加拿大海盆。

参考文献：Bursa，1963；Okolodkov，1998，2005；Matishov et al.，2000；Melnikov et al.，2002；Poulin et al.，2011；Guiry，Guiry，2015；林更铭等，2013。

扁甲藻科 Family Pyrophacaceae Lindemann，1928

脆藻属 Genus *Fragilidium* Balech ex Loeblich III，1965

近球形脆藻 *Fragilidium subglobosum*(von Stosch) Loeblich III，1965

基名(Basionym)：*Helgolandinium subglobosum* von Stosch

同模式异名[Homotypic Synonym(s)]：*Helgolandinium subglobosum* von Stosch，1969

分布：欧洲：波罗的海，德国(赫尔戈兰岛等)，英国；大西洋诸岛：加那利群岛；澳大利亚和新西兰：澳大利亚，新西兰；北极：拉普捷夫海。

参考文献：Tuschling et al.，2000；Guiry，Guiry，2015。

多甲藻目 Order Peridiniales Haeckel，1894

异囊藻科 Family Heterocapsaceae R. A. Fensome，F. J. R. Taylor，G. Norris，W. A. S. Sarjeant，D. I. Wharton & G. L. Williams

异囊藻属 Genus *Heterocapsa* Stein，1883

北极异囊藻 *Heterocapsa arctica* Horiguchi，1997

分布：北极：北极海，加拿大北极区，加拿大北部(努勒维特)。

参考文献：Horiguchi，1997；Riedel et al.，2003；Iwataki et al. 2004；Guiry，Guiry，2015。

圆形异囊藻 *Heterocapsa rotundata*（Lohmann）G. Hansen，1995

基名(Basionym)：*Amphidinium rotundatum* Lohmann

同模式异名[Homotypic Synonym(s)]：*Amphidinium rotundatum* Lohmann，1908；*Massartia rotundata*（Lohmann）Schiller，1933；*Katodinium rotundatum*(Lohmann）Loeblich III，1965

异模式异名[Heterotypic Synonym(s)]：*Gymnodinium minutum* Lebour，1925；*Amphidinium pellucidum* Redeke，1935；*Amphidinium redekei* Conrad & Kufferath，1954；*Massartia rotundatum* var. *conradi* Kufferath，1954；*Katodinium minutum* Sournia，1973

分布：欧洲：波罗的海，黑海，地中海，英国，丹麦，德国(赫尔戈兰岛)；大西洋诸岛：

加那利群岛；南美：巴西；澳大利亚和新西兰：澳大利亚；亚洲：俄罗斯远东，日本；北极：白海，巴伦支海和喀拉海，阿拉斯加(巴罗角)。

参考文献：Bursa，1963；Okolodkov，1998；Matishov et al.，2000；Guiry，Guiry，2015。

三角异囊藻 *Heterocapsa triquetra*（Ehrenberg）F. Stein，1883

基名(Basionym)：*Glenodinium triquetrum* Ehrenberg

同模式异名[Homotypic Synonym(s)]：*Glenodinium triquetrum* Ehrenberg，1840；*Peridinium triquetra*(Ehrenbourg) Lebour，1925

异模式异名[Heterotypic Synonym(s)]：*Properidinium heterocapsa*（Stein）Meunier，1919；*Peridinium triquetrum* Schiller，1937

分布：欧洲：亚得里亚海，波罗的海，黑海，地中海，德国(赫尔戈兰岛)，英国，丹麦，希腊，罗马尼亚；大西洋诸岛：加那利群岛；澳大利亚和新西兰：澳大利亚，新西兰；亚洲：日本，中国；北极：白海，巴伦支海，喀拉海，拉普捷夫海，楚科奇海，阿拉斯加(巴罗角)。

参考文献：Bursa，1963；Okolodkov，1998；Matishov et al.，2000；Quillfeldt et al.，2003；Guiry，Guiry，2015。

拟前沟藻科 Family Amphidiniopsidaceae J. D. Dodge，1984

拟前沟藻属 Genus *Amphidiniopsis* Woloszyñska，1929

科氏拟前沟藻 *Amphidiniopsis kofoidii* Woloszyñska，1929

分布：欧洲：波罗的海；大西洋诸岛：加那利群岛；北极：阿拉斯加(巴罗角)。

参考文献：Bursa，1963；Guiry，Guiry，2015。

尖甲藻科 Family Oxytoxaceae Lindemann，1928

尖甲藻属 Genus *Oxytoxum* Stein，1883

宽头尖甲藻 *Oxytoxum laticeps* Schiller，1937

分布：欧洲：亚得里亚海，黑海，地中海，英国；大西洋诸岛：加那利群岛；南美：巴西；澳大利亚和新西兰：澳大利亚，新西兰；北极：巴伦支海和喀拉海，楚科奇海-加拿大海盆。

参考文献：Matishov et al.，2000；Guiry，Guiry，2015；林更铭等，2013。

多甲藻科 Family Peridiniaceae Ehrenberg，1831

多甲藻属 Genus *Peridinium* Ehrenberg，1830

无色多甲藻 *Peridinium achromaticum* Levander，1902

同模式异名[Homotypic Synonym(s)]：*Protoperidinium achromaticum*(Levander) Balech，1974

分布(淡水种)：欧洲：波罗的海，黑海，德国(赫尔戈兰岛)，英国；南美：巴西；澳大利亚和新西兰：澳大利亚；亚洲：俄罗斯远东，中国和日本；北极：白海，巴伦支海，喀拉海，北冰洋海盆，阿拉斯加(巴罗角)，楚科奇海-加拿大海盆。

参考文献： Bursa，1963；Okolodkov，1998；Guiry，Guiry，2015；林更铭等，2013。

短小多甲藻 *Peridinium breve*(O. W. Paulsen) O. W. Paulsen，1907

[据最新资料记载，该种的分类地位(包括命名)可能尚需进一步核实和研究]

基名(Basionym)： *Peridinium steinii* f. *breve* Paulsen

分布： 欧洲：黑海，德国，罗马尼亚；亚洲：日本；北极：巴伦支海和喀拉海，东西伯利亚，拉普捷夫海，楚科奇海。

参考文献： Zenkevitch，1963；Matishov et al.，2000；Guiry，Guiry，2015。

环带多甲藻 *Peridinium cinctum*(O. F. Müller) Ehrenberg，1832

基名(Basionym)： *Vorticella cincta* O. F. Müller

同模式异名[Homotypic Synonym(s)]： *Vorticella cincta* O. F. Müller，1773

异模式异名[Heterotypic Synonym(s)]： *Peridinium westii* var. *aureolatum* Lemmermann；*Peridinium cinctum* f. *angulatum*(Lindemann) Lefèvre；*Peridinium westii* Lemmermann，1905；*Peridinium meandricum* Brehm，1907；*Peridinium cinctum* var. *lemmermannii* West，1909；*Peridinium tabulatum* var. *meandrica* Lauterborn，1910；*Peridinium cinctum* var. *laesum* Lindemann，1918；*Peridinium germanicum* Lindemann，1918；*Peridinium eximium* Lindemann，1918；*Peridinium cinctum* var. *regulatum* Lindemann，1918；*Peridinium cinctum* var. *irregulatum* Lindemann，1918；*Peridinium cinctum* var. *angulatum* Lindemann，1918；*Peridinium cinctum* f. *ovoplanum* Lindemann，1918；*Peridinium tuberosum* Meunier，1919；*Peridinium rhenanum* Lindemann，1919；*Peridinium cinctum* var. *carinatum* Steinecke & Lindemann，1923；*Peridinium cinctum* f. *regulatum*(Lindemann) Lefèvre，1932；*Peridinium cinctum* f. *tuberosum*(Meunier) Lefèvre，1932

分布(淡水种)：欧洲：波罗的海，黑海，英国，德国，波兰，罗马尼亚，西班牙，瑞典，土耳其(欧洲)；北美：美国(阿肯色州)，五大湖；澳大利亚和新西兰：新西兰，澳大利亚(北领地，昆士兰州，西澳大利亚)；亚洲：日本，俄罗斯远东，土耳其(亚洲)；西南亚：伊朗，以色列；东南亚：新加坡；北极：拉普捷夫海。

参考文献： Okolodkov，1998；Guiry，Guiry，2015。

细长多甲藻 *Peridinium gracile* Meunier，1910

[据最新资料记载，该种的分类地位(包括命名)可能尚需进一步核实和研究。另外，Okolodkov(1998)怀疑其与 *Protoperidinium pellucidum* 可能是同一种]

分布： 北极：巴伦支海，喀拉海，楚科奇海。

参考文献： Okolodkov，1998；Guiry，Guiry，2015。

原多甲藻科Family Protoperidiniaceae J. P. Bujak，& E. H. Davies in R. A. Fensome et al.，1998

原多甲藻属 Genus *Protoperidinium* Bergh，1882

北极原多甲藻 *Protoperidinium arcticum* (Grøntved & Seidenfaden) Okolodkov，1997

基名(Basionym)： *Peridinium ovatum* f. *arctica* Grøntved & Seidenfaden

同模式异名[Homotypic Synonym(s)]：*Peridinium ovatum* f. *arctica* Grøntved & Seidenfaden, 1938

分布：北极：巴伦支海，楚科奇海。

参考文献：Okolodkov, 1998；Guiry, Guiry, 2015。

双脚原多甲藻 *Protoperidinium bipes* (Paulsen) Balech, 1974(版图XXXⅣ, 3a-b)

基名(Basionym)：*Glenodinium bipes* Paulsen

同模式异名[Homotypic Synonym(s)]：*Glenodinium bipes* Paulsen, 1904

异模式异名[Heterotypic Synonym(s)]：*Peridinium minisculum* Pavillard, 1905；*Minuscula bipes* Lebour, 1925

分布：欧洲：亚得里亚海，波罗的海，黑海，地中海，德国(赫尔戈兰岛)，英国，法国，罗马尼亚；大西洋诸岛：加那利群岛；澳大利亚和新西兰：澳大利亚；亚洲：中国，韩国，日本；北极：白海，巴伦支海，喀拉海，拉普捷夫海，楚科奇海，北冰洋海盆，楚科奇海-加拿大海盆-马卡罗夫海盆-南森海盆，阿拉斯加(巴罗角)，加拿大北部(努勒维特)。

参考文献：Bursa, 1963；Booth, Horner, 1997；Okolodkov, 1998；Matishov et al., 2000；Tuschling et al., 2000；Melnikov et al., 2002；Riedel et al., 2003；Quillfeldt et al., 2003；Guiry, Guiry, 2015；林更铭等，2013。

短原多甲藻 *Protoperidinium breve* Paulsen

分布：欧洲：亚得里亚海，波罗的海，黑海；澳大利亚和新西兰：新西兰；亚洲：俄罗斯远东；北极：巴伦支海和喀拉海，加拿大海盆。

参考文献：Matishov et al., 2000；Melnikov et al., 2002；Guiry, Guiry, 2015。

短足原多甲藻 *Protoperidinium brevipes* (Paulsen) Balech, 1974(版图XXXV, 1a-b)

基名(Basionym)：*Peridinium brevipes* Paulsen

同模式异名[Homotypic Synonym(s)]：*Peridinium brevipes* Paulsen, 1908

异模式异名[Heterotypic Synonym(s)]：*Peridinium varicans* Paulsen, 1911；*Protoperidinium varicans* Paulsen, 1911；*Peridinium incurvum* Lindemann, 1924

分布(浮游海洋极地冷水种)：欧洲：亚得里亚海，波罗的海，黑海，地中海，德国(赫尔戈兰岛)，罗马尼亚，英国；大西洋诸岛：加那利群岛；北美：加拿大(新斯科舍)；南美：巴西；澳大利亚和新西兰：澳大利亚，新西兰；亚洲：俄罗斯远东；北极：白海，巴伦支海，喀拉海，拉普捷夫海，东西伯利亚海，楚科奇海，楚科奇海-加拿大海盆-马卡罗夫海盆-南森海盆，阿拉斯加(巴罗角)，阿拉斯加-加拿大-俄罗斯北极区，加拿大北部(努勒维特)，楚科奇海-加拿大海盆。

参考文献：Bursa, 1963；Booth, Horner, 1997；Okolodkov, 1998；Matishov et al., 2000；Tuschling et al., 2000；Quillfeldt et al., 2003；Riedel et al., 2003；Poulin et al., 2011；Guiry, Guiry, 2015；林更铭等，2013。

樱桃原多甲藻 *Protoperidinium cerasus* (Paulsen) Balech, 1973

基名(Basionym)：*Peridinium cerasus* Paulsen

同模式异名[Homotypic Synonym(s)]： *Peridinium cerasus* Paulsen，1907

分布： 欧洲：波罗的海，地中海，德国(赫尔戈兰岛)，英国；大西洋诸岛：加那利群岛；南美：巴西；澳大利亚和新西兰：澳大利亚；亚洲：日本和中国沿海；北极：白海，巴伦支海，喀拉海，拉普捷夫海，楚科奇海，阿拉斯加(巴罗角)，楚科奇海－加拿大海盆。

参考文献： Bursa，1963；Okolodkov，1998；Matishov et al.，2000；Guiry，Guiry，2015；林更铭等，2013。

双曲原多甲藻 *Protoperidinium conicoides*(Paulsen) Balech，1973

基名(Basionym)： *Peridinium conicoides* Paulsen

同模式异名[Homotypic Synonym(s)]： *Peridinium conicoides* Paulsen，1905

异模式异名[Heterotypic Synonym(s)]： *Chytroeisphaeridia simplicia* Wall，1965；*Brigantedinium simplex* (Wall) P. C. Reid，1977

分布： 欧洲：波罗的海，黑海，地中海，英国，瑞典；北美：美国(马萨诸塞州)；南美：智利；澳大利亚和新西兰：澳大利亚，新西兰；亚洲：俄罗斯远东，日本和中国沿海；北极：白海，巴伦支海，喀拉海，拉普捷夫海，东西伯利亚海，楚科奇海。

参考文献： Okolodkov，1998；Matishov et al.，2000；Guiry，Guiry，2015；杨清良等，2002。

锥形原多甲藻 *Protoperidinium conicum*(Gran) Balech，1974

基名(Basionym)： *Peridinium divergens* var. *conica* Gran

同模式异名[Homotypic Synonym(s)]： *Peridinium divergens* var. *conica* Gran，1900；*Peridinium conicum*(Gran) Ostenfeld & Schmidt，1902

异模式异名[Heterotypic Synonym(s)]： *Multispinula quanta* M. R. Bradford；*Selenopemphix quanta*(M. R. Bradford) Matsuoka，1985

分布： 欧洲：亚得里亚海，波罗的海，黑海，地中海，法国，英国，希腊，瑞典；大西洋诸岛：加那利群岛；北美：墨西哥；中美洲：加利福尼亚半岛；南美：智利；非洲：毛里塔尼亚；澳大利亚和新西兰：澳大利亚，新西兰；亚洲：俄罗斯远东，日本和中国沿海；北极：白海，巴伦支海，喀拉海，拉普捷夫海，楚科奇海，阿拉斯加(巴罗角)。

参考文献： Bursa，1963；Okolodkov，1998；Matishov et al.，2000；Guiry，Guiry，2015；杨清良等，2002。

厚甲原多甲藻 *Protoperidinium crassipes* (Kofoid) Balech，1974

基名(Basionym)： *Peridinium crassipes* Kofoid

同模式异名[Homotypic Synonym(s)]： *Peridinium crassipes* Kofoid，1907

分布[产毒种：原多甲藻酸贝类毒素 Azaspiracid poisoning(AZP)，北方种]：欧洲：亚得里亚海，波罗的海，黑海，地中海，罗马尼亚，英国，爱尔兰；大西洋诸岛：加那利群岛；北美：美国(佛罗里达州)，墨西哥；南美：巴西；澳大利亚和新西兰：澳大利亚，新西兰；亚洲：日本和中国沿海；南极和亚南极群岛：南极/亚南极群岛；北极：白海，巴伦支海，喀拉海，拉普捷夫海，楚科奇海，北冰洋海盆，加拿大海盆，阿拉斯加(巴罗角)，阿拉斯加－加拿大－俄罗斯北极区。

参考文献：Bursa，1963；Okolodkov，1998，2005；Matishov et al.，2000；Melnikov et al.，2002；Poulin et al.，2011；Guiry，Guiry，2015。

曲足原多甲藻 *Protoperidinium curvipes*(Ostenfeld) Balech，1974

基名(Basionym)：*Peridinium curvipes* Ostenfeld

同模式异名[Homotypic Synonym(s)]：*Peridinium curvipes* Ostenfeld，1906

分布：欧洲：波罗的海，黑海，地中海，德国(赫尔戈兰岛)，英国；大西洋诸岛：加那利群岛；澳大利亚和新西兰：新西兰；亚洲：日本；北极：白海，巴伦支海，喀拉海，拉普捷夫海，楚科奇海，阿拉斯加(巴罗角)，加拿大海盆，楚科奇海－加拿大海盆。

参考文献：Bursa，1963；Okolodkov，1998；Matishov et al.，2000；Tuschling et al.，2000；Melnikov et al.，2002；Guiry，Guiry，2015；林更铭等，2013。

细齿原多甲藻 *Protoperidinium denticulatum*(Gran et Braarud) Balech，1974

基名(Basionym)：*Peridinium denticulatum* Gran & Braarud

同模式异名[Homotypic Synonym(s)]：*Peridinium denticulatum* Gran & Braarud，1935

异模式异名[Heterotypic Synonym(s)]：*Protoperidinium clavus* (Abé) Abé；*Peridinium clavus* Abé，1936

分布：欧洲：波罗的海，黑海，德国(赫尔戈兰岛)，英国；亚洲：日本和中国沿海；北极：巴伦支海，拉普捷夫海，楚科奇海。

参考文献：Okolodkov，1998；Guiry，Guiry，2015。

扁平原多甲藻 *Protoperidinium depressum*(Bailey) Balech，1974(版图XXXV，2a－c)

基名(Basionym)：*Peridinium depressum* Bailey

同模式异名[Homotypic Synonym(s)]：*Peridinium depressum* Bailey，1854

异模式异名[Heterotypic Synonym(s)]：*Protoperidinium parallelum* Paulsen，1907

分布：欧洲：亚得里亚海，波罗的海，黑海，地中海，德国(赫尔戈兰岛)，法国，爱尔兰(戈尔韦等)，罗马尼亚，英国，希腊；大西洋诸岛：加那利群岛；北美：墨西哥，加拿大(新斯科舍)；中美洲：伯利兹城；南美：巴西；澳大利亚和新西兰：澳大利亚，新西兰；亚洲：俄罗斯远东，日本和中国沿海；北极：北冰洋海盆，白海，巴伦支海，喀拉海，拉普捷夫海，楚科奇海，阿拉斯加(巴罗角)，加拿大海盆，楚科奇海－加拿大海盆。

参考文献：Bursa，1963；Okolodkov，1998；Matishov et al.，2000；Tuschling et al.，2000；Melnikov et al.，2002；Guiry，Guiry，2015；杨清良等，2002，2006；林更铭等，2013。

叉分原多甲藻 *Protoperidinium divergens*(Ehrenberg) Balech，1974

基名(Basionym)：*Peridinium divergens* Ehrenberg

同模式异名[Homotypic Synonym(s)]：*Peridinium divergens* Ehrenberg，1840

异模式异名[Heterotypic Synonym(s)]：*Glenodinium divergens*(Ehrenberg) Dangeard

分布：欧洲：亚得里亚海，波罗的海，黑海，地中海，德国(赫尔戈兰岛)，英国，克罗地亚，爱尔兰，罗马尼亚；大西洋诸岛：加那利群岛；北美：墨西哥；南美：巴西；澳大利亚和新西兰：澳大利亚，新西兰；亚洲：日本和中国沿海；北极：白海，巴伦支海，喀拉海，楚科奇海，阿拉斯加(巴罗角)，楚科奇海－加拿大海盆。

参考文献： Bursa，1963；Okolodkov，1998；Matishov et al.，2000；Guiry，Guiry，2015；林更铭等，2013。

长原多甲藻 *Protoperidinium elongatum* (Meunier) Balech，1974

基名(Basionym)： *Peridinium elongatum* Meunier

同模式异名[Homotypic Synonym(s)]： *Peridinium elongatum* Meunier，1910

分布： 北极：巴伦支海，喀拉海，楚科奇海。

参考文献： Okolodkov，1998；Guiry，Guiry，2015。

偏心原多甲藻 *Protoperidinium excentricum* (Paulsen) Balech，1974

基名(Basionym)： *Peridinium excentricum* Paulsen

同模式异名[Homotypic Synonym(s)]： *Peridinium excentricum* Paulsen，1907

分布： 欧洲：波罗的海，黑海，地中海，德国(赫尔戈兰岛)，罗马尼亚，英国；北美：美国(马萨诸塞州)，墨西哥；南美：巴西，智利；澳大利亚和新西兰：澳大利亚；亚洲：日本和中国沿海；北极：拉普捷夫海，楚科奇海。

参考文献： Okolodkov，1998；Guiry，Guiry，2015。

芬兰原多甲藻 *Protoperidinium finlandicum* (Paulsen) Balech

基名(Basionym)： *Peridinium finlandicum* Paulsen

同模式异名[Homotypic Synonym(s)]： *Peridinium finlandicum* Paulsen

分布： 亚洲：日本；北极：阿拉斯加(巴罗角)。

参考文献： Bursa，1963；Guiry，Guiry，2015。

球形原多甲藻 *Protoperidinium globulus* (Stein) Balech，1974

基名(Basionym)： *Peridinium globulus* Stein

分布： 欧洲：亚得里亚海，黑海，地中海，英国，克罗地亚，罗马尼亚；大西洋诸岛：加那利群岛；澳大利亚和新西兰：澳大利亚；亚洲：日本和中国沿海；北极：白海，巴伦支海，喀拉海，楚科奇海。

参考文献： Okolodkov，1998；Matishov et al.，2000；Guiry，Guiry，2015。

格氏原多甲藻 *Protoperidinium granii* (Ostenfeld) Balech，1974

基名(Basionym)： *Peridinium granii* Ostenfeld

同模式异名[Homotypic Synonym(s)]： *Peridinium granii* Ostenfeld，1906

分布： 欧洲：亚得里亚海，波罗的海，黑海，地中海，德国(赫尔戈兰岛)，罗马尼亚，英国；南美：巴西；澳大利亚和新西兰：澳大利亚，新西兰；亚洲：俄罗斯(远东等)，日本和中国沿海；南极和亚南极诸岛：南极/亚南极群岛；北极：白海，巴伦支海，喀拉海，拉普捷夫海，楚科奇海，阿拉斯加(巴罗角)，加拿大海盆，加拿大北部(努勒维特)，楚科奇海－加拿大海盆。

参考文献：Bursa，1963；Okolodkov，1998；Matishov et al.，2000；Tuschling et al.，2000；Melnikov et al.，2002；Riedel et al.，2003；Guiry，Guiry，2015；林更铭等，2013。

格陵兰原多甲藻 *Protoperidinium groenlandicum*（Woloszyñska）Balech（as "*grenlandicum*，*granlandicum*"）

基名（Basionym）：*Peridinium groenlandicum* Woloszyñska

同模式异名［Homotypic Synonym(s)］：*Peridinium groenlandicum* Woloszyñska，1929

分布（两极性种）：欧洲：黑海；北极：喀拉海，波弗特海，拉普捷夫海。

参考文献：Horner，Schrader，1982；Okolodkov，1998，1999；Tuschling et al.，2000；Guiry，Guiry，2015。

冰岛原多甲藻 *Protoperidinium islandicum*（Paulsen）Balech，1973

基名（Basionym）：*Peridinium islandicum* Paulsen

同模式异名［Homotypic Synonym(s)］：*Peridinium islandicum* Paulsen，1904

分布（两极性种）：欧洲：波罗的海，英国；亚洲：日本沿海；北极：巴伦支海，喀拉海，拉普捷夫海，楚科奇海，北冰洋海盆。

参考文献：Okolodkov，1998，1999；Matishov et al.，2000；Tuschling et al.，2000；Guiry，Guiry，2015。

里昂原多甲藻 *Protoperidinium leonis*（Pavillard）Balech，1974（版图XXXV，3）

基名（Basionym）：*Peridinium leonis* Pavillard

同模式异名［Homotypic Synonym(s)］：*Peridinium leonis* Pavillard，1916

异模式异名［Heterotypic Synonym(s)］：*Peridinium saltans* Pavillard，1915

分布：欧洲：亚得里亚海，波罗的海，黑海，地中海，德国（赫尔戈兰岛），法国，英国，希腊，瑞典；南美：巴西；澳大利亚和新西兰：澳大利亚，新西兰；亚洲：日本和中国沿海；北极：白海，巴伦支海，喀拉海，拉普捷夫海，楚科奇海，阿拉斯加（巴罗角）。

参考文献：Bursa，1963；Okolodkov，1998；Matishov et al.，2000；Tuschling et al.，2000；Guiry，Guiry，2015。

玛丽莱博原多甲藻 *Protoperidinium marielebourae*（Paulsen）Balech，1974

基名（Basionym）：*Peridinium marielebouriae* Paulsen

同模式异名［Homotypic Synonym(s)］：*Peridinium marielebouriae* Paulsen，1931

分布：欧洲：亚得里亚海，波罗的海，黑海，地中海，德国（赫尔戈兰岛），英国；南美：巴西；澳大利亚和新西兰：澳大利亚，新西兰；亚洲：日本和中国沿海；北极：楚科奇海。

参考文献：Okolodkov，1998；Guiry，Guiry，2015。

微小原多甲藻 *Protoperidinium mite*（Pavillard）Balech，1974

基名（Basionym）：*Peridinium mite* Pavillard

同模式异名［Homotypic Synonym(s)］：*Peridinium mite* Pavillard，1916；*Peridinium granii* f. *mite*（Pavillard）Schiller，1937

分布：欧洲：黑海，地中海，英国；南美：巴西；亚洲：日本沿海；北极：巴伦支海和喀拉海，拉普捷夫海，加拿大北部(努勒维特)，阿拉斯加(巴罗角)。

参考文献：Bursa，1963；Okolodkov，1998；Matishov et al.，2000；Riedel et al.，2003；Guiry，Guiry，2015。

单呲原多甲藻 *Protoperidinium monacanthum*(Broch) Balech，1973

分布：澳大利亚和新西兰：澳大利亚；亚洲：俄罗斯远东；北极：巴伦支海，喀拉海，拉普捷夫海，楚科奇海。

参考文献：Okolodkov，1998；Guiry，Guiry，2015。

单膜(板)原多甲藻 *Protoperidinium monovelum*(Abé) Balech，1974

基名(Basionym)：*Peridinium monovelum* Abé

同模式异名[Homotypic Synonym(s)]：*Peridinium monovelum* Abé，1936

分布：欧洲：罗马尼亚；亚洲：日本沿海；北极：巴伦支海，楚科奇海。

参考文献：Okolodkov，1998；Guiry，Guiry，2015。

长椭圆原多甲藻 *Protoperidinium oblongum*(Aurivillius) Parke et Dodge，1976

基名(Basionym)：*Peridinium divergens* var. *oblongum* Aurivillius

同模式异名[Homotypic Synonym(s)]：*Peridinium divergens* var. *oblongum* Aurivillius，1898；*Peridinium oblongum* (Aurivillius) Cleve，1900

异模式异名[Heterotypic Synonym(s)]：*Peridinium divergens* Ehrenberg，1840

分布：欧洲：波罗的海，黑海，地中海，德国(赫尔戈兰岛)，罗马尼亚，英国，爱尔兰，瑞典；南美：巴西，智利；澳大利亚和新西兰：澳大利亚，新西兰；亚洲：俄罗斯远东，日本和中国沿海；北极：楚科奇海。

参考文献：Okolodkov，1998；Guiry，Guiry，2015。

海洋原多甲藻 *Protoperidinium oceanicum*(Vanhöffen) Balech，1974

基名(Basionym)：*Peridinium oceanicum* Vanhöffen

同模式异名[Homotypic Synonym(s)]：*Peridinium oceanicum* Vanhöffen，1897

异模式异名[Heterotypic Synonym(s)]：*Peridinium divergens* var. *oceanicum* Ostenfeld，1899；*Peridinium murrayi* C. A. Kofoid，1907；*Protoperidinium murrayi* (Kofoid) Hernández - Becerril，1991

分布：欧洲：亚得里亚海，波罗的海，黑海，地中海，英国，克罗地亚，法国，希腊；大西洋诸岛：加那利群岛；南美：巴西；澳大利亚和新西兰：澳大利亚，新西兰；西南亚：印度；亚洲：俄罗斯远东，日本和中国沿海；北极：白海，巴伦支海，喀拉海，楚科奇海，楚科奇海－加拿大海盆。

参考文献：Okolodkov，1998；Matishov et al.，2000；Guiry，Guiry，2015；林更铭等，2013。

卵圆原多甲藻 *Protoperidinium ovatum* Pouchet，1883

同模式异名［Homotypic Synonym(s)］： *Peridinium ovatum*(Pouchet) Schütt，1895

异模式异名［Heterotypic Synonym(s)］： *Peridinium globulus* var. *ovatum*(Pouchet) Schiller，1937

分布： 欧洲：亚得里亚海，波罗的海，黑海，德国(赫尔戈兰岛)，英国；大西洋诸岛：加那利群岛；南美：巴西；澳大利亚和新西兰：澳大利亚，新西兰；亚洲：俄罗斯远东，日本沿海；北极：白海，巴伦支海，喀拉海，拉普捷夫海，楚科奇海，北冰洋海盆。

参考文献： Okolodkov，1998；Matishov et al.，2000；Guiry，Guiry，2015；杨清良等，2002，2006。

光甲原多甲藻 *Protoperidinium pallidum*(Ostenfeld) Balech，1973(版图XXXVI，1a－d)

基名(Basionym)： *Peridinium pallidum* Ostenfeld

同模式异名［Homotypic Synonym(s)］： *Peridinium pallidum* Ostenfeld，1899

分布： 欧洲：亚得里亚海，波罗的海，黑海，地中海，德国(赫尔戈兰岛)，罗马尼亚，英国，克罗地亚，挪威；大西洋诸岛：加那利群岛；澳大利亚和新西兰：澳大利亚，新西兰；亚洲：俄罗斯远东，日本和中国沿海；北极：白海，巴伦支海，喀拉海，拉普捷夫海，楚科奇海，阿拉斯加(巴罗角)，加拿大海盆，楚科奇海－东西伯利亚－拉普捷夫海，楚科奇海－加拿大海盆。

参考文献： Bursa，1963；Okolodkov，1992，1998；Matishov et al.，2000；Tuschling et al.，2000；Melnikov et al.，2002；Quillfeldt et al.，2003；Guiry，Guiry，2015；杨清良等，2002；林更铭等，2013。

灰甲原多甲藻 *Protoperidinium pellucidum* Bergh ex Loeblich Jr. & Loeblich III，1881(版图XXXVI，2a－b；版图XXXVII，1a－b)

同模式异名［Homotypic Synonym(s)］： *Peridinium pellucidum*(Bergh) Schütt，1895

分布： 欧洲：亚得里亚海，波罗的海，黑海，地中海，德国(赫尔戈兰岛)，英国，克罗地亚，希腊，爱尔兰，罗马尼亚；大西洋诸岛：加那利群岛；中美洲：伯利兹城；澳大利亚和新西兰：澳大利亚，新西兰；亚洲：俄罗斯远东，日本和中国沿海；北极：北欧北极区(斯堪的纳维亚和格陵兰)，阿拉斯加－加拿大－俄罗斯北极区，楚科奇海－加拿大海盆，白海，巴伦支海，喀拉海，拉普捷夫海，楚科奇海，东西伯利亚海和北冰洋海盆，阿拉斯加(巴罗角)。

参考文献： Bursa，1963；Okolodkov，1998；Matishov et al.，2000；Tuschling et al.，2000；Quillfeldt et al.，2003；Poulin et al.，2011；Guiry，Guiry，2015；林更铭等，2013。

五角原多甲藻 *Protoperidinium pentagonum*(Gran) Balech，1974

基名(Basionym)： *Peridinium pentagonum* Gran

同模式异名［Homotypic Synonym(s)］： *Peridinium pentagonum* Gran，1902

异模式异名［Heterotypic Synonym(s)］： *Peridinium sinuosum* Lemmermann，1905；*Protoperidinium sinuosum* Lemmermann，1905；*Protoperidinium parapentagonum* Wang，1936

分布： 欧洲：波罗的海，黑海，地中海，德国(赫尔戈兰岛)，罗马尼亚，英国；大西洋诸岛：加那利群岛；北美：墨西哥；南美：巴西；非洲：毛里塔尼亚；澳大利亚和新西兰：澳大利亚，新西兰；亚洲：俄罗斯远东，日本和中国沿海；北极：巴伦支海，喀拉海，楚科奇海，加拿大海盆，楚科奇海－加拿大海盆。

参考文献： Okolodkov，1998；Matishov et al.，2000；Melnikov et al.，2002；Guiry，Guiry，2015；林更铭等，2013。

梨形原多甲藻 *Protoperidinium pyriforme*(Paulsen) Balech，1974(版图XXXⅦ，2a－b)

基名(Basionym)： *Peridinium steinii* var. *pyriformis* Paulsen

同模式异名[Homotypic Synonym(s)]： *Peridinium steinii* var. *pyriformis* Paulsen，1905

异模式异名[Heterotypic Synonym(s)]： *Peridinium pyriforme* Paulsen，1907

分布： 欧洲：亚得里亚海，波罗的海，黑海，地中海，德国(赫尔戈兰岛)，罗马尼亚，英国，克罗地亚；大西洋诸岛：加那利群岛；南美：巴西；澳大利亚和新西兰：澳大利亚，新西兰；亚洲：俄罗斯远东，日本和中国沿海；北极：白海，巴伦支海，喀拉海，楚科奇海，楚科奇海－加拿大海盆。

参考文献： Okolodkov，1998；Matishov et al.，2000；Guiry，Guiry，2015；林更铭等，2013。

梨形原多甲藻短角亚种 *Protoperidinium pyriforme* subsp. *breve*(Paulsen) E. Balech，1988

[据最新资料记载，该亚种的分类地位(包括命名)可能尚需进一步核实和研究]

基名(Basionym)： *Peridinium steinii* f. *breve* Paulsen

分布： 欧洲：黑海；大西洋诸岛：加那利群岛；北极：白海，巴伦支海，喀拉海，拉普捷夫海，楚科奇海，东西伯利亚海。

参考文献： Okolodkov，1998；Guiry，Guiry，2015。

五刺原多甲藻 *Protoperidinium quinquecorne* (Abé) Balech，1974

基名(Basionym)： *Peridinium quinquecorne* Abé

同模式异名[Homotypic Synonym(s)]： *Peridinium quinquecorne* Abé，1927

分布： 欧洲：黑海，地中海，法国；中美洲：加利福尼亚湾；加勒比诸岛：古巴；南美：巴西；澳大利亚和新西兰：澳大利亚；亚洲：日本和中国沿海；北极：加拿大海盆。

参考文献： Melnikov et al.，2002；Guiry，Guiry，2015。

粉红原多甲藻 *Protoperidinium roseum*(O. W. Paulsen) Balech，1974

基名(Basionym)： *Peridinium roseum* O. W. Paulsen

同模式异名[Homotypic Synonym(s)]： *Peridinium roseum* O. W. Paulsen

分布： 欧洲：波罗的海，黑海；南美：巴西；澳大利亚和新西兰：新西兰；亚洲：日本沿海；北极：巴伦支海，喀拉海，拉普捷夫海，阿拉斯加(巴罗角)。

参考文献： Bursa，1963；Okolodkov，1998；Guiry，Guiry，2015。

海生原多甲藻 *Protoperidinium saltans*(Meunier) Balech，1973

基名(Basionym)： *Peridinium saltans* Meunier

同模式异名[Homotypic Synonym(s)]： *Peridinium saltans* Meunier, 1910

异模式异名[Heterotypic Synonym(s)]： *Protoperidinium valgus* Abé, 1981

分布(两极性种)：欧洲：英国；亚洲：日本沿海；北极：巴伦支海，喀拉海，楚科奇海。

参考文献： Okolodkov, 1998, 1999; Matishov et al., 2000; Guiry, Guiry, 2015。

实脚原多甲藻 *Protoperidinium solidicorne*(Mangin) Balech, 1974 (as "*solidcorne*")

基名(Basionym)： *Peridinium solidicorne* Mangin

同模式异名[Homotypic Synonym(s)]： *Peridinium solidicorne* Mangin

异模式异名[Heterotypic Synonym(s)]： *Protoperidinium spinosum* Schiller, 1937; *Peridinium spiniferum* J. Schiller, 1937; *Protoperidinium spiniferum*(J. Schiller) Balech, 1974

分布： 欧洲：亚得里亚海，黑海，地中海，罗马尼亚；澳大利亚和新西兰：澳大利亚；亚洲：中国和日本沿海；北极：巴伦支海，楚科奇海。

参考文献： Okolodkov, 1998; Guiry, Guiry, 2015。

斯氏原多甲藻 *Protoperidinium steinii*(Jörgensen) Balech, 1974

基名(Basionym)： *Peridinium steinii* Jörgensen

同模式异名[Homotypic Synonym(s)]： *Peridinium steinii* Jörgensen, 1889

异模式异名[Heterotypic Synonym(s)]： *Peridinium michaelis* Stein, 1883

分布： 欧洲：亚得里亚海，波罗的海，黑海，地中海，德国(赫尔戈兰岛)，法国，罗马尼亚，英国，克罗地亚，挪威；大西洋诸岛：加那利群岛；加勒比海群岛：古巴；南美：巴西；澳大利亚和新西兰：澳大利亚，新西兰；亚洲：中国和日本沿海；北极：巴伦支海和喀拉海，拉普捷夫海。

参考文献： Matishov et al., 2000; Tuschling et al., 2000; Guiry, Guiry, 2015。

近弯脚原多甲藻 *Protoperidinium subcurvipes* (Lebour) Balech, 1974

基名(Basionym)： *Peridinium subcurvipes* Lebour

同模式异名[Homotypic Synonym(s)]： *Peridinium subcurvipes* Lebour, 1923

分布： 欧洲：英国；亚洲：俄罗斯远东；北极：白海，巴伦支海，喀拉海，阿拉斯加(巴罗角)。

参考文献： Bursa, 1963; Okolodkov, 1998; Matishov et al., 2000; Guiry, Guiry, 2015。

近无刺(赛裸)原多甲藻 *Protoperidinium subinerme* (Paulsen) Loeblich III, 1969

基名(Basionym)： *Peridinium subinermis* Paulsen

同模式异名[Homotypic Synonym(s)]： *Peridinium subinermis* Paulsen, 1904

异模式异名[Heterotypic Synonym(s)]： *Peridinium subinerme* Paulsen, 1908

分布： 欧洲：波罗的海，黑海，地中海，德国(赫尔戈兰岛)，英国，瑞典；南美：巴西；非洲：毛里塔尼亚；澳大利亚和新西兰：澳大利亚，新西兰；亚洲：俄罗斯远东，中国和日本沿海；北极：白海，巴伦支海，喀拉海，拉普捷夫海，楚科奇海，阿拉斯加(巴罗角)。

参考文献： Bursa, 1963; Okolodkov, 1998; Matishov et al., 2000; Guiry, Guiry, 2015。

近棱形原多甲藻 *Protoperidinium subpyriforme*（Dangeard）Balech，1974

基名(Basionym)： *Peridinium subpyriforme* P. – A. Dangeard

同模式异名[Homotypic Synonym(s)]： *Peridinium subpyriforme* P. – A. Dangeard，1927

分布： 亚洲：中国沿海；北极：楚科奇海。

参考文献： Okolodkov，1998；Guiry，Guiry，2015。

方格原多甲藻 *Protoperidinium thorianum*（Paulsen）Balech，1974

基名(Basionym)： *Peridinium thorianum* Paulsen

同模式异名[Homotypic Synonym(s)]： *Peridinium thorianum* Paulsen，1905

异模式异名[Heterotypic Synonym(s)]： *Properidinium thorianum* Meunier，1919

分布： 欧洲：波罗的海，黑海，地中海，德国(赫尔戈兰岛)，英国；澳大利亚和新西兰：澳大利亚；亚洲：俄罗斯远东，中国和日本沿海；北极：白海，巴伦支海，喀拉海，拉普捷夫海，东西伯利亚海，楚科奇海，加拿大海盆。

参考文献： Okolodkov，1998；Matishov et al.，2000；Melnikov et al.，2002；Guiry，Guiry，2015。

膨胀原多甲藻 *Protoperidinium turgidum*(Meunier) Balech，1974

基名(Basionym)： *Peridinium turgidum* Meunier

同模式异名[Homotypic Synonym(s)]： *Peridinium turgidum* Meunier，1910

分布： 北极：巴伦支海，喀拉海，楚科奇海。

参考文献： Okolodkov，1998；Guiry，Guiry，2015。

腹侧原多甲藻 *Protoperidinium ventrale*(Abé) Balech，1974

基名(Basionym)： *Peridinium ventrale* Abé

同模式异名[Homotypic Synonym(s)]： *Peridinium ventrale* Abé，1936

分布： 欧洲：黑海；亚洲：日本；北极：巴伦支海，楚科奇海。

[该种最早报道于日本海域(Abé，1936)，在北极的有关记录尚缺乏形态描述及其插图，故Okolodkov(1998)对该种在北极的分布尚有疑问]

参考文献： Abé，1936；Roukhijainen，1966；Ryzhov et al.，1984；Okolodkov，1998；Guiry，Guiry，2015。

翼藻科 Family Diplopsaliaceae Matsuoka

翼藻属 Genus *Diplopsalis* Bergh，1881

透镜翼藻 *Diplopsalis lenticula* Bergh，1882

同模式异名[Homotypic Synonym(s)]： *Dissodium lenticulum*(Bergh) Loeblich III，1970

异模式异名[Heterotypic Synonym(s)]： *Peridiniopsis lenticula*(Bergh) Starmach；*Glenodinium lenticula* Pouchet，1883

分布： 欧洲：黑海，地中海，罗马尼亚，英国，希腊，瑞典，德国(赫尔戈兰岛)；大西洋诸岛：加那利群岛；北美：美国(佛罗里达州)；南美：巴西；澳大利亚和新西兰：新西兰；

南极和亚南极诸岛：南极/亚南极群岛；亚洲：中国沿海；北极：白海，巴伦支海，喀拉海，拉普捷夫海，楚科奇海，东西伯利亚海，阿拉斯加（巴罗角）。

参考文献：Bursa，1963；Okolodkov，1998；Matishov et al.，2000；Guiry，Guiry，2015。

拟翼藻属 Genus *Diplopsalopsis* Meunier，1910

桶状拟翼藻 *Diplopsalopsis bomba*（Stein ex Jorgensen）J. D. Dodge & S. Toriumi，1993

异模式异名［Heterotypic Synonym(s)］：*Diplosalis lenticulata* Bergh，1881；*Peridiniopsis asymmetrica* Mangin，1911；*Diplopsalis asymmetrica*（Mangin）Lindemann，1927；*Glenodinium lenticulum* f. *asymmetrica*（Mangin）Schiller，1937；*Dissodium asymmetricum*（Mangin）Loeblich Ⅲ，1970

分布：欧洲：波罗的海，黑海，英国；南美：巴西；澳大利亚和新西兰：澳大利亚；亚洲：日本和中国沿海；北极：楚科奇海。

参考文献：Okolodkov，1998；Guiry，Guiry，2015。

圆形拟翼藻 *Diplopsalopsis orbicularis*（Paulsen）Meunier，1910

基名（Basionym）：*Peridinium orbiculare* Paulsen

同模式异名［Homotypic Synonym(s)］：*Peridinium orbiculare* Paulsen，1907

异模式异名［Heterotypic Synonym(s)］：*Diplopsalis orbicularis* Steidinger & Williams，1970

分布：欧洲：波罗的海，黑海，地中海，罗马尼亚，英国；澳大利亚和新西兰：澳大利亚；亚洲：俄罗斯远东，日本和中国沿海；北极：白海，巴伦支海，喀拉海，拉普捷夫海。

参考文献：Okolodkov，1998；Guiry，Guiry，2015。

莱博藻属 Genus *Lebouraia* Abé，1941

微小莱博藻 *Lebouraia minuta* Abé，1941

分布：澳大利亚和新西兰：澳大利亚；北极：楚科奇海。

参考文献：Okolodkov，1998；Guiry，Guiry，2015。

高贵藻属 Genus *Oblea* Balech，1964 ex Loeblich Jr et Loeblich Ⅲ，1966

圆形高贵藻 *Oblea rotunda*（Lebour）Balech ex Sournia，1973

基名（Basionym）：*Peridiniopsis rotunda* Lebour

同模式异名［Homotypic Synonym(s)］：*Peridiniopsis rotunda* Lebour，1922

异模式异名［Heterotypic Synonym(s)］：*Glenodinium rotundum* Schiller，1937；*Diplopsalis rotunda* Wood，1968；*Diplopsalis rotundata* Steidinger & Williams，1970

分布：欧洲：波罗的海，黑海，地中海，德国（赫尔戈兰岛），罗马尼亚，英国；澳大利亚和新西兰：澳大利亚，新西兰；亚洲：俄罗斯，韩国，日本和中国沿海；北极：白海，巴伦支海，楚科奇海。

参考文献：Okolodkov，1998；Guiry，Guiry，2015。

前多甲藻属 Genus *Preperidinium* Mangin, 1913

默尼耶前多甲藻 *Preperidinium meunieri* (Pavillard) Elbrächter, 1993

基名(Basionym): *Peridinium meunieri* Pavillard

同模式异名[Homotypic Synonym(s)]: *Peridinium meunieri* Pavillard, 1912

异模式异名[Heterotypic Synonym(s)]: *Preperidinium paulseni*(Mangin) Mangin; *Diplopsalis lenticula* f. *minor* Paulsen, 1907; *Peridinium lenticulum* Mangin, 1911; *Peridinium paulsenii* Mangin, 1911; *Peridinium lenticulatum* L. A. Mangin, 1911; *Diplopeltopsis minor* Pavillard, 1913; *Diplopsalis minor*(Paulsen) Lindemann, 1927; *Glenodinium lenticula* f. *minor* Schiller, 1937; *Zygabikodinium lenticulatum* Loeblich Jr. & Loeblich III, 1970

分布: 欧洲:波罗的海,黑海,地中海,德国(赫尔戈兰岛),西班牙,英国,挪威,瑞典;大西洋诸岛:加那利群岛;北美:美国(马萨诸塞州);南美:巴西;澳大利亚和新西兰:澳大利亚;南极和亚南极诸岛:南极/亚南极群岛;亚洲:日本和中国沿海;北极:白海,巴伦支海,喀拉海,楚科奇海。

参考文献: Okolodkov, 1998; Matishov et al., 2000; Guiry, Guiry, 2015。

未定科 Family Peridiniales incertae sedis

似多甲藻属 Genus *Peridiniella* Kofoid & Michener, 1911

链状似多甲藻 *Peridiniella catenata*(Levander) Balech, 1977(版图XXXⅦ, 3a-b)

基名(Basionym): *Peridinium catenata* K. M. Levander

同模式异名[Homotypic Synonym(s)]: *Peridinium catenata* K. M. Levander, 1894; *Gonyaulax catenata*(Levander) Kofoid, 1911

异模式异名[Heterotypic Synonym(s)]: *Amylax catenata*(Levander) Meunier, 1910

分布(北极北方种):欧州:亚得里亚海,波罗的海,黑海,芬兰;亚洲:俄罗斯远东,日本;北极:白海,巴伦支海,喀拉海,拉普捷夫海,东西伯利亚海和北冰洋海盆,加拿大北极区,楚科奇海,楚科奇海-加拿大海盆,阿拉斯加(巴罗角)。

参考文献: Bursa, 1963; Hsiao, 1980; Okolodkov, 1998, 1999; Tuschling et al., 2000; Matishov et al., 2000; Guiry, Guiry, 2015; 林更铭等, 2013。

丹麦似多甲藻 *Peridiniella danica* (Paulsen) Y. B. Okolodkov & J. D. Dodge, 1995

基名(Basionym): *Glenodinium danicum* Paulsen

同模式异名[Homotypic Synonym(s)]: *Glenodinium danicum* Paulsen, 1907

分布: 欧洲:亚得里亚海,波罗的海,黑海,英国,罗马尼亚;亚洲:日本;北极:白海,巴伦支海,喀拉海,加拿大北部(努勒维特)。

参考文献: Okolodkov, 1998; Riedel et al., 2003; Guiry, Guiry, 2015。

原甲藻目 Order Prorocentrales Lemmermann，1910

原甲藻科 Family Prorocentraceae Ehrenberg，1883

原甲藻属 Genus *Prorocentrum* Ehrenberg，1834

心形原甲藻 *Prorocentrum cordatum*（Ostenfeld）Dodge，1975

基名(Basionym)： *Exuviaella cordata* Ostenfeld

同模式异名[Homotypic Synonym(s)]： *Exuviaella cordata* Ostenfeld，1902

异模式异名[Heterotypic Synonym(s)]： *Exuviaella minima* Pavillard，1916，*Exuviaella pyriformis* J. Schiller，1928；*Prorocentrum minimum*（Pavillard）J. Schiller，1933；*Exuviaella peisonis* J. Schiller，1955；*Exuviaella pacifica* Kuz'mina，1960

分布(有害物种)：欧洲：亚得里亚海，波罗的海，黑海，地中海，德国(赫尔戈兰岛)，罗马尼亚，法国，英国，克罗地亚，芬兰，希腊，挪威，瑞典；北美：美国(马萨诸塞州，纽约，佛罗里达州，马里兰州，北卡罗来纳州)，墨西哥；加勒比海诸岛：古巴；南美：巴西；澳大利亚和新西兰：澳大利亚；亚洲：中国，日本，韩国；北极：北欧北极区(斯堪的纳维亚和格陵兰)，加拿大北极区，俄罗斯北极区，白海，阿拉斯加北极区。

参考文献： Okolodkov，1998；Poulin et al.，2011；Guiry，Guiry，2015。

利马原甲藻 *Prorocentrum lima*（Ehrenberg）F. Stein，1878

基名(Basionym)： *Cryptomonas lima* Ehrenberg

同模式异名[Homotypic Synonym(s)]： *Cryptomonas lima* Ehrenberg，1860；*Exuviaella lima*（Ehrenberg）Bütschli，1885；*Exuviaella marina* var. *lima*（Ehrenberg）Schiller，1931

异模式异名[Heterotypic Synonym(s)]： *Exuviaella marina* Cienkowski，1881；*Dinopyxis laevis* F. Stein，1883；*Exuviaella lima*（Ehrenberg）F. Schütt，1896；*Exuviaella laevis*（Stein）Schroder，1900；*Exuviaella cincta* Schiller，1918；*Exuviaella ostenfeldi* Schiller，1933；*Exuviaella caspica* Kiselev，1940；*Prorocentrum marinum* Dodge & Bibby，1973；*Prorocentrum marinum*（Cienkowski）Loeblich III，1976；*Prorocentrum arenarium* M. A. Faust，1994

分布[产毒种：腹泻贝毒(DSP)，底栖/附生种]：欧洲：亚得里亚海，波罗的海，黑海，地中海，德国(赫尔戈兰岛等)，意大利，葡萄牙，西班牙，罗马尼亚；大西洋诸岛：百慕大群岛，加那利群岛；北美：美国(佛罗里达州，缅因州)，加拿大(新斯科舍)；中美：伯利兹城，哥斯达黎加；南美：巴西，哥伦比亚；澳大利亚和新西兰：新西兰，澳大利亚(新南威尔士州等)；太平洋诸岛：加拉帕戈斯群岛(厄瓜多尔)，塔希提岛(法属)；印度洋诸岛：科摩罗和马约特岛；亚洲：日本和中国沿海；东南亚：印度尼西亚，菲律宾；西南亚：黎巴嫩；北极：白海，巴伦支海和喀拉海，阿拉斯加－加拿大－俄罗斯北极区。

参考文献： Okolodkov，1998，2005；Matishov et al.，2000；Poulin et al.，2011；Guiry，Guiry，2015。

海洋原甲藻 *Prorocentrum micans* Ehrenberg，1834

异模式异名[Heterotypic Synonym(s)]： *Prorocentrum schilleri* Böhrn，1933；*Prorocentrum* *levantinoides* Bursa, 1959; *Prorocentrum pacificum* Wood, 1963

分布: 欧洲: 亚得里亚海, 波罗的海, 黑海, 地中海, 英国, 克罗地亚, 德国(赫尔戈兰岛等), 法国, 希腊, 挪威, 罗马尼亚, 西班牙; 大西洋诸岛: 加那利群岛; 北美: 加拿大(新斯科舍), 美国(罗德岛州); 加勒比海诸岛: 古巴; 中美: 墨西哥(下加利福尼亚); 南美: 阿根廷, 巴西; 非洲: 摩洛哥; 澳大利亚和新西兰: 新西兰, 澳大利亚(南澳大利亚等); 亚洲: 日本和中国沿海; 北极: 巴伦支海和喀拉海, 楚科奇海。

参考文献: Okolodkov, 1998; Matishov et al., 2000; Guiry, Guiry, 2015。

卵圆原甲藻 *Prorocentrum ovale* Rampi (as "*ovalis*")

分布: 北极: 加拿大北极区。

参考文献: Hsiao, 1980; Guiry, Guiry, 2015。

梨甲藻目 Order Pyrocystales Apstein, 1909

梨甲藻科 Family Pyrocystaceae (Schütt, 1896) Lemmermann, 1899

梨甲藻属 Genus *Pyrocystis* J. Murray, 1876 ex Haeckel, 1890

夜光梨甲藻 *Pyrocystis noctiluca* Murray ex Haeckel, 1890

异模式异名[Heterotypic Synonym(s)]: *Dissodinium pseudonoctiluca* Swift ex Elbrachter & Drebes

分布: 欧洲: 亚得里亚海, 黑海, 地中海, 英国, 克罗地亚; 大西洋诸岛: 加那利群岛; 北美: 美国(加利福尼亚州); 中美洲: 下加利福尼亚; 南美: 巴西; 澳大利亚和新西兰: 澳大利亚; 亚洲: 日本和中国沿海; 北极: 楚科奇海。

参考文献: Okolodkov, 1998; Guiry, Guiry, 2015。

胸球藻目 Order Thoracosphaerales Tangen in Tangen et al., 1982

胸球藻科 Family Thoracosphaeraceae Schiller, 1930

施克里普藻属 Genus *Scrippsiella* Balech ex A. R. Loeblich III, 1965

锥状施克里普藻 *Scrippsiella trochoidea* (Stein) Loeblich III, 1976(版图XXXVIII, 1a–b)

基名(Basionym): *Glenodinium trochoideum* Stein

同模式异名[Homotypic Synonym(s)]: *Glenodinium trochoideum* Stein, 1883; *Peridinium trochoideum* (Stein) Lemmermann, 1910

异模式异名[Heterotypic Synonym(s)]: *Glenodinium acuminatum* Jörgensen, 1899; *Peridinium faeroense* O. W. Paulsen, 1905; *Scrippsiella faeroensis* (O. W. Paulsen) Balech & Soares, 1966; *Scrippsiella faeronese* Dickensheets & Cox, 1971; *Calciodinellum faeroense* (O. W. Paulsen) Havskum, 1991

分布: 欧洲: 亚得里亚海, 波罗的海, 黑海, 地中海, 英国, 法国, 德国, 希腊, 意大利, 葡萄牙, 西班牙, 挪威, 瑞典, 赫尔戈兰岛, 罗马尼亚; 北美: 加拿大(不列颠哥伦比亚), 美国(缅因州, 马萨诸塞州); 南美: 巴西; 大西洋诸岛: 加那利群岛; 澳大利亚和新西兰: 澳大利亚, 新西兰; 南极和亚南极诸岛: 南极/亚南极群岛; 亚洲: 日本和中国; 北极:

白海，巴伦支海，喀拉海，拉普捷夫海，楚科奇海，阿拉斯加(巴罗角)，加拿大海盆，加拿大北部(努勒维特)，楚科奇海－加拿大海盆。

参考文献：Bursa，1963；Okolodkov，1998；Tuschling et al.，2000；Matishov et al.，2000；Melnikov et al.，2002；Riedel et al.，2003；Guiry，Guiry，2015；林更铭等，2013。

未定目 Order Dinophyceae incertae sedis

未定科 Family Dinophyceae incertae sedis

水仙藻属 Genus *Naiadinium* S. Carty，2014

波兰水仙藻 *Naiadinium polonicum*(Woloszyñska) S. Carty，2014

基名(Basionym)： *Peridinium polonicum* Woloszyñska

同模式异名[Homotypic Synonym(s)]： *Peridinium polonicum* Woloszyñska，1916；*Peridiniopsis polonica*（Woloszyñska）Bourrelly，1968

分布(淡水种)：欧洲：波罗的海，英国，德国，罗马尼亚；亚洲：日本；西南亚：以色列；北极：白海，巴伦支海和喀拉海，楚科奇海。

参考文献：Okolodkov，1998；Matishov et al.，2000；Guiry，Guiry，2015。

植物界 Kingdom Plantae Haeckel，1866

绿藻门 Phylum Chlorophyta A. Pascher，1914

塔胞藻纲 Class Pyramimonadophyceae(Syn. 绿枝藻纲 Prasinophyceae T. Christensen ex P. C. Silva，1980)

塔胞藻藻目 Order Pyramimonadales Chadefaud，1950

塔胞藻科 Family Pyramimonadaceae Korshikov，1938

塔胞藻属 Genus *Pyramimonas* Schmarda，1849

南森塔胞藻 *Pyramimonas nansenii* Braarud

分布：欧洲：波罗的海；北极：加拿大北部(努勒维特)。

参考文献：Riedel et al.，2003；Guiry，Guiry，2015。

维尔吉妮卡塔胞藻 *Pyramimonas virginica* Pennick，1977

分布：欧洲：波罗的海；澳大利亚和新西兰：澳大利亚(塔斯马尼亚岛)，新西兰；北极：加拿大北部(努勒维特)。

参考文献：Riedel et al.，2003；Guiry，Guiry，2015。

多毛藻科 Family Polyblepharidaceae P. A. Dangeard，1889

多毛藻属 Genus *Polyblepharides* P. –A. Dangeard，1888

艾米多毛藻 *Polyblepharides amylifera* (Conrad) H. Ettl，1982

基名(Basionym)：*Pyramimonas amylifera* Conrad

同模式异名[Homotypic Synonym(s)]：*Pyramimonas amylifera* Conrad，1939

分布：欧洲：黑海，西班牙；北美：美国(马萨诸塞州)；澳大利亚和新西兰：新西兰；亚洲：日本；北极：加拿大北部(努勒维特)。

参考文献：Riedel et al.，2003；Guiry，Guiry，2015。

绿藻纲 Class Chlorophyceae Wille in Warming，1884

衣藻目 Order Chlamydomonadales F. E. Fritsch in G. S. West & Fritsch，1927

衣藻科 Family Chlamydomonadaceae F. Stein，1878

衣藻属 Genus *Chlamydomonas* Ehrenberg，1833

锯齿状衣藻 *Chlamydomonas ballenyana* E. Kol in E. Kol & E. A. Flint，1968

分布(淡水/陆生种)：北极：加拿大北极区。

参考文献： Hsiao，1980；Guiry，Guiry，2015。

雪衣藻 *Chlamydomonas nivalis*(F. A. Bauer) Wille，1903

基名(Basionym)： *Uredo nivalis* F. A. Bauer

同模式异名[Homotypic Synonym(s)]： *Protococcus nivalis*(F. A. Bauer) C. Agardh；*Uredo nivalis* F. A. Bauer，1819

分布(淡水/陆生种)： 欧洲：奥地利，英国，罗马尼亚，西班牙；澳大利亚和新西兰：澳大利亚(新南威尔士州)，新西兰；亚洲：中国；北极：挪威(斯瓦尔巴特群岛)，加拿大海盆。

参考文献： Melnikov et al.，2002；Guiry，Guiry，2015；胡鸿钧等，2006。

拟衣藻属 Genus *Chloromonas* Gobi，1899—1900

冰雪拟衣藻 *Chloromonas nivalis*(Chodat) Hoham & Mullet，1978

基名(Basionym)： *Pteromonas nivalis* Chodat

同模式异名[Homotypic Synonym(s)]： *Pteromonas nivalis* Chodat，1902；*Scotiella nivalis* (Chodat) F. E. Fritsch，1912

异模式异名[Heterotypic Synonym(s)]： *Scotiella antarctica* Fritsch，1912；*Scotiella nivalis* (Chod.) Fritsch，1912；*Pteromonas willei* Gain，1912；*Chloromonas cryophila* Hoham & Mullet，1977

分布(淡水/陆生种)： 欧洲：英国，罗马尼亚；澳大利亚和新西兰：新西兰；欧洲：奥地利；北美：美国(亚利桑那州)；亚洲：中国(台湾)；北极：阿拉斯加(巴罗角)。

参考文献： Bursa，1963；Guiry，Guiry，2015。

环藻目 Order Sphaeropleales Luerssen，1877

栅藻科 Family Scenedesmaceae Oltmanns，1904

尖束藻属 Genus *Acutodesmus*(Hegewald) Tsarenko，2001

渐尖尖束藻 *Acutodesmus acuminatus*(Lagerheim) Tsarenko in Tsarenko & Petlovanny，2001

基名(Basionym)： *Selenastrum acuminatum* Lagerheim

同模式异名[Homotypic Synonym(s)]： *Scenedesmus acuminatus*(Lagerheim) Chodat，1902

分布(淡水种)： 欧洲：波罗的海，黑海，英国，葡萄牙，罗马尼亚，西班牙，土耳其(欧洲)，捷克；大西洋诸岛：加那利群岛；北美：美国(阿肯色州)；加勒比海诸岛：古巴；南美：巴西；澳大利亚和新西兰：澳大利亚(新南威尔士州，昆士兰州，维多利亚)，新西兰；西南亚：巴基斯坦；亚洲：俄罗斯，中国，土耳其(亚洲)；东南亚：新加坡；北极：阿拉斯加(巴罗角)。

参考文献： Bursa，1963；Guiry，Guiry，2015；胡鸿钧等，2006。

斜生尖束藻 *Acutodesmus obliquus*(Turpin) Hegewald & Hanagata，2000

基名(Basionym)： *Achnanthes obliqua* Turpin

同模式异名[Homotypic Synonym(s)]： *Achnanthes obliqua* Turpin，1828；*Scenedesmus obliquus*（Turpin）Kützing，1833

分布(淡水种)：欧洲：波罗的海，黑海，安道尔共和国，巴利亚里群岛，英国，葡萄牙，罗马尼亚，西班牙，德国，意大利；大西洋诸岛：加那利群岛；北美：美国(阿肯色州)，五大湖；加勒比海诸岛：古巴；南美：巴西；澳大利亚和新西兰：新西兰，澳大利(新南威尔士州，昆士兰州，维多利亚)；西南亚：印度，伊朗；亚洲：俄罗斯远东，中国，土耳其(亚洲)；东南亚：新加坡；北极：加拿大埃尔斯米尔群岛，拉普捷夫海，阿拉斯加(巴罗角)。

参考文献： Bursa，1963；Croasdale，1973；Tuschling et al.，2000；Guiry，Guiry，2015；胡鸿钧等，2006。

栅藻亚科 Subfamily Scenedesmoidea

栅藻属 Genus *Scenedesmus* Meyen，1829

四尾栅藻 *Scenedesmus quadricauda*(Turpin) Brébisson in Brébisson & Godey，1835

基名(Basionym)： *Achnanthes quadricauda* Turpin

同模式异名[Homotypic Synonym(s)]： *Desmodesmus quadricaudatus*（Turpin）；*Achnanthes quadricauda* Turpin，1828

分布： 欧洲：黑海，安道尔共和国，巴利亚里群岛，德国，葡萄牙，罗马尼亚，西班牙；大西洋诸岛：加那利群岛；北美：美国(阿肯色州)，五大湖；南美：玻利维亚，巴西；西南亚：伊朗，巴基斯坦，印度(旁遮普)；澳大利亚和新西兰：新西兰，澳大利亚(新南威尔士州，北领地，昆士兰州，塔斯马尼亚岛，维多利亚)；亚洲：俄罗斯(远东地区等)，中国，土耳其(亚洲)；东南亚：新加坡；北极：加拿大埃尔斯米尔群岛，加拿大海盆，阿拉斯加(巴罗角)。

参考文献： Bursa，1963；Croasdale，1973；Melnikov et al.，2002；Guiry，Guiry，2015；胡鸿钧等，2006。

月牙藻科 Family Selenastraceae Blackman & Tansley，1903

纤维藻属 Genus *Ankistrodesmus* Corda，1838

镰刀纤维藻 *Ankistrodesmus falcatus*（Corda）Ralfs，1848

基名(Basionym)： *Micrasterias falcatus* Corda

同模式异名[Homotypic Synonym(s)]： *Micrasterias falcatus* Corda，1835

异模式异名[Heterotypic Synonym(s)]： *Rhaphidium polymorphum* var. *falcatum* De Toni；*Rhaphidium fasciculatum* Kützing，1845；*Ankistrodesmus lundbergii* Koshikov，1953

分布(淡水/陆生种)：欧洲：波罗的海，黑海，安道尔共和国，巴利亚里群岛，英国，德国，罗马尼亚，西班牙；北美：美国(阿肯色州，明尼苏达州)，五大湖；加勒比海诸岛：古巴；南美：巴西；澳大利亚和新西兰：新西兰，澳大利亚(新南威尔士州，北领地，昆士兰州，塔斯马尼亚岛，维多利亚，西部澳大利亚)；亚洲：俄罗斯远东，中国，土耳其(亚洲)；西南亚：印度，巴基斯坦；东南亚：新加坡；北极：加拿大埃尔斯米尔群岛，阿拉斯加(巴罗角)。

参考文献： Bursa，1963；Croasdale，1973；Guiry，Guiry，2015；胡鸿钧等，2006。

接合藻纲 Class Conjugatophyceae Engler，1892

双星藻目 Order Zygnematales C. E. Bessey，1907

中带藻科 Family Mesotaeniaceae Oltmanns，1904

弯丝鼓藻属 Genus *Ancylonema* Berggren，1872

诺登弯丝鼓藻 *Ancylonema nordenskioeldii* Berggern，1872

分布(淡水/陆生种)：欧洲：乌克兰；南美：巴西；亚洲：中国；北极：加拿大海盆。

参考文献：Melnikov et al.，2002;；Guiry，Guiry，2015；胡鸿钧等，2006。

四胞藻纲 Class Trebouxiophyceae Friedl，1995

小球藻目 Order Chlorellales Bold & M. J. Wynne，1985

小球藻科 Family Chlorellaceae Brunnthaler，1913

小球藻属 Genus *Chlorella* Beyerinck (Beijerinck)，1890

海水小球藻 *Chlorella salina* Butcher，1952

分布(陆生种)：欧洲：德国；亚洲：中国；北极：阿拉斯加(巴罗角)。

参考文献：Bursa，1963；Guiry，Guiry，2015。

卵囊藻科 Family Oocystaceae Bohlin，1901

指球藻属 Genus *Dactylococcus* Nägeli，1849

水溪指球藻 *Dactylococcus infusionum* Nägeli

分布：北美：五大湖；北极：阿拉斯加(巴罗角)。

参考文献：Bursa，1963；Guiry，Guiry，2015。

卵囊藻属 Genus *Oocystis* Nägeli ex A. Braun，1855

湖生卵囊藻 *Oocystis lacustris* Chodat，1897

同模式异名[**Homotypic Synonym(s)**]：*Oocystella lacustris*(Chodat) Hindák

分布(淡水种)：欧洲：波罗的海，黑海，英国，德国，罗马尼亚，西班牙；北美：安大略湖；加勒比海诸岛：古巴；南美：巴西；澳大利亚和新西兰：澳大利亚(新南威尔士州，维多利亚)，新西兰；西南亚：伊朗；亚洲：俄罗斯远东，中国；北极：加拿大埃尔斯米尔诸岛，阿拉斯加(巴罗角)。

参考文献：Bursa，1963；Croasdale，1973；Guiry，Guiry，2015；胡鸿钧等，2006。

独居卵囊藻 *Oocystis solitaria* Wittrock in Wittrock & Nordstedt，1879

同模式异名[**Homotypic Synonym(s)**]：*Oocystella solitaria*(Wittrock) Hindák，1988

异模式异名[**Heterotypic Synonym(s)**]：*Oocystis solitaria* var. *notabile* West & G. S. West；

Oocystis crassa Wittrock，1880

分布(淡水种)：欧洲：波罗的海，黑海，安道尔共和国，巴利亚里群岛，西班牙，英国，德国，罗马尼亚；北美：美国(阿肯色州)，五大湖；南美：玻利维亚，巴西；澳大利亚和新西兰：澳大利亚(昆士兰州，新南威尔士州，维多利亚)；西南亚：巴基斯坦；亚洲：尼泊尔，俄罗斯远东，中国，土耳其(亚洲)；北极：加拿大埃尔斯米尔群岛，阿拉斯加(巴罗角)。

参考文献：Bursa，1963；Croasdale，1973；Guiry，Guiry，2015；胡鸿钧等，2006。

石莼纲 Class Ulvophyceae K. R. Mattox & K. D. Stewart，1978

丝藻目 Order Ulotrichales Borzì，1895

丝藻科 Family Ulotrichaceae Kützing，1843

丝藻属 Genus *Ulothrix* Kützing，1833

缠绕丝藻 *Ulothrix implexa*(Kützing) Kützing，1849

基名(Basionym)：*Hormidium implexum* Kützing

同模式异名[Homotypic Synonym(s)]：*Hormidium implexum* Kützing，1847；*Hormiscia implexa*(Kützing) Rabenhorst，1868

异模式异名[Heterotypic Synonym(s)]：*Ulothrix acrorhiza* Kornmann，1964

分布：欧洲：罗马尼亚，亚得里亚海，巴利亚里群岛，波罗的海，黑海，英国，保加利亚，法罗群岛，法国，希腊，德国(赫尔戈兰岛等)，挪威，葡萄牙，西班牙，斯匹次卑尔根岛，瑞典，土耳其(欧洲)，意大利(威尼托等)，爱尔兰(科克郡，都柏林，安特里姆等地)；北美：美国(加利福尼亚州，佛罗里达州，新罕布什尔州，新泽西州，俄勒冈州，华盛顿州，阿拉斯加州)，加拿大(新不伦瑞克，不列颠哥伦比亚)；南美：智利，南美洲温带区；加勒比海诸岛：古巴；非洲：摩洛哥，突尼斯；澳大利亚和新西兰：澳大利亚(新南威尔士州，昆士兰州，南澳大利亚，维多利亚)；西南亚：塞浦路斯，土耳其(亚洲)；亚洲：中国，日本，韩国，俄罗斯；南极和亚南极诸岛：南极/亚南极群岛；北极：白海，挪威斯瓦尔巴特群岛，加拿大北极区，加拿大海盆。

参考文献：Melnikov et al.，2002；Guiry，Guiry，2015；胡鸿钧等，2006。

原生动物界 Kingdom Protozoa Goldfuss，1818

裸藻门 Phylum Euglenophyta Pascher，1931

［藻库（Guiry & Guiry，2015）记作眼虫门 Euglenozoa Cavalier-Smith，1981］

裸藻纲 Class Euglenophyceae Schoenichen，1925

双鞭藻目 Order Eutreptiales Leedale，1967

双鞭藻科 Family Eutreptiaceae Hollande，1942

双鞭藻属 Genus *Eutreptia* Perty，1852

球状双鞭藻 *Eutreptia globulifera* Van Goor，1925

异模式异名［Heterotypic Synonym（s）］：*Eutreptia globulifera* var. *lata* Popowa，1947

分布：欧洲：黑海，罗马尼亚；亚洲：俄罗斯远东，日本；北极：巴伦支海和喀拉海，楚科奇海－加拿大海盆。

参考文献：Matishov et al.，2000；Guiry，Guiry，2015；林更铭等，2013。

兰氏双鞭藻 *Eutreptia lanowii* Steuer，1904

分布（在富营养海水和半咸淡水常见）：欧洲：亚得里亚海，波罗的海，黑海，克罗地亚，罗马尼亚；南美：巴西；北极：楚科奇海－加拿大海盆。

参考文献：Guiry，Guiry，2015，林更铭等，2013。

异双鞭藻属 Genus *Eutreptiella* A. da Cunha，1914

布氏异双鞭藻 *Eutreptiella braarudii* Throndsen，1969（版图XXXⅧ，2a－d；版图XXXIX，1a－e）

分布：欧洲：波罗的海，黑海；南极和亚南极诸岛：南极/亚南极群岛；北极：巴伦支海和喀拉海，楚科奇海－加拿大海盆。

参考文献：Matishov et al.，2000；Guiry，Guiry，2015；林更铭等，2013。

运动异双鞭藻 *Eutreptiella gymnastica* Throndsen，1969

分布：欧洲：波罗的海，黑海；亚洲：日本沿海；北极：巴伦支海和喀拉海，楚科奇海－加拿大海盆。

参考文献：Throndsen，1969；Matishov et al.，2000；Guiry，Guiry，2015；林更铭等，2013。

海洋异双鞭藻 *Eutreptiella marina* da Cunha，1914

分布：欧洲：德国；北极：巴伦支海和喀拉海，楚科奇海－加拿大海盆。

参考文献：Matishov et al.，2000；Guiry，Guiry，2015；林更铭等，2013。

裸藻目 Order Euglenales Bütschli，1884

裸藻科 Family Euglenaceae H. J. Carter，1859

裸藻属 Genus *Euglena* Ehrenberg，1830

膝曲裸藻 *Euglena geniculata* Dujardin，1841

分布：欧洲：黑海，英国，罗马尼亚；北美：美国(俄勒冈州)；南美：巴西；非洲：塞拉利昂；亚洲：俄罗斯远东，中国；西南亚：以色列；澳大利亚和新西兰：澳大利亚(北领地)；北极：加拿大北极区。

参考文献：Hsiao，1980；Guiry，Guiry，2015；胡鸿钧等，2006。

眼状藻属 Genus *Euglenaformis* M. S. Bennett & Triemer in Bennett et al.，2014

近轴眼状藻 *Euglenaformis proxima*(Dangeard) M. S. Bennett & Triemer in Bennett et al.，2014

基名(Basionym)：*Euglena proxima* P. A. Dangear

同模式异名[Homotypic Synonym(s)]：*Euglena proxima* P. A. Dangeard，1902

分布(淡水种)：欧洲：波罗的海，黑海，英国，波兰，罗马尼亚，西班牙；北美：美国(阿肯色州)；加勒比海诸岛：古巴；南美：巴西；澳大利亚和新西兰：澳大利亚(昆士兰州)；亚洲：俄罗斯远东，日本，土耳其(亚洲)；西南亚：伊朗，以色列，巴基斯坦；东南亚：新加坡；北极：加拿大北极区，楚科奇海－加拿大海盆。

参考文献：Hsiao，1980；Guiry，Guiry，2015；林更铭等，2013。

方钟鞭毛科 Family Peranemataceae Bütschli，1884

迪尼藻属 Genus *Dinematomonas* P. C. Silva，1960

海滨迪尼藻 *Dinematomonas litoralis*(Skuja) P. C. Silva，1960

基名(Basionym)：*Dinema litorale* Skuja

同模式异名[Homotypic Synonym(s)]：*Dinema litorale* Skuja，1939

分布：北极：楚科奇海－加拿大海盆－马卡罗夫海盆－南森海盆，波弗特海。

参考文献：Horner，Schrader，1982；Booth，Horner，1997；Guiry，Guiry，2015。

法凯藻科 Family Phacaceae J. I. Kim，Triemer & W. Shin in Kim，Shin & Triemer，2010

鳞孔藻属 Genus *Lepocinclis* Perty，1849

球形鳞孔藻 *Lepocinclis globulus* Perty，1849

同模式异名[Homotypic Synonym(s)]：*Crumenula ovum* var. *globula* (J. A. M. Perty) G. Deflandre；*Lepocinclis ovum* var. *globula* (Perty) Lemmermann，1901

异模式异名[Heterotypic Synonym(s)]：*Euglena ovum* Ehrenberg，1840；*Lepocinclis ovum* (Ehrenberg) Minkevich，1899

分布(淡水种)：欧洲：德国，罗马尼亚，西班牙，英国；北美：美国(弗吉尼亚州，阿肯色州)；南美：巴西；非洲：塞拉利昂；澳大利亚和新西兰：澳大利亚(北领地，新南威尔士州，昆士兰州)；西南亚：以色列；亚洲：俄罗斯远东，中国(台湾等)；东南亚：新加坡；北极：楚科奇海－东西伯利亚－拉普捷夫海。

参考文献： Okolodkov，1992；Guiry，Guiry，2015；胡鸿钧等，2006。

波多藻纲 Class Bodonophyceae P. C. Silva，1980

波多藻目 Order Bodonales

波多藻科 Family Bodonaceae Bütschli，1884

波多藻属 Genus *Bodo* Ehrenberg，1832

杆管波多藻 *Bodo bacillariophagus* A. S. Bursa，1963

[据最新资料记载，该种的分类地位(包括命名)可能尚需进一步核实和研究]

分布：北极：阿拉斯加(巴罗角)。

参考文献： Bursa，1963；Guiry，Guiry，2015。

领鞭毛虫门 Phylum Choanozoa Cavalier-Smith，1981

领鞭毛虫亚门 Subphylum Choanofila

领鞭毛虫纲 Class Choanoflagellatea

具缘膜虫目 Order Craspedida

集领藻科 Family Codonosigaceae

单领藻属 Genus *Monosiga* W. S. Kent，1878

海生单领藻 *Monosiga marina* Grøntved，1952

分布：北极：加拿大北部(努勒维特)，楚科奇海－加拿大海盆。

参考文献： Riedel et al.，2003；Guiry，Guiry，2015；林更铭等，2013。

领鞭毛虫目 Order Acanthoecida T. Cavalier-Smith，1997

领鞭毛藻科 Family Acanthoecaceae R. E. Norris，1982

帕维藻属 Genus *Parvicorbicula* Deflandre，1960

聚生帕维藻 *Parvicorbicula socialis*(Meunier) Deflandre，1960

[据最新资料记载，该种的分类地位(包括命名)可能尚需进一步核实和研究]

分布：欧洲：波罗的海，黑海；北极：加拿大北部(努勒维特)。

参考文献：Riedel et al.，2003；Guiry，Guiry，2015。

斯蒂芬虫科 Family Stephanoecidae

领鞭毛虫属 Genus *Acanthocorbis* S. Hara & E. Takahashi，1984

无足领鞭毛虫 *Acanthocorbis apoda*(Leadbeater) Hara & Takahashi，1984

基名(Basionym)：*Acanthoecopsis apoda* Leadbeater

同模式异名[Homotypic Synonym(s)]：*Acanthoecopsis apoda* Leadbeater，1972

分布：欧洲：波罗的海；北极：加拿大北部(努勒维特)。

参考文献：Riedel et al.，2003；Guiry，Guiry，2015。

未定门 Phylum Protozoa incertae sedis

醉藻纲 Class Ebriophyceae A. R. Loeblich III，1970

醉藻目 Order Ebriales Honigberg et al.，1964

醉藻科 Family Ebriaceae Lemmermann，1901

醉藻属 Genus *Ebria* Borgert，1891

三裂醉藻 *Ebria tripartita* (J. Schumann) Lemmermann，1899

基名(Basionym)：*Dictyocha tripartita* J. Schumann

同模式异名[Homotypic Synonym(s)]：*Dictyocha tripartita* J. Schumann，1867

分布：欧洲：罗马尼亚；亚洲：俄罗斯和日本沿海；北极：楚科奇海－东西伯利亚－拉普捷夫海，楚科奇海－加拿大海盆。

参考文献：Okolodkov，1992；Guiry，Guiry，2015；林更铭等，2013。

参考文献
References

陈立奇(主编). 2003. 北极海洋环境与海气相互作用研究[M]. 北京：海洋出版社：1 - 339.

郭超颖，王桂忠，张芳，等. 2011. 北冰洋微型浮游生物分布及其多样性[J]. 生态学报，31(10)：2897 - 2905.

何剑锋，王桂忠，李少菁，等. 2005. 北极拉普捷夫海春季冰藻和浮游植物群落结构及生物量分析[J]. 极地研究，17(1)：1 - 10.

黄宗国，林茂(主编). 2012. 中国海洋物种多样性(上册)[M]. 北京：海洋出版社：1 - 632.

胡鸿钧，魏印心. 2006. 中国淡水藻类——系统、分类及生态[M]. 北京：科学出版社：1 - 1023.

刘瑞玉(主编). 2008. 中国海洋生物名录[M]. 北京：科学出版社：1 - 1267.

林更铭，王雨，杨清良. 2013. 西北冰洋 2010 年夏季浮游植物群落的物种多样性[J]. 生物多样性，21(5)：527 - 536.

杨清良，林更铭，林茂，等. 2002，楚科奇海和白令海浮游植物的种类组成与分布。极地研究，14(2)：113 - 125.

杨清良，林更铭. 2006. 楚科奇海和白令海网采浮游植物聚群的多元分析，植物生态学报，30(5)：763 - 770.

余兴光(主编). 2011. 中国第四次北极科学考察报告[M]. 北京：海洋出版社：1 - 254.

中国首次北极科学考察队编. 2000. 中国首次北极科学考察报告[M]. 北京：海洋出版社：1 - 191.

张占海(主编). 2004. 中国第二次北极科学考察报告[M]. 北京：海洋出版社：1 - 229.

张海生(主编). 2009. 中国第三次北极科学考察报告[M]. 北京：海洋出版社：1 - 225.

千原 光雄，村野 正昭. 1997. 日本産海洋プランクトン検索図説(日本産海洋浮游生物検索圖說) [M]. 東海大学出版会：1 - 1612

Abé T H. 1936. Report of the biological survey of Mutsu Bay. 30. Notes on the protozoan fauna of Mutsu Bay. III. Subgenus Protoperidinium：genus Peridinium[R]. Science Reports of the TÔhoku Imperial University, Sendai, Japan 11：19 - 48.

Antoniades D, Douglas M S V, Smol J P. 2005. Benthic diatom autecology and inference model development from the Canadian High Arctic Archipelago [J]. Journal of Phycology, 41：30 - 45.

Apollonio S. 1985. Arctic marine phototrophic systems：Functions of sea ice stabilization[J]. Arctic, 38：167 - 173.

Ashworth M P, Nakov T, Theriot E C. 2013. Revisiting Ross and Sims(1971)：toward a molecular phylogeny of the Biddulphiaceae and Eupodiscaceae(Bacillariophyceae)[J]. Journal of Phycology, 49(6)：1207 - 1222.

Belyaeva T V. 1980. Phytoplankton of the NP - 22 drift area[M]//Vinogradov M E., Melnikov I A(ed.). Biology of the Central Arctic basin. Moscow：Nauka：133 - 142.

Bogorov V G. 1939. The characteristics of seasonal phenomena in the plankton of the Arctic seas and their significance for ice forecastings[J]. Zoological Journal, 18(5)(in Russian, English summary).

Bondarchuk L L. 1970. Benthic diatoms of the Kandalaksha Sound(White Sea) [D]. Moscow：Oceanology, Akad. Nauk USSR：1 - 222.

Booth B C, Horner R A. 1997. Microalgae on the Arctic Ocean Section, 1994：species abundance and biomass[J]. Deep - Sea Research II, Tropical Studies in Oceanography, 44：1607 - 1622.

Bursa A. 1961. Phytoplankton of the Calanus Expedition in Hudson Bay, 1953 and, 1954[J]. J. Fish Res. Bd. Can., 18：51 - 83.

Bursa A. 1963. Phytoplankton in coastal waters of the Arctic Ocean at Point Barrow, Alaska[J]. Arctic: 16, 239 - 262.

Cavalier-Smith T. 1983. A 6 - kingdom Classification and a Unified Phylogeny[M]//Schwemmler, W., Schenk, H. E. A. (Eds.). Endocytobiology II. Berlin: deGruyter: 1027 - 1034.

Cavalier-Smith T. 1986. The kingdoms of organisms[J]. Nature, 324: 416 - 417.

Cavalier-Smith T. 1998. A revised six - kingdom system of life[J]. Biol. Rev, 73: 203 - 266.

Cavalier-Smith T. 2004. Only 6 kingdoms of life[J]. Proc. Roy. Soc. Lond. B, 271: 1251 - 1262.

Cleve P T. 1897. A treatise on the phytoplankton of the Atlantic and its tributaries and on the periodical change of the plankton of Skagerak[M]. Upsala, Swden: 28.

Comiso J C. 2006. Abrupt decline in the Arctic winter sea ice cover[J]. Geophys Res Lett 33: L18504. doi: 10.1029/2006GL027341.

Comiso J C, Parkinson C L, Gersten R, et al. 2008. Accelerated decline in the Arctic sea ice cover[J]. Geophys Res Lett 35: L01703. doi: 10. 1029/2007GL031972.

Coupel P, Jin H Y, Ruiz - Pino D, et al. 2011. Phytoplankton distribution in the Western Arctic Ocean during a summer of exceptional ice retreat[J]. Biogeosciences Discussions, 8: 6919 - 6970.

Coupel P, Jin H Y, Joo M, et al. 2012. Phytoplankton distribution in unusually low sea ice cover over the Pacific Arctic[J]. Biogeosciences Discussions, 9: 2055 - 2093.

Cremer H. 1998. The Diatom Flora of the Laptev Sea (Arctic Ocean) [M]. Stuttgart: E Schw eizerbart Science: 23 - 98.

Croasdale H T. 1973. Freshwater algae of Ellesmere Island, N. W. T. (exclusive of diatoms and flagellates) [M]. National Museum of Canada Publications in Botany 3: 1 - 131, 28 pls, 3 graphs.

Flint M V, Sukhanova I N, Kopylov A I, et al. 2002. Plankton distribution associated with frontal zones in the vicinity of the Pribilof Islands [J]. Deep - Sea Research II 49: 6069 - 6093.

Gómez F. 2005. A list of free - living dinoflagellate species in the world's oceans [J]. Acta Bot. Croat. 64(1): 129 - 212.

Gradinger R R, Baumann M E M. 1991. Distribution of phytoplankton communities in relation to the large - scale hydrographical regime in the Fram Strait [J]. Mar. Biol., 111: 311 - 321.

Gran H H. 1897. Bacillariaceen vom kleinen Karajakt]ord[J]. Bibliotheca Botanica, 42: 13 - 24.

Gran H H. 1904. Diatomaceae from the ice - floes and plankton of the Arctic Ocean[J]. Sci. Res. Norw. North. Polar Exped., 1893 - 1896, 11: 1 - 74.

Guiry M D, Guiry G M. AlgaeBase. World - wide electronic publication[DB/OL]. Galway: National University of Ireland. (2015) [2015 - 05 - 05 - 30]. http://www.algaebase.org/search/species/detail/searched on 05 March, 2015.

Hansen R. Nordic Microalgae[DB/OL]. Swedish: Meterological and Hydrological Institute. (2013)[2015 - 03 - 20]. http://nordicmicroalgae.org/taxon/Chaetoceros%20similis? media_ id = Chaetoceros% 20similis_ 6. jpg&page = 4; http://nordicmicroalgae.org/taxon/Chaetoceros% 20socialis? media_ id = Chaetoceros % 20socialis_ 4. jpg&page = 4;

http://nordicmicroalgae.org/taxon/Chaetoceros% 20wighamii? media_ id = Chaetocero s% 20wighamii_ 3. jpg&page = 4.

Hasle G R, Medlin L K, Syvertsen E E. 1994. Synedropsis gen. nov., a genus of araphid diatoms associated with sea ice[J]. Phycologia 33(4): 248 - 270, 142 figs, 2 tables.

Hasle G R, Syvertsen E E. 1997. Marine diatoms[M]//Tomas C R(ed.) Identifying marine phytoplankton. San Diego: Academic Press: 5 - 385.

Heimdal B R. 1989. Arctic ocean phytoplankton[M]//Herman Y(ed.). The Arctic Seas - Climatology, Oceanography, Geology, and Biology. Nostrand Reinnold Company, New York: 193 – 222.

Hill V, Cota G, Stockwell D. 2005. Spring and summer phytoplankton communities in the Chukchi and Eastern Beaufort Seas[J]. Deep – Sea Research II, 52: 3344 – 3385.

Holmes R W. 1956. The annual cycle of phytoplankton in the Labrador Sea., 1950 – 51[J]. Bingham Oceangr. Coll. Bull. 16: 1 – 74.

Horiguchi T. 1997. Heterocapsa arctica sp. nov. (Peridiniales, Dinophyceae), a new marine dinoflagellate from the arctic[J]. Phycologia, 36: 488 – 491, 9 figs.

Horner R. 1984. Phytoplankton abundance, chlorophylla, and primary productivity in the western Beaufort Sea[M]// Barnes P, Shell D, Reimnitz E(Eds.), The Alaskan Beaufort Sea: Ecosystems and Environments. New York: Academic Press: 295 – 310.

Horner R A. 1984. Do the ice algae produce the spring phytoplankton bloom in seasonally ice – covered waters? [C]// Proceedings of the 7th Diatom Symposium, 1982, Koeltz. Koenigs – tein: 401 – 409.

Horner R A. 1985. Appendix. Algal species reported from sea ice [M]//Horner R A(ed). Sea ice biota. Boca Raton: CRC Press: 191 – 203.

Horner R A. 1996. Ice algae investigations: historical perspective[J]. Proceedings of the NIPR Symposiam on Polar Biology, 9: 1 – 12.

Horner R A. Schrader GC. 1982. Relative contributions of ice algae, phytoplankton and benthic microalgae to primary production in nearshore regions of Beaufort Sea[J]. Arctic, 35: 485 – 503.

Hsiao S I C. 1980. Quantitative composition, distribution, community structure and standing stock of sea ice microalgae in the Canadian Arctic[J]. Arctic, 33: 768 – 793.

Hsiao S I C., 1983. A checklist of marine phytoplankton and sea ice microalgae recorded from Arctic Canada[J]. Nova Hedwig, 37: 225 – 313.

Iwataki M, Hansen G, Sawaguchi T, et al. 2004. Investigations of body scales in twelve Heterocapsa species(Peridiniales, Dinophyceae), including a new species *H. pseudotriquetra* sp. nov. [J]. Phycologia 43(4): 394 – 403, 24 figs, 2 tables.

Joo H M, Lee S H, Jung S W, et al. 2012. Latitudinal variation of phytoplankton communities in the Western Arctic Ocean[J]. Deep – Sea Research Part II, Tropical Studies in Oceanography, 81 – 84, 3 – 17.

Kaczmarska I, Jahn R. 2006. Taxonomic appraisal of Melosira arctica Dickie and description of a new variety(Bacillariophyta) [J]. Botanica Marina 49: 151 – 164.

Katsuki K, Takahashi K, Onodera J, et al. 2009. Living diatoms in the vicinity of the North Pole, summer, 2004 [J]. Micropaleontology, 55: 137 – 170.

Kawamura A. 1967. Observations of phytoplankton in the Arctic Ocean in 1964 [J]. Information Bulletin on Planktology in Japan, Commemoration Number of Dr. Y. Matsue: 71 – 89.

Kiselev I A. 1937. Composition and distribution of phytoplankton in the northern part of the Bering Sea and southern part of the Chukchi Sea[R]//Investigations of the USSR Seas, vol. 25. Leningrad – Moscow: Hydrometeoizdat Publishing: 217 – 245.

Kuylenstierna M. Nordic Microalgae[DB/OL]. Swedish: Meterological and Hydrological Institute. (2007)[2015 – 03 – 20].

http: //nordicmicroalgae. org/taxon/Thalassiosira%20rotula? media_ id = Thalassiosira%20rotula_ 2. gif&page = 3; http: //nordicmicroalgae. org/taxon/Odontella%20aurita? media_ id = Odontella%20aur ita_ 1. gif&page = 2.

Laws E A, Bienfang P K, Ziemann D A, et al. 1988. Phytoplankton population dynamics and the fate of production during the spring bloom in Auke Bay, Alaska. Limnol[J]. Oceanogr, 33(1): 57 – 65.

Lebour M V. 1930. The planktonic diatoms of Northern seas. London: Ray Society: 1 – 244.

Lee R E. 2008. Phycology (4th editon) [M]. Cambridge: Cambridge University Press: 1 – 560. ISBN:

0521864089.

Leghari, M K, Qureshi, et al. 2005. Harmful algal species from various freshwater localities of Pakistan[J]. Int. J. Phycol. Phycochem. 1(2): 199 -206.

Li W K W, McLaughlin F A, Lovejoy C, et al. 2009. Smallest algae thrive as the Arctic Ocean freshens[J]. Science, 326: 539.

Lovejoy C, Legendre L, Martineau M - J, et al. 2002. Distribution of phytoplankton and other protists in the North Water[J]. Deep Sea Res II 49: 5027 -5047.

Lovejoy C, Massana R, Pedrós - Alió C. 2006. Diversity and Distribution of Marine Microbial Eukaryotes in the Arctic Ocean and Adjacent Seas. Appl[J]. Environ. Microbiol., 72(5): 3085 -3095.

Lovejoy C, Potvin M. 2011. Microbial eukaryotic distribution in a dynamic Beaufort Sea and the Arctic Ocean[J]. J. Plankton Res., 33(3): 431 -444.

Markus T, Stroeve J C, Miller J. 2009. Recent changes in Arctic sea ice melt onset, freezeup, and melt season length[J]. J. Geophys Res. 114: C12024. doi: 10. 1029/2009JC005436.

Matheke G E M, Horner R. 1974. Primary productivity of the benthic microalga in the Chukchi Sea near Barrow, Alaska[J]. J. Fish. Res. Bd Can. 31: 1779 -1786.

Matishov G G, Makarevich P R, Timofeev S F, et al. 2000. Biological Atlas of the Arctic Seas, 2000: Plankton of the Barents and Kara Seas [M]. International Ocean Atlas Series, Murmansk Marine Biological Institute, Russia; Ocean Climate Laboratory, NODC/NOAA, USA, 2, 348 pp, hdl: 10013/epic. 42580. d025.

McClelland J W, Déry S J, Peterson B J, et al. 2006. A pan - Arctic evaluation of changes in river discharge during the latter half of the, 20th century[J]. Geophys Res Lett 33: L06715.

Meguro H K I, Fukushima H. 1966. Diatoms and the ecological conditions of their growth in sea ice in the Arctic Ocean [J]. Science, 152: 1087 -1090.

Melnikov I A. 1989. The Arctic sea ice ecosystem [M]. P. P. Shirshov Institute of Oceanology, MoMoscow: 190 (In Russian).

Melnikov I A. 1997. The Arctic Sea Ice Ecosystem[M]. London: Gordon and Breach Sci. Publ.: 1 -204.

Melnikov I A. Kolosova EG, Welch HE, et al, 2002. Sea ice biological communities and nutrient dynamics in the Canada Basin of the Arctic Ocean[J]. Deep Sea Res I 49: 1623 -1649.

Michel C, Legendre L, Therriault J C, et al. 1993. Springtime coupling between ice algal and phytoplankton assemblages in southeastern Hudson Bay[J]. Canadian Arctic Polar Biology, 13: 441 -449.

Michelutti N, McCleary K, Douglas, M S V, Smol J P. 2013. Comparison of freshwater diatom assemblages from a high Arctic oasis to nearby polar desert sites and their application to environmental inference models[J]. Journal of Phycology, 49(1): 41 -53.

Moritz R E, Bitz C M, Steig E J. 2002. Dynamics of recent climate change in the Arctic[J]. Polar Sci, 297: 1497 -1502.

Ocean Climate Laboratory. Dominant Phytoplankton Taxa of the Arctic Seas[DB/OL]. USA: NODC(National oceanographic data center,)/NOAA(National Oceanic and Atmospheric Administration). (5 - Oct - 2007 - 10 - 04) [2013 - 12 - 05]. http: //www. nodc. noaa. gov/OC5/BARPLANK/WWW/HTML/allphoto. html.

Okolodkov Y B. 1987a. Phytoplankton indicators of the Pacific Current in Chukchi Sea. Botanical Journal(USSR Academy of Science)[J]. 72: 464 -466.

Okolodkov Y B. 1987b. Planktonic algae of the Chukchi Sea[D]. Ph. D. Thesis, Botanical Institute RAS, Leningrad, 262. (in Russian).

Okolodkov Y B. 1992. Cryopelagic flora of the Chukchi, East Siberian and Laptev Seas[J]. Proceedings of the NIPR Symposium on Polar Biology, 5: 28 -43.

Okolodkov Y B. 1993. A checklist of algal species found in the East Siberian Sea in May, 1987[J]. Polar Biol 13:

7 - 11.

Okolodkov Y B. 1998. A checklist of dinoflagellates recorded from the Russian Arctic Seas[J]. Sarsia, 83: 267 - 292.

Okolodkov Y B. 1999. Species range types of recent marine dinoflagellates recorded from the Arctic[J]. Grana, 38: 162 - 169.

Okolodkov Y B. 2005. The global distributional pattern of toxic, bloom dinoflagellates recorded from the Eurasian Arctic. Harmful Algae, 4(2): 351 - 369.

Pabi S, van Dijken G L, Arrigo K R. 2008. Primary production in the Arctic Ocean, 1998 - 2006[J]. J Geophys Res 113: C08005. doi: 10. 1029/2007JC004578.

Peterson B J, Holmes R M, McClelland J W, et al. 2002. Increasing river discharge to the Arctic Ocean[J]. Science, 298: 2171 - 2174.

Peterson B J, McClelland J, Curry R, et al. , 2006. Trajectory shifts in the Arctic and subarctic freshwater cycle[J]. Science 313: 1061 - 1066.

Poulin M, Williams D M. 2002. Conservation of diatom biodiversity: a perspective[C]//John J(ed). Proceedings of the 15th International Diatom Symposium. ARG Gantner, Liechtenstein: 161 - 171.

Poulin M, Daugbjerg N, Gradinger R, et al. 2011. The pan - Arctic biodiversity of marine pelagic and sea - ice unicellular eukaryotes: a first - attempt assessment[J]. Marine Biodiversity, 41(1): 13 - 28.

Quillfeldt, von C H, Ambrose, et al. 2003. High number of diatom species in first year ice from the Chukchi Sea [J]. Polar Biology, 26: 806 - 818.

Ratkova T N, Wassmann P. 2005. Sea ice algae in the White and Barents seas: composition and origin[J]. Polar Res 24: 95 - 110.

Riedel A, Michel C, Poulin M, et al. 2003. Taxonomy and Abundance of Microalgae and Protists at a First - Year Sea Ice Station near Resolute Bay, Nunavut, Spring to Early Summer, 2001[C]. Canadian Data Report of Hydrography and Ocean Sciences 159: vi + 53 p.

Roukhijainen M I. 1966. Phytoplankton species composition of the Barents Sea [M]//Galkin Y I (ed). Composition and distribution of the phytoplankton and benthos in the southern part of the Barents Sea. Leningrad, Nauka, Moscow: 3 - 23.

Round F E, Crawford R M. 1990. The Diatoms. Biology and Morphology of the Genera [M]. UK: Cambridge University Press.

Ryzhov V M, Rusanov V P, et al. 1984. Chemical - biological indication of the water bodies in the Chukchi Sea[J]. Transactions of the Arctic and Antarctic Research Institute, 368: 26 - 40.

Schandelmeir L, Alexander V. 1981. An analysis of the influence of ice on spring phytoplankton population structure in the southeast Bering Sea[J]. Limnology and Oceanography, 26: 935 - 943.

Sergeeva V M, Sukhanova I N, Flint M V, et al. 2010. Phytoplankton community in the Western Arctic in July - August, 2003[J]. Oceanology, 50, 2: 184 - 197.

Serreze M C, Holland M M, Stroeve J. 2007. Perspectives on the Arctic's shrinking sea - ice cover[J]. Science, 315: 1533 - 1536.

Sherr E B, Sherr B F, Wheeler P A, et al. 2003. Temporal and spatial variation in stocks of autotrophic and heterotrophic microbes in the upper water column of the central Arctic Ocean[J]. Deap Sea Research Part I: Oceanographic Research Papers, 50(5): 557 - 571.

Shirshov P P. 1936. Plankton as an indicator of ice regime of the sea[G]. Scientific Results of the Expedition on Board the Ice Breaker "Krasin" in 1935. Leningrad: Izdatelstvo Glavsevmorputi: 59 - 73.

Shirshov P P. 1982. Plankton of the Arctic waters [M]. Moscow: Nauka Publishing [in Russian].

Sieburth J M, Smetacek V, Lenz J. 1978. Pelagic ecosystem structure: heterotrophic compartments and their relationship to plankton size fractions[J]. Limnol. Oceanogr. 23: 1256 - 1263.

Sournia A, Chrétiennot - Dinet M - J, Ricard M., 1991. Marine phytoplankton: how many species in the world ocean? [J] J. Plankton. Res. 13: 1093 - 1099.

Sukhanova I N, Flint M V, Pautova L A, et al. 2009. Phytoplankton of the western Arctic in the spring and summer of, 2002: structure and seasonal changes[J]. Deep - Sea Research Part II, Tropical Studies in Oceanography, 56: 1223 - 1236.

Syvertsen E E., 1977. *Thalassiosira rotula* and *T. gravida*: ecology and morphology[J]. Nov Hedw Beih, 54: 99 - 112.

Syvertsten E E, Hasle G R. 1983. The diatom genus Eucampia: morphology and taxonomy[J]. Bacillaria 6: 169 - 210.

Taniguchi A, Satto K, Koyama A, et al. 1976. Phytoplankton communities in the Bering sea and adjacent seas. 1. Communities in early warming season in southern reas[J]. J. Oceanogr. Soc. Jap. 32(3): 99 - 106.

Terrado R, Vincent W F, Lovejoy C. 2009. Mesopelagic protists: diversity and succession in a coastal Arctic ecosystem[J]. Aquat Microb Ecol, 56: 25 - 39.

Tett P, Barton E D. 1995. Why are there about 5 000 species of phytoplankton in the sea? [J] J. Plankton Res., 17: 1693 - 1704.

Throndsen J. 1969. Flagellates of Norwegian coastal waters. Norwegian Journal of Botany, 16: 161 - 216.

Tomas C R. 1997. Identifying Marine Phytoplankton [M]. San Diego, California: Academic Press: 1 - 858.

Tremblay G, Belzile C, Gosselin M, et al. 2009. Late summer phytoplankton distribution along a 3 500 km transect in Canadian Arctic waters: strong numerical dominance by picoeukaryotes [J]. Aquat Microb Ecol, 54: 55 - 70.

Tuschling K, Juterzenka K von, Okolodkov Y B, et al. 2000. Composition and distribution of the pelagic and sympagic algal assemblages in the Laptev Sea during autumnal freeze - up[J]. Journal of Plankton Research, 22: 843 - 864.

Usachev P I. 1935. The composition and distribution of phytoplankton in the Barents Seas, in the summer 1931[J]. Transactions of the Arctic Institute, 21: 5 - 94.

Usachev P I. 1946. Biological indicators of ice origin in the Kara and Laptev Seas and in the staites of the Franz - Iosef Land[J]. Trudi Inst. Okean., 1: 113 - 150.

Usachev P I. 1947. Common characteristic of Phytoplankton of the USSR, In Uspehi Sovr [J]. Biolog, 23, 2: 265 - 288.

Usachev P I. 1949. The microflora of polar ice. Akademia Nauk SSSR. Institut Okeanologii, Trudy 3: 216 - 259.

Usachev P I. 1961. Phytoplankton of the North Pole [J]. *Trudy Vsesoyuznogo Gidrobiologicheskogo Obshchestva*, 11, 189 - 208 (in Russian), English translation: *Fisheries Research Board of Canada*, *Tranlation Series* No. 1285.

Virketis M A. 1957. Certain data on zooplankton of the central part of the Arctic Ocean(materials of the observations at NP - 3 and NP - 4 in 1954 - 1955)[M]. Leningrad: Morskoi Transport, 1.

Wang J, Cota G F, Comiso J C. 2005. Phytoplankton in the Beaufort and Chukchi Seas: distribution, dynamics, and environmental forcing[J]. Deep - Sea Research Part II, Tropical Studies in Oceanography, 52: 3355 - 3368.

Werner D. 1977. The Biology of Diatoms. Botanical Monographs Vol. 13[M]. Berkeley, Califonia: University of California Press: 1 - 498.

Zabelina M M. 1946. Phytoplankton of the south - western Kara Sea[J], Trudi AANII, 193: 45 - 73.

Zenkevitch L. 1963. Biology of the Seas of the U. S. S. R. (Translated by S. Botcharskaya) [M]. London: George Allen & Unwin Ltd.: 1 - 953, with 247 fig., 329 tables.

版　图

Plates

版图 I

1a，b 六等刺硅鞭藻 *Dictyocha speculum* Ehrenberg，1839

2a，b 赤潮异弯藻 *Heterosigma akashiwo*（Y. Hada）Y. Hada ex Y. Hara & M. Chihara，1987

3a，b，c 鼓胀海链藻 *Thalassiosira gravida* Cleve，1896

版图 I

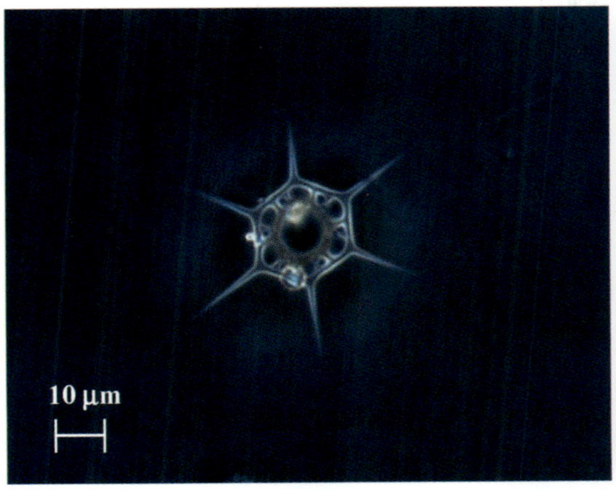

1a

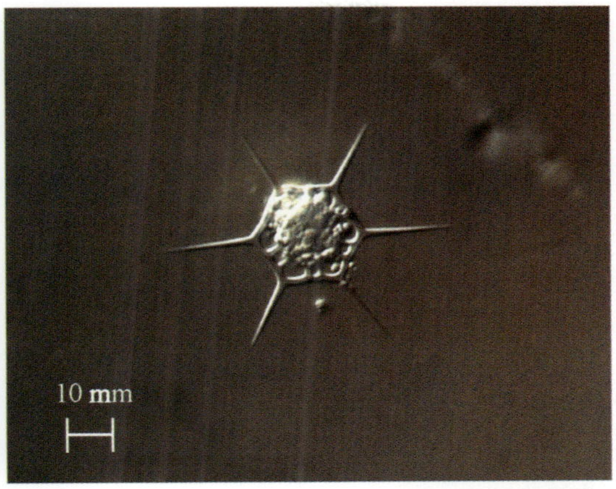

1b

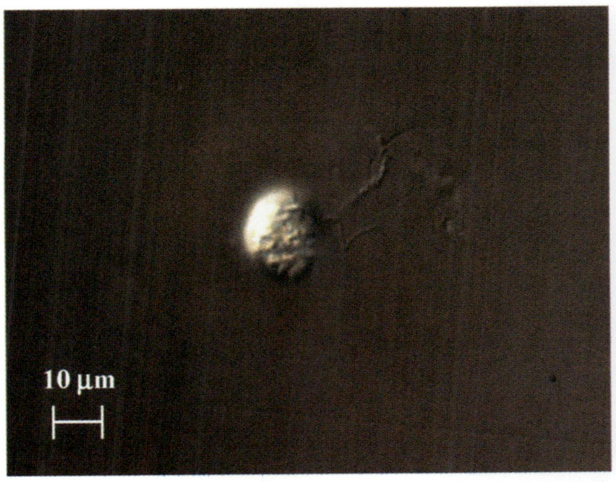

2a

2b

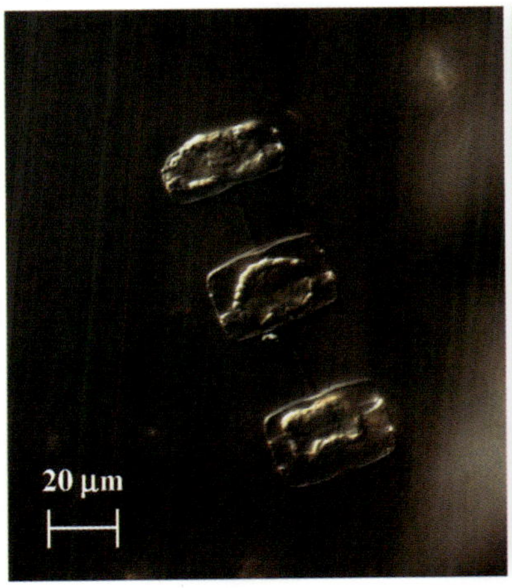

3a

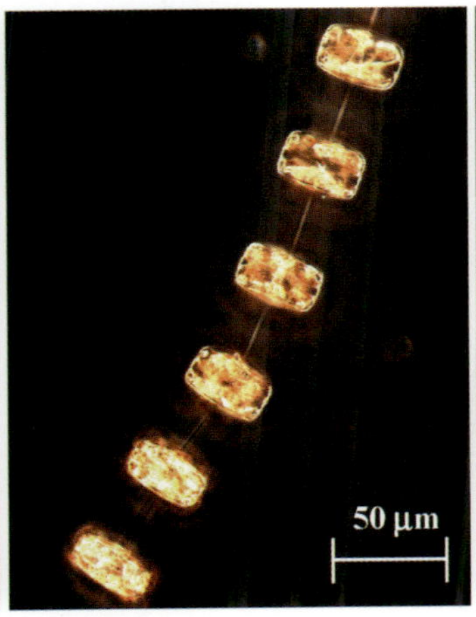

3b

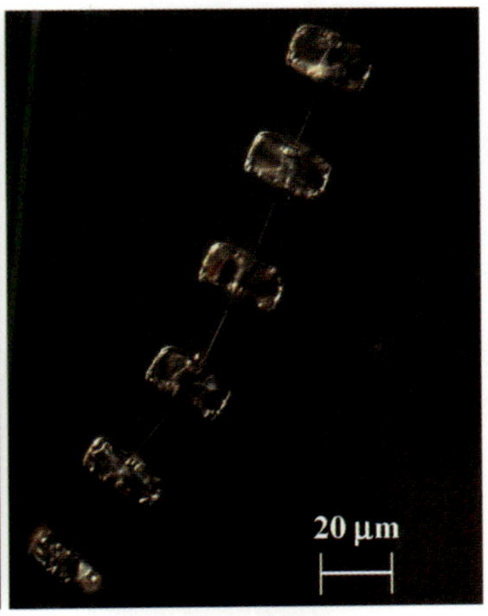

3c

版图Ⅱ

1 鼓胀海链藻 *Thalassiosira gravida* Cleve，1896

1a，b：源于 Kuylenstierna M(Photographer/artist)，2007

http：//nordicmicroalgae. org/taxon/Thalassiosira% 20rotula? media _ id = Thalassiosira% 20rotula_ 2. gif&page = 3

(1)两个不同焦点平面的链状细胞群体；(2)两个活体细胞(壳面观和环面观)，箭头指示独特的环带；(3)(记作 *Thalassiosira rotula* Meunier)

2a，b 诺登海链藻 *Thalassiosira nordenskioeldii* Cleve，1873

3a，b 深脐杆链藻 *Bacterosira bathyomphala* (Cleve) Syvertsen & Hasle，1993

版图Ⅱ

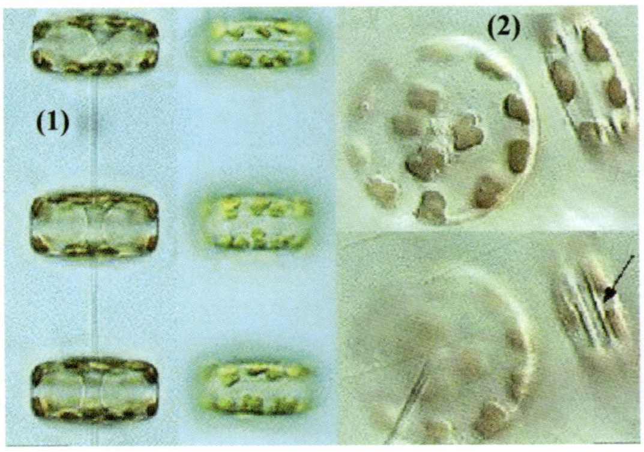

1a

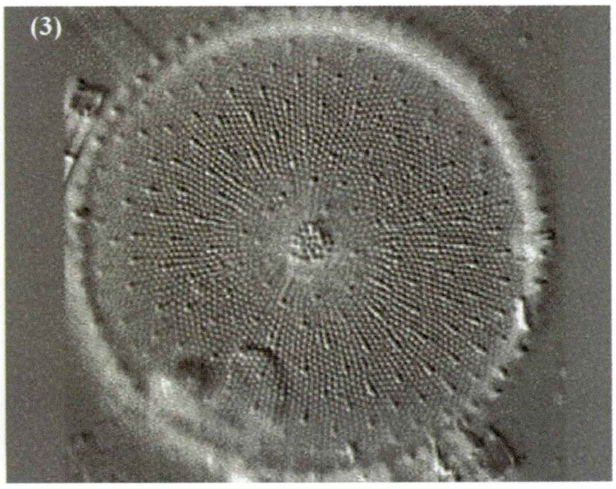

1b

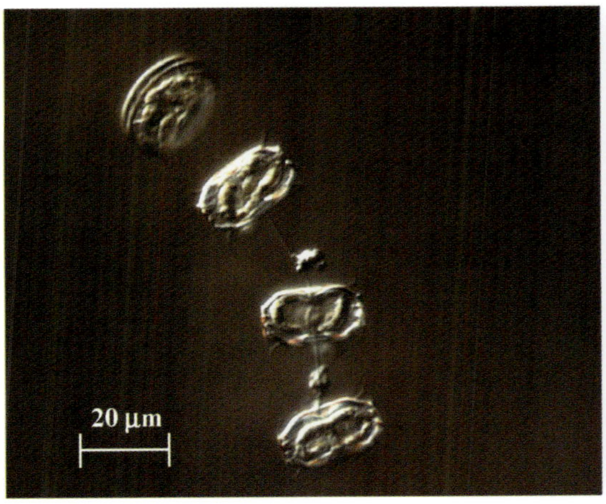

2a

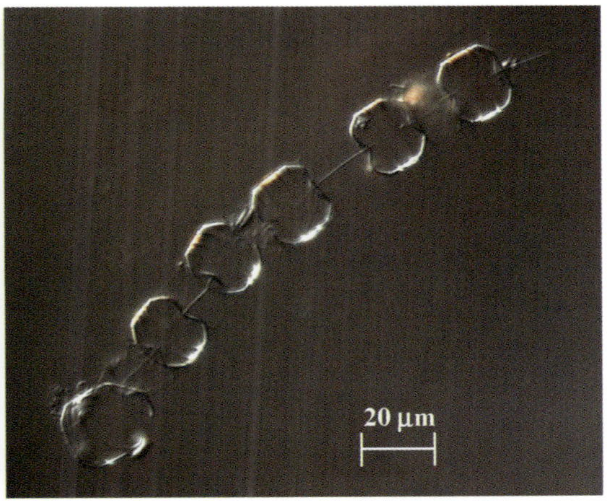

2b

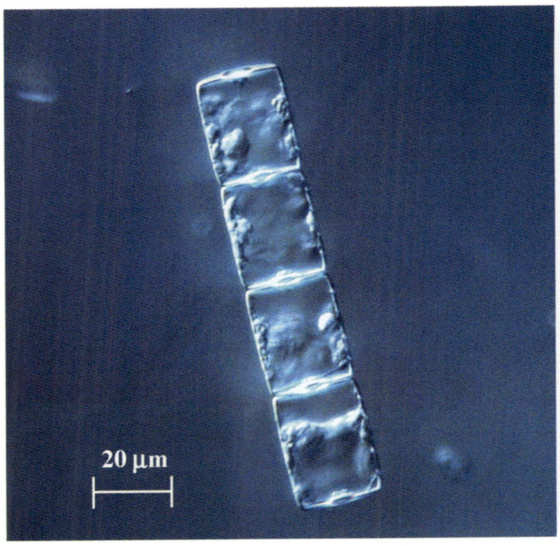

3a

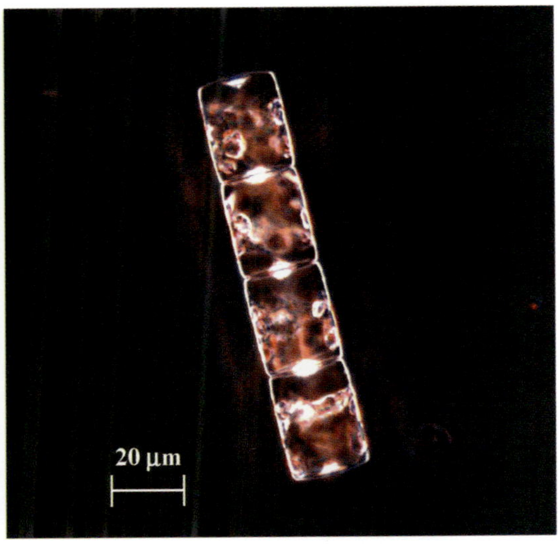

3b

版图Ⅲ

1a，b 中肋骨条藻 *Skeletonema costatum*（Greville）Cleve，1873

2a，b 北极直链藻 *Melosira arctica* Dickie，1852

3a，b 拟货币直链藻 *Melosira nummuloides* C. Agardh，1824

版图Ⅲ

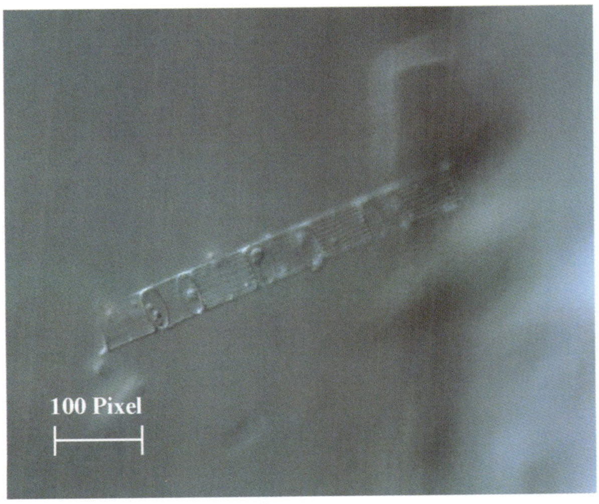

1a

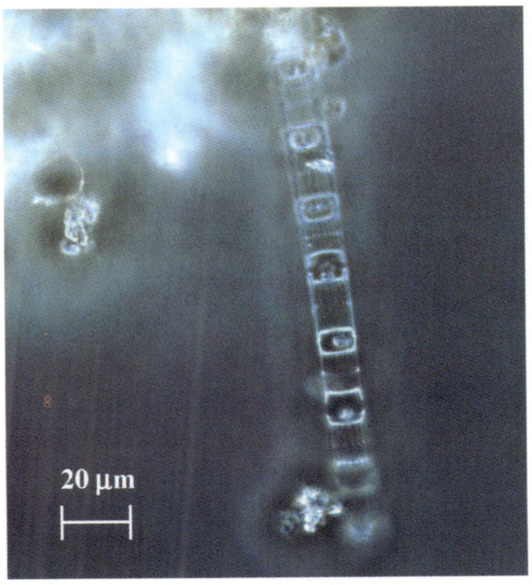

1b

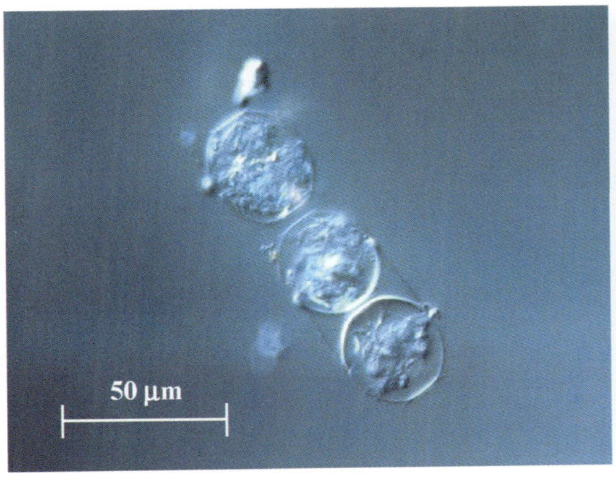

2a

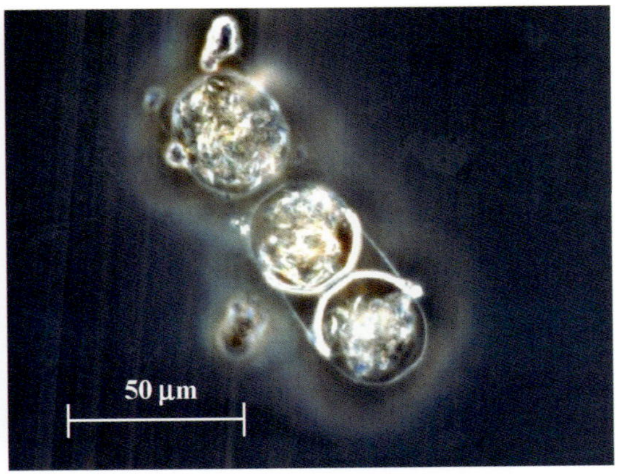

2b

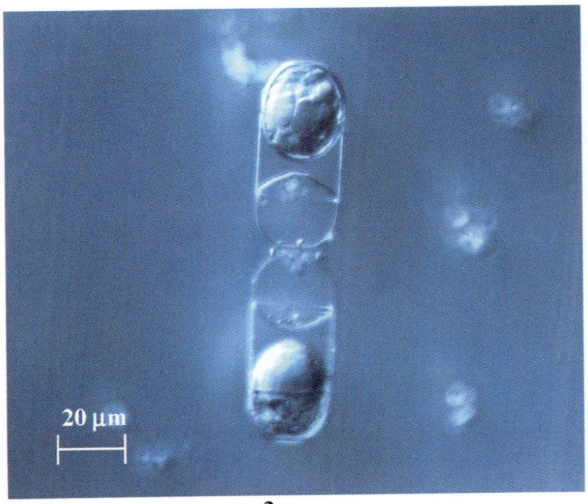

3a

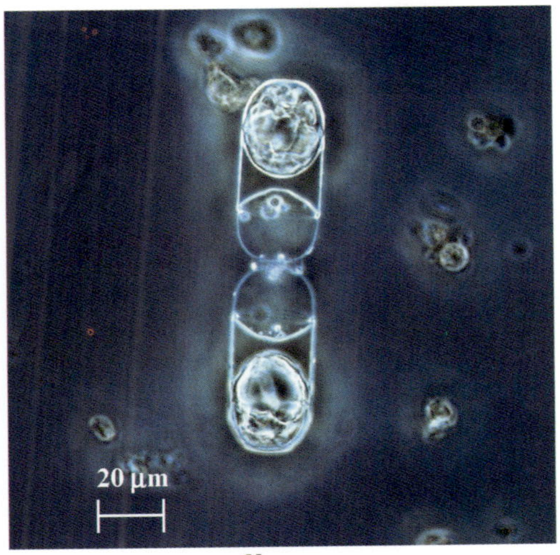

3b

版图Ⅳ

1a，b，c 日本冠盖藻 *Stephanopyxis nipponica* Gran & Yendo，1914

2a，b 具槽帕拉藻 *Paralia sulcata*（Ehrenberg）Cleve，1873

版图Ⅳ

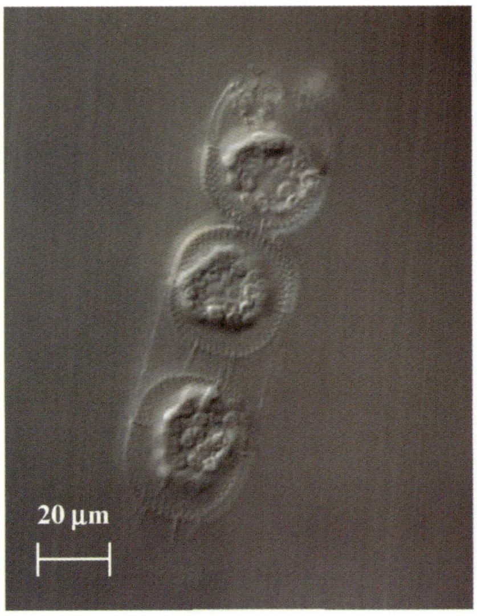

1a

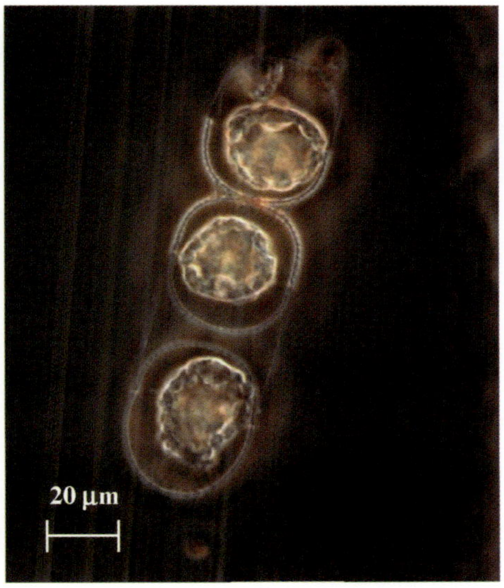

1b

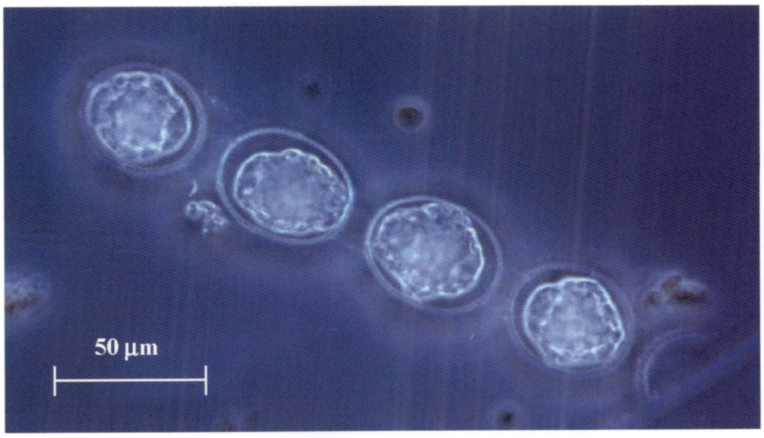

1c

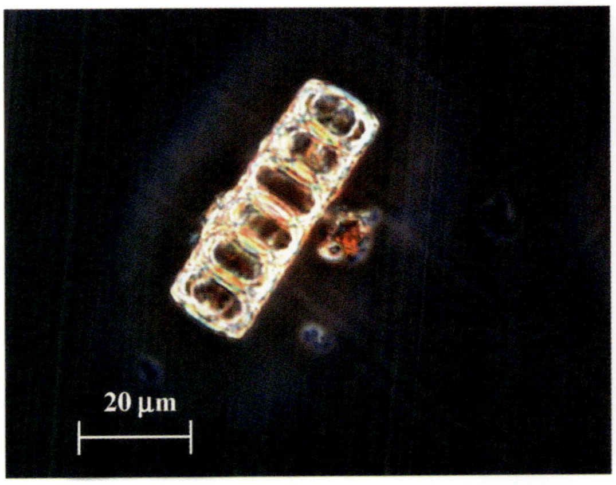

2a

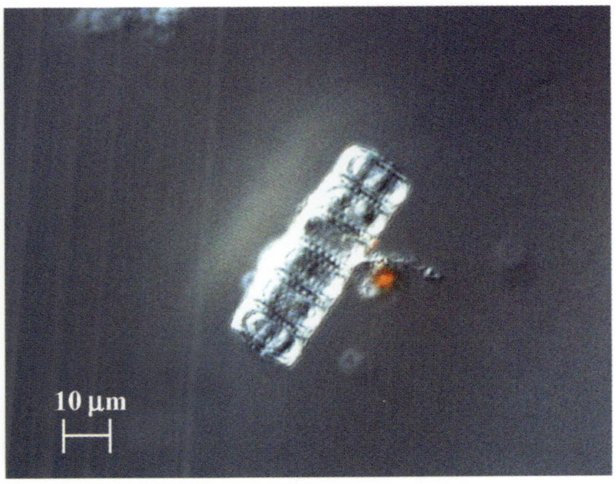

2b

版图Ⅴ

1a，b 星脐圆筛藻 *Coscinodiscus asteromphalus* Ehrenberg，1844

2 弓束圆筛藻 *Coscinodiscus curvatulus* Grunow ex A. Schmidt，1878

3 弓束圆筛藻小型变种 *Coscinodiscus curvatulus* var. *minor*(Ehr.) Grunow，1884

版图 V

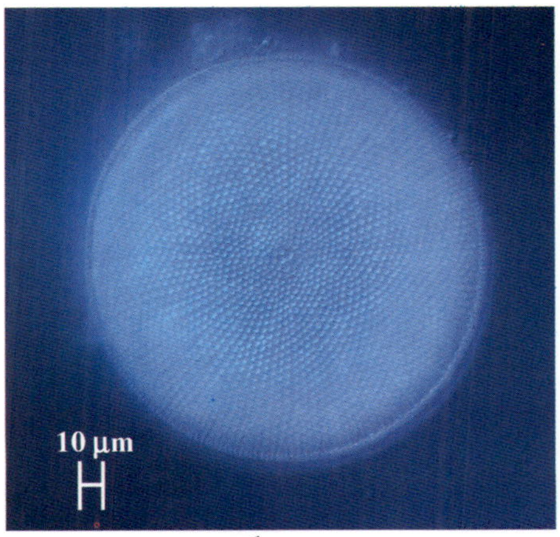

1a

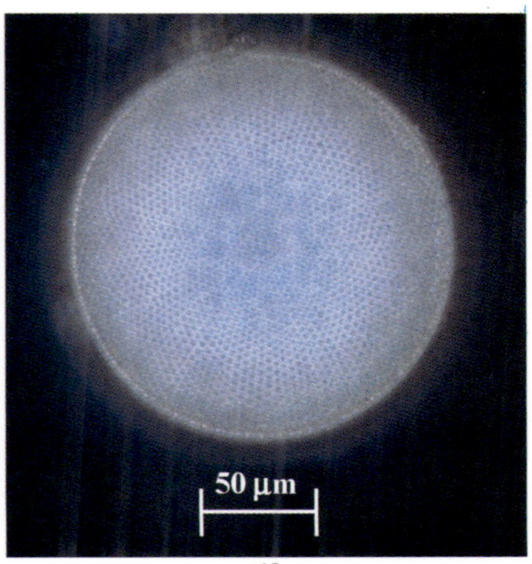

1b

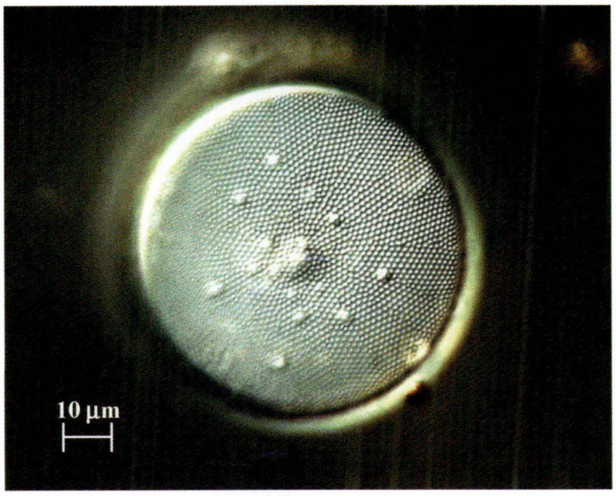

2

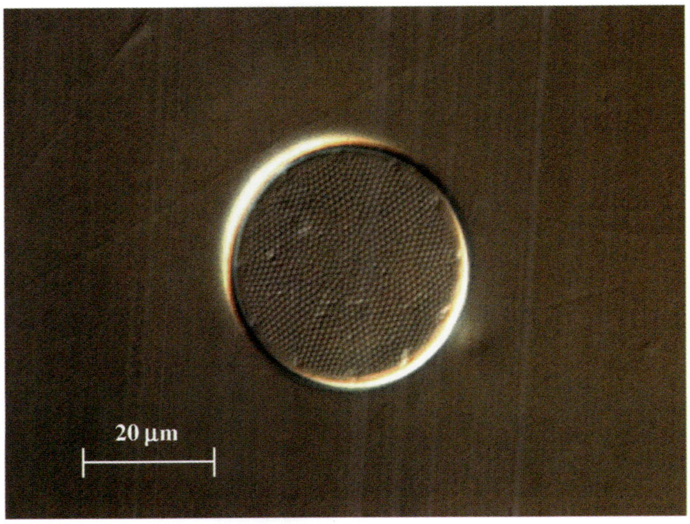

3

版图Ⅵ

1 细弱圆筛藻 *Coscinodiscus subtilis* Ehrenberg，1841

2a，b 多束辐环藻 *Actinocyclus divisus*（Grunow）Hustedt，1958

版图Ⅵ

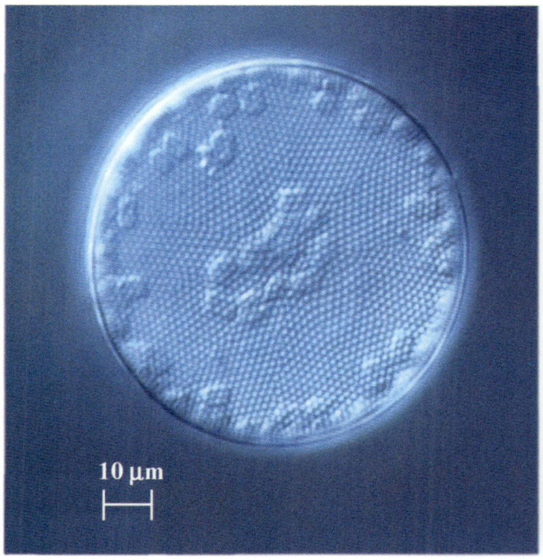

1

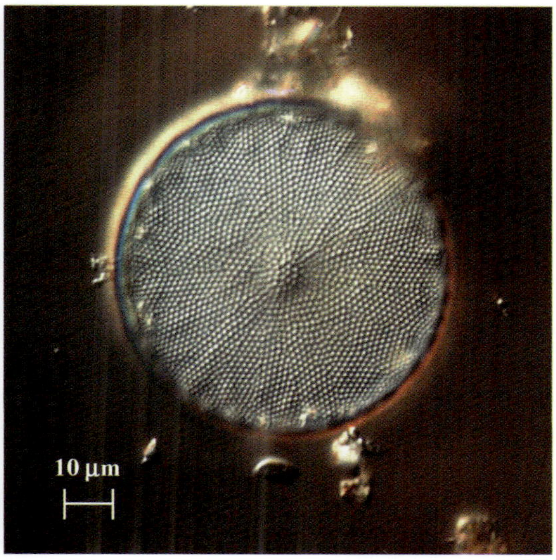

2a

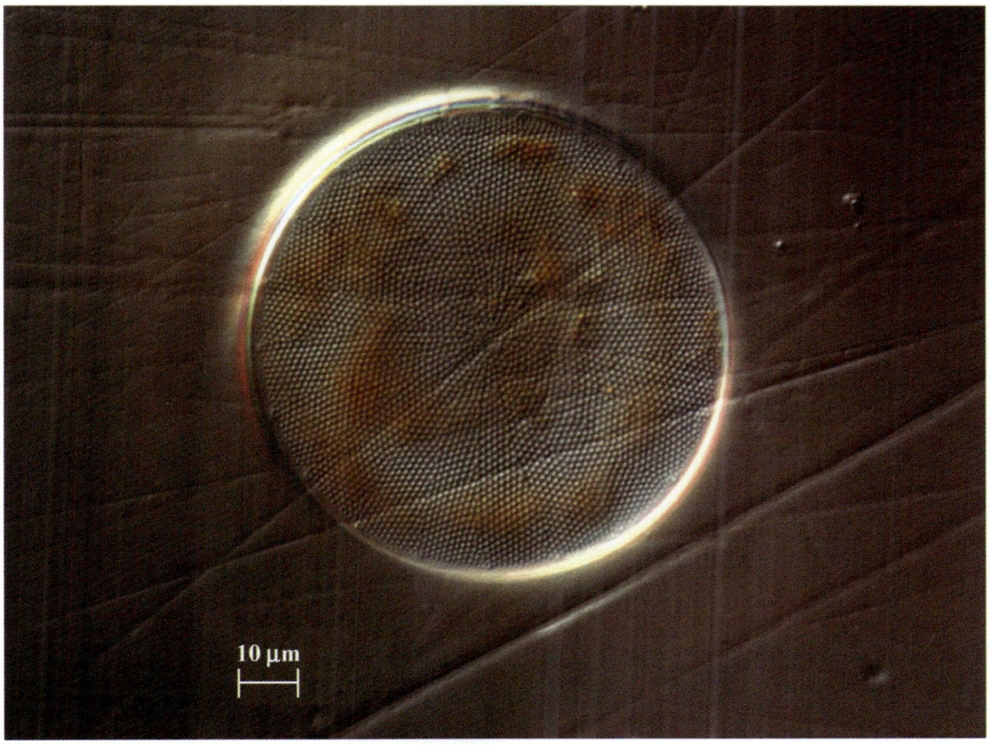

2b

版图Ⅶ

1 爱氏辐环藻 *Actinocyclus ehrenbergii* Ralfs in Pritchard，1861

2 库氏辐环藻 *Actinocyclus kützingii*(A. Schmidt) Simonsen

版图Ⅶ

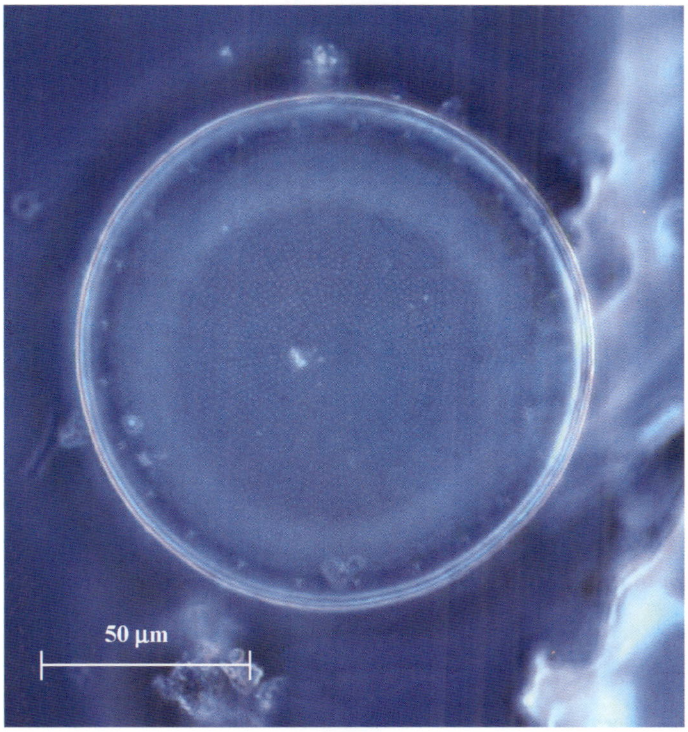

1

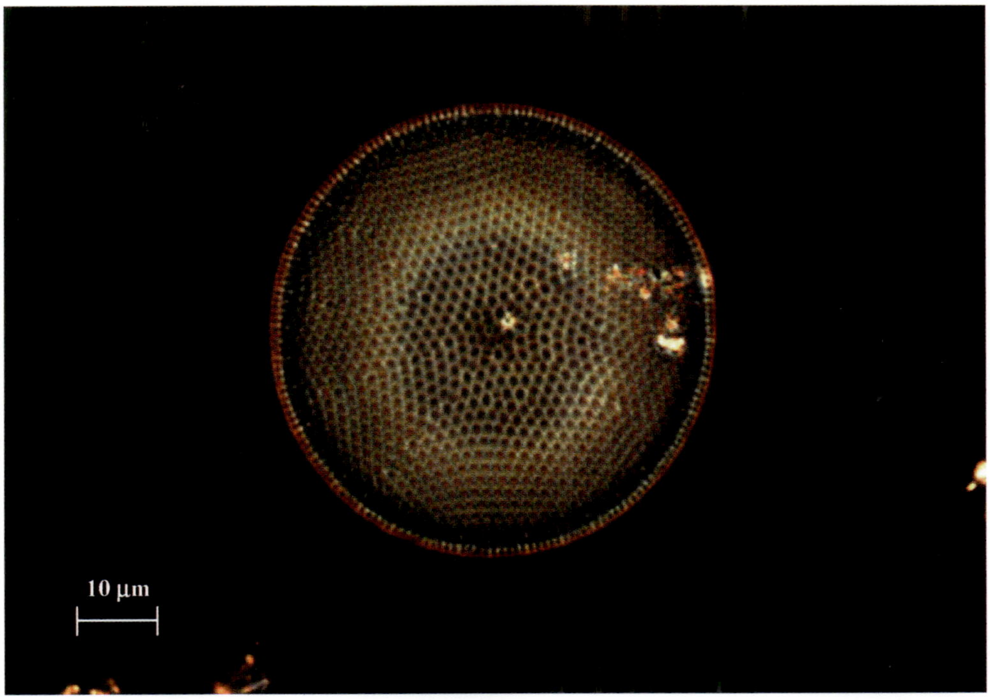

2

版图Ⅷ

1a，b 胡克星脐藻 *Asteromphalus hookeri* Ehrenberg，1844

2a，b 星脐藻 *Asteromphalus* sp.

3a，b 蜂窝三角藻 *Triceratium favus* Ehrenberg，1839

版图Ⅷ

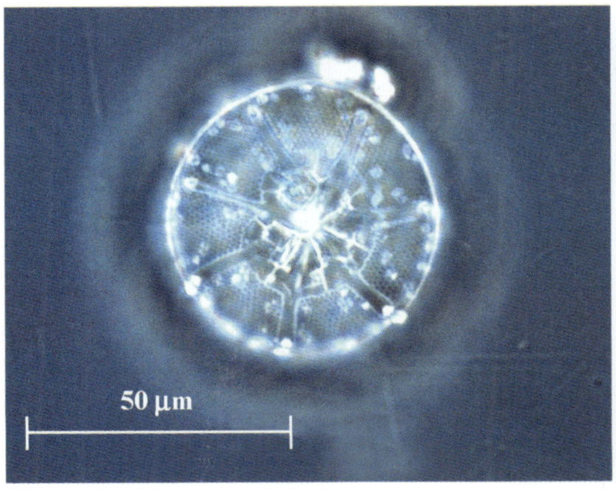

1a

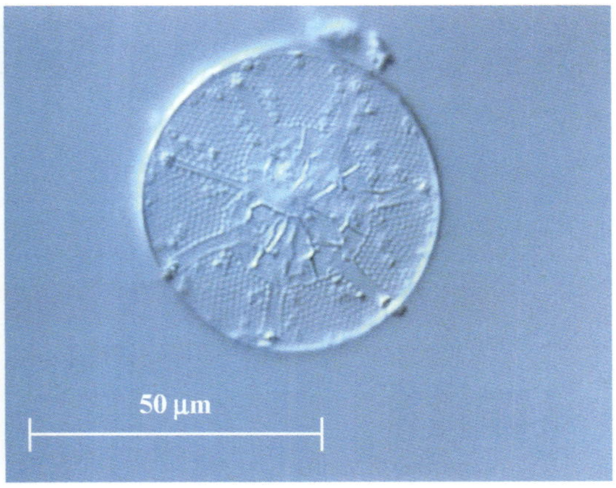

1b

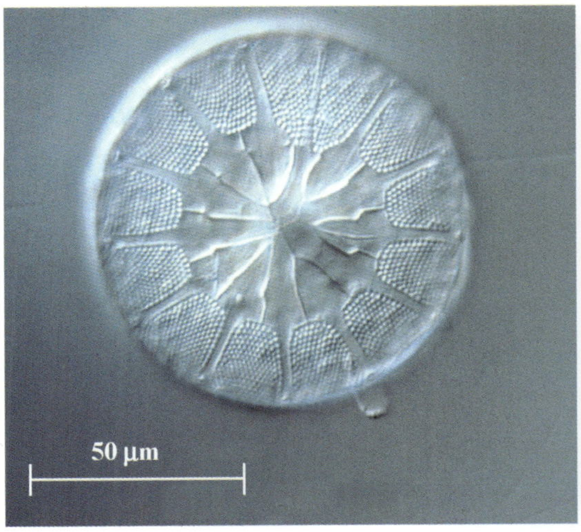

2a

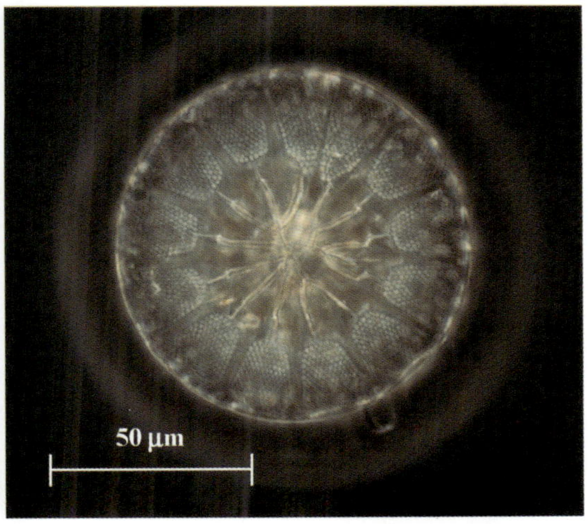

2b

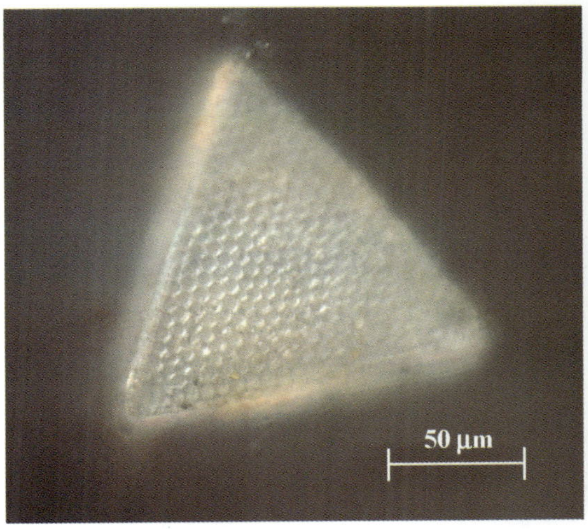

3a

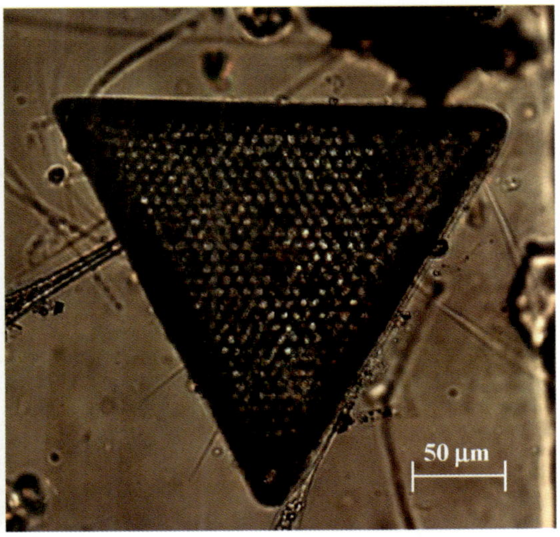

3b

版图Ⅸ

1a，b 长耳齿状藻 *Odontella aurita*（Lyngbye）C. Agardh，1832

1b：源于 Kuylenstierna M(Photographer/artist)，2007

http：//nordicmicroalgae. org/taxon/Odontella% 20aurita? media_ id = Odontella% 20aurita_ 1. gif&page =2

2a，b 中国三桨舰藻 *Trieres chinensis*（Greville）M. P. Ashworth & E. C. Theriot in Ashworth et al.，2013

3a，b 格陵兰弯角藻 *Eucampia groenlandica* Cleve，1896

版图Ⅸ

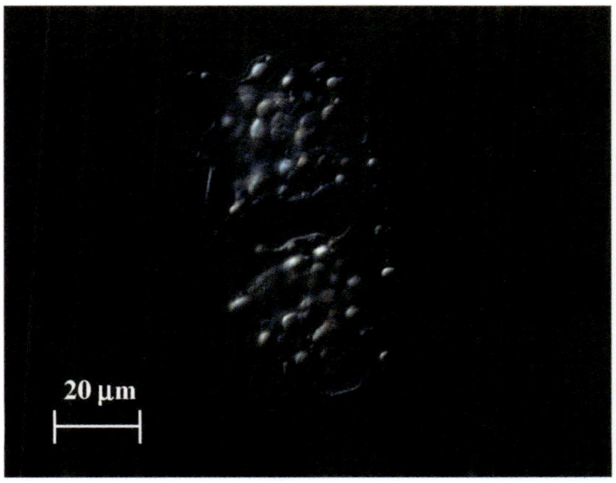

1a

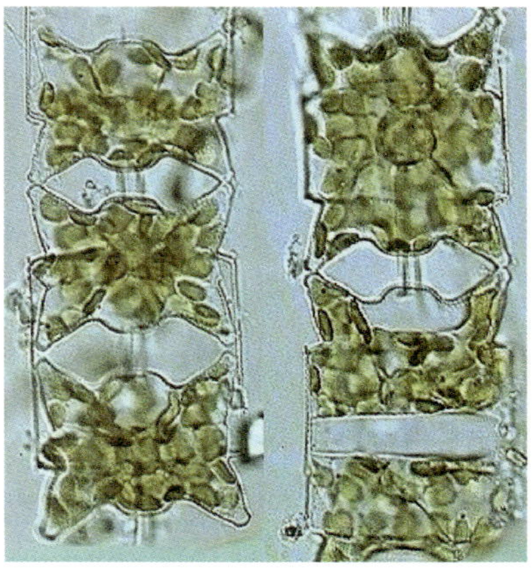

1b

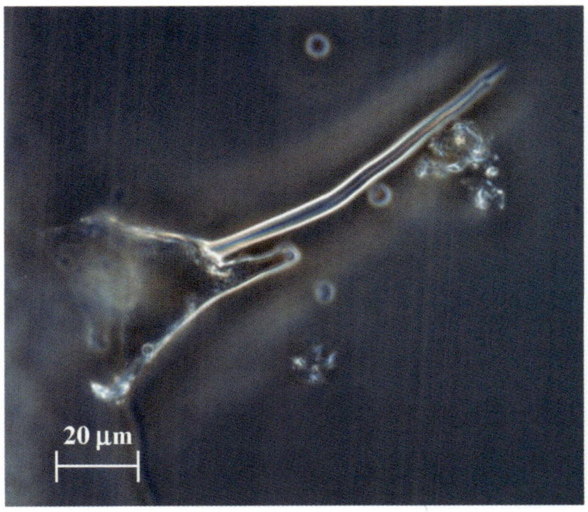

2a

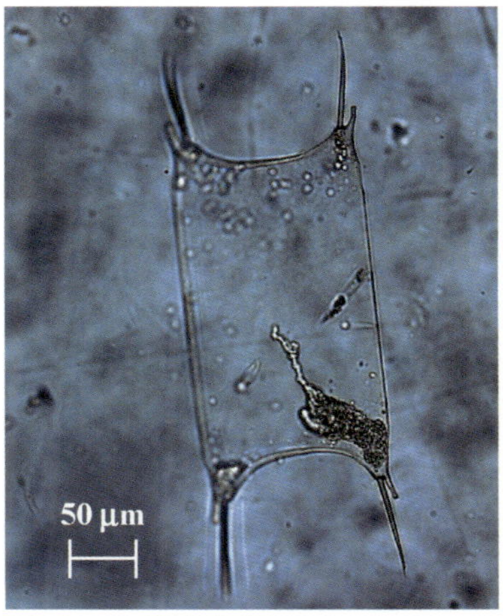

2b

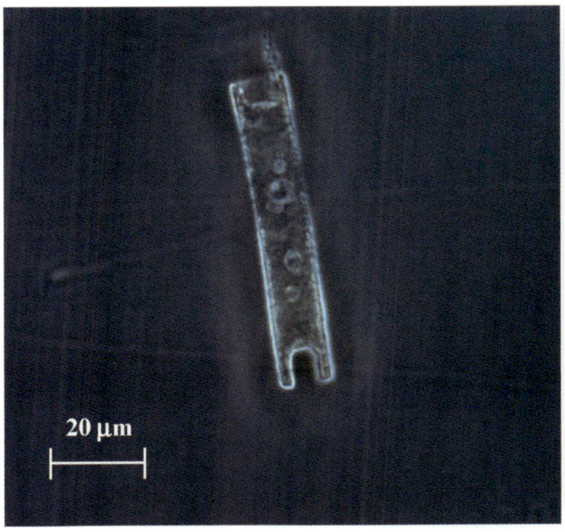

3a

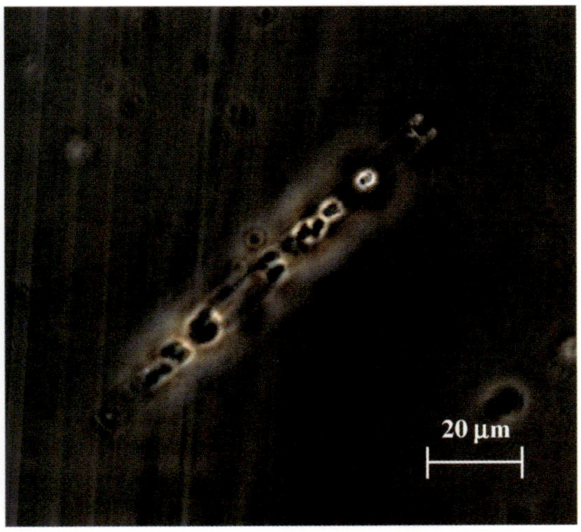

3b

版图X

1 格陵兰弯角藻 *Eucampia groenlandica* Cleve，1896

2a，**b** 短角弯角藻 *Eucampia zoodiacus* Ehrenberg，1839

该种可分为两种变型（Syvertsen & Hasle，1983）：

2a：短角弯角藻短角变形 *Eucampia zodiacus* f. *zodiacus*

2b：短角弯角藻筒角变形 *Eucampia zodiacus* f. *cylindrocornis* Syvertsen

3a，**b** 钟形中鼓藻 *Bellerochea horologicalis* Stosch，1980

版图 X

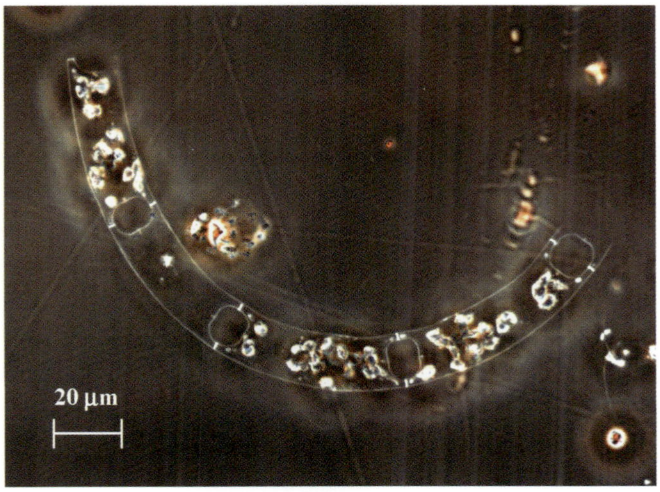

1

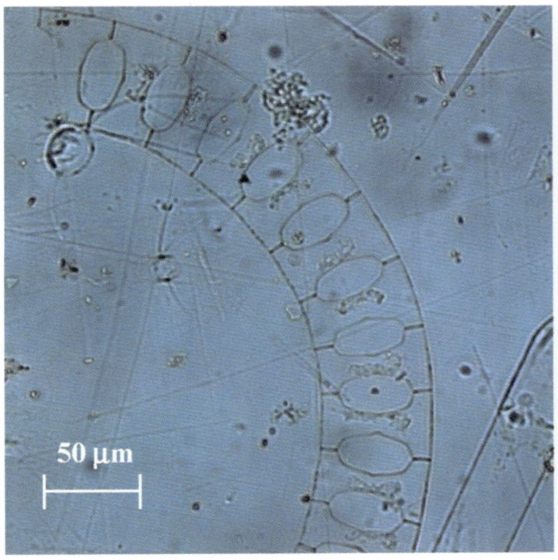

2a

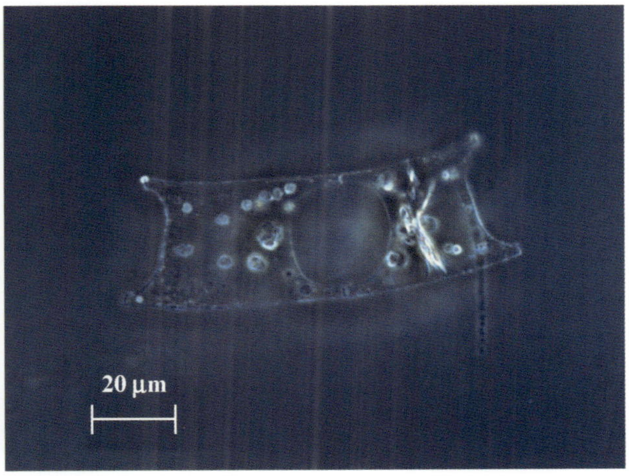

2b

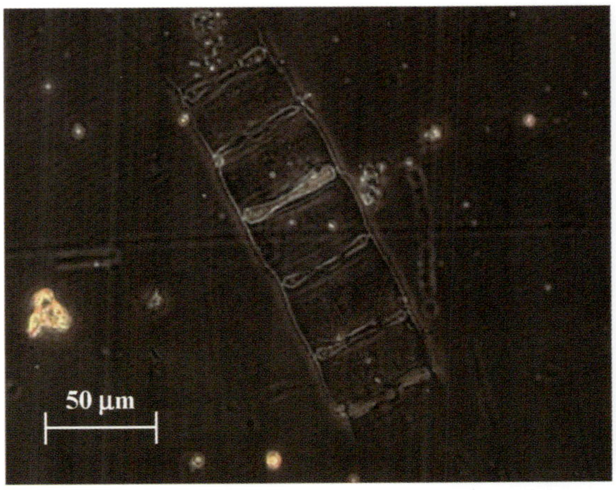

3a

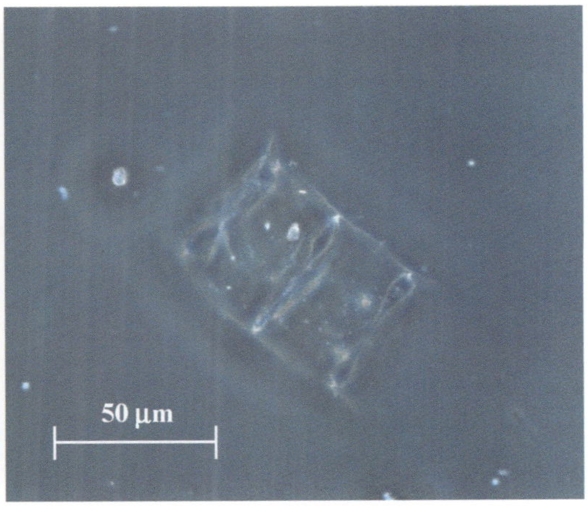

3b

版图XI

1 布氏双尾藻 *Ditylum brightwellii*（T. West）Grunow in Van Heurck，1885

2 钝棘根管藻 *Rhizosolenia hebetata* J. W. Bailey，1856

3a，b 钝棘根管藻半刺变型 *Rhizosolenia hebetata* f. *semispina*（Hansen）Gran，1908

版图XI

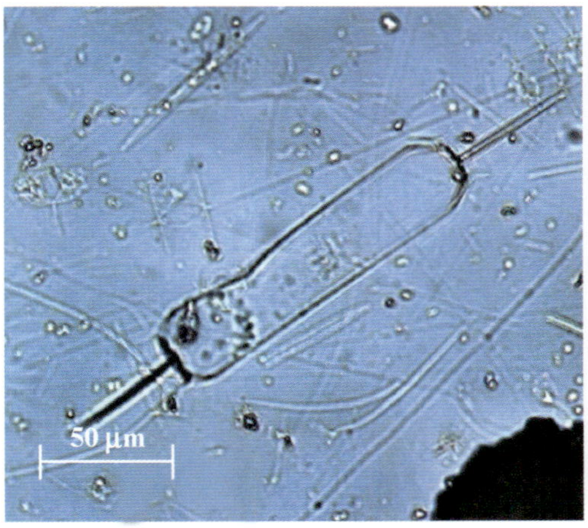

1

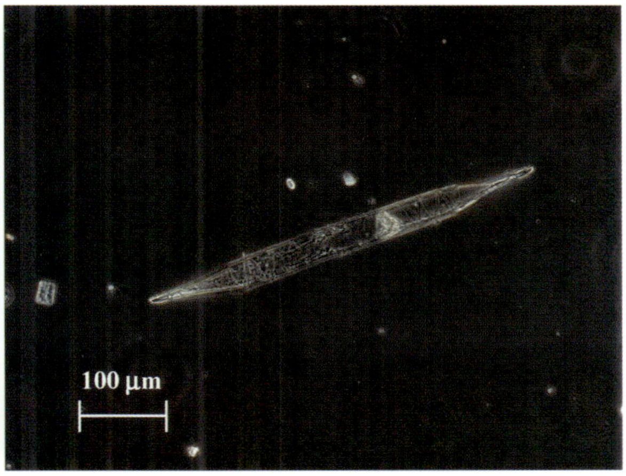

2

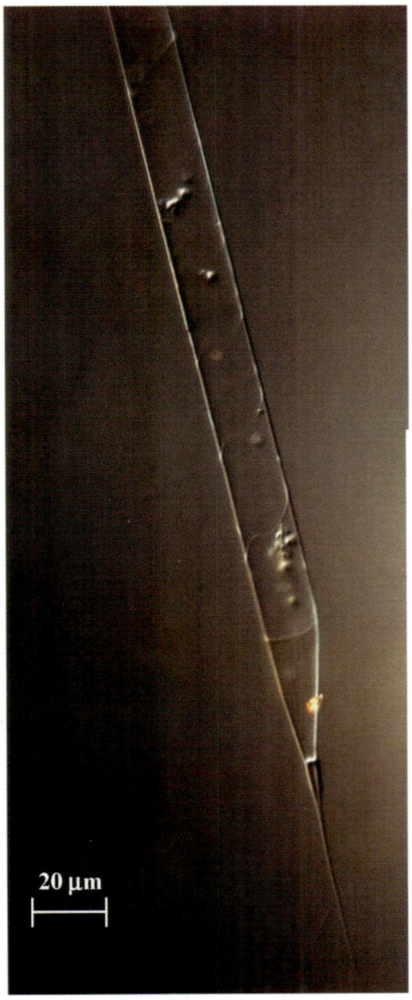

3a

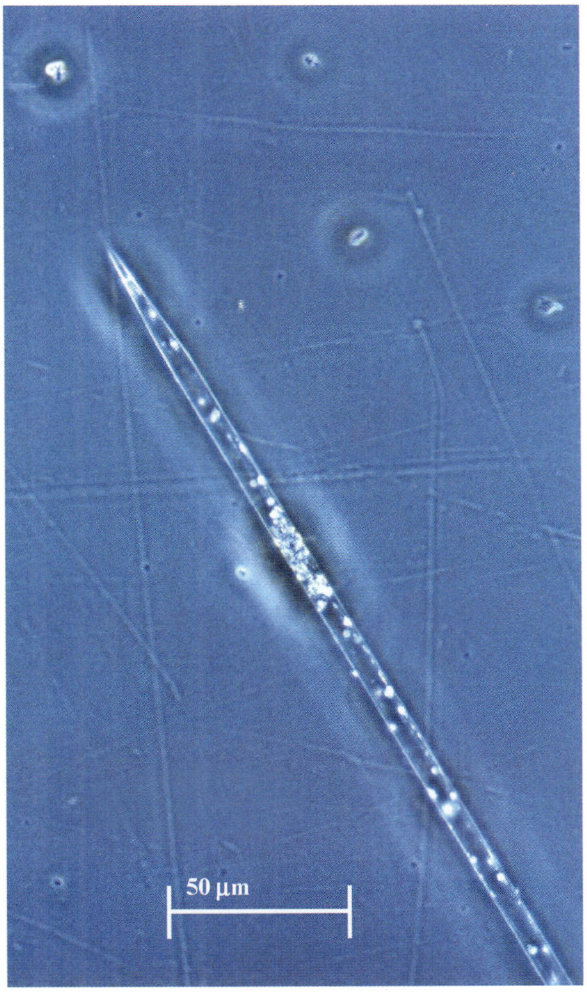

3b

版图Ⅻ

1a，b 刚毛根管藻 *Rhizosolenia setigera* Brightwell，1858

2a，b 笔尖根管藻 *Rhizosolenia styliformis* T. Brightwell，1858

3 翼鼻状藻 *Proboscia alata*(Brightwell) Sundström，1986

版图Ⅻ

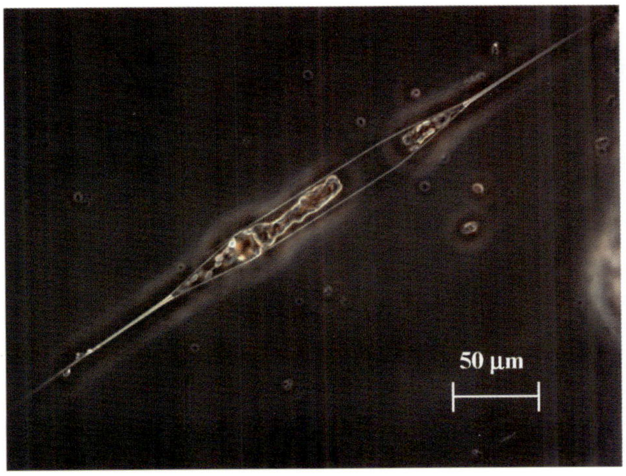

1a

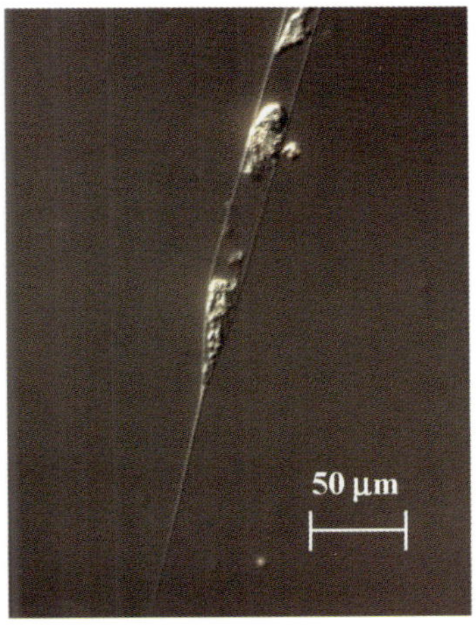

1b

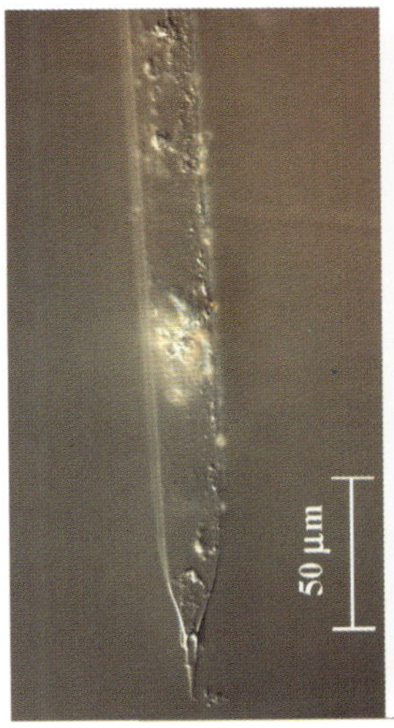

2a

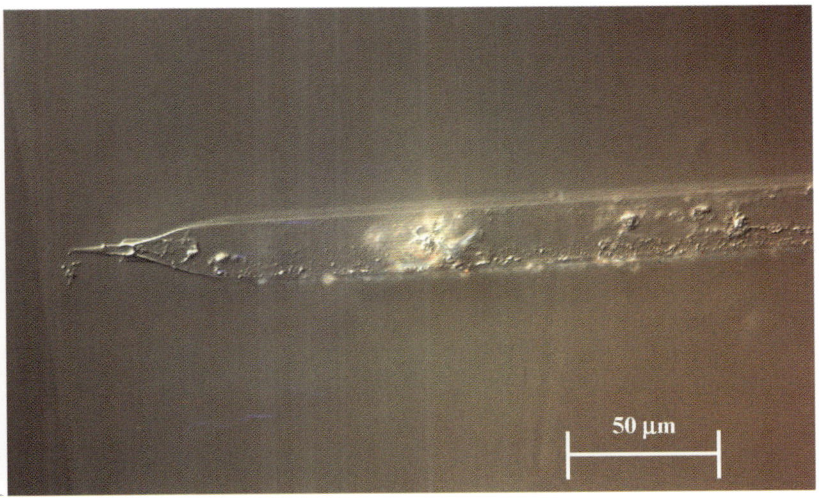

2b

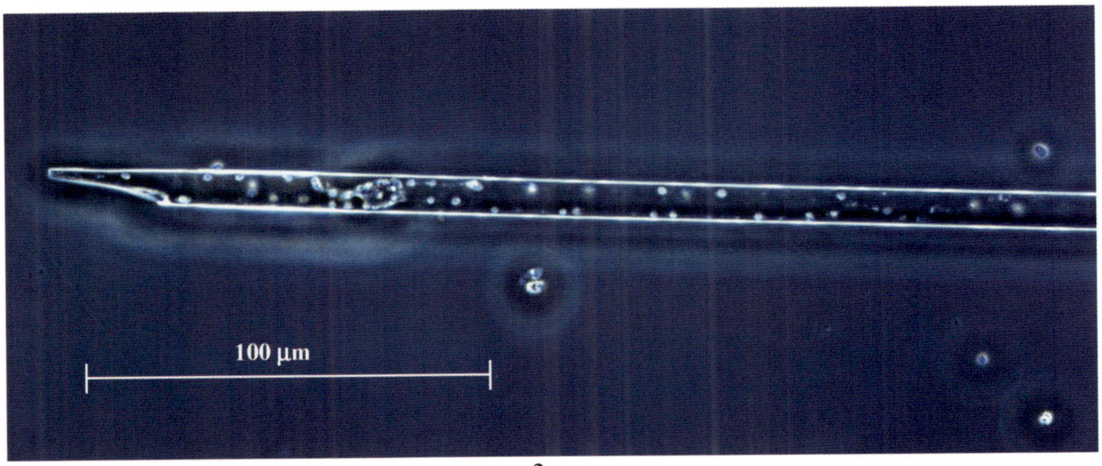

3

版图XIII

1a，b 窄隙角毛藻 *Chaetoceros affinis* Lauder，1864

2a，b 大西洋角毛藻 *Chaetoceros atlanticus* Cleve，1873

3a，b 短孢角毛藻 *Chaetoceros brevis* Schütt，1895

版图 XⅢ

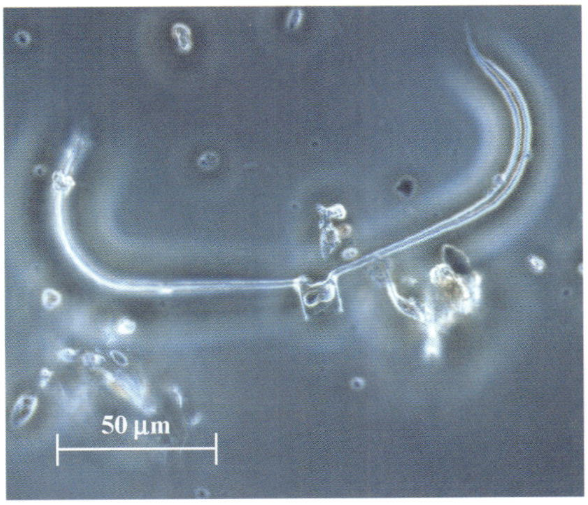

1a

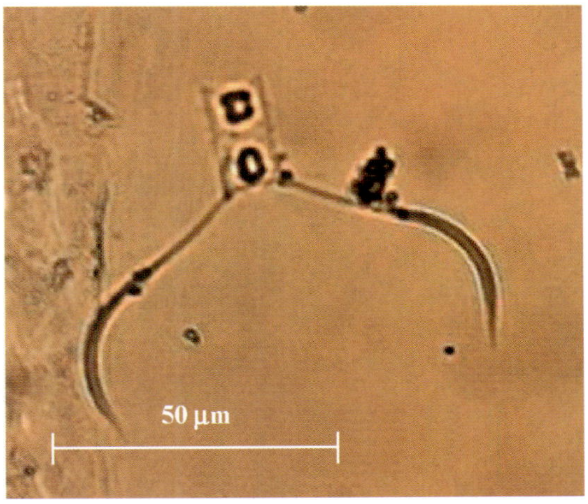

1b

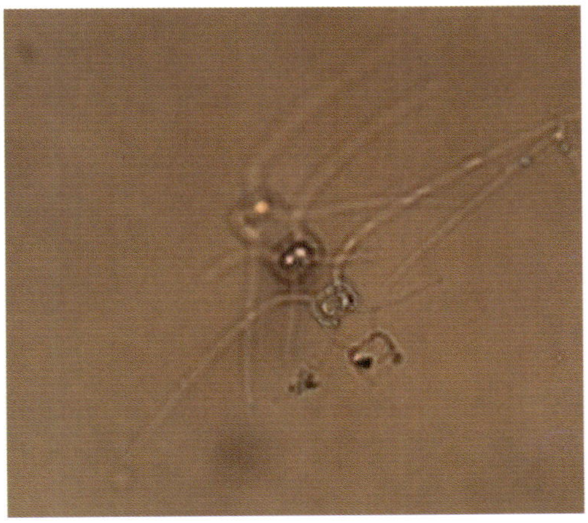

2a

2b

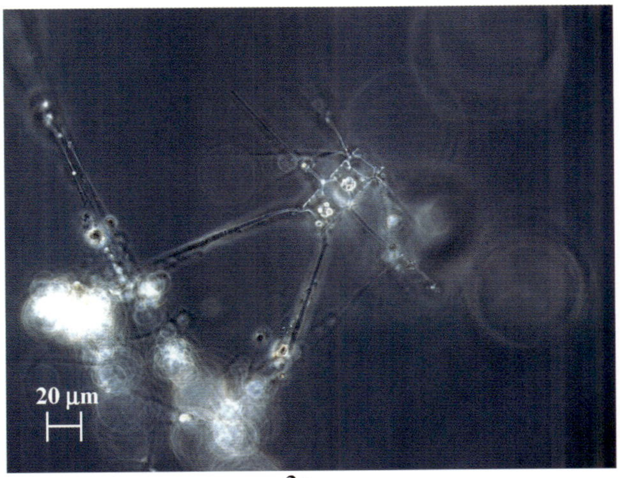

3a

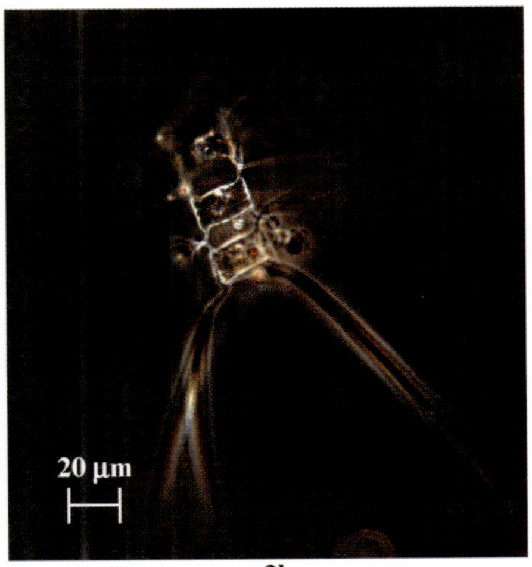

3b

版图 XIV

1a，b 扁面角毛藻 *Chaetoceros compressus* Lauder，1864

2a，b 曲刺角毛藻 *Chaetoceros concavicornis* Mangin，1917

3a，b 旋链角毛藻 *Chaetoceros curvisetus* Cleve，1889

版图 XIV

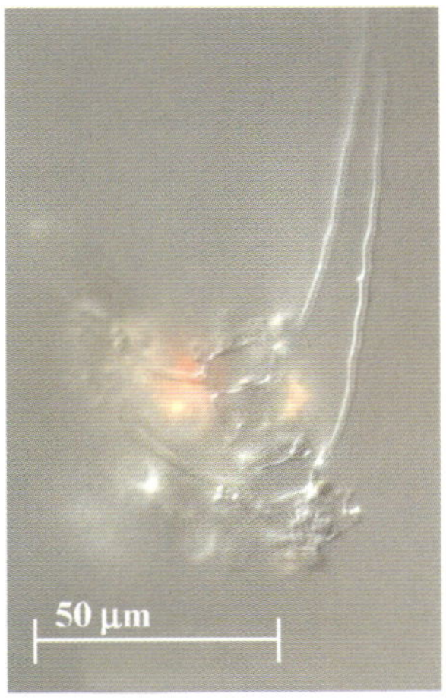

1a

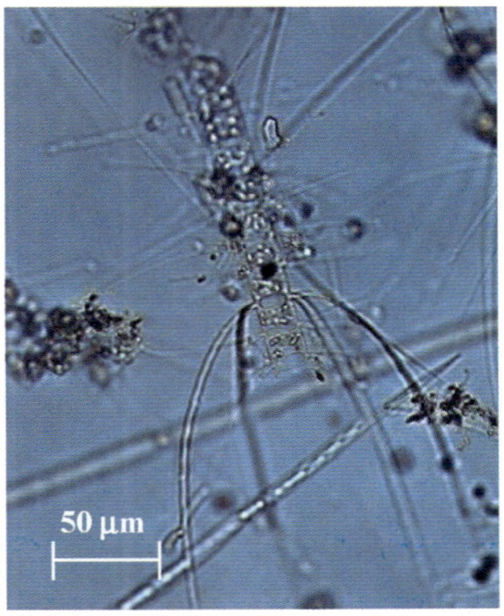

1b

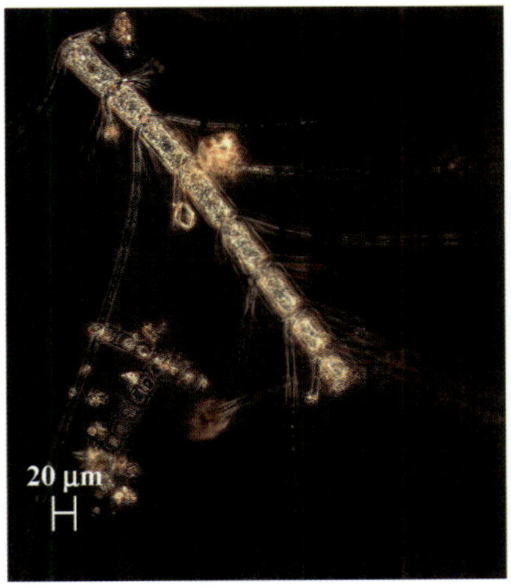

2a

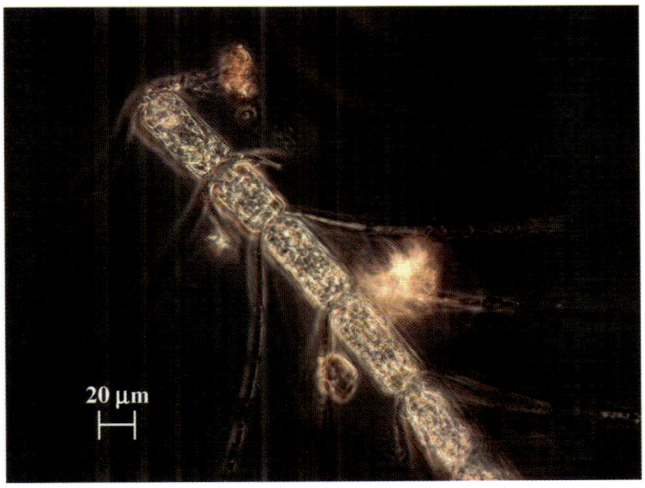

2b

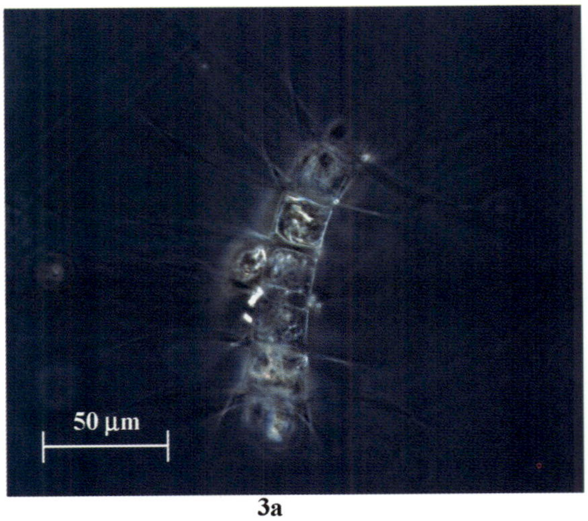

3a

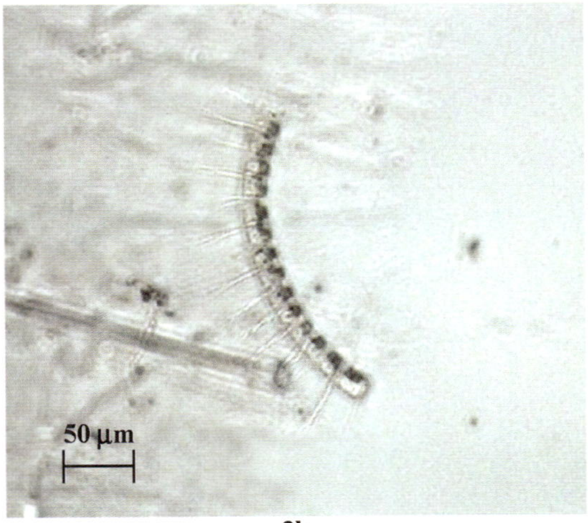

3b

版图XV

1 丹麦角毛藻 *Chaetoceros danicus* Cleve，1889

2a，b 并基角毛藻 *Chaetoceros decipiens* Cleve，1873

3a，b 皇冠角毛藻 *Chaetoceros diadema*(Ehrenberg) Gran，1897

版图XV

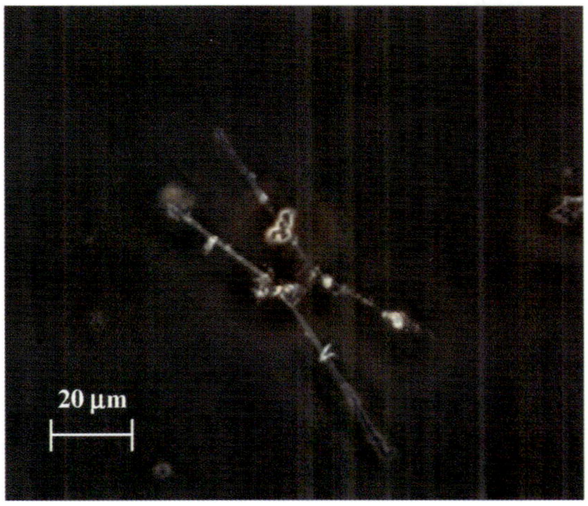

1

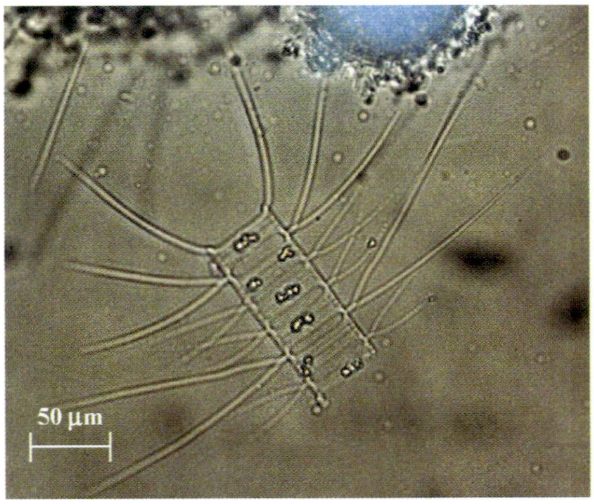

2a

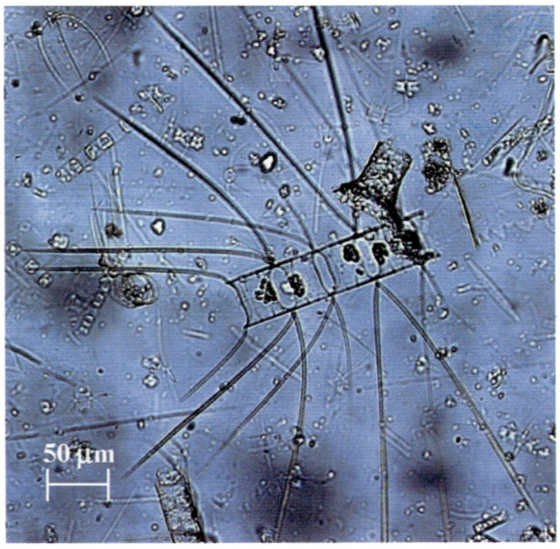

2b

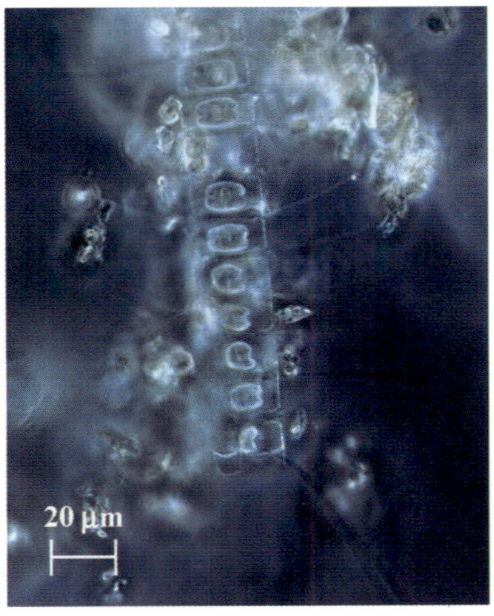

3a

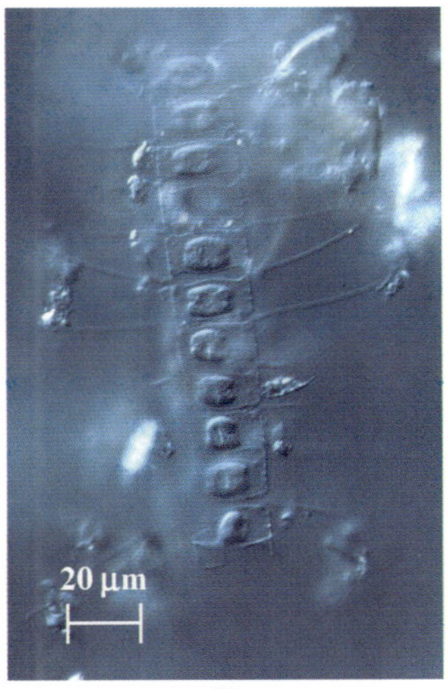

3b

版图 XVI

1a，b 皇冠角毛藻 *Chaetoceros diadema*(Ehrenberg) Gran，1897

1b：休眠孢子

2 双突角毛藻 *Chaetoceros didymus* Ehrenberg，1845

3a，b，c 叉尖角毛藻 *Chaetoceros furcellatus* Yendo，1911

3a，b：休眠孢子

3c：细胞群体(简图，仿 Hasle，G. R. & Syvertsen，E. E.，1997)

版图 XⅥ

1a

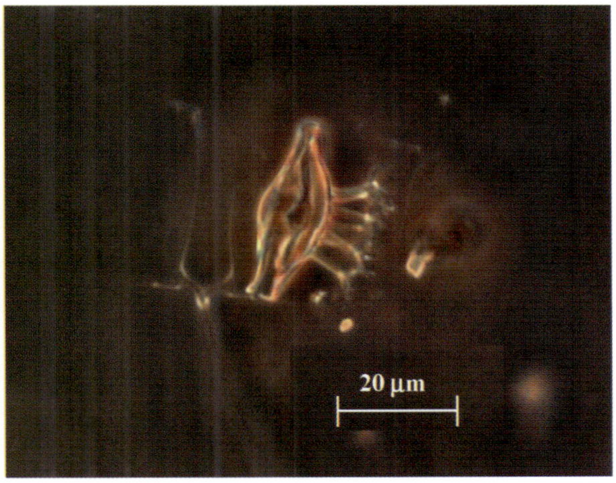

1b

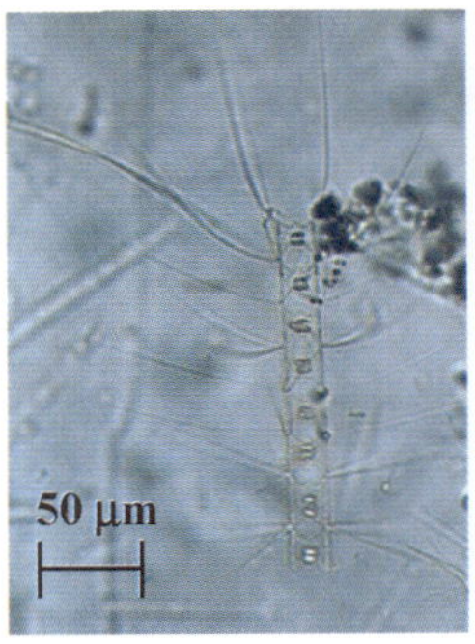

2

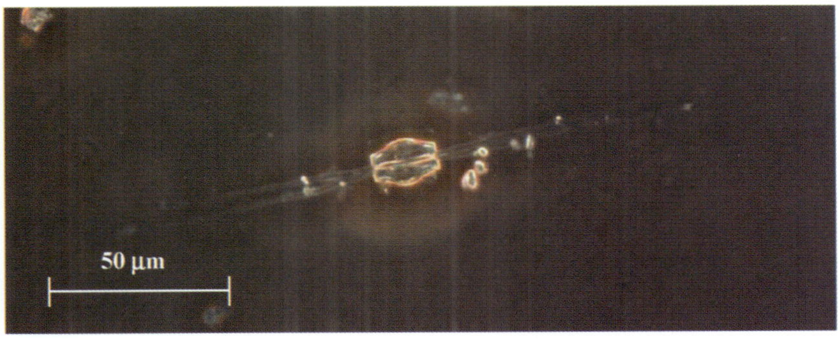

3a

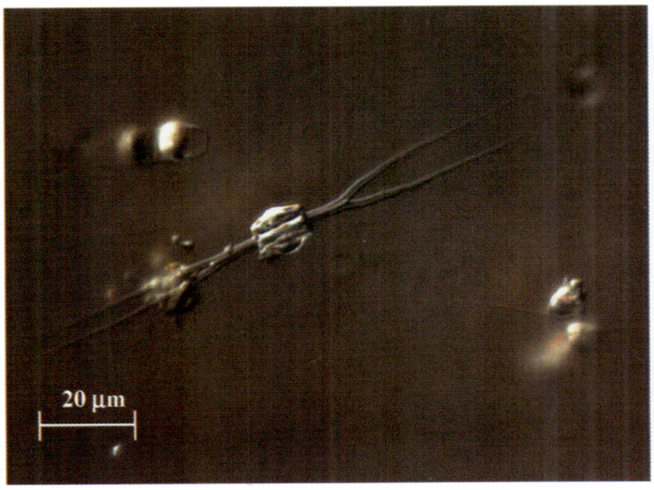

3b

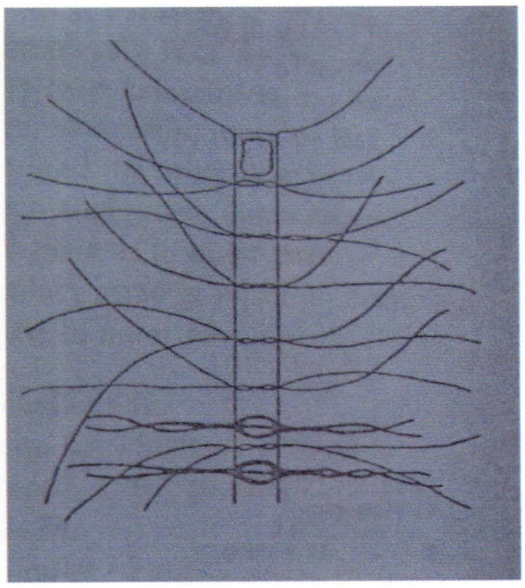

3c

版图 XVII

1 根状角毛藻 *Chaetoceros radicans* F. Schütt，1895

2a，b 相似角毛藻 *Chaetoceros similis* Cleve，1896

2b：源于 Hansen R(Photographer/artist)，2013。

http：//nordicmicroalgae. org/taxon/Chaetoceros% 20similis？ media_ id = Chaetoceros% 20 similis_ 6. jpg&page = 4

3a，b 聚生角毛藻 *Chaetoceros socialis* Lauder，1864

3b：源于 Hansen R(Photographer/artist)，2013。

http：//nordicmicroalgae. org/taxon/Chaetoceros% 20socialis？ media_ id = Chaetoceros% 20 socialis_ 4. jpg&page = 4

版图 XⅦ

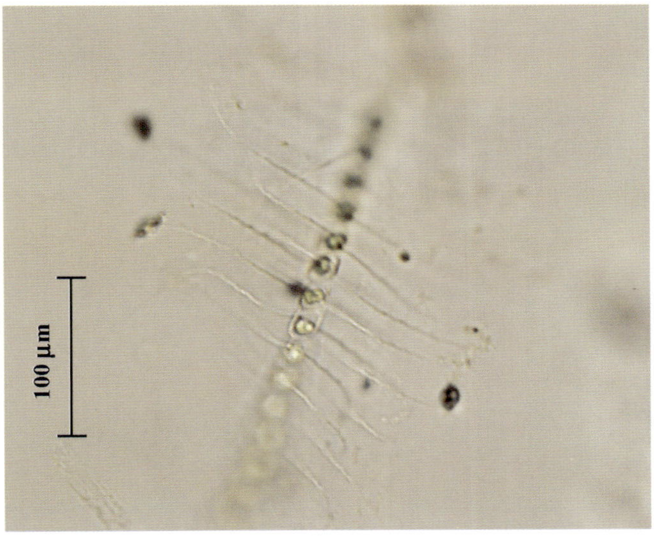

1

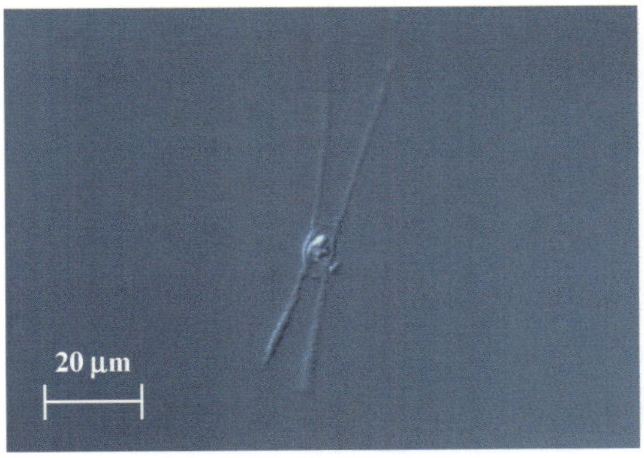

2a

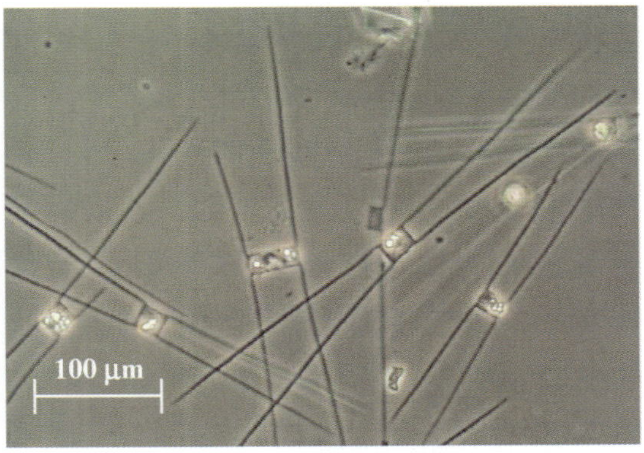

2b

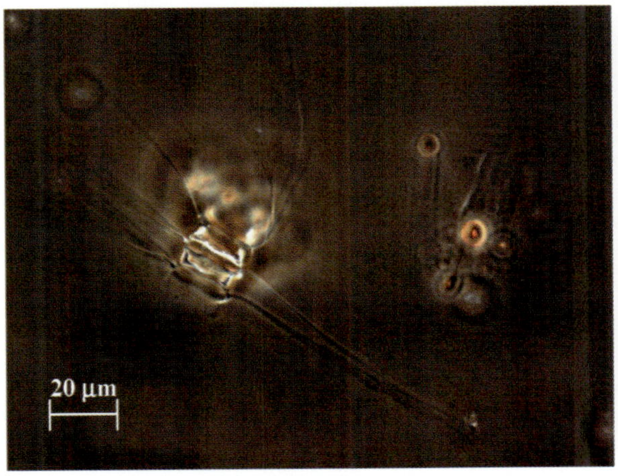

3a

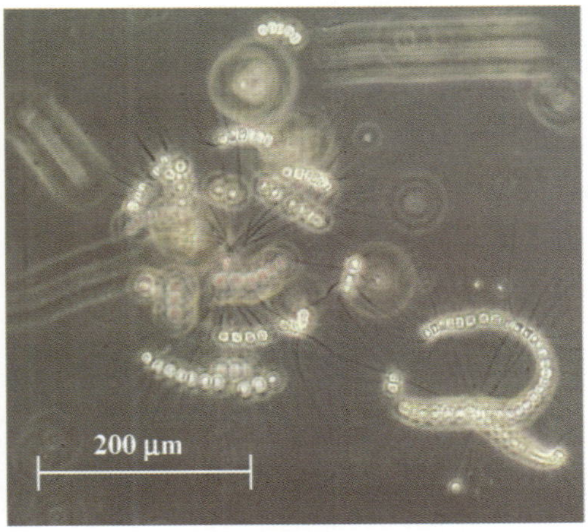

3b

版图 XⅧ

1a，b 威格海母角毛藻 *Chaetoceros wighamii* Brightwell，1856

1b：源于 Hansen R(Photographer/artist)，2013。

http：//nordicmicroalgae. org/taxon/Chaetoceros% 20wighamii? media_ id = Chaetoceros% 20 wighamii_ 3. jpg&page = 4

2a，b 丹麦细柱藻 *Leptocylindrus danicus* Cleve，1889

3a，b 冰岛脆杆藻 *Fragilaria islandica* Grunow ex Van Heurck，1881

版图 XⅧ

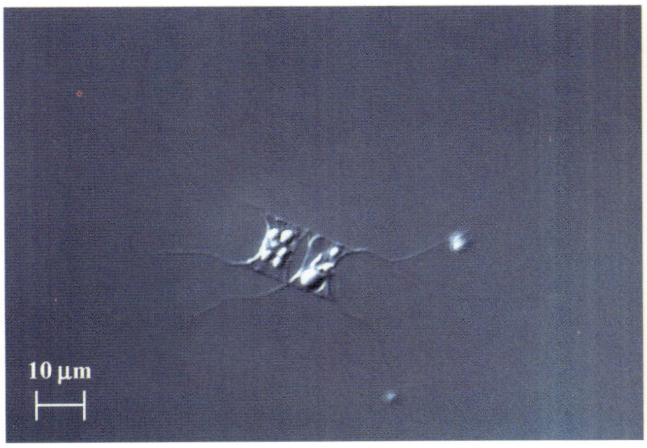

1a

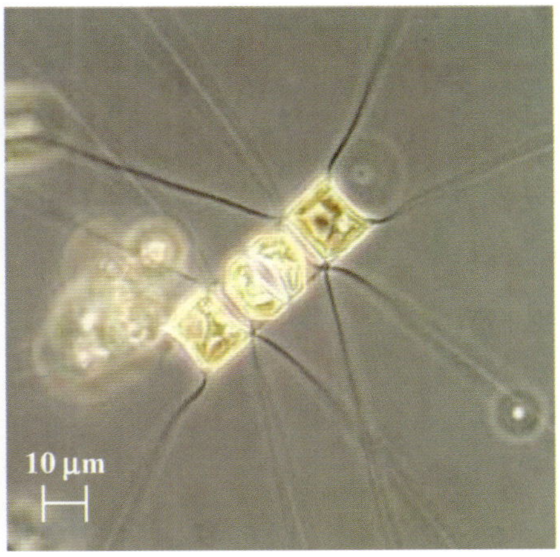

1b

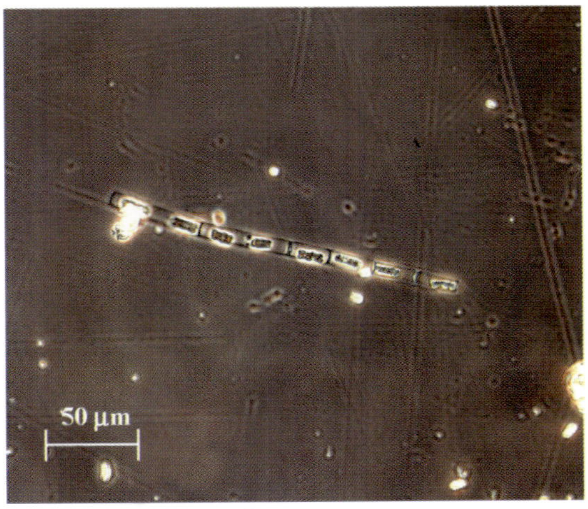

2a

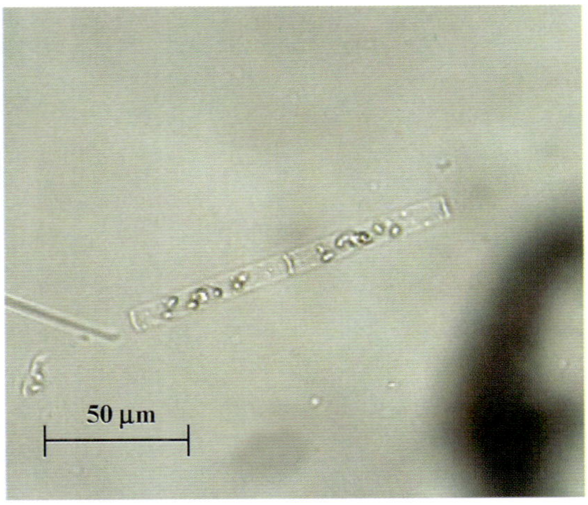

2b

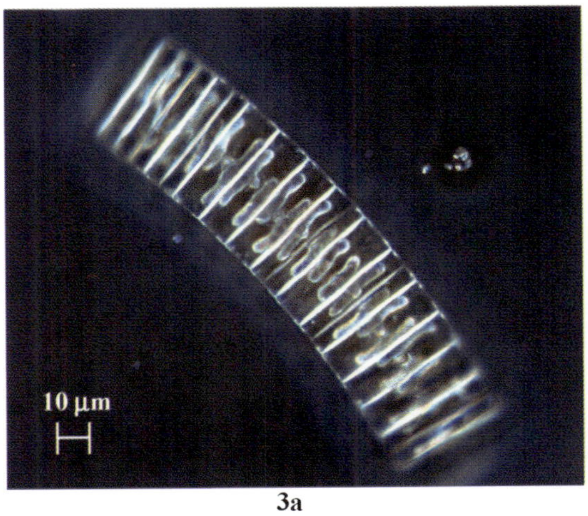

3a

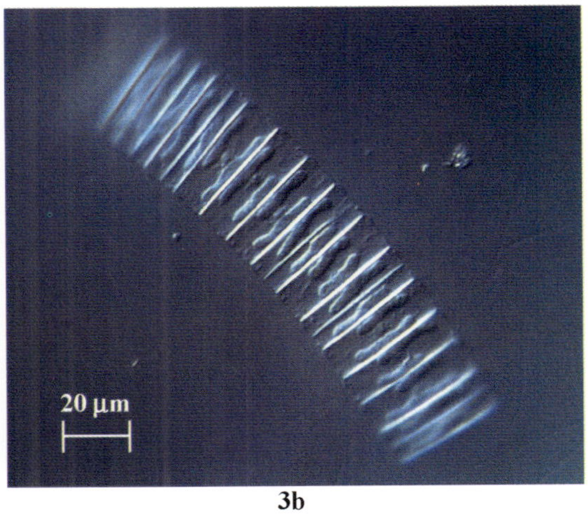

3b

版图 XIX

1 新月蛾眉藻 *Ceratoneis closterium* Ehrenberg，1839

2a，b，c 纤细楔形藻 *Licmophora gracilis*（Ehrenberg）Grunow，1867

3 双菱具槽藻 *Delphineis surirella*（Ehrenberg）G. W. Andrews，1981

版图 XIX

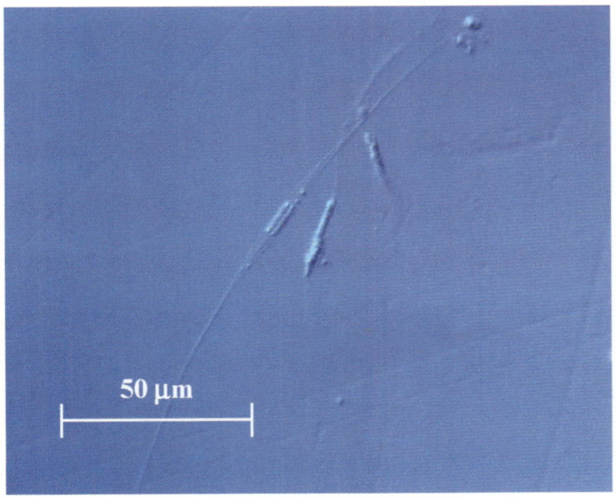

1

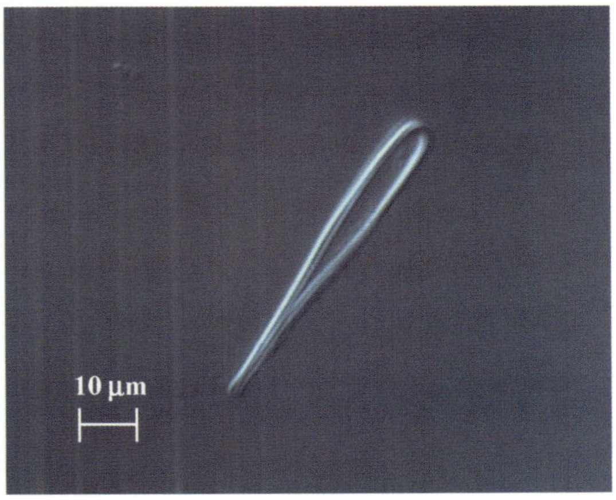

2a

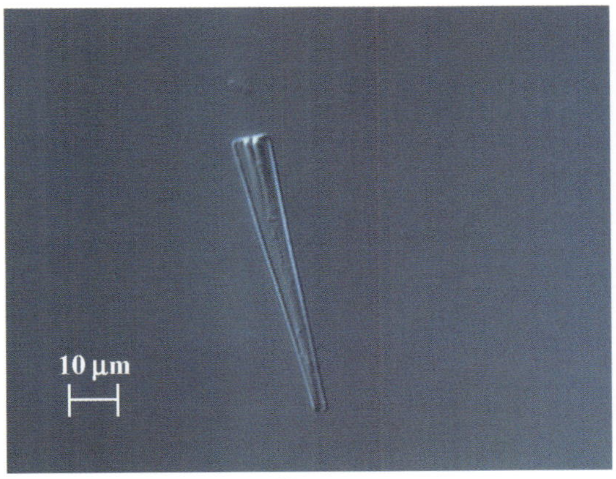

2b

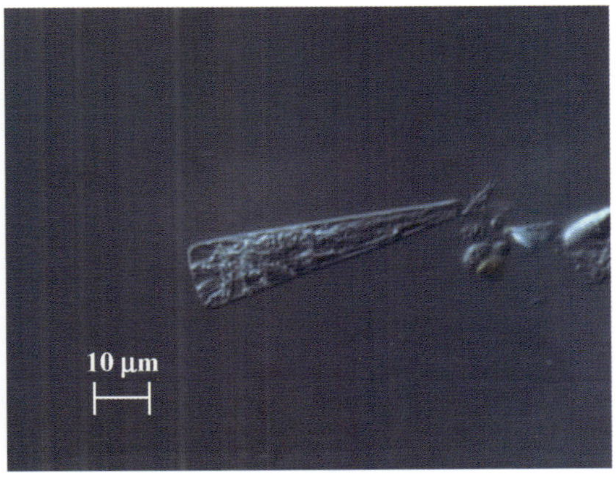

2c

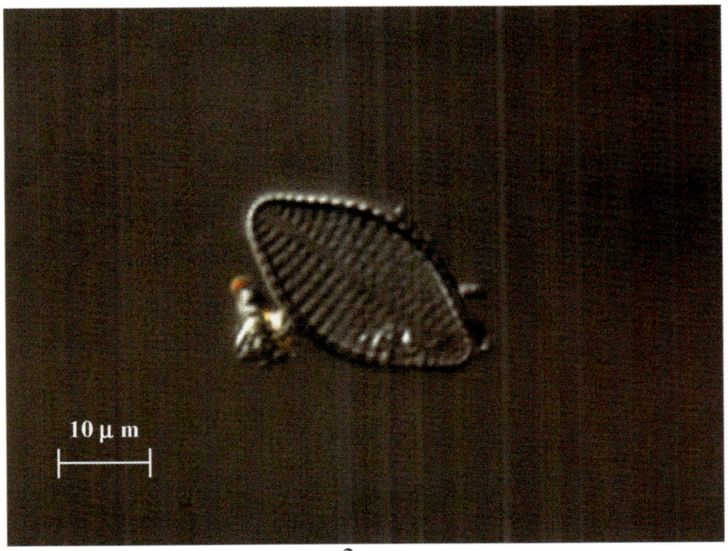

3

版图XX

1a，b 伏氏海线藻 *Thalassionema frauenfeldii*（Grunow）Tempère & Peragallo，1910

2a，b 菱形海线藻 *Thalassionema nitzschioides*（Grunow）Mereschkowsky，1902

3a，b 直舟形藻 *Navicula directa*（W. Smith）Ralfs，1861

版图XX

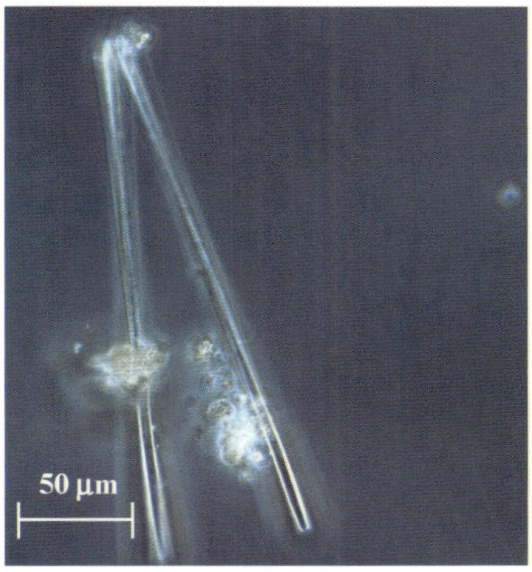

1a

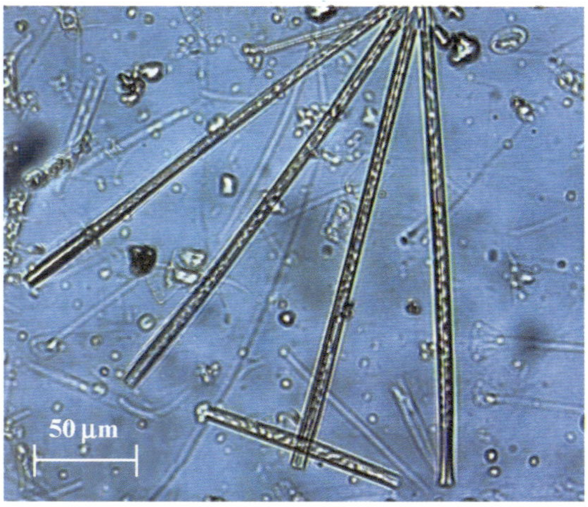

1b

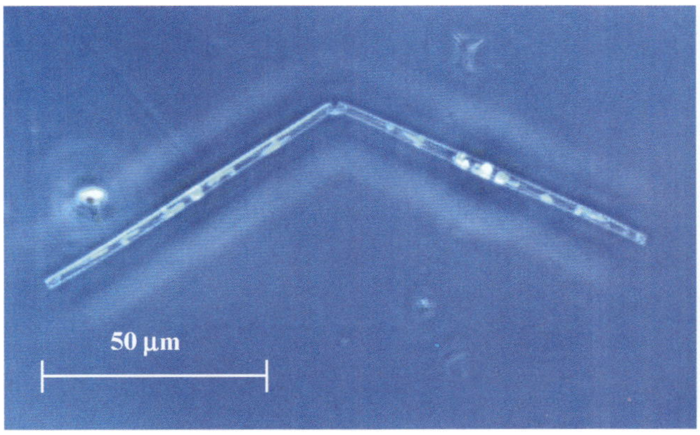

2a

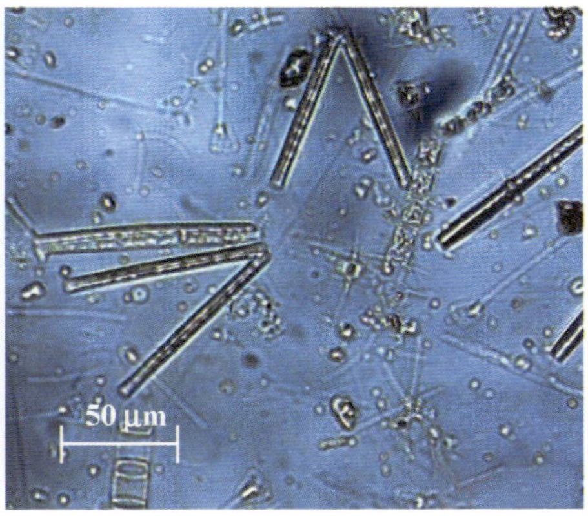

2b

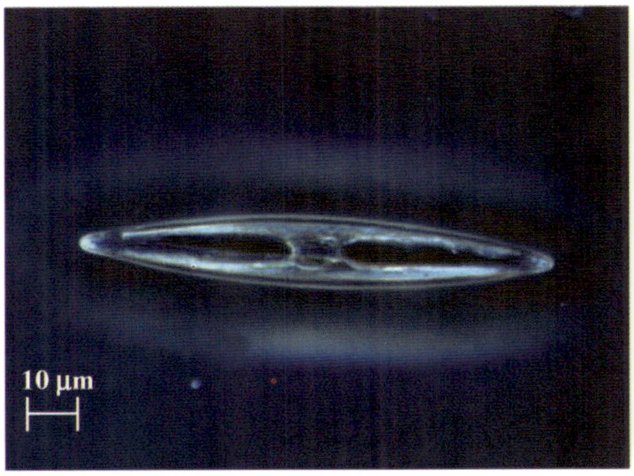

3a

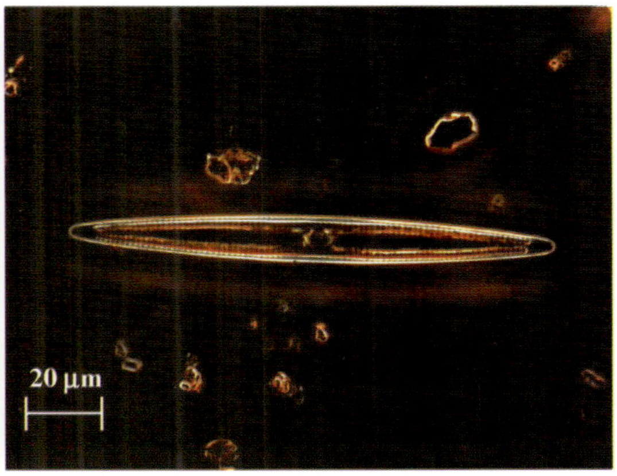

3b

版图XXI

1 直舟形藻 *Navicula directa*(W. Smith) Ralfs, 1861

2a, b 大洋舟形藻 *Navicula pelagica* Cleve, 1896

3a, b 北方舟形藻 *Navicula septentrionalis*(Grunow) Gran, 1905

版图 XXI

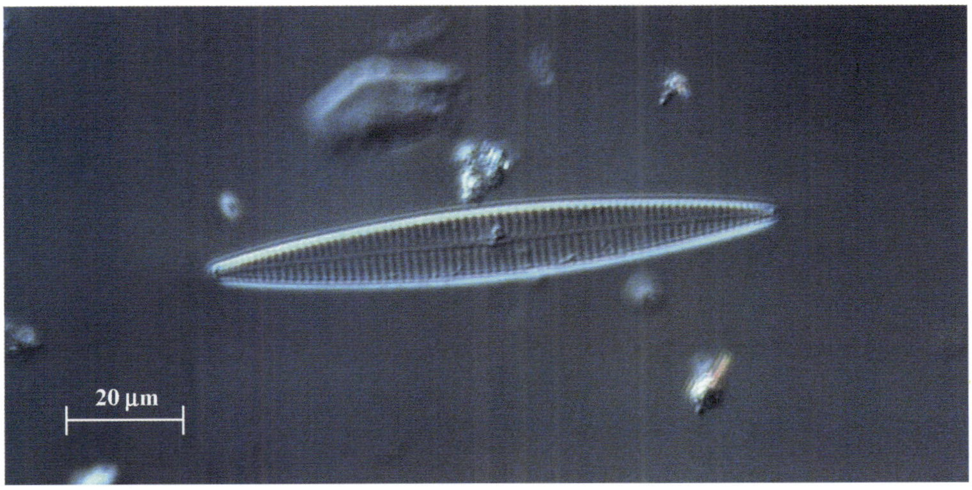

1

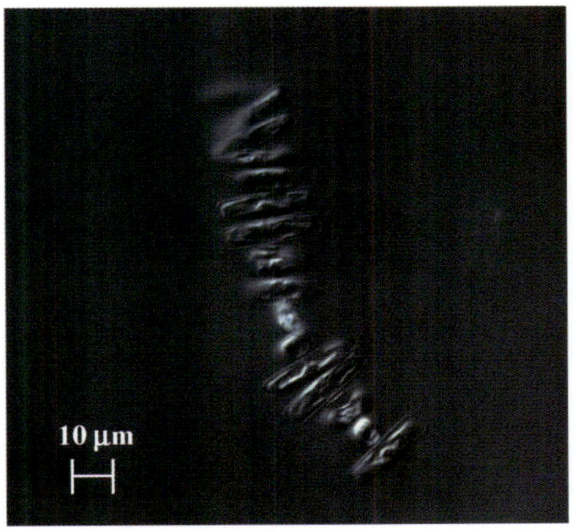

2a

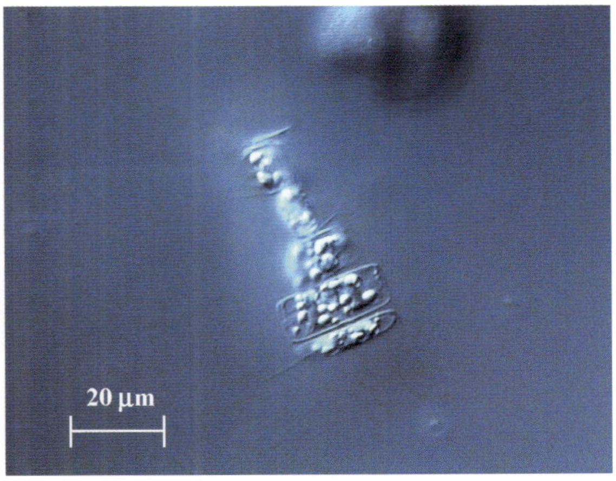

2b

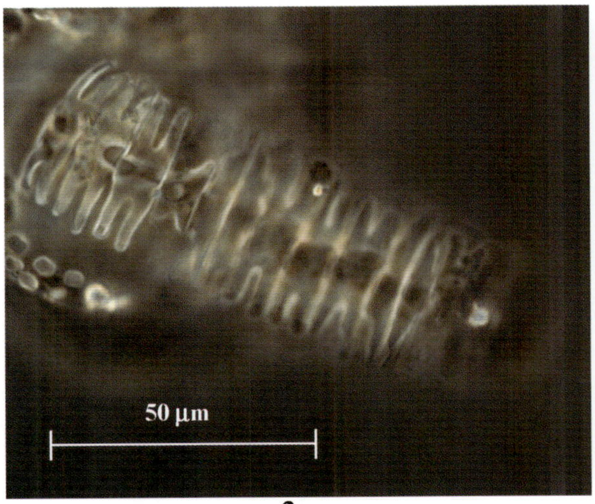

3a

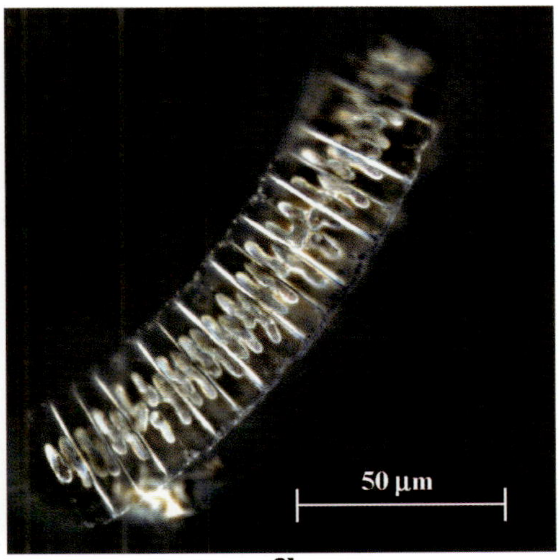

3b

版图 XXII

1a, **b** 横展舟形藻截平变种 *Navicula transitans* var. *derasa* (Grunow) Cleve, 1883

2 横展舟形藻截平变种柔弱变型 *Navicula transitans* var. *derasa* f. *delicatula* Heimdal, 1970

3 范氏舟形藻 *Navicula vanhoeffenii* Gran, 1897

版图 XXⅡ

1a

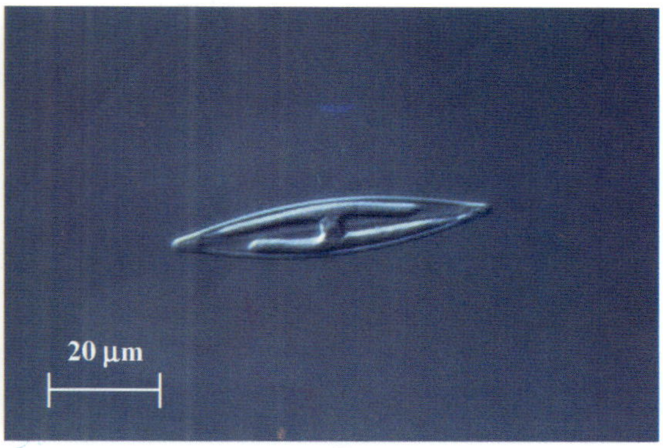

1b

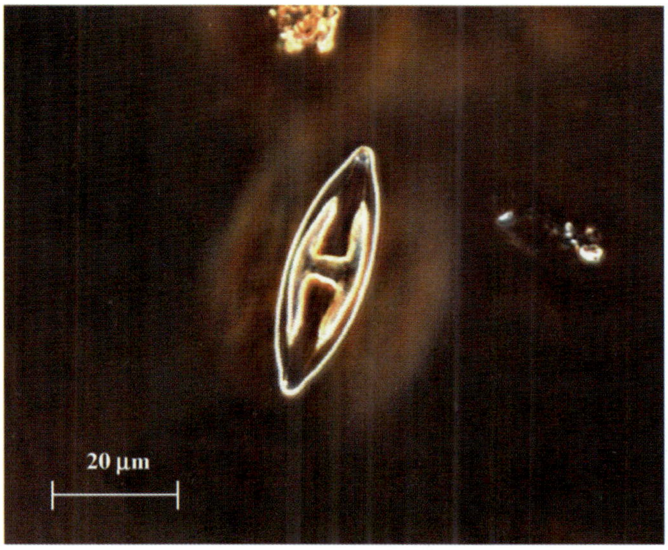

2

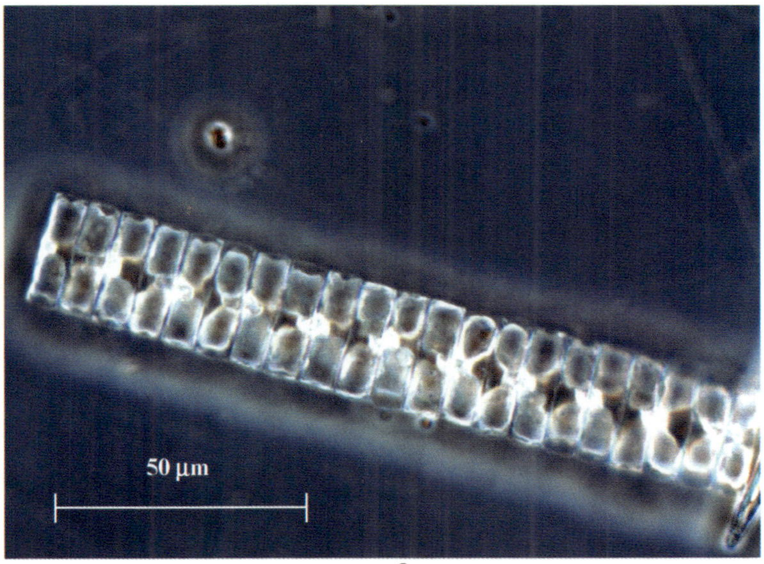

3

版图XXⅢ

1a，b 针状哈斯来藻 *Haslea spicula*（Hickie）Lange－Bertalot，1997

2a，b 宽角斜纹藻 *Pleurosigma angulatum*（Quekett）W. Smith，1852

3a，b，c 长尾布纹藻 *Gyrosigma macrum*（W. Smith）J. W. Griffith & Henfrey，1856

版图 XXⅢ

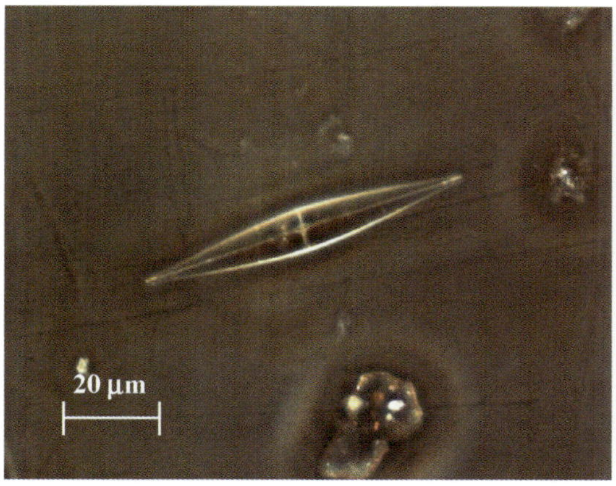

1a

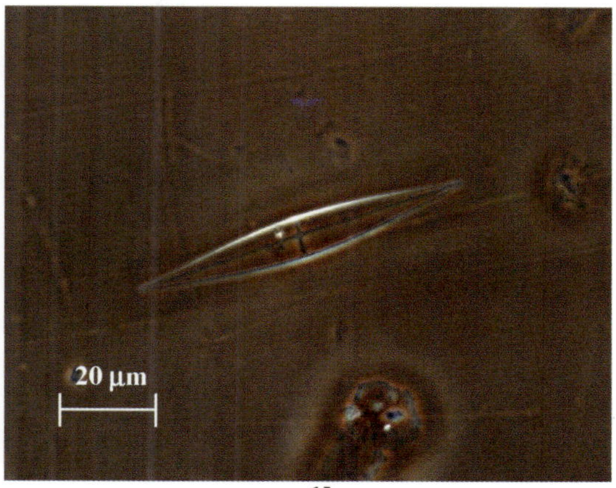

1b

2a

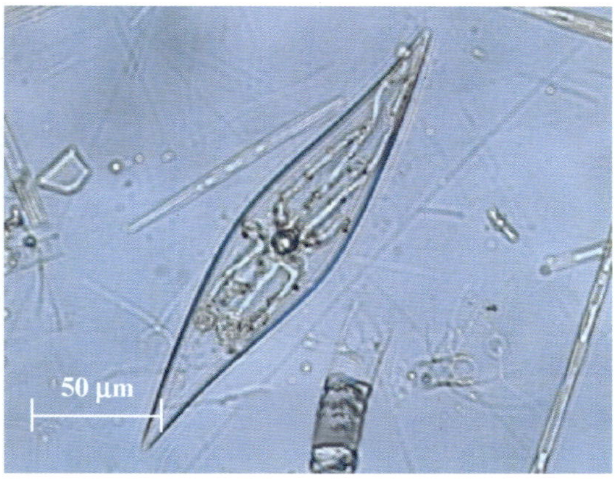

2b

3a

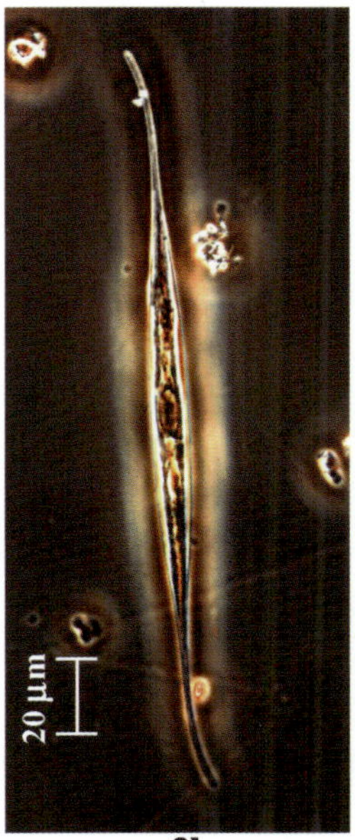

3b

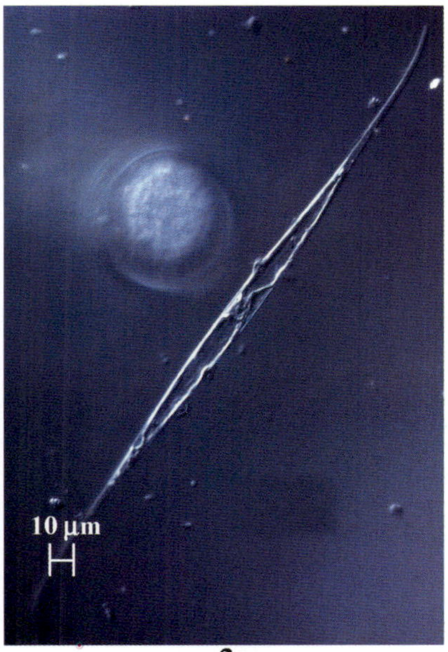

3c

版图 XXIV

1a，b 寒冷菱形藻 *Nitzschia frigida* Grunow，1880

2a，b 长菱形藻 *Nitzschia longissima*（Brébisson）Ralfs，1861

3 尖刺伪菱形藻 *Pseudo-nitzschia pungens*（Grunow ex Cleve）G. R. Hasle，1993

版图 XXⅣ

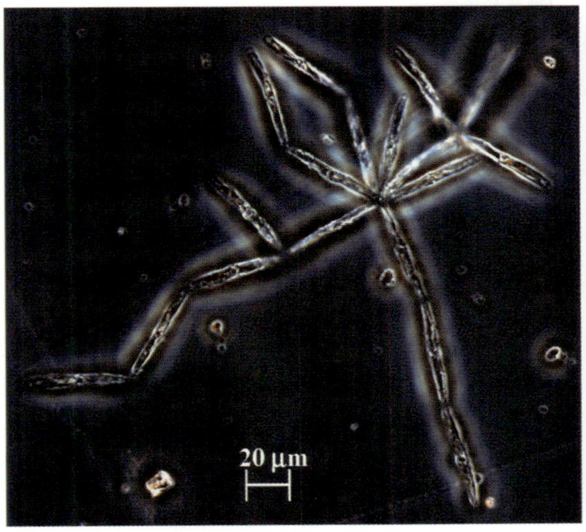

1a

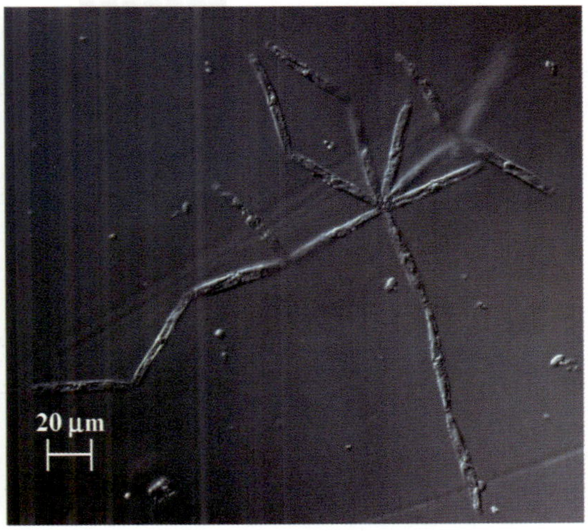

1b

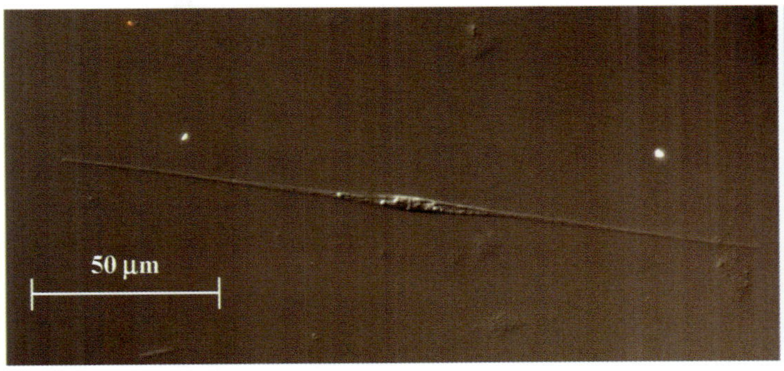

2a

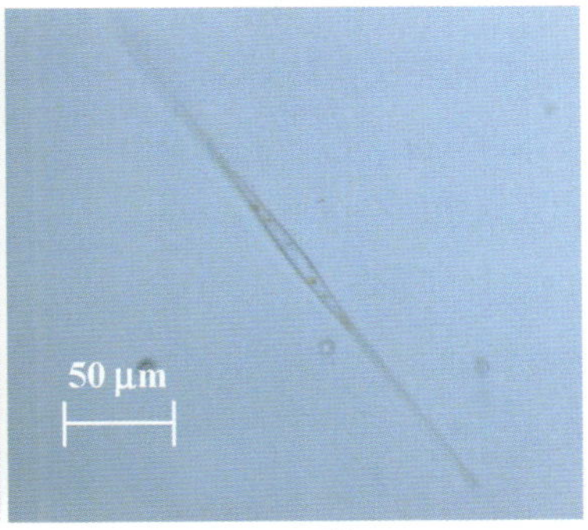

2b

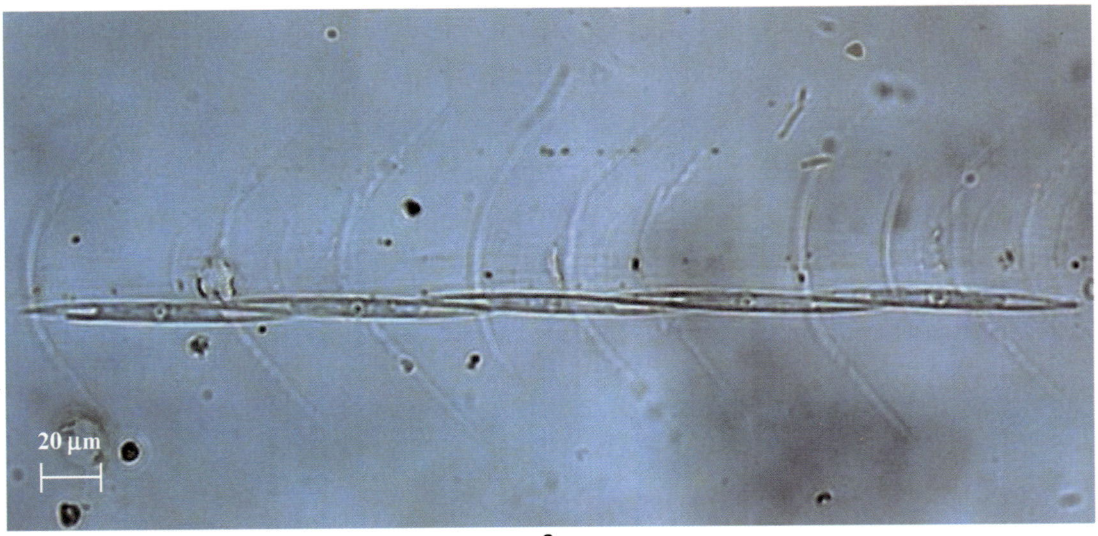

3

版图 XXV

1a，b　成列伪菱形藻 *Pseudo-nitzschia seriata*（Cleve）H. Peragallo in H. Peragallo & M. Peragallo，1899

2a，b，c，d　西氏新细齿藻 *Neodenticula seminae*（R. Simonsen & T. Kanaya）F. Akiba & Y. Yanagisawa，1986

2a：壳面；2b，c：环面；2d：群体

版图XXV

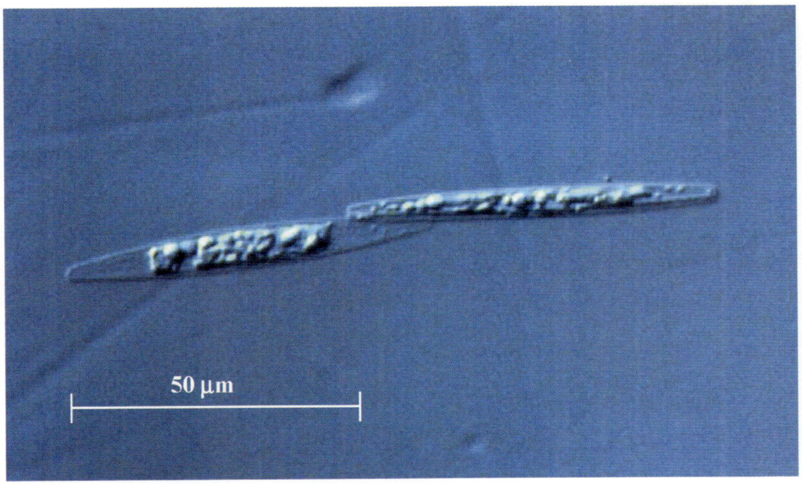

1a

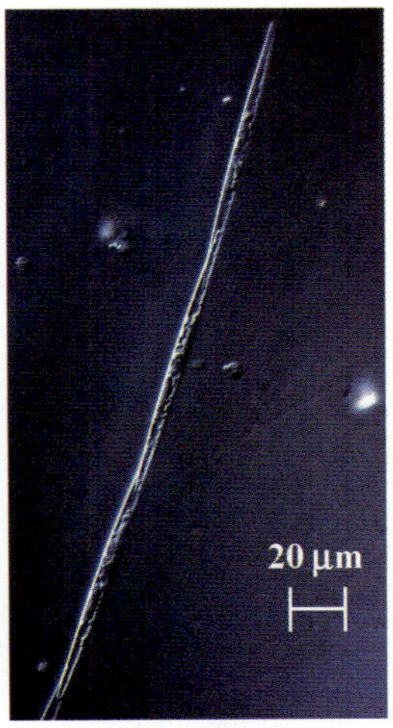

1b

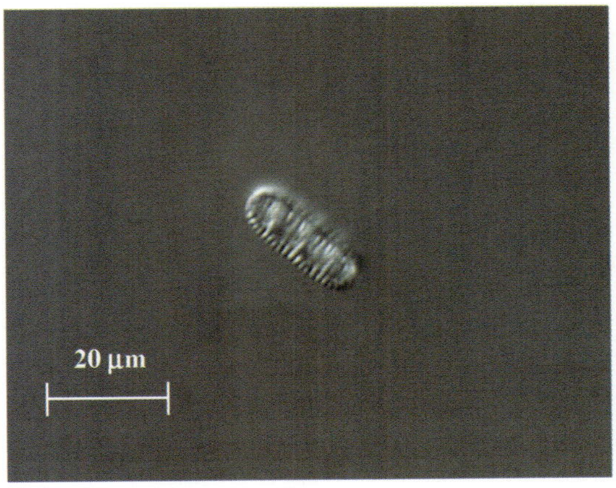

2a

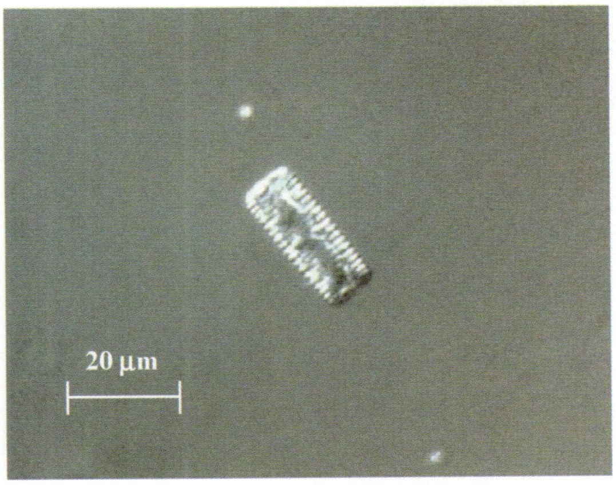

2b

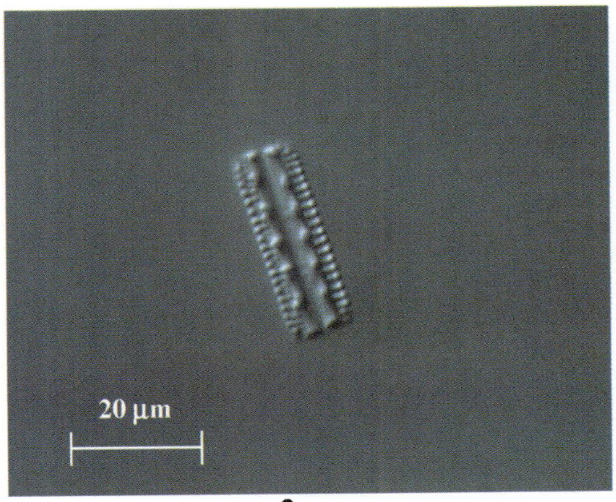

2c

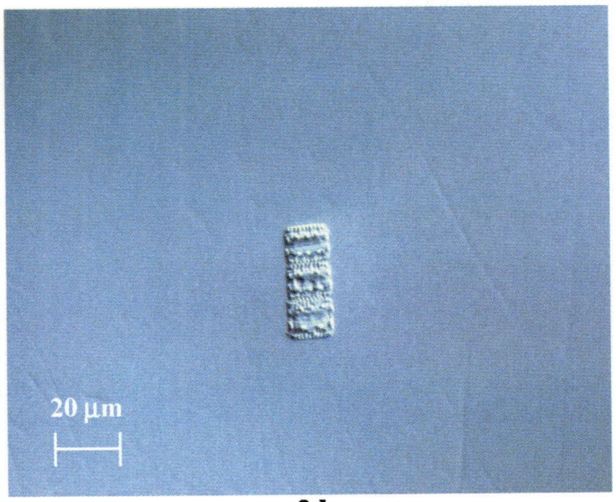

2d

版图 XXVI

1a，b 圆柱拟脆杆藻 *Fragilariopsis cylindrus*（Grunow）Krieger，1954

版图XXⅥ

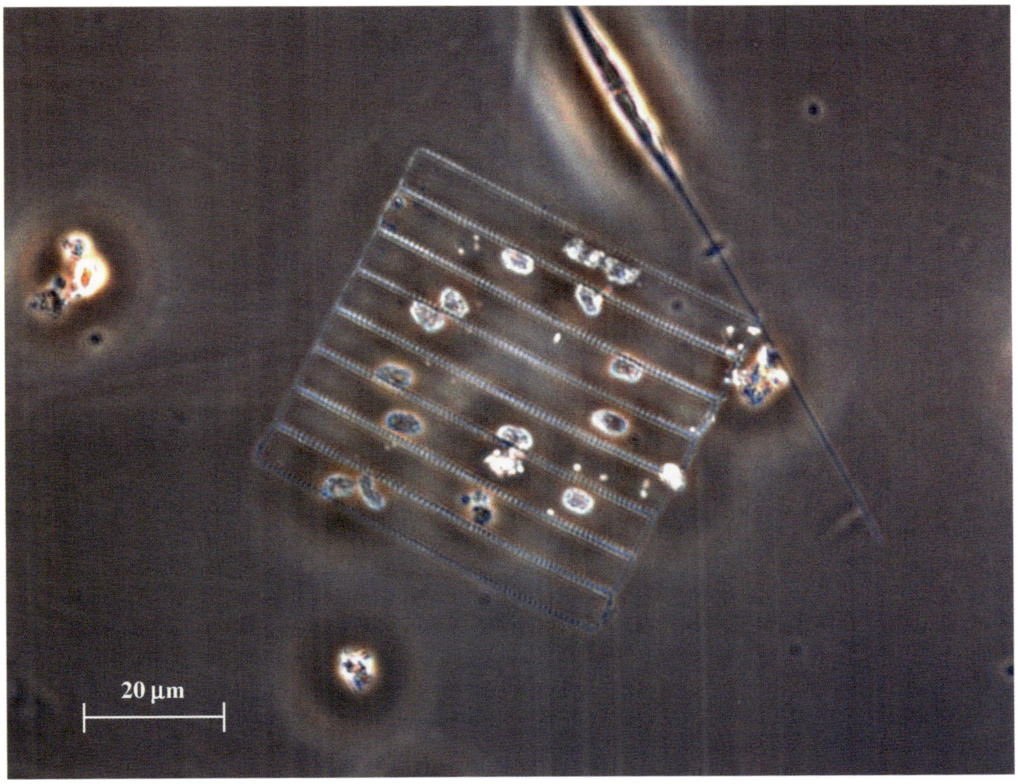

1a

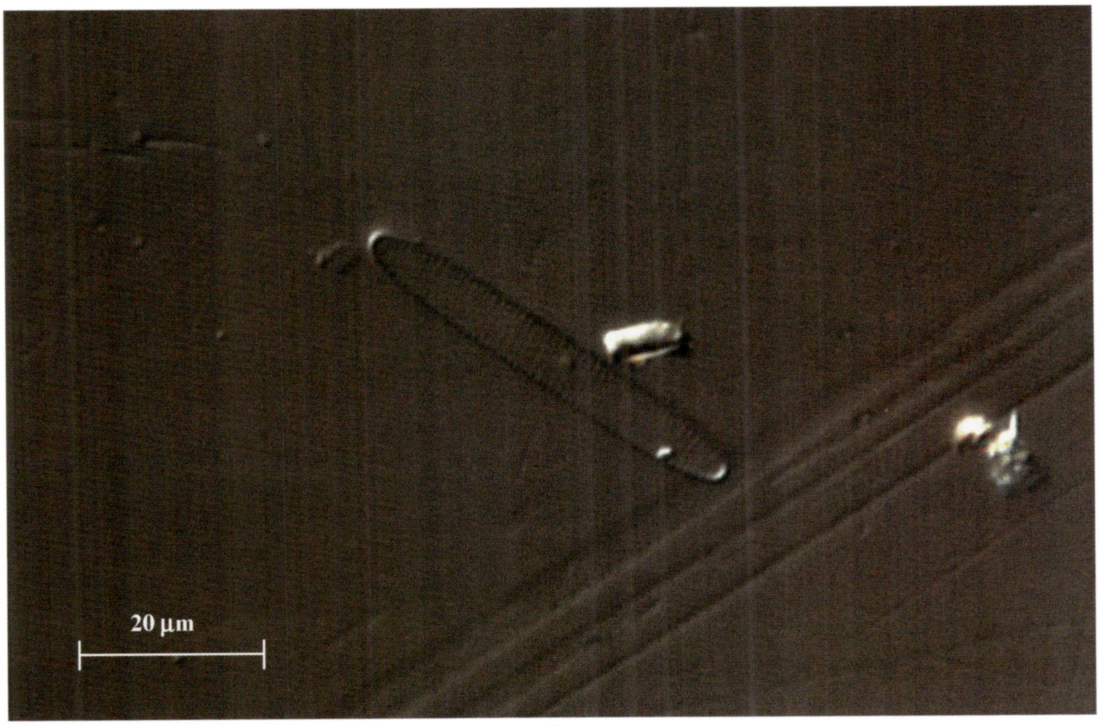

1b

版图 XXⅦ

1 海洋拟脆杆藻 *Fragilariopsis oceanica*(Cleve) Hasle, 1965

2 渐尖鳍藻 *Dinophysis acuminata* Claparède & Lachmann, 1859

3a, b 尖锐鳍藻 *Dinophysis acuta* Ehrenberg, 1839

4 具尾鳍藻 *Dinophysis caudata* Saville – Kent, 1881

版图 XXVII

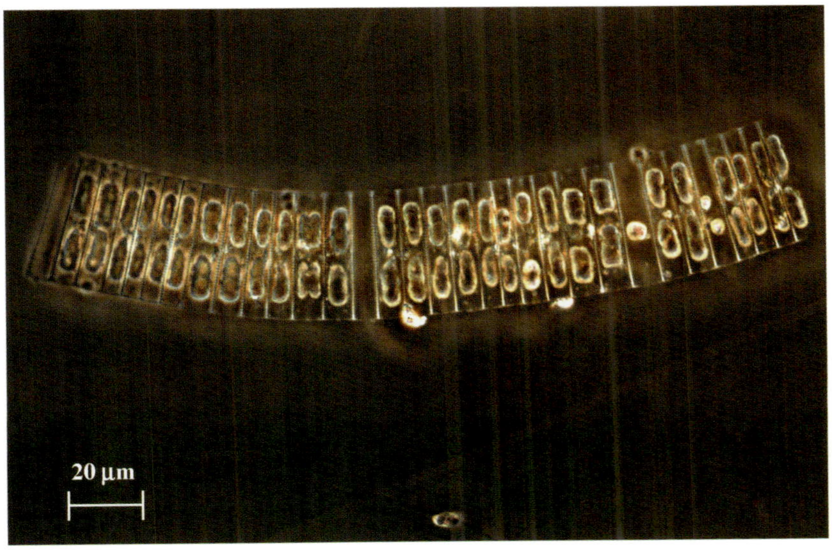

1

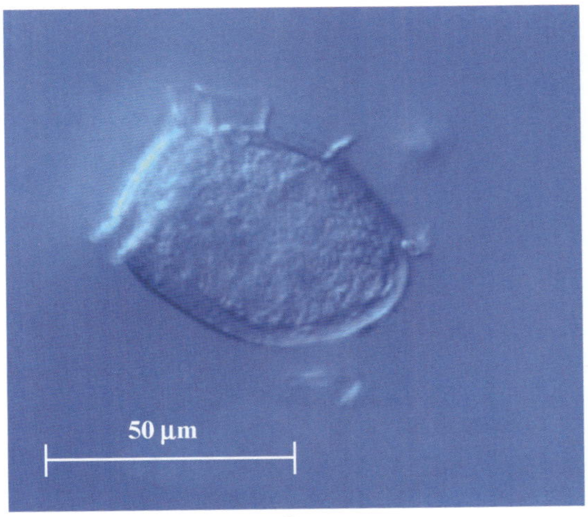

2

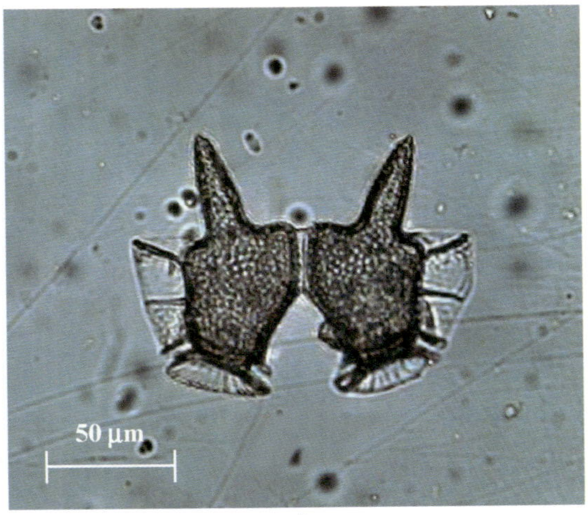

4

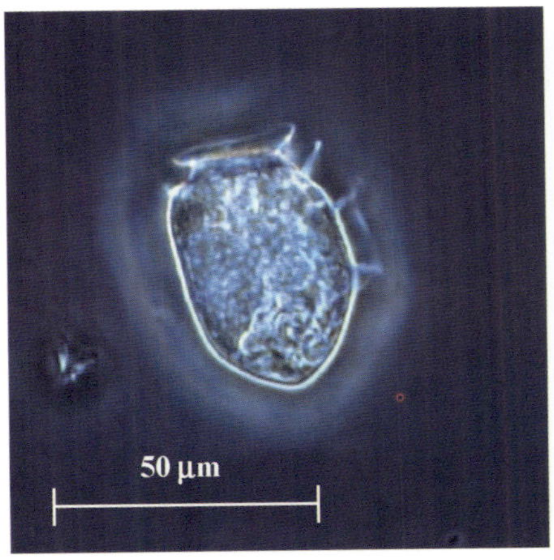

3a

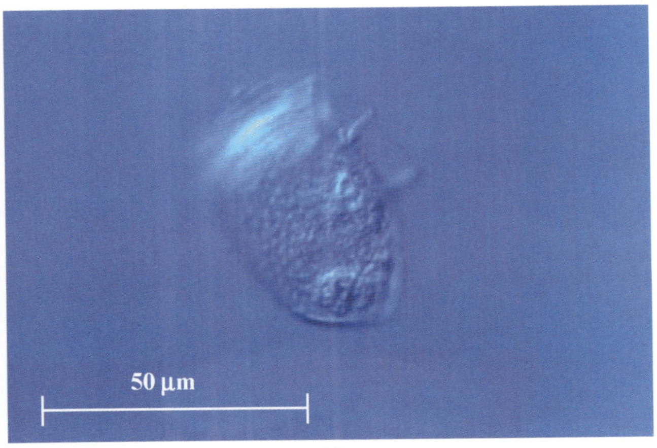

3b

版图XXⅧ

1a，b 诺维鳍藻 *Dinophysis norvegica* Claparède & Lachmann，1859

2a，b 厚前沟藻 *Amphidinium crassum* Lohmann，1908

3 伸展前沟藻 *Amphidinium extensum* Wulff，1919

版图ⅩⅩⅧ

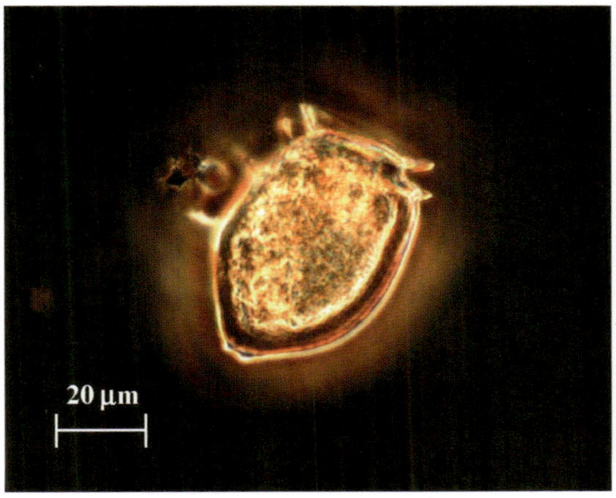

1a

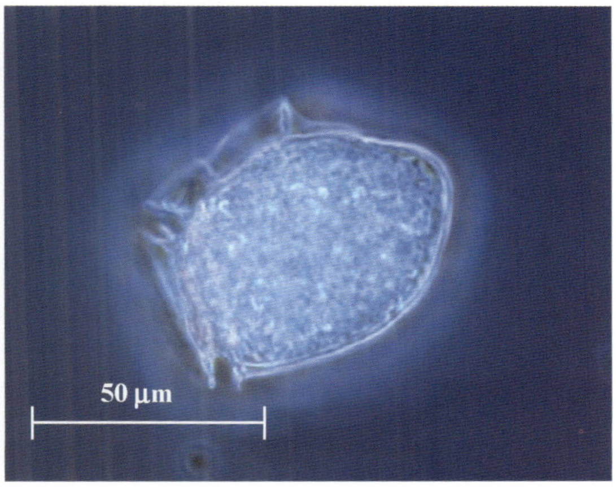

1b

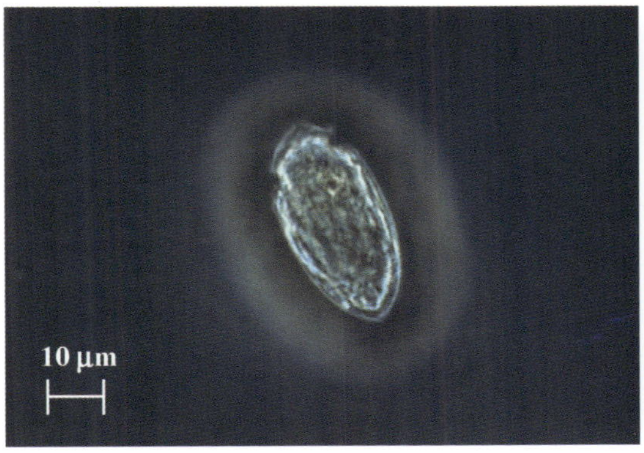

2a

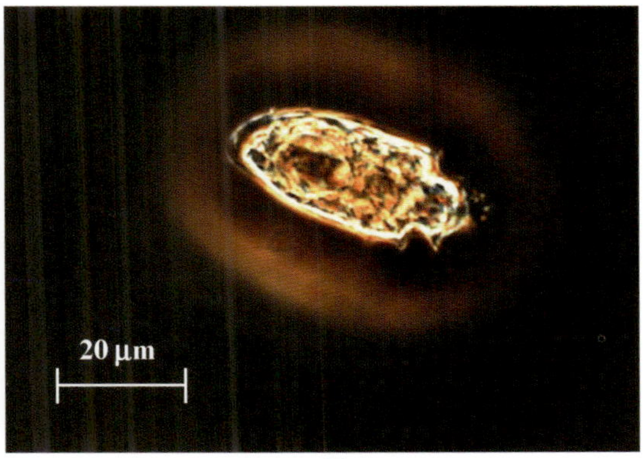

2b

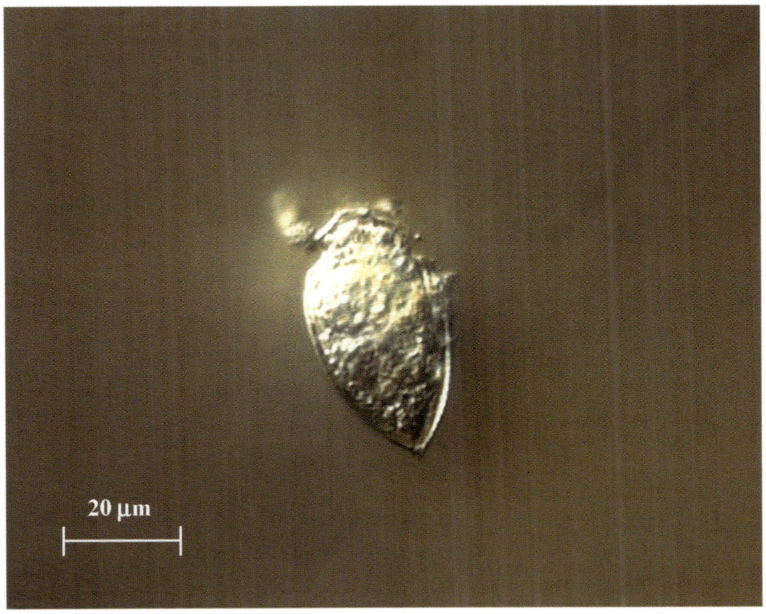

3

版图 XXIX

1a，b 楔状前沟藻 *Amphidinium sphenoides* Wülff，1916

2a，b，c，d 梭形环沟藻 *Gyrodinium fusiforme* Kofoid & Swezy，1921

版图 XXIX

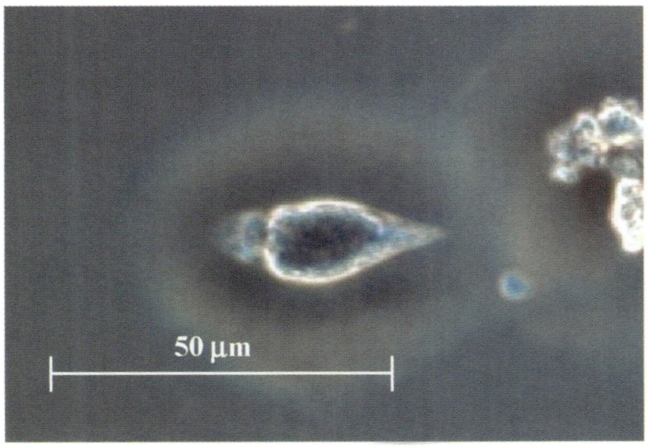

1a

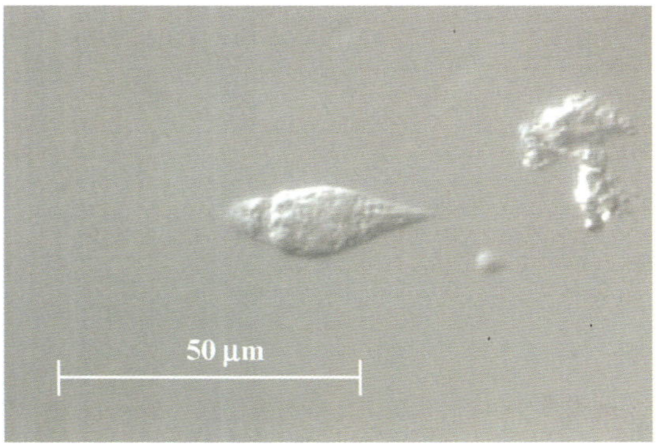

1b

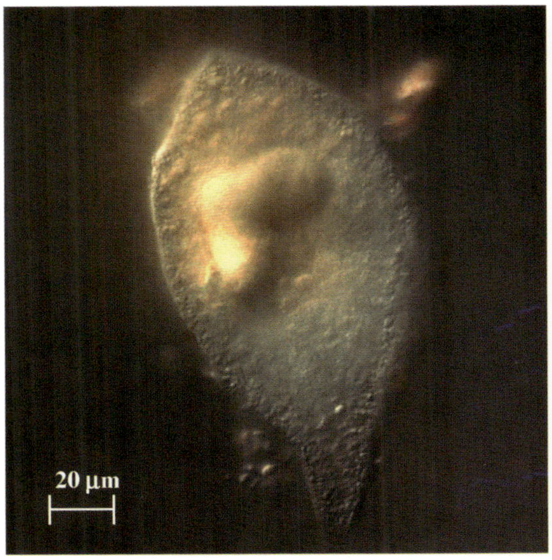

2a

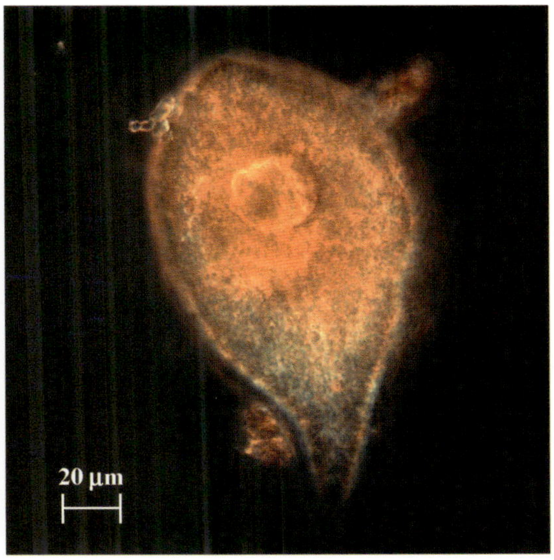

2b

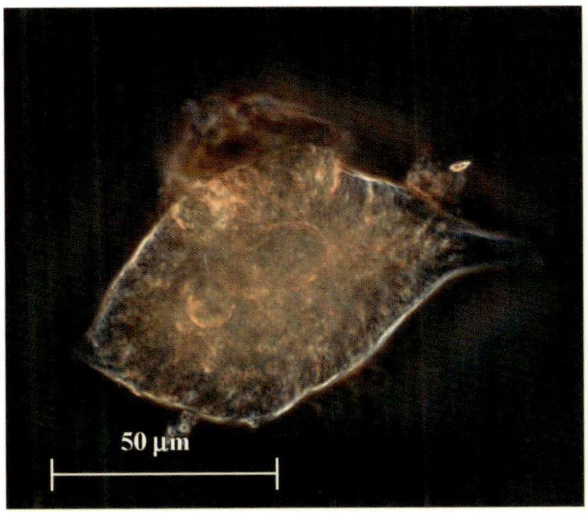

2c

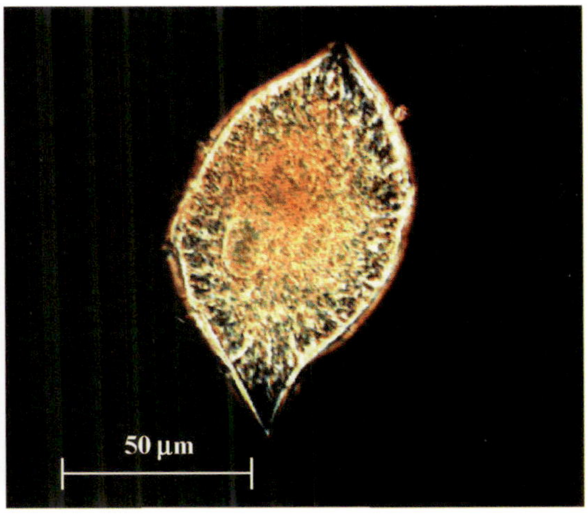

2d

版图XXX

1a，b 油脂环沟藻 *Gyrodinium pingue*（Schütt）Kofoid & Swezy，1921

2 紫红环沟藻 *Gyrodinium prunus*（Wulff）Lebour，1925

3a，b 伍氏环沟藻 *Gyrodinium wulffii* Schiller，1933

版图 XXX

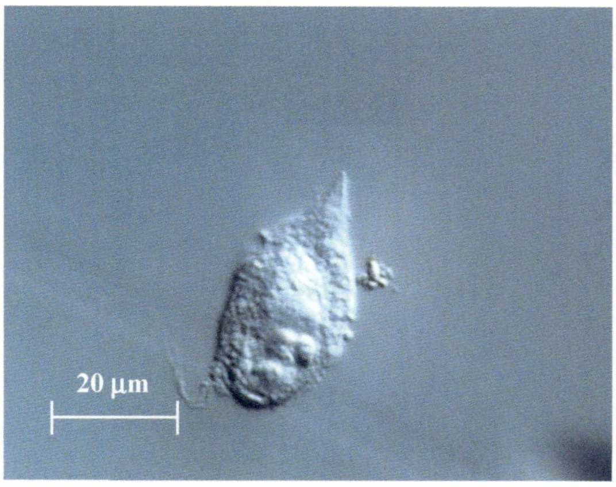

1a

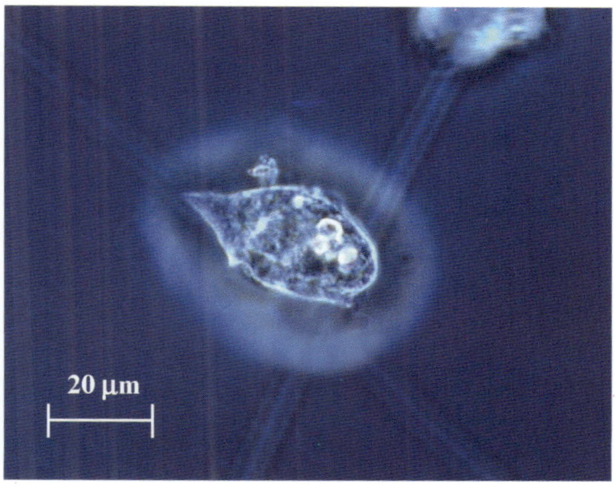

1b

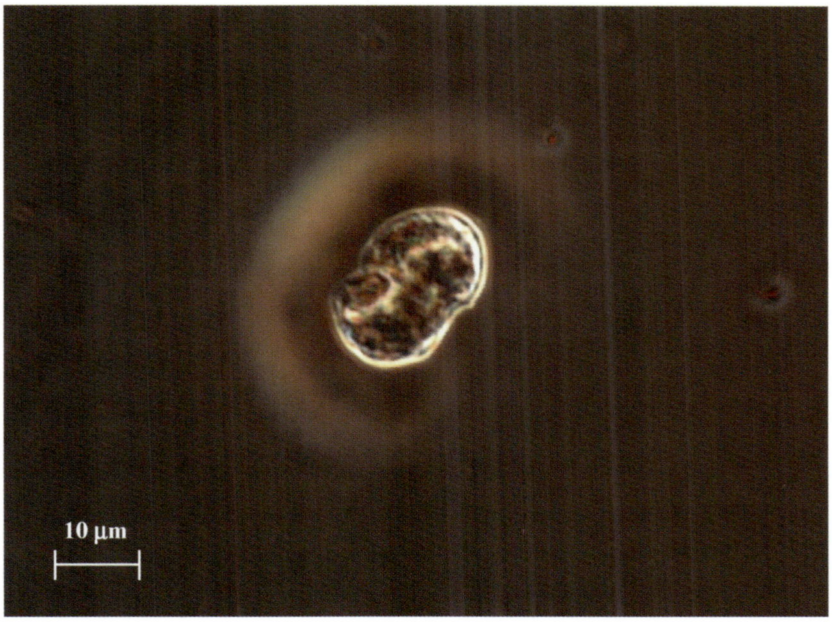

2

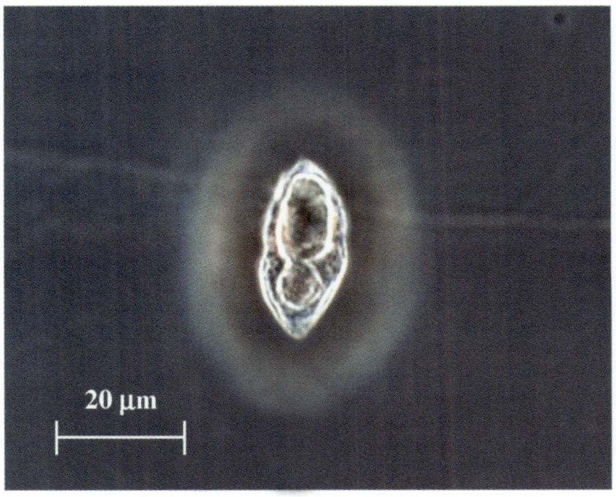

3a

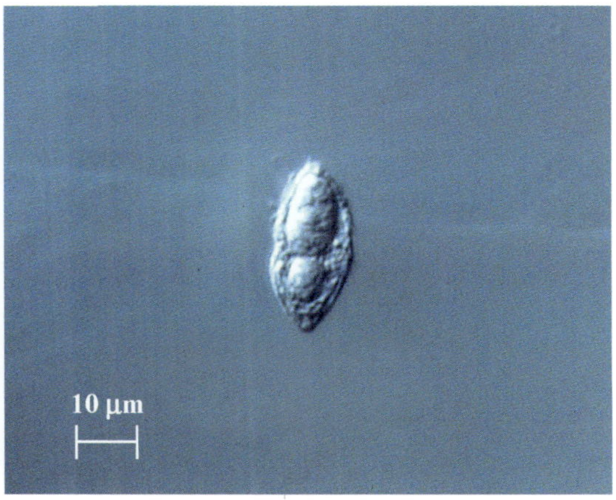

3b

版图XXXI

1a，b 北极裸甲藻 *Gymnodinium arcticum* Wulff，1919

2a，b，c 裸甲藻 *Gymnodinium* sp.

版图 XXXI

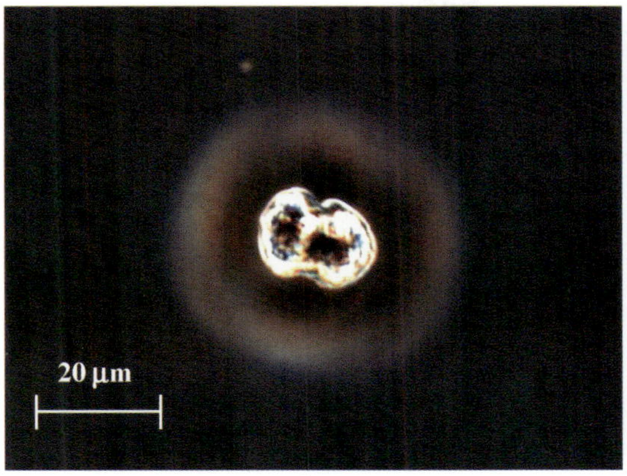

1a

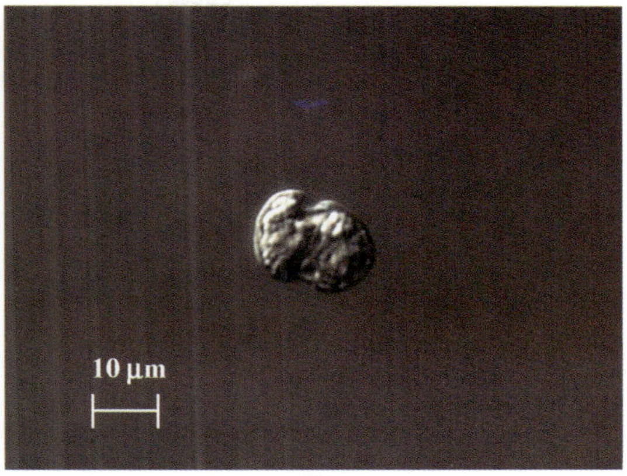

1b

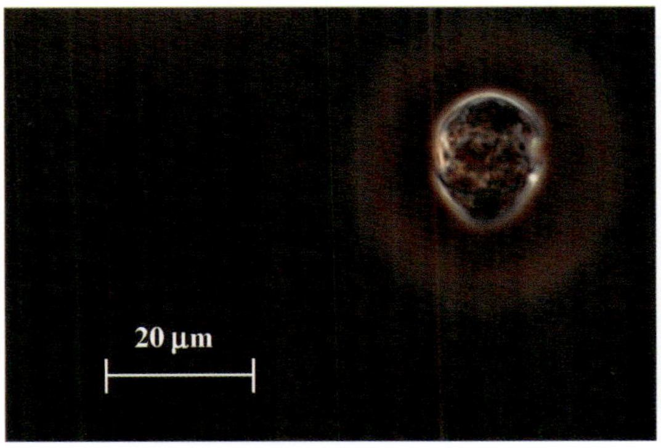

2a

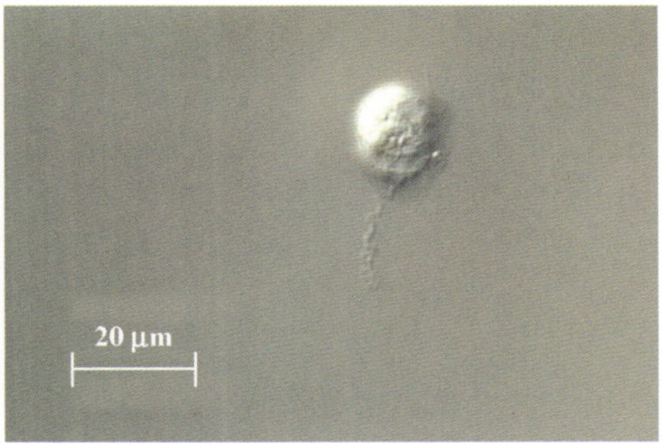

2b

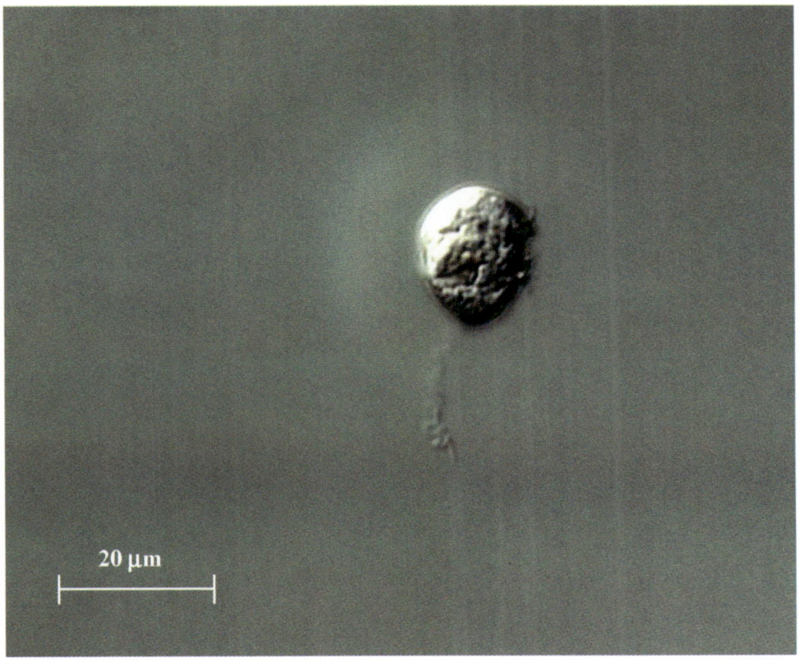

2c

版图XXXⅡ

1a，b 北极角藻 *Ceratium arcticum*（Ehrenberg）Cleve，1901

2 梭形（纺锤）角藻 *Ceratium fusus*（Ehrenberg）Dujardin，1841

3 三角角藻 *Ceratium tripos*（O. F. Müller）Nitzsch，1817

4a，b 叉状三脚藻 *Tripos furca*（Ehrenberg）F. Gómez，2013

版图XXXⅡ

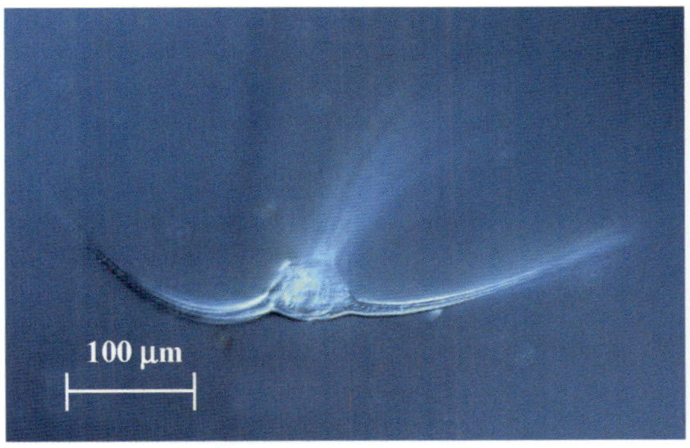

1a

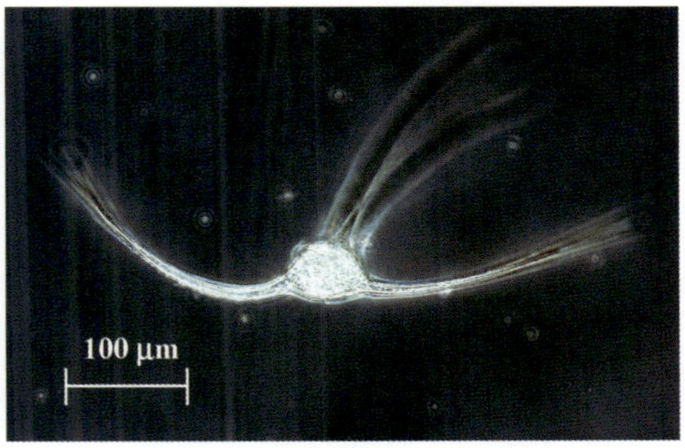

1b

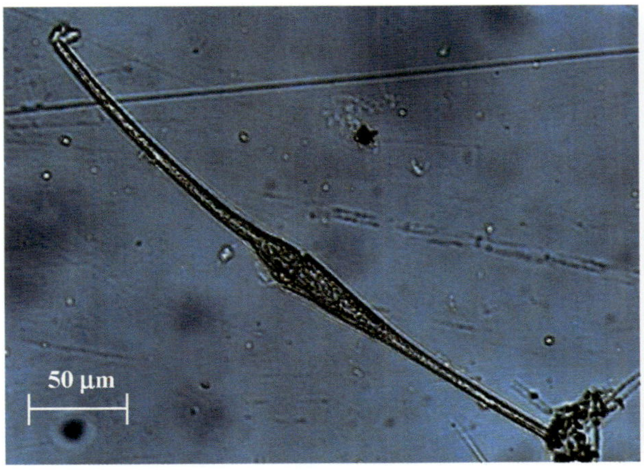

2

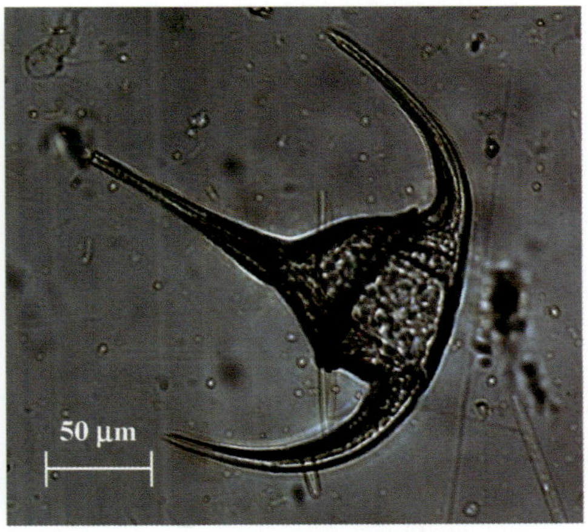

3

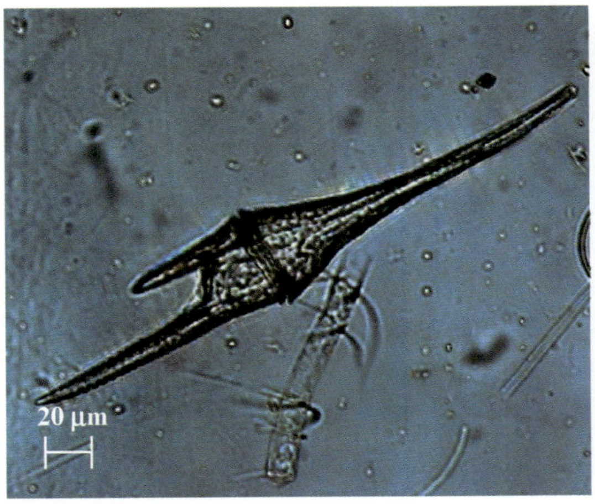

4a

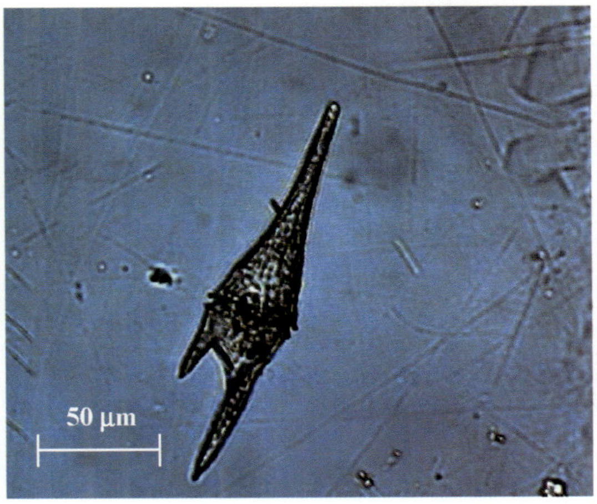

4b

版图XXXⅢ

1a，b，c，d，e，f，g，h 弯顶三脚藻 *Tripos longipes*（J. W. Bailey）F. Gómez，2013（图示该种的多种形态）

版图XXXⅢ

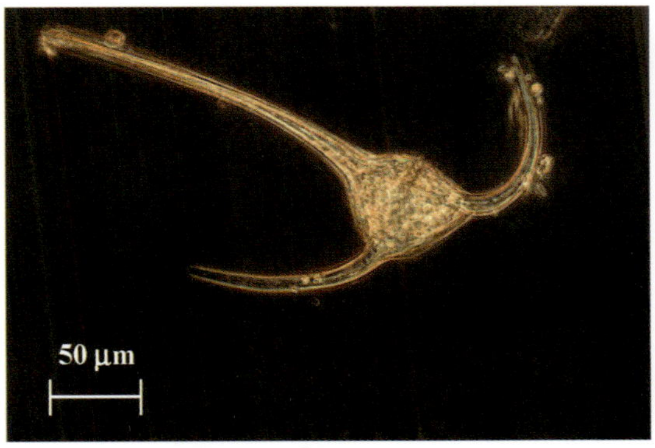

1a

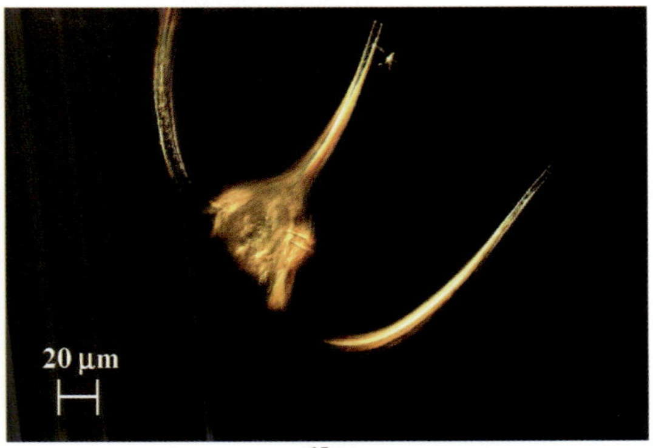

1b

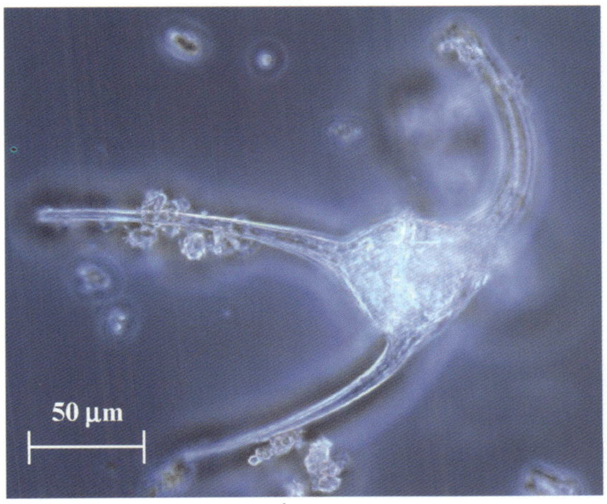

1c

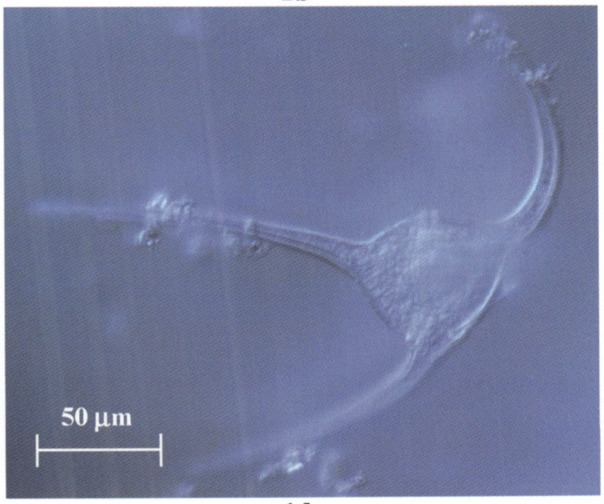

1d

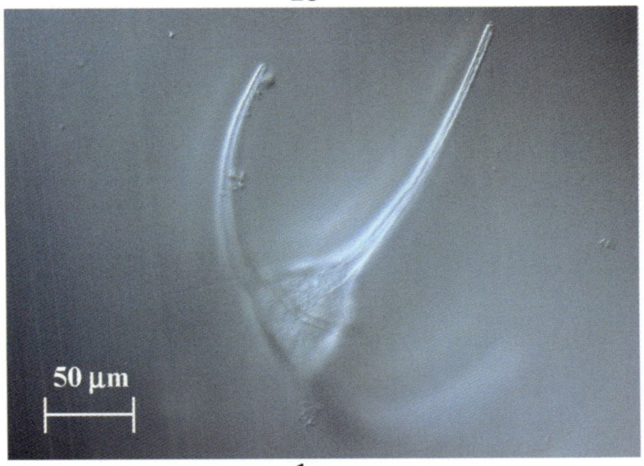

1e

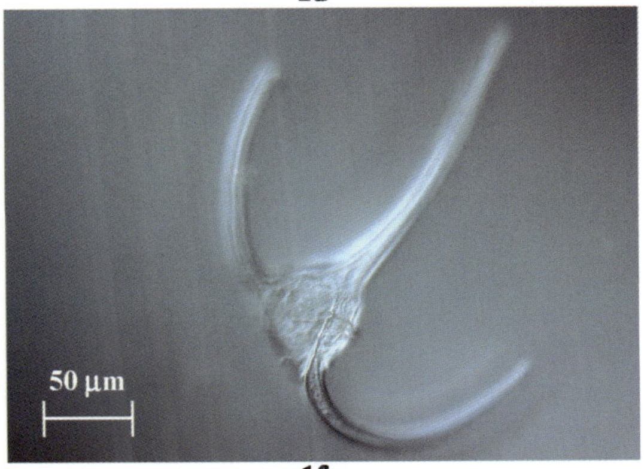

1f

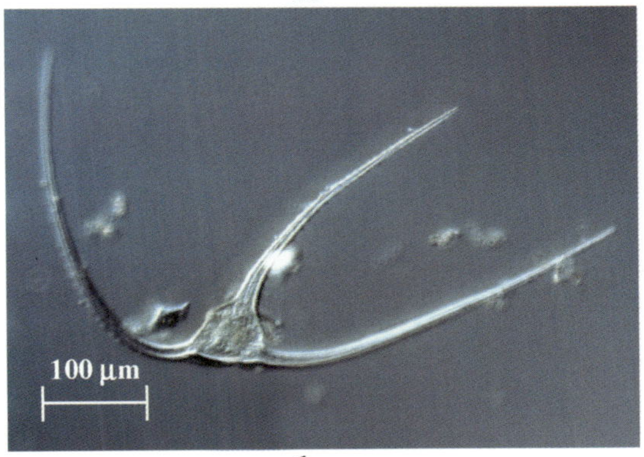

1g

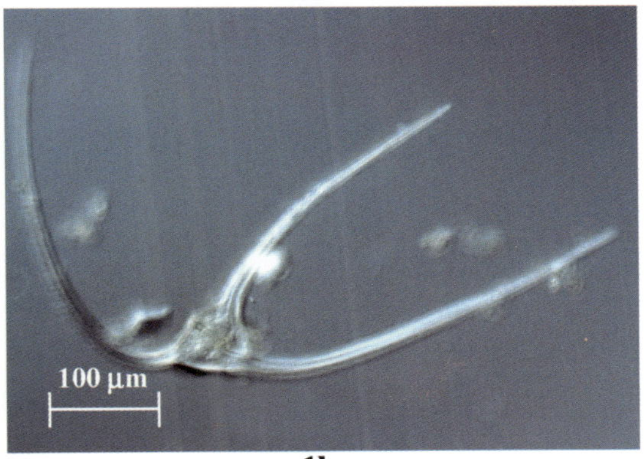

1h

版图 XXXIV

1a，b 奥氏亚历山大藻 *Alexandrium ostenfeldii*（Paulsen）Balech & Tangen，1985

2a，b 斯克里普斯膝沟藻 *Gonyaulax scrippsae* Kofoid，1911

3a，b 双脚原多甲藻 *Protoperidinium bipes*（Paulsen）Balech，1974

版图XXXIV

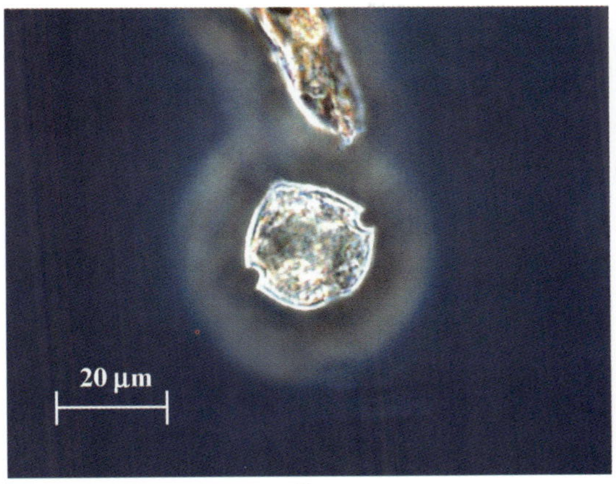

1a

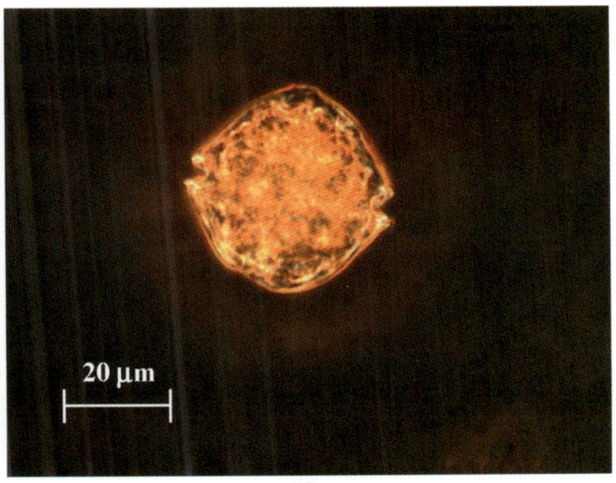

1b

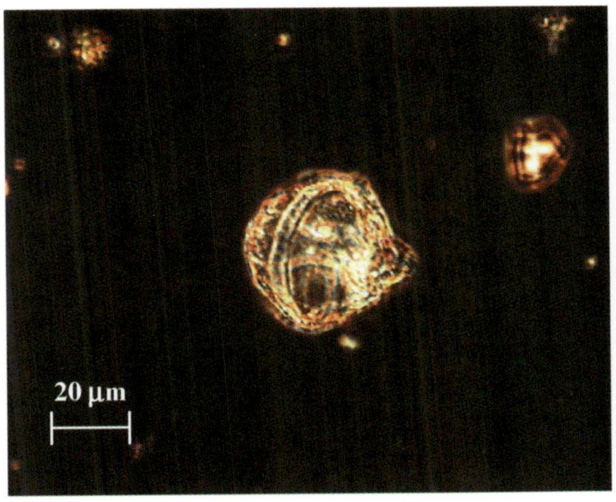

2a

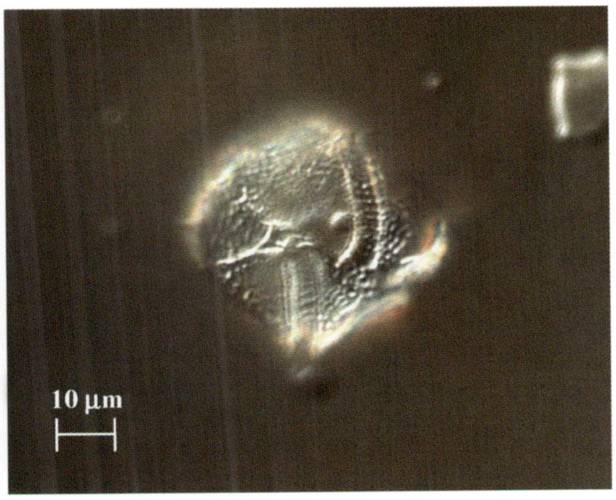

2b

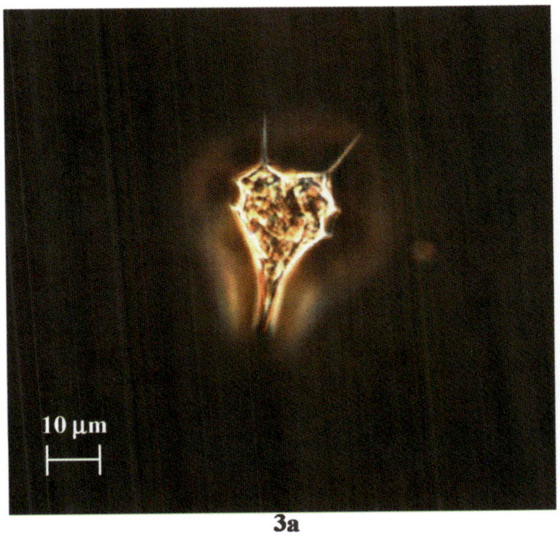

3a

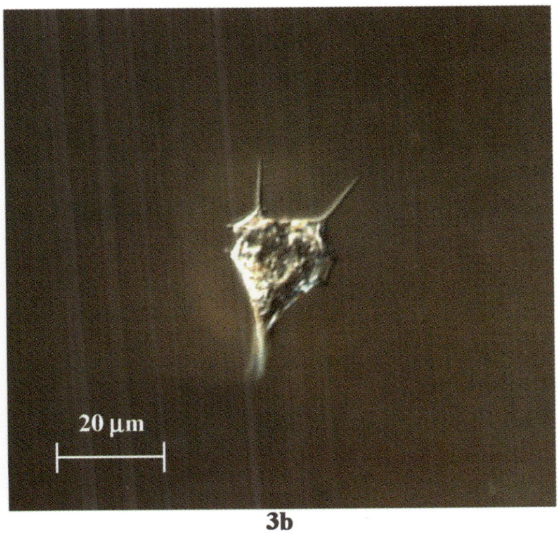

3b

版图XXXV

1a，b 短足原多甲藻 *Protoperidinium brevipes*(Paulsen) Balech，1974

2a，b，c 扁平原多甲藻 *Protoperidinium depressum*(Bailey) Balech，1974

3 里昂原多甲藻 *Protoperidinium leonis*(Pavillard) Balech，1974

版图 XXXV

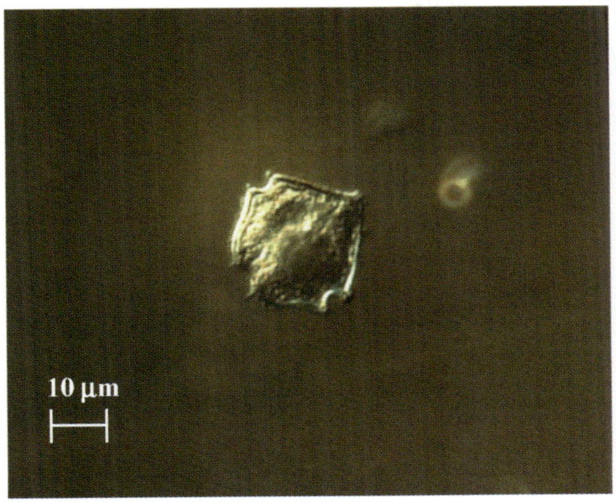

1a

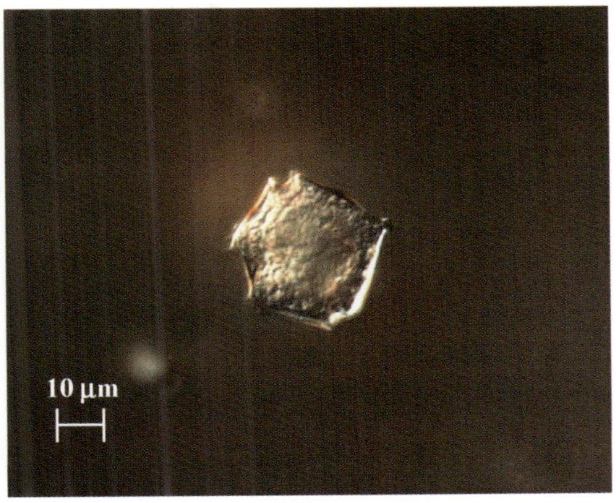

1b

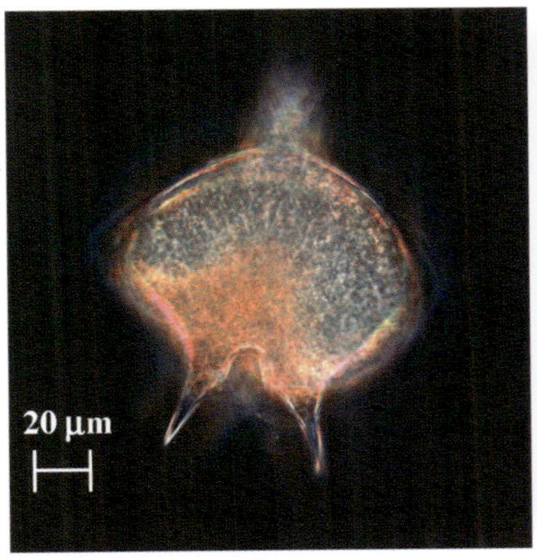

2a

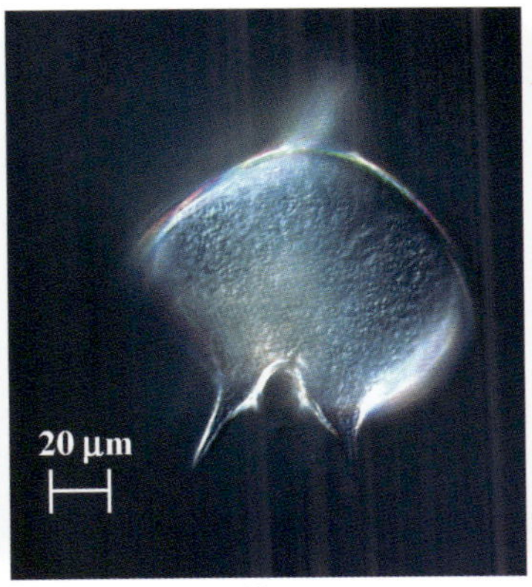

2b

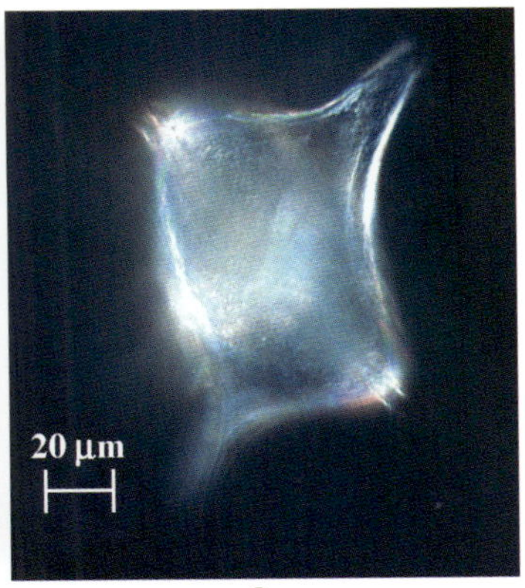

2c

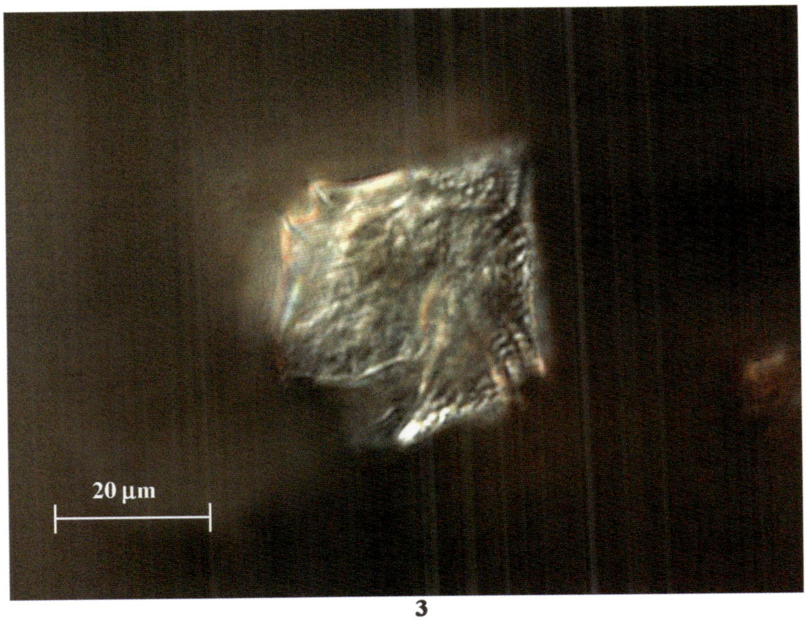

3

版图XXXVI

1a，b，c，d 光甲原多甲藻 *Protoperidinium pallidum*（Ostenfeld）Balech，1973

2a，b 灰甲原多甲藻 *Protoperidinium pellucidum* Bergh ex Loeblich Jr. & Loeblich III，1881

版图 XXXVI

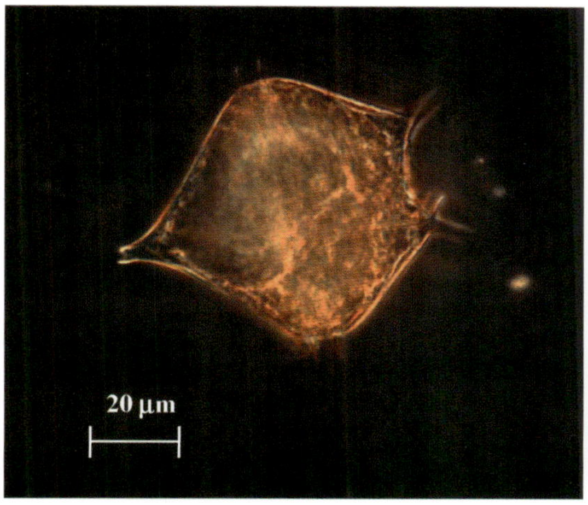

1a

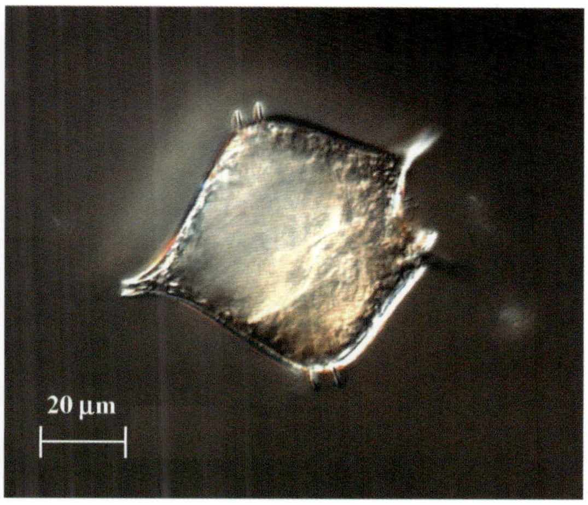

1b

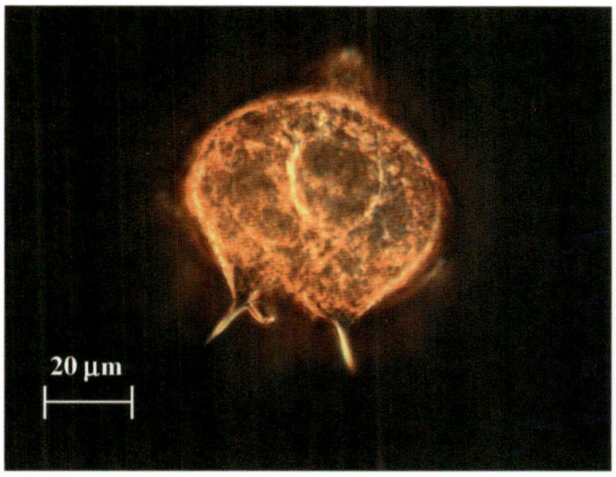

1c

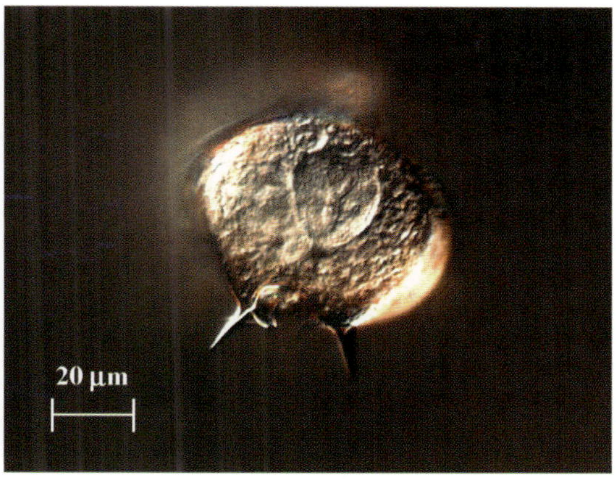

1d

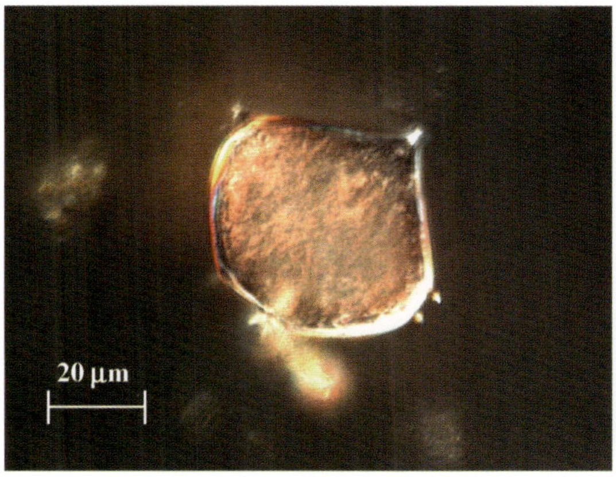

2a

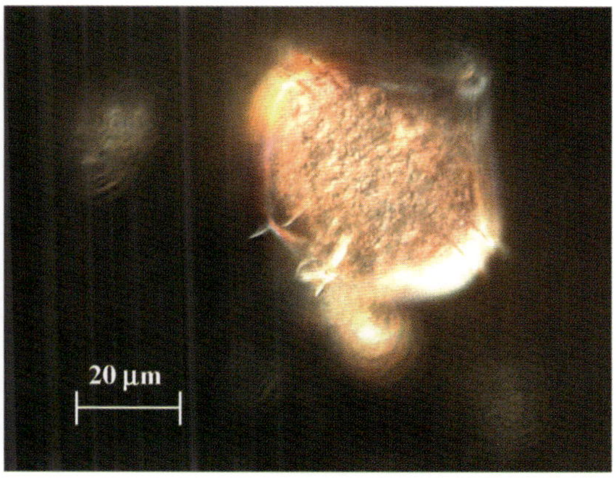

2b

版图 XXXVII

1a，b 灰甲原多甲藻 *Protoperidinium pellucidum* Bergh ex Loeblich Jr. & Loeblich III，1881

2a，b 梨形原多甲藻 *Protoperidinium pyriforme*（Paulsen）Balech，1974

3a，b 链状似多甲藻 *Peridiniella catenata*（Levander）Balech，1977

版图 XXXⅦ

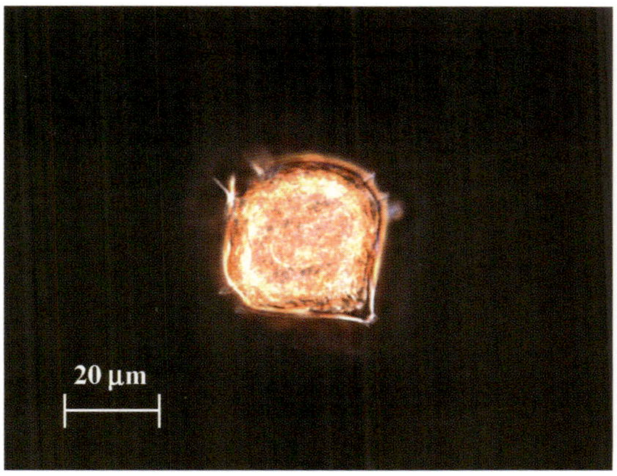

1a

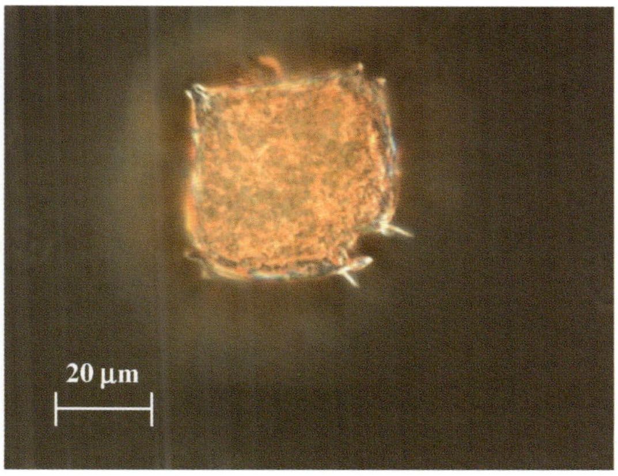

1b

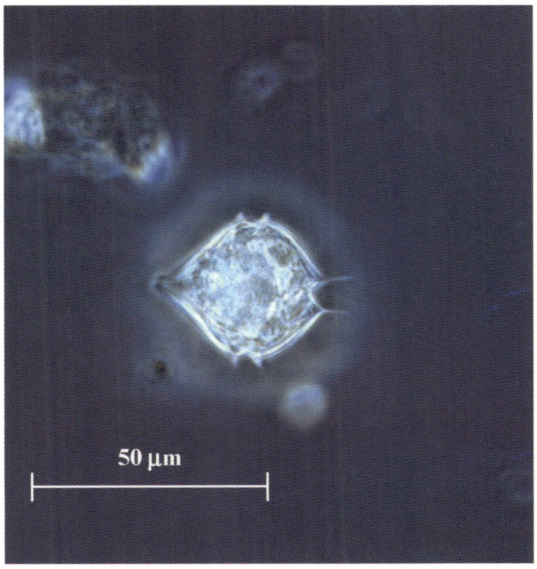

2a

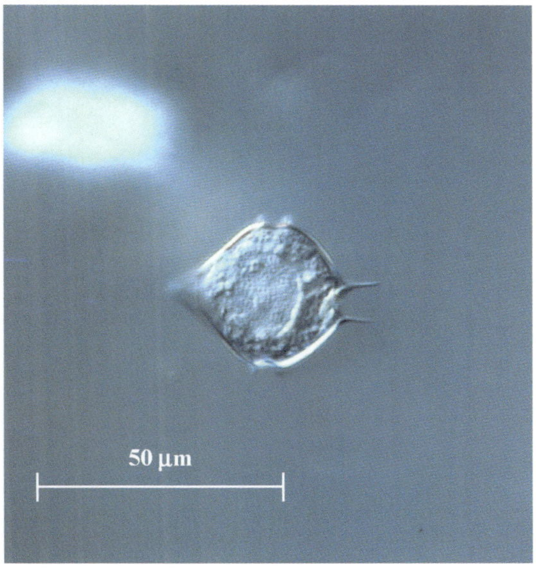

2b

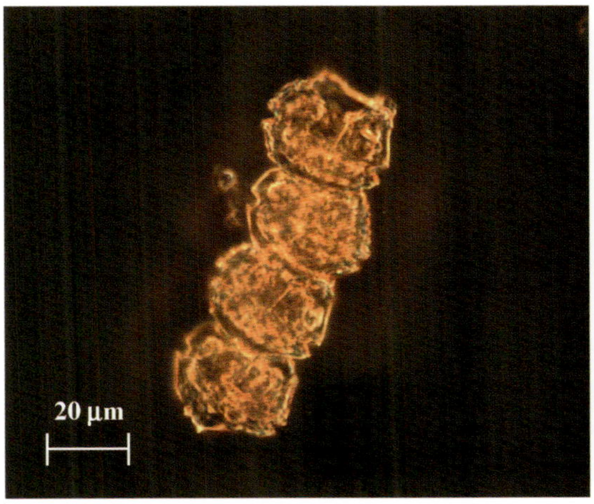

3a

3b

版图XXXⅧ

1a，b 锥状施克里普藻 *Scrippsiella trochoidea*（Stein）Loeblich III，1976

2a，b，c，d 布氏异双鞭藻 *Eutreptiella braarudii* Throndsen，1969（示该种的多种形态）

版图 XXXⅧ

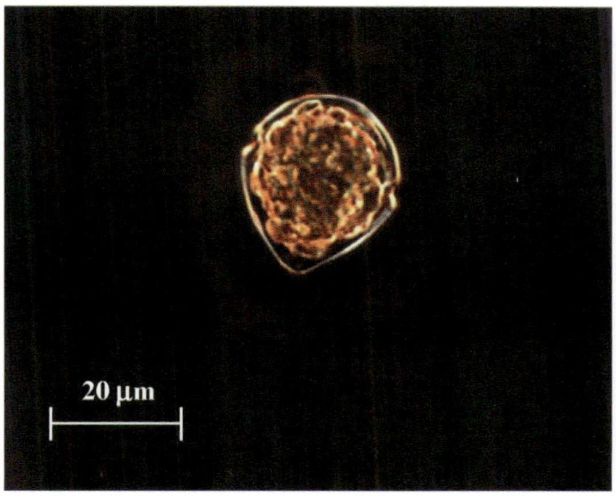

1a

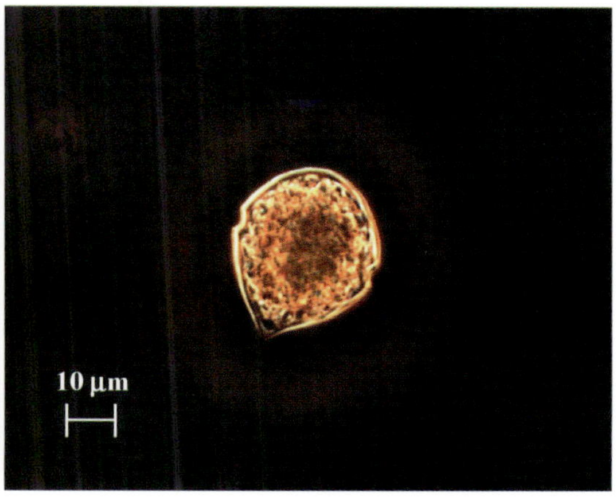

1b

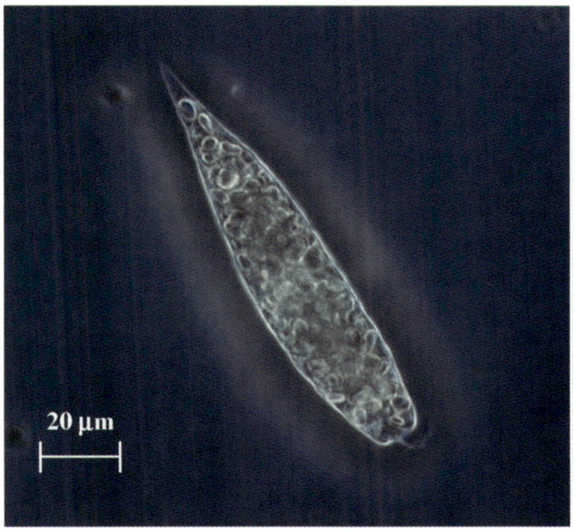

2a

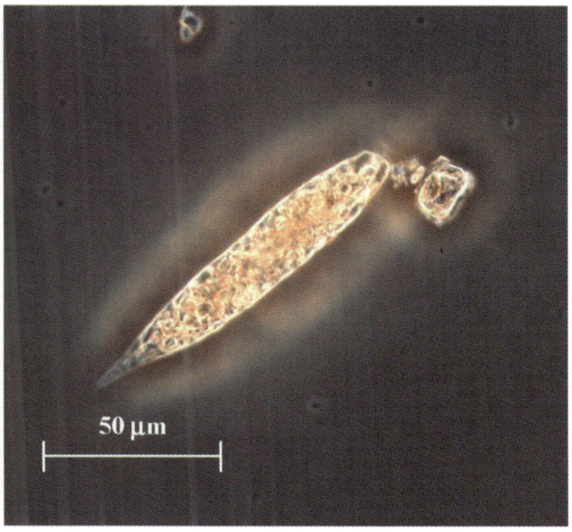

2b

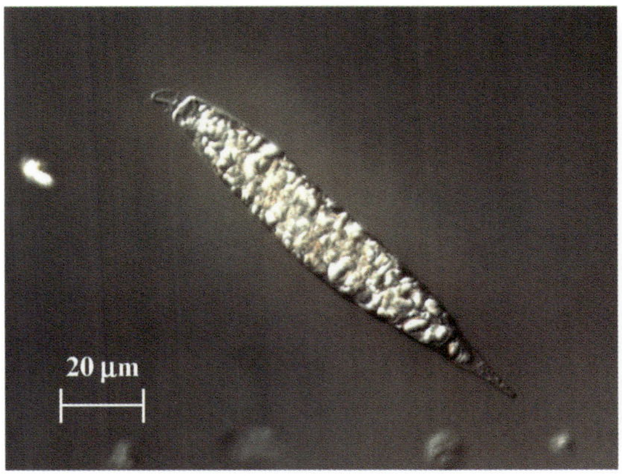

2c

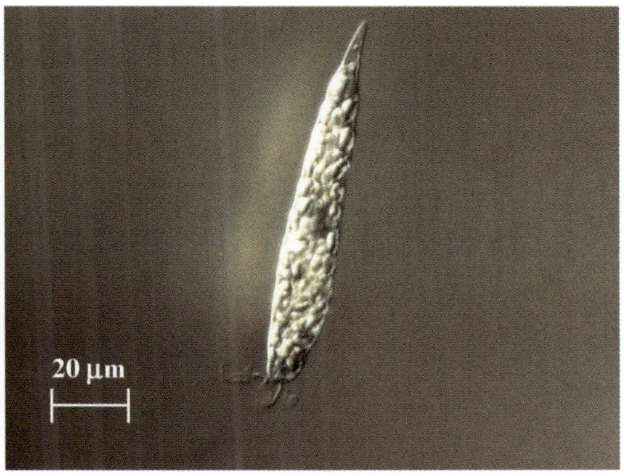

2d

版图XXXIX

1a，b，c，d，e 布氏异双鞭藻 *Eutreptiella braarudii* Throndsen，1969（示该种的多种形态）

版图 XXXIX

1a

1b

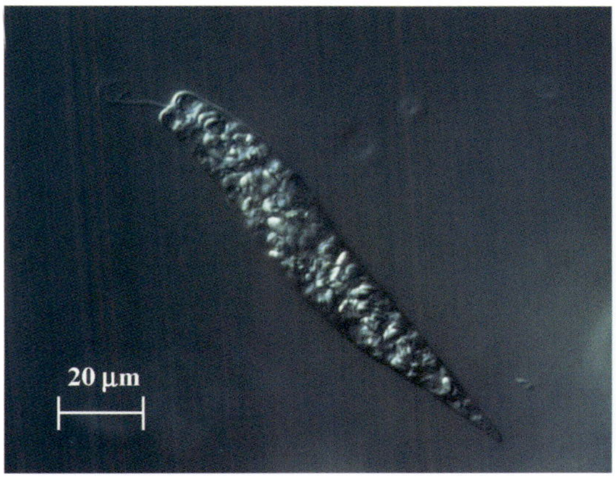

1c

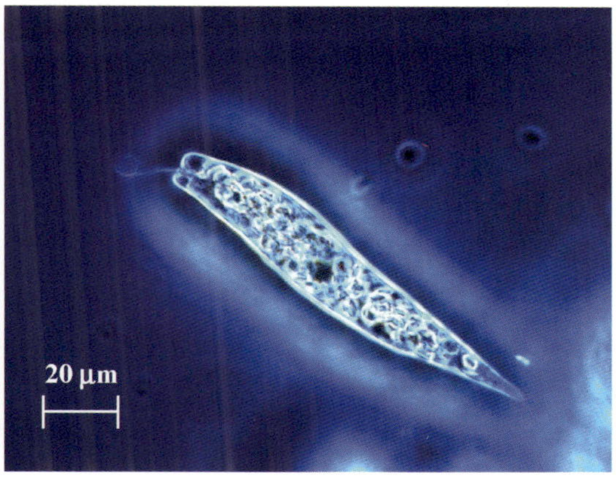

1d

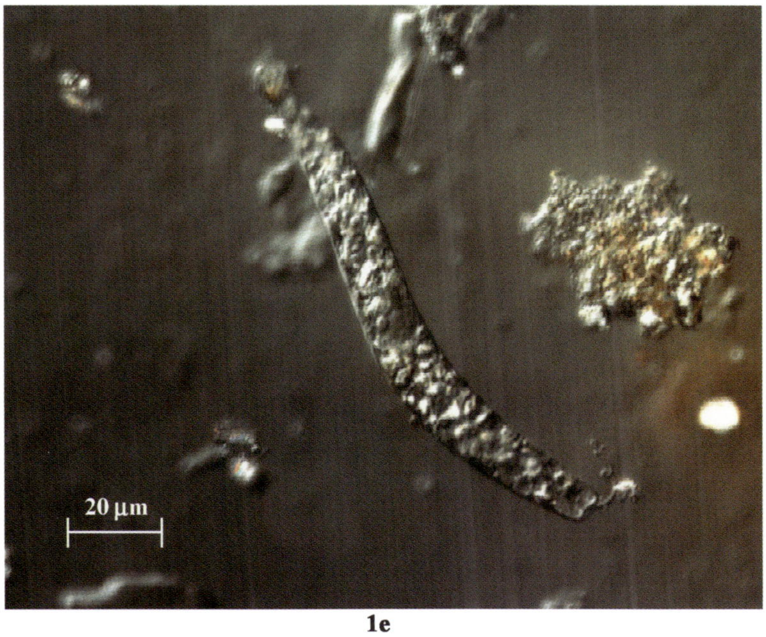

1e

索 引

Index of phytoplankton taxa

(黑体系同种异名 Synonyms in boldface)

A

Acanthocorbis 154
Acanthocorbis apoda 154
Acanthoecaceae 153
Acanthoecida 153
Acanthoecopsis apoda 154
Achnanthaceae 58
Achnanthales 58
Achnantheiopsis delicatula 59
Achnanthes 58
Achnanthes cryptocephala 60
Achnanthes delicatula 59
Achnanthes hyperborea 31, 59
Achnanthes lanceolata* var. *oestrupii 58
Achnanthes microcephala 59
Achnanthes minutissima 59
Achnanthes minutissima* f. *curta 59
Achnanthes minutissima* var. *cryptocephala 59
Achnanthes obliqua 147, 148
Achnanthes oestrupii 58
Achnanthes quadricauda 148
Achnanthes taeniata 31, 59
Achnanthes taeniata* var. *hyperborea 31, 59
Achnanthidiaceae 59
Achnanthidium 59
Achnanthidium delicatulum 59
Achnanthidium lanceolatum* f. *minutissima 59
Achnanthidium microcephalum 59
Achnanthidium minutissimum 59
Actiniscaceae 108
Actiniscales 108
Actiniscus 108
Actiniscus pennatus 32
Actiniscus pentasterias 108
Actinocyclus 26
Actinocyclus cholnokyi 26
Actinocyclus curvatulus 26
Actinocyclus divisus 26, 172
Actinocyclus ehrenbergii 26, 174
Actinocyclus excentricus 12
Actinocyclus kützingii 26, 174
Actinocyclus senarius 27
Actinocyclus subocellatus 26
Actinocyclus tenuissimus 27
Actinocyclus undulatus 27
Actinoptychus 27
Actinoptychus senarius 27
Actinoptychus undulatus 27
Acutodesmus 147
Acutodesmus acuminatus 147
Acutodesmus obliquus 147
Alexandrium 123
Alexandrium excavatum 125

Alexandrium hiranoi 123
Alexandrium monilatum 124
Alexandrium ostenfeldii 124, 228
Alexandrium peruvianum 124
Alexandrium pseudogonyaulax 124
Alexandrium tamarense 125
Amphidiniopsidaceae 129
Amphidiniopsis 129
Amphidiniopsis kofoidii 129
Amphidinium 111
Amphidinium carterae 111
Amphidinium crassum 111, 216
Amphidinium elegans 112
Amphidinium extensum 111, 216
Amphidinium fusiforme 112
Amphidinium kesslitzii 112
Amphidinium klebsii 111, 112
Amphidinium microcephalum 111
Amphidinium operculatum 112
Amphidinium pellucidum 128
Amphidinium phaeocysticola 111
Amphidinium redekei 128
Amphidinium rotundatum 128
Amphidinium sphenoides 112, 218
Amphidoma 120
Amphidoma acuminata 120
Amphidomataceae 120
Amphipleura rutilans 62
Amphipleuraceae 62
Amphiprora 62
Amphiprora alata 62
Amphiprora concilians 89
Amphiprora gigantea var. *septentrionalis* 63
Amphiprora hyperborea 106
Amphiprora hyperborea* var. *genuina 106
Amphiprora kjellmanii 106
Amphiprora kjellmanii var. *kariana* 63
Amphiprora kjellmanii var. *striolata* 63
Amphiprora kryophila 63
Amphiprora maxima 32
Amphiprora maxima* var. *dubia 32
Amphiprora paludosa* f. *minuta 106
Amphiprora pseudoduplex 63
Amphiprora rigida 91
Amphora 92
Amphora laevissima var. *minuta* 93
Amphora affinis* var. *proteus 93
Amphora angusta var. ventricosa 92
Amphora coffeaeformis* var. *salina 63
Amphora coffeiformis 63
Amphora crameri 63
Amphora eunotia 64
Amphora exsecta 92
Amphora hexagonalis 93
Amphora holsatica 64
Amphora laevis var. *laevissima* 93
Amphora laevis var. *minuta* 93
Amphora ocellata 93
Amphora paulii 63
Amphora proteus 93
Amphora salina 63
Amphora speciosa 93
Amylax 125
Amylax catenata 142
Amylax triacantha 125
Ancylonema 149
Ancylonema nordenskioeldii 149
Aneumastus 56
Aneumastus maculosus 56
Ankistrodesmus 148
Ankistrodesmus falcatus 148
Ankistrodesmus lundbergii 148
Anomoeoneidaceae 58
Apedinella 8
Apedinella radians 8
Apedinella spinifera 8

Aphanizomenon 3
Aphanizomenon americanum 3
Aphanizomenon cyaneum 3
Aphanizomenon flosaquae 3
Aphanizomenon holtsaticum 3
Aphanizomenonaceae 3
Asterionella 44
Asterionella formosa 44
Asterionella formosa var. *gracillima* 44
Asterionella frauenfeldii 52
Asterionella glacialis 44
Asterionella gracillima 44
Asterionella gracillima* var. *formosa 44
Asterionella japonica 44
Asterionella kariana 45
Asterionellopsis 44
Asterionellopsis glacialis 44
Asterionellopsis kariana 45
Asterolampraceae 27
Asterolamprales 27
Asteromphalus 27
Asteromphalus buchii 27
Asteromphalus cuvieri 27
Asteromphalus hookeri 27, 176
Asteromphalus humboldtii 27
Asteromphalus robustus 27
Asteromphalus sp. 28, 176
Asteroplanus 45
Asteroplanus karianus 45
Attheya 41
Attheya decora 41
Attheya septentrionalis 42
Attheyaceae 41
Aulacoseira 22
Aulacoseira granulata 22
Aulacoseira islandica 22
Aulacoseira italica 23
Aulacoseiraceae 22
Aulacoseirales 22

B

Bacillaria 93
Bacillaria flocculosa 50
Bacillaria paradoxa 94
Bacillaria paradoxa* var. *tumidula 94
Bacillaria paxillifer 94
Bacillaria paxillifer var. *tumidula* 94
Bacillaria paxillifera 93
Bacillaria sigmoidea 100
Bacillaria tabellaris 50
Bacillaria ulna 46
Bacillariaceae 93
Bacillariales 93
Bacillariophyceae 55
Bacillariophyta 11
Bacterosira 17
Bacterosira bathyomphala 17, 164
Bacterosira fragilis 17
Bangia rutilans 61
Bellerochea 31
Bellerochea horologicalis 31, 180
Bellerochea malleus 31
Bellerocheaceae 31
Berkeleya 61
Berkeleya dillwynii* var. *rutilans 62
Berkeleya rutilans 61
Berkeleyaceae 61
Biceratium furca 122
Biceratium lineatum 122
Biddulphia arctica 30
Biddulphia aurita 28
Biddulphia chinensis 29
Biddulphia favus 28
Biddulphia granulata 29
Biddulphia nobilis 28
Biddulphia sinensis 29

Biddulphiaceae 29
Biddulphiales 29
Biremis 64
Biremis ambigua 64
Biremis solitaria 64
Bodo 153
Bodo bacillariophagus 153
Bodo marina 5
Bodonaceae 153
Bodonales 153
Bodonophyceae 153
Brachidiniaceae 118
Brachidiniales 118
Brigantedinium simplex 132
Bursaria hirundinella 120
Byssus flosaquae 3

C

Calciodinellum faeroense 144
Calciopappus 7
Calciopappus caudatus 7
Caloneis 72
Caloneis brevis 72
Caloneis hebes 72
Caloneis kryophila 73
Caloneis liber 73
Caloneis liber* var. *maxima 73
Candollella flocculosa 50
Cannopilus calyptra 9
Carrodoria rutilans 62
Catacombas camtschatica 46
Catenulaceae 92
Cerataulina 30
Cerataulina bergonii 30
Cerataulina pelagica 30
Cerataulus bergonii 30
Ceratiaceae 120
Ceratium 120
Ceratium arcticum 120, 224
Ceratium arcticum* var. *longipes 122
Ceratium brevicorne 120
Ceratium carriense 121
Ceratium furca 122
Ceratium fusus 120, 224
Ceratium handelii 120
Ceratium hirundinella 120
Ceratium horridum 121
Ceratium leptoceras 120
Ceratium lineatum 122
Ceratium longicorne 120
Ceratium longipes 122, 226
Ceratium macroceras 120
Ceratium macroceros 123
Ceratium massiliense* var. *carriense 121
Ceratium pentagonum 123
Ceratium pumilum 120
Ceratium tetraceros 120
Ceratium tripos 121, 224
Ceratium tripos* var. *carriense 121
Ceratium tripos* var. *horridum 121
Ceratium tripos* var. *macroceros 123
Ceratoneis 45
Ceratoneis arcus 47
Ceratoneis closterium 45, 198
Ceratoneis fasciola 89
Ceratoneis longissima 98
Ceratophorus furca 122
Ceratophorus macroceros 123
Cercaria tripos 121
Chaetoceros 35
Chaetoceros affinis 35, 186
Chaetoceros angulatus 35
Chaetoceros atlanticus 35, 186
Chaetoceros audax 35
Chaetoceros balticus 39
Chaetoceros biconcavus 41

Chaetoceros borealis 35
Chaetoceros borealis* f. *concavicornis 36
Chaetoceros borealis* var. *densus 38
Chaetoceros bottnicus 41
Chaetoceros brevis 36, 186
Chaetoceros ceratosporus 36
Chaetoceros compressus 36, 188
Chaetoceros concavicornis 36, 188
Chaetoceros constrictus 36
Chaetoceros contortus 37, 188
Chaetoceros convolutus 37
Chaetoceros curvisetus 37
Chaetoceros danicus 37, 190
Chaetoceros decipiens 37, 190
Chaetoceros decipiens f. *barrowensis* 38
Chaetoceros decipiens* var. *grunowii 37
Chaetoceros densus 38
Chaetoceros diadema 38, 190, 192
Chaetoceros didymus 38, 192
Chaetoceros dispar 35
Chaetoceros distans* var. *subsecundus 38
Chaetoceros eibenii 38
Chaetoceros filiformis 39
Chaetoceros fragilis 39
Chaetoceros furcellatus 39, 192
Chaetoceros gracilis 36, 39
Chaetoceros groenlandicus 38
Chaetoceros grunowii 37
Chaetoceros hiemalis 36
Chaetoceros holsaticus 39
Chaetoceros javanicus 35
Chaetoceros karianus 39
Chaetoceros laciniosus 40
Chaetoceros mitra 40
Chaetoceros paradoxus 38
Chaetoceros paradoxus* var. *eibenii 38
Chaetoceros polygonus 35
Chaetoceros pseudobrevis 36
Chaetoceros radians 40
Chaetoceros radicans 40, 194
Chaetoceros ralfsii 38
Chaetoceros schuttii 35
Chaetoceros scolopendra 40
Chaetoceros septentrionalis 42
Chaetoceros similis 40, 194
Chaetoceros simplex 40
Chaetoceros simplex* var. *calcitrans 41
Chaetoceros socialis 40, 194
Chaetoceros socialis* f. *autumnalis 41
Chaetoceros socialis* f. *radians 41
Chaetoceros socialis* f. *vernalis 41
Chaetoceros socialis* var. *radians 41
Chaetoceros subtilis 41
Chaetoceros tenuissimus 41
Chaetoceros wighamii 41, 196
Chaetocerotaceae 35
Chaetocerotales 35
Chattonella akashiwo 10
Chattonella inlandica 10
Chattonellaceae 10
Chattonellales 10
Chilomonas marina 5
Chlamydomonadaceae 146
Chlamydomonadales 146
Chlamydomonas 146
Chlamydomonas ballenyana 146
Chlamydomonas fusiformis 4
Chlamydomonas nivalis 147
Chlorella 149
Chlorella salina 149
Chlorellaceae 149
Chlorellales 149
Chloridella 11
Chloridella glacialis 11
Chloromonas 147
Chloromonas cryophila 147

Chloromonas nivalis 147
Chlorophyceae 146
Chlorophyta 146
Choanofila 153
Choanoflagellatea 153
Choanozoa 153
Chromista 4
Chromulinaceae 7
Chromulinales 7
Chroomonas amphioxieia 5
Chrysochromulina 6
Chrysochromulina leadbeateri 6
Chrysochromulinaceae 6
Chrysophyceae 7
Chytroeisphaeridia simplicia 132
Cladopyxidaceae 123
Cladopyxis claytonii 123
Coccolithophyceae 6
Coccolithus huxleyi 7
Cocconeidaceae 60
Cocconeis 60
Cocconeis costata 60
Cocconeis euglypta 60
Cocconeis lineata* var. *euglypta 60
Cocconeis microcephala 60
Cocconeis minutissima 59
Cocconeis placentula* f. *euglypta 60
Cocconeis placentula var. *euglypta* 60
Cocconeis rouxii* var. *euglypta 60
Cocconeis scutellum 60
Cocconeis scutellum* f. *parva 61
Cocconeis scutellum var. *minutissima* 61
Cocconeis scutellum var. *parva* 61
Cocconeis scutellum* var. *stauroneiformis 61
Cocconeis speciosa 61
Cocconeis stauroneiformis 61
Cochlodinium 112
Cochlodinium angustum 113
Cochlodinium archimedis 112
Cochlodinium augustum 112
Cochlodinium brandtii 112
Codonosigaceae 153
Conferva flocculosa 49, 50
Conferva flosaquae 3
Conferva moniliformis 20
Conferva rutilans 61
Conjugatophyceae 149
Coolia 125
Coolia malayensis 125
Coolia monotis 125
Corethraceae 32
Corethrales 32
Corethron 32
Corethron criophilum 32
Corethron hispidum 32
Corethron murrayanum 32
Corethron pelagicum 32
Corethron pennatum 32
Corethron valdiviae 32
Coscinodiscaceae 23
Coscinodiscales 23
Coscinodiscophyceae 11
Coscinodiscopsis 23
Coscinodiscopsis jonesiana 23
Coscinodiscus 23
Coscinodiscus anguste - lineatus 12
Coscinodiscus asteromphalus 23, 170
Coscinodiscus asteromphalus* var. *centralis 24
Coscinodiscus asteromphalus* var. *conspicua 23
Coscinodiscus asteromphalus* var. *genuina 23
Coscinodiscus balticus 12
Coscinodiscus bathyomphalus 17
Coscinodiscus bioculatus 13

Coscinodiscus centralis 24
Coscinodiscus concinnus 24
Coscinodiscus curvatulus 24, 170
Coscinodiscus curvatulus var. *minor* 24, 170
Coscinodiscus curvatulus* var. *subocellatus 26
Coscinodiscus decipiens 13
Coscinodiscus divisus 26
Coscinodiscus eccentricus 14
Coscinodiscus eccentricus* var. *decipiens 13
Coscinodiscus excentricus 14
Coscinodiscus fimbriatus-limbatus 25
Coscinodiscus granii 24
Coscinodiscus hyalinus 15
Coscinodiscus hyperboreus 15
Coscinodiscus jonesianus 23
Coscinodiscus kuetzingii var. *glacialis* 25
Coscinodiscus kützingii 26
Coscinodiscus lacustris var. *septentrionalis* 25
Coscinodiscus leptopus 15
Coscinodiscus leptopus* var. *discrepans 15
Coscinodiscus limbatus 25
Coscinodiscus lineatus 15
Coscinodiscus marginatus 25
Coscinodiscus nordenskioldii 16
Coscinodiscus oculus-iridis 25
Coscinodiscus oculus-iridis* var. *genuina 25
Coscinodiscus oculus-iridis* var. *tenuistriata 24
Coscinodiscus oculus-iridis* var. *typicus 25
Coscinodiscus pelagicus 14
Coscinodiscus polyacanthus 26
Coscinodiscus polyacanthus* var. *balticus 12
Coscinodiscus polychordus 12
Coscinodiscus praelineatus 16
Coscinodiscus pseudolineatus 15
Coscinodiscus radiatus 25
Coscinodiscus radiatus* var. *asteromphalus 23
Coscinodiscus radiatus* var. *oculus-iridis 25
Coscinodiscus rotulus 14
Coscinodiscus striatus 19
Coscinodiscus subtilis 26, 172
Coscinosira antarctica 12
Coscinosira oestrupii 18
Coscinosira polychorda 12
Craspedida 153
Craspedopleura 69
Craspedopleura kryophila 69
Crumenula ovum* var. *globula 152
Cryptomonadales 4
Cryptomonas acuta 5
Cryptomonas lima 143
Cryptophyceae 4
Cryptophyta 4
Ctenophora 47
Ctenophora pulchella 47
Cyanobacteria 3
Cyanophyceae 3
Cyclotella 19
Cyclotella dallasiana 19
Cyclotella kuetzingiana 19
Cyclotella kutzingiana* var. *meneghiniana 19
Cyclotella lineata* var. *euglypta 60
Cyclotella meneghiniana 19
Cyclotella meneghiniana* var. *kuetzingiana 19
Cyclotella striata 19
Cylindrotheca closterium 45
Cymbella arcus 47
Cymbella sigmoidea 100
Cymbellaceae 56

Cymbellales 56

D

Dactyliosolen 35
Dactyliosolen fragilissimus 35
Dactylococcus 149
Dactylococcus infusionum 149
Delphineis 51
Delphineis surirella 51, 198
Denticula marina 104
Denticula staurophora 29
Desmodesmus quadricaudatus 148
Detonula 18
Detonula confervacea 18
Detonula cystifera 18
Diatoma arcuata 53
Diatoma aurita 28
Diatoma fasciculata 48
Diatoma fenestrata 49
Diatoma gracillima 44
Diatoma marina 54
Diatoma paxillifera 93
Diatoma tabulata 48
Dickieia 58
Dickieia crucigera 84
Dickieia subinflata 58
Dicladia groenlandica 40
Dicladia mitra 40
Dicroerisma 108
Dicroerisma psilonereiella 108
Dicroerismataceae 108
Dictyocha 9
Dictyocha fibula 9
Dictyocha octonaria 9
Dictyocha speculum 9, 162
Dictyocha tripartita 154
Dictyochaceae 9
Dictyochales 9
Dictyochophyceae 8
Dictyota pentasterias 108
Dinema litorale 152
Dinematomonas 152
Dinematomonas litoralis 152
Dinobryaceae 8
Dinobryon 8
Dinobryon balticum 8
Dinobryon belgicae 8
Dinobryon faculiferum 8
Dinobryon petiolatum 8
Dinodendron balticum 8
Dinophyceae 108
Dinophyceae incertae sedis 145
Dinophysaceae 108
Dinophysiales 108
Dinophysis 108
Dinophysis acuminata 108, 214
Dinophysis acuta 109, 214
Dinophysis arctica 109
Dinophysis boehmii 108
Dinophysis borealis 108
Dinophysis caudata 109, 214
Dinophysis debilior 110
Dinophysis diegensis 109
Dinophysis ebriola 110
Dinophysis ellipsoides 108
Dinophysis fortii 109
Dinophysis granii 109
Dinophysis homuncula 109
Dinophysis islandica 110
Dinophysis lachmanii 108
Dinophysis lachmannii 108
Dinophysis mucronata 110
Dinophysis norvegica 110, 216
Dinophysis norvegica* var. *debilior 110
Dinophysis paulsenii 110
Dinophysis rotundata 111

Dinophysis skagii 108
Dinophysis whittingiae 111
Dinophyta 108
Dinopyxis laevis 143
Diploneidaceae 70
Diploneis 70
Diploneis didyma 70
Diploneis incurvata 70
Diploneis lineata 70
Diploneis litoralis 70
Diploneis litoralis var. *arctica* 71
Diploneis litoralis var. *clathrata* 71
Diploneis litoralis var. *litoralis* 70
Diploneis oestrupii 71
Diploneis smithii 71
Diploneis smithii var. *rhombica* 71
Diploneis subcincta 71
Diploneis vacillans 72
Diplopeltopsis minor 142
Diplopsaliaceae 140
Diplopsalis 140
Diplopsalis asymmetrica 141
Diplopsalis lenticula 140
Diplopsalis lenticula f. minor 142
Diplopsalis minor 142
Diplopsalis orbicularis 141
Diplopsalis rotunda 141
Diplopsalis rotundata 141
Diplopsalopsis 141
Diplopsalopsis bomba 141
Diplopsalopsis orbicularis 141
Diplosalis lenticulata 141
Dissodinium pseudonoctiluca 144
Dissodium asymmetricum 141
Dissodium lenticulum 140
Distephanus speculum 9
Ditylum 31
Ditylum brightwellii 31, 182
Ditylum inaequale 31
Ditylum trigonum 31

E

Ebria 154
Ebria tripartita 154
Ebriaceae 154
Ebriales 154
Ebriophyceae 154
Echinella fasciculata 48
Ellerbeckia 22
Ellerbeckia arenaria 22
Emiliania 7
Emiliania huxleyi 7
Entomoneidaceae 105
Entomoneis 63, 105
Entomoneis gigantea var. *septentrionalis* 105
Entomoneis kjellmanii 106
Entomoneis kjellmanii var. *kariana* 106
Entomoneis kjellmanii var. *subtilis* 106
Entomoneis kjellmanii var. typica 106
Entomoneis palludosa 106
Entomoneis paludosa var. *hyperborea* 106
Entomoneis pseudoduplex 63
Entomosigma akashiwo 10
Ephemera 90
Ephemera planamembranacea 90
Eubacteria 3
Eucampia 30
Eucampia groenlandica 30, 178, 180
Eucampia striata 34
Eucampia zodiacus 30
Eucampia zodiacus f. *cylindrocornis* 30, 180
Eucampia zodiacus f. *zodiacus* 30, 180
Eucampia zoodiacus 30, 180
Euglena 152
Euglena geniculata 152
Euglena ovum 152

Euglena proxima 152
Euglenaceae 152
Euglenaformis proxima 152
Euglenaformis 152
Euglenales 152
Euglenophyceae 151
Euglenophyta 151
Euglenozoa 151
Eukaryota 4
Eunotia 55
Eunotia minus 55
Eunotia pectinalis* f. *minor 55
Eunotia pectinalis* var. *minor 55
Eunotiaceae 55
Eunotiales 55
Eupodiscus jonesianus 23
Eutreptia 151
Eutreptia globulifera 151
Eutreptia globulifera* var. *lata 151
Eutreptia lanowii 151
Eutreptiaceae 151
Eutreptiales 151
Eutreptiella 151
Eutreptiella braarudii 151, 236, 238
Eutreptiella gymnastica 151
Eutreptiella marina 151
Exilaria fasciculata 48
Exilaria pulchella 47
Exuviaella caspica 143
Exuviaella cincta 143
Exuviaella cordata 143
Exuviaella laevis 143
Exuviaella lima 143
Exuviaella marina 143
Exuviaella marina* var. *lima 143
Exuviaella minima 143
Exuviaella ostenfeldi 143
Exuviaella pacifica 143
Exuviaella peisonis 143
Exuviaella pyriformis 143

F

Falcatella delicatula 59
Fallacia 65
Fallacia forcipata 65
Fallacia forcipata var. *densestriata* 65
Fallacia pygmaea 65
Fossula 43
Fossula arctica 43
Fragilaria 43
Fragilaria antarctica 105
Fragilaria antarctica* f. *lata 105
Fragilaria arctica 105
Fragilaria arcus 47
Fragilaria capucina 43
Fragilaria capucina* f. *lanceolata 43
Fragilaria capucina* var. *lanceolata 43
Fragilaria crotonensis 43
Fragilaria crotonensis* var. *prolongata 43
Fragilaria curta 104
Fragilaria cylindrus 104
Fragilaria delicatissima 48
Fragilaria fasciculata 48
Fragilaria investiens 49
Fragilaria islandica 43, 196
Fragilaria lancettula 46
Fragilaria linearis 104
Fragilaria mutabilis* var. *lancettula 46
Fragilaria nana 104
Fragilaria obliquecostata 105
Fragilaria obliquecostata* f. *maxima 105
Fragilaria oceanica 105
Fragilaria pinnata 45
Fragilaria pinnata* f. *lancettula 46
Fragilaria pinnata* var. *lancettula 46
Fragilaria pinnata* var. *pinnata 46

Fragilaria pulchella 47
Fragilaria striatula 44
Fragilaria sublinearis 105
Fragilaria tabulata 49
Fragilaria unipunctata 54
Fragilariaceae 43
Fragilariales 43
Fragilariophyceae 43
Fragilariopsis 104
Fragilariopsis curta 104
Fragilariopsis cylindrus 104, 212
Fragilariopsis cylindrus* f. *minor 104
Fragilariopsis cylindrus* var. *planctonica 104
Fragilariopsis linearis 104
Fragilariopsis linearis* var. *curta 104
Fragilariopsis linearis* var. *intermedia 104
Fragilariopsis obliquecostata 105
Fragilariopsis oceanica 105, 214
Fragilariopsis sublinearis 105
Fragilidium 128
Fragilidium subglobosum 128
Frustulia acuminata 88
Frustulia coffeaeformis 63
Frustulia linearis 98
Frustulia sigmoidea 100

G

Gaillonella arctica 20
Gaillonella arenaria 22
Gaillonella granulata 22
Gaillonella italica 23
Gaillonella sulcata 21
Geminigeraceae 4
Gephyrocapsa huxleyi 7
Gessnerium mochimaense 124
Gessnerium monilata 124
Gessnerium ostenfeldii 124
Gessnerium tamarensis 125
Girodella rutilans 62
Glenodinium acuminatum 144
Glenodinium bipes 131
Glenodinium danicum 142
Glenodinium divergens 133
Glenodinium lenticula 140
Glenodinium lenticula* f. *minor 142
Glenodinium lenticulum* f. *asymmetrica 141
Glenodinium monotis 125
Glenodinium ostenfeldii 124
Glenodinium rotundum 141
Glenodinium triquetrum 129
Glenodinium trochoideum 144
Gomphoneis 58
Gomphoneis exigua 58
Gomphonella parvula 57
Gomphonema 57
Gomphonema acuminatum 57
Gomphonema acuminatum* f. *laticeps 57
Gomphonema acuminatum* var. *laticeps 57
Gomphonema arcticum 83
Gomphonema exiguum 58
Gomphonema exiguum var. *arctica* 57
Gomphonema exiguum var. *pachyclada* 57
Gomphonema groenlandicum 83
Gomphonema kamtschaticum 83, 84
Gomphonema lagenula 57
Gomphonema laticeps 57
Gomphonema littorale 58
Gomphonema parvulum 57
Gomphonema parvulum* f. *lagenula 57
Gomphonema parvulum* f. *lanceolata 57
Gomphonema parvulum* f. *semiaperta 57
Gomphonema parvulum* f. *subcapitata 57
Gomphonema parvulum* var. *curta 57
Gomphonema parvulum* var. *exilis 57
Gomphonema parvulum* var. *lagenula 57
Gomphonema parvulum* var. *lanceolata 57

Gomphonema parvulum* var. *subcapitata 57
Gomphonema septentrionale 84
Gomphonemataceae 57
Gomphonemopsis 58
Gomphonemopsis exigua 58
Gomphonemopsis littoralis 58
Goniaulux ostenfeldii 124
Goniaulux tamarensis* var. *globosa 124
Gonioceros septentrionalis 42
Goniodoma ostenfeldii 124
Goniodoma pseudogonyaulax 124, 125
Goniodomataceae 123
Gonyaulacaceae 125
Gonyaulacales 120
Gonyaulax 126
Gonyaulax alaskensis 126
Gonyaulax catenata 142
Gonyaulax diegensis 126
Gonyaulax digitalis 126
Gonyaulax dimorpha 124
Gonyaulax excavata 125
Gonyaulax globosa 124
Gonyaulax grindleyi 128
Gonyaulax hyperborea 126
Gonyaulax levanderi 127
Gonyaulax monilata 124
Gonyaulax monilatum 124
Gonyaulax ostenfeldii 124
Gonyaulax peruviana 124
Gonyaulax phoneus 124
Gonyaulax polyedra 127
Gonyaulax polygramma 126
Gonyaulax schuettii 126
Gonyaulax scrippsae 126, 228
Gonyaulax spinifera 127
Gonyaulax tamarensis 125
Gonyaulax tamarensis* var. *excavata 125
Gonyaulax tamarensis* var. *globosa 124
Gonyaulax triacantha 125, 126
Gonyaulax trygvei 124
Grammatophora 53
Grammatophora angulosa 53
Grammatophora arctica 54
Grammatophora arcuata 54
Grammatophora hamulifera 54
Grammatophora marina 54
Grammatophoraceae 53
Grunoviella parva 48
Guinardia 34
Guinardia delicatula 34
Guinardia striata 34
Gymnaster helix 108
Gymnaster pentasterias 108
Gymnaster striatum 108
Gymnodiniaceae 111
Gymnodiniales 111
Gymnodinium 116
Gymnodinium abbreviatum 116
Gymnodinium alaskense 116
Gymnodinium archimedis 112
Gymnodinium arcticum 116, 222
Gymnodinium asymmetricum 117
Gymnodinium breve 118
Gymnodinium galatheanum 119
Gymnodinium galeatum 116
Gymnodinium glandula 117
Gymnodinium gracile 116
Gymnodinium gracilentum 116
Gymnodinium lohmannii 116
Gymnodinium micrum 119
Gymnodinium mikimotoi 118
Gymnodinium minutum 128
Gymnodinium nagasakiense 118
Gymnodinium parvum 116
Gymnodinium punctatum 116
Gymnodinium roseum 116

Gymnodinium simplex 117
Gymnodinium spirale 115
Gymnodinium spirale* var. *pepo 114
Gymnodinium spirale* var. *pinguis 114
Gymnodinium subroseum 117
Gymnodinium veneficum 119
Gymnodinium verruculosum 117
Gymnodinium wulffii 117
Gyrodinium 113
Gyrodinium corallinum 113
Gyrodinium flagellare 113
Gyrodinium formosum 113
Gyrodinium fusiforme 113, 218
Gyrodinium fusus 113
Gyrodinium galatheanum 119
Gyrodinium glaucum 118
Gyrodinium grave 113
Gyrodinium guttula 114
Gyrodinium lachryma 114
Gyrodinium nagasakiense 118
Gyrodinium nasutum 114
Gyrodinium ochraceum 114
Gyrodinium pepo 114
Gyrodinium pingue 114, 220
Gyrodinium prunus 115, 220
Gyrodinium spirale 115
Gyrodinium varians 115
Gyrodinium wulffii 115, 220
Gyrosigma 88
Gyrosigma acuminatum 88
Gyrosigma balticum 88
Gyrosigma concilians 89
Gyrosigma delicatulum 86
Gyrosigma diaphanum 89
Gyrosigma elongatum 86
Gyrosigma fasciola 89
Gyrosigma hudsonii 89
Gyrosigma kuetzingii 88
Gyrosigma macrum 89, 206
Gyrosigma normanii 87
Gyrosigma prolongatum 90
Gyrosigma spenceri 88
Gyrosigma spencerii 88, 90
Gyrosigma tenuissimum 90
Gyrosigma tenuissimum var. *hyperborea* 90

H

Halamphora 63
Halamphora coffeaeformis 63
Halamphora eunotia 64
Halamphora holsatica 64
Hannaea 47
Hannaea arcus 47
Hantzschia 94
Hantzschia weyprechtii 94
Haptophyta 6
Haslea 84
Haslea crucigera 84
Haslea crucigeroides 84
Haslea crucigeroides var. *densestriata* 84
Haslea crystallina 85
Haslea kjellmanii 85
Haslea spicula 85, 206
Haslea vitrea 85
Helgolandinium subglobosum 128
Heliopeltaceae 27
Hemiaulaceae 30
Hemiaulales 30
Hemidiscaceae 26
Heteraulacus ostenfeldii 124
Heterocapsa 128
Heterocapsa arctica 128
Heterocapsa rotundata 128
Heterocapsa triquetra 129
Heterocapsaceae 128
Heterokontophyta 7

Heterosigma 10
Heterosigma akashiwo 10, 162
Heterosigma carterae 10
Heterosigma inlandica 10
Hillea 4
Hillea fusiformis 4
Hilleaceae 4
Himantidium minus 55
Himantidium pectinale* var. *minus 55
Homoeocladia acicularis 95
Homoeocladia delicatissima 101
Homoeocladia lanceolata 97
Homoeocladia paxillifer 94
Homoeocladia sigma 99
Homoeocladia sigmoidea 100
Hormidium implexum 150
Hormiscia implexa 150
Hydrolinum rutilans 61
Hymenomonas huxleyi 7

I

Isochrysidales 7
Isthmia 29
Isthmia nervosa 29

K

Karenia 118
Karenia brevis 118
Karenia mikimotoi 118
Karlodinium 119
Karlodinium micrum 119
Karlodinium veneficum 119
Katablephariales 5
Katablepharidaceae 5
Katablepharidophyceae 5
Katablepharidophyta 5
Katodinium 117
Katodinium asymmetricum 117
Katodinium glandula 118
Katodinium glandulum 117
Katodinium glaucum 118
Katodinium minutum 128
Katodinium rotundatum 128

L

Lauderia 19
Lauderia annulata 19
Lauderia borealis 19
Lauderia confervacea 18
Lauderia fragilis 17
Lauderia glacialis 17
Lauderiaceae 19
Lebouraia 141
Lebouraia minuta 141
Lepocinclis 152
Lepocinclis globulus 152
Lepocinclis ovum 152
Lepocinclis ovum* var. *globula 152
Leptocylindraceae 42
Leptocylindrales 42
Leptocylindrus 42
Leptocylindrus belgicus 42
Leptocylindrus danicus 42, 196
Leptocylindrus minimus 42
Leucocryptos 5
Leucocryptos marina 5
Licmophora 50
Licmophora abbreviata 50
Licmophora anglica 51
Licmophora dalmatica 50
Licmophora ehrenbergii 50
Licmophora gracilis 51, 198
Licmophora gracilis var. *anglica* 51
Licmophora hyalina 51
Licmophoraceae 50
Licmophorales 50

Limnochilde flosaquae 3
Lingulodinium 127
Lingulodinium polyedra 127
Lithodesmiaceae 31
Lithodesmiales 31
Lyngbyea fasciculata 48
Lyrella 55
Lyrella atlantica 55
Lyrella pygmaea 65
Lyrellaceae 55
Lyrellales 55
Lysigonium arenarium 22
Lysigonium granulatum 22
Lysigonium moniliforme 20
Lysigonium varians 21

M

Manguinea 91
Manguinea rigida 91
Massartia asymmetrica 117
Massartia glandula 118
Massartia glauca 118
Massartia rotundata 128
Massartia rotundatum* var. *conradi 128
Mastogloiaceae 56
Mastogloiales 56
Melosira 20
Melosira arctica 20, 166
Melosira arenaria 22
Melosira borreri* var. *moniliformis 20
Melosira borreri* var. *subglobosa 20
Melosira costata 18
Melosira dougettii 12
Melosira granulata 22
Melosira granulata* var. *islandica 23
Melosira hyperborea 20
Melosira islandica 22
Melosira italica 23
Melosira marina 21
Melosira moniliformis 20
Melosira moniliformis var. *subglobosa* 20
Melosira nummuloides 20, 166
Melosira polymorpha* subsp. [*granulate*] var. *islandica 22
Melosira polymorpha* subsp. *granulata 22
Melosira punctata* var. *granulata 22
Melosira sulcata 21
Melosira varians 21
Melosiraceae 20
Melosirales 20
Meringosphaera 10
Meringosphaera baltica 10
Meringosphaera mediterranea 10
Meringosphaera radians 8
Meringosphaera tenerrima 11
Mesotaeniaceae 149
Meuniera 72
Meuniera membranacea 72
Micracanthodinium 123
Micracanthodinium claytonii 123
Micraloa flosaquae 3
Micrasterias falcatus 148
Micromonadophyceae 146
Microneis delicatula 59
Microneis microcephala 59, 60
Microneis minutissima 59
Microneis minutissima* var. *cryptocephala 60
Minuscula bipes 131
Mischococcales 10
Monema rutilans 62
Monosiga 153
Monosiga marina 153
Multispinula quanta 132

N

Naiadinium polonicum 145

Naiadinium 145
Navicula 73
Navicula acuminata 88
Navicula acutiuscula 75
Navicula adriatica 70
Navicula alata 62
Navicula albinensis 56
Navicula algida 73
Navicula anceps 91
Navicula angulata 85
Navicula arcus 47
Navicula aspera 83
Navicula aspera* var. *genuina 83
Navicula baculus 62
Navicula baltica 88
Navicula bihastata 65
Navicula bipatens 62
Navicula bolleana 84
Navicula brevis 72
Navicula cancellata 73
Navicula clementis 73
Navicula clementis* var. *rhombica 73
Navicula cluthensis 74
Navicula crassirostris 74
Navicula criophila 74
Navicula crucigera 84
Navicula crucigeroides 84
Navicula crystallina 85
Navicula decipiens 74
Navicula derasa 81
Navicula didymus 70
Navicula digitoradiata 74
Navicula directa 74, 200, 202
Navicula directa var. *javanica* 75
Navicula directa var. *subtilis* 75
Navicula distans 75
Navicula elliptica 71
Navicula finmarchica 75
Navicula forcipata 65
Navicula forcipata* var. *densestriata 65
Navicula gastrum 56
Navicula gastrum* f. *maxima 56
Navicula gelida 75
Navicula gelida var. *radissonii* 75
Navicula glacialis 75
Navicula glaciei 75
Navicula granii 76
Navicula granulata* var. *maculosa 56
Navicula gregalis 76
Navicula gregaria 76
Navicula hebes 72
Navicula imperfecta 76
Navicula impexa 76
Navicula inclementis 73
Navicula incurvata 70
Navicula kariana 76
Navicula kariana var. *detersa* 76
Navicula kariana var. *frigida* 77
Navicula kjellmanii 77
Navicula kryokonites 77
Navicula kryokonites var. *semiperfecta* 77
Navicula kryokonites var. *subprotracta* 77
Navicula kryophila 74
Navicula lestikowii 45
Navicula liber 73
Navicula liber* var. *maxima 73
Navicula lineata 70
Navicula lineola 77
Navicula lineola var. *perlepida* 77
Navicula lyra* var. *atlantica 55
Navicula lyra* var. *forcipata 65
Navicula maculosa 56
Navicula marina 55
Navicula maxima 73
Navicula membranacea 72
Navicula novadecipiens 77

Navicula obtusa 72
Navicula obtuserostrata 62
Navicula oestrupii 78
Navicula pelagica 78, 202
Navicula pellucida 78
Navicula pellucidula 78
Navicula perlucens 78
Navicula pinnularia 66
Navicula pinnularia var. constricta 67
Navicula planamembranacea 90
Navicula punctulata 55
Navicula pygmaea 65
Navicula quadratarea 66
Navicula quadripedis 79
Navicula recurvata 78
Navicula retusa 64
Navicula retusa var. cancellata 73
Navicula rhynchocephala 78
Navicula rhynchocephala var. constricta 79
Navicula rupestris 68
Navicula salinarum 79
Navicula septentrionalis 79, 202
Navicula sibirica 79
Navicula smithii 71
Navicula solitaria 64
Navicula spenceri 88, 90
Navicula spicula 85
Navicula splendida var. incurvata 70
Navicula stauroneiformis 83
Navicula stuxbergii var. *subglabra* 79
Navicula subcincta 71
Navicula subinflata 58
Navicula superba 80
Navicula superba var. *crassa* 80
Navicula superba var. *elliptica* 80
Navicula superba var. *subacuta* 80
Navicula transfuga 56
Navicula transfuga var. *plagiostoma* 80
Navicula transfuga var. *septentrionalis* 80
Navicula transitans 80
Navicula transitans var. *asymmetrica* 81
Navicula transitans var. *derasa* 81, 204
Navicula transitans var. *derasa* f. *delicatula* 81, 204
Navicula transitans var. *erosa* 81
Navicula transitans var. *incudiformis* 81
Navicula trigonocephala 66
Navicula trigonocephala 81
Navicula trigonocephala f. *minor* 81
Navicula trigonocephala var. *contracta* 82
Navicula trigonocephala var. *depressa* 82
Navicula ungavae 62
Navicula valida 82
Navicula valida var. *minuta* 82
Navicula vanhoeffenii 82, 204
Navicula viridis var. rupestris 69
Navicula wankaremae 82
Naviculaceae 72
Naviculales 61
Negibacteria 3
Nematoplata crotonensis 43
Nematoplata lancettula 46
Neoceratium arcticum 120
Neoceratium arietinum 121
Neoceratium carriense 121
Neoceratium furca 122
Neoceratium longipes 122
Neoceratium macroceros 123
Neoceratium pentagonum 123
Neodenticula 103
Neodenticula seminae 103, 210
Nitzschia 95
Nitzschia acicularis 95
Nitzschia acicularis var. interrupta 98
Nitzschia actydrophila 101
Nitzschia acuminata 94

Nitzschia angularis 95
Nitzschia arctica 95
Nitzschia barkleyi 102
Nitzschia bilobata 95
Nitzschia birostrata 98
Nitzschia brebissonii var. *borealis* 96
Nitzschia closterium* f. *minutissima 69
Nitzschia curta 104
Nitzschia cylindrus 104
Nitzschia delicatissima 101
Nitzschia delicatula 102
Nitzschia diaphana 96
Nitzschia distans 96
Nitzschia distans var. *erratica* 96
Nitzschia elongata 100
Nitzschia fraudulenta 101
Nitzschia frigida 96, 208
Nitzschia gelida 96
Nitzschia gelida var. *manitounukensis* 96
Nitzschia granii 101
Nitzschia gruendleri 96
Nitzschia grunowii 105
Nitzschia hudsonii 97
Nitzschia hybrida 97
Nitzschia incerta 97
Nitzschia inflatula 101
Nitzschia kryophila 97
Nitzschia laevissima 97
Nitzschia lanceolata 97
Nitzschia lanceolata* var. *pygmaea* f. *australis 98
Nitzschia lanceolata var. *pygmaea* f. *costata* 97
Nitzschia lanceolata* var. *spicula 98
Nitzschia lecointei 97
Nitzschia linearis 98
Nitzschia lineata 104
Nitzschia lineola 102
Nitzschia longissima 98, 208
Nitzschia lorenziana 98
Nitzschia lorenziana* var. *incerta 97
Nitzschia marginulata 95
Nitzschia neofrigida 98
Nitzschia obliquecostata 105
Nitzschia paradoxa 94
Nitzschia paradoxa* var. *tumidula 94
Nitzschia paxillifer 93
Nitzschia pellucida 99
Nitzschia polaris 99
Nitzschia prolongata 102
Nitzschia prolongatoides 102
Nitzschia promare 99
Nitzschia pseudodelicatissima 102
Nitzschia pseudoseriata 100
Nitzschia pungens 103
Nitzschia scabra 99
Nitzschia seriata 103
Nitzschia seriata* f. *obtusa 102
Nitzschia sigma 99
Nitzschia sigmoidea 100
Nitzschia taeniiformis 100
Nitzschia tergestina 99
Nitzschia turgidula 103
Nitzschia vidovichii 100
Nitzschiella acicularis 95
Nitzschiella closterium 45
Nitzschiella longissima 98
Noctilucales 119
Noëlaerhabdaceae 7
Nostoc flosaquae 3
Nostoc papyraceum 3
Nostocales 3
Nostocophycideae 3
Novilla ovata 107
Novilla pinnata 107

O

Oblea 141
Oblea rotunda 141
Ochromonas 7
Ochromonas glacialis 8
Ochromonas pearyi 7
Ochrophyta 7
Octactis 9
Octactis octonaria 9
Odontella 28
Odontella aurita 28, 178
Odontella chinensis 29
Odontella favus 28
Odontella granulata 29
Olisthodiscus carterae 10
Oocystaceae 149
Oocystella lacustris 149
Oocystella solitaria 149
Oocystis 149
Oocystis crassa 150
Oocystis lacustris 149
Oocystis solitaria 149
Oocystis solitaria* var. *notabile 149
Opephora 48
Opephora horstiana 48
Opephora mutabilis 48
Opephora olsenii 48
Opephora parva 48
Orthoseira angulata 11
Orthoseira arenaria 22
Orthoseira granulata 22
Orthoseira kuetzingiana 19
Orthosira marina 21
Oscillaria paxillifera 93
Oscillatoria flosaquae 3
Oscillatoria paxillifer 93
Oscillatoria paxillifera 94
Ostreopsis monotis 125
Oxyphysaceae 110
Oxytoxaceae 129
Oxytoxum 129
Oxytoxum laticeps 129

P

Paralia 21
Paralia arenaria 22
Paralia marina 21
Paralia sulcata 21, 168
Paralia sulcata* var. *genuina 21
Paraliaceae 21
Parallales 21
Parapedinella 9
Parapedinella reticulata 9
Parvicorbicula 153
Parvicorbicula socialis 153
Pauliella 31
Pauliella taeniata 31
Pedinellaceae 8
Pedinellales 8
Pelagorhynchus marina 119
Peranemataceae 152
Peridiniaceae 129
Peridiniales 128
Peridiniales incertae sedis 142
Peridiniella 142
Peridiniella catenata 142, 234
Peridiniella danica 142
Peridiniopsis asymmetrica 141
Peridiniopsis lenticula 140
Peridiniopsis polonica 145
Peridiniopsis reticulatum 128
Peridiniopsis rotunda 141
Peridinium 129
Peridinium achromaticum 129
Peridinium arcticum 120

Peridinium breve 130
Peridinium brevipes 131
Peridinium catenata 142
Peridinium cerasus 131, 132
Peridinium cinctum 130
Peridinium cinctum* f. *angulatum 130
Peridinium cinctum* f. *ovoplanum 130
Peridinium cinctum* f. *regulatum 130
Peridinium cinctum* f. *tuberosum 130
Peridinium cinctum* var. *angulatum 130
Peridinium cinctum* var. *carinatum 130
Peridinium cinctum* var. *irregulatum 130
Peridinium cinctum* var. *laesum 130
Peridinium cinctum* var. *lemmermannii 130
Peridinium cinctum* var. *regulatum 130
Peridinium clavus 133
Peridinium conicoides 132
Peridinium conicum 132
Peridinium crassipes 132
Peridinium curvipes 133
Peridinium denticulatum 133
Peridinium depressum 133
Peridinium divergens 133
Peridinium divergens* var. *conica 132
Peridinium divergens* var. *oblongum 136
Peridinium divergens* var. *oceanicum 136
Peridinium elongatum 134
Peridinium excentricum 134
Peridinium eximium 130
Peridinium faeroense 144
Peridinium finlandicum 134
Peridinium furca 122
Peridinium germanicum 130
Peridinium globulus 134
Peridinium globulus* var. *ovatum 137
Peridinium gracile 130
Peridinium granii 134
***Peridinium granii* f. mite** 135
Peridinium incurvum 131
Peridinium islandicum 135
Peridinium lenticulatum 142
Peridinium lenticulum 142
Peridinium leonis 135
Peridinium levanderi 127
Peridinium lineatum 122
Peridinium longipes 122
Peridinium macroceros 123
Peridinium marielebouriae 135
Peridinium meandricum 130
Peridinium meunieri 142
Peridinium michaelis 139
***Peridinium miniscula*m** 131
Peridinium mite 135
Peridinium monovelum 136
Peridinium murrayi 136
Peridinium oblongum 136
Peridinium oceanicum 136
Peridinium orbiculare 141
Peridinium ovatum 137
Peridinium ovatum* f. *arctica 130, 131
Peridinium pallidum 137
Peridinium paulsenii 142
Peridinium pellucidum 137
Peridinium pentagonum 137
Peridinium polonicum 145
Peridinium pyriforme 138
Peridinium quinquecorne 138
Peridinium reticulatum 127, 128
Peridinium rhenanum 130
Peridinium roseum 138
Peridinium saltans 135, 138, 139
Peridinium sinuosum 137
Peridinium solidicorne 139
Peridinium spiniferum 127, 139
Peridinium steinii 139
Peridinium steinii* f. *breve 130, 138

Peridinium steinii* var. *pyriformis 138
Peridinium subcurvipes 139
Peridinium subinerme 139
Peridinium subinermis 139
Peridinium subpyriforme 140
Peridinium tabulatum* var. *meandrica 130
Peridinium thorianum 140
Peridinium tripos* var. *macroceros 123
Peridinium triquetra 129
Peridinium triquetrum 129
Peridinium trochoideum 144
Peridinium tuberosum 130
Peridinium turgidum 140
Peridinium varicans 131
Peridinium ventrale 140
Peridinium westii 130
Peridinium westii* var. *aureolatum 130
Petroneis 55
Petroneis marina 55
Petroneis transfuga 56
Phacaceae 152
Phaeocystaceae 6
Phaeocystales 6
Phaeocystis 6
Phaeocystis pouchetii 6
Phaeodactylaceae 69
Phaeodactylum 69
Phaeodactylum tricornutum 69
Phalacroma 110
Phalacroma ebriola 110
Phalacroma ebriolum 110
Phalacroma mucronatum 110
Phalacroma paulsenii 110
Phalacroma rotundatum 110
Pinnularia 65
Pinnularia quadratarea var. *densestriata* 67
Pinnularia ambigua 64
Pinnularia aspera 83
Pinnularia bihastata 65
Pinnularia commutata* var. *rupestris 69
Pinnularia criophila 74
Pinnularia debesii 69
Pinnularia didyma 70
Pinnularia digitoradiata 74
Pinnularia directa 74
Pinnularia distans 75
Pinnularia gastrum 56
Pinnularia maior* var. *socialis 69
Pinnularia polaris 66
Pinnularia quadratarea 66
Pinnularia quadratarea var. *baltica* 66
Pinnularia quadratarea var. *bicontracta* 66
Pinnularia quadratarea var. *bicontracta* f. *maxima* 66
Pinnularia quadratarea var. *bicuneata* 66
Pinnularia quadratarea var. *capitata* 67
Pinnularia quadratarea var. *constricta* 67
Pinnularia quadratarea var. *constricta* f. *interrupta* 67
Pinnularia quadratarea var. *cuneata* 67
Pinnularia quadratarea var. *dubia* 67
Pinnularia quadratarea var. *kerguelensis* 67
Pinnularia quadratarea var. *leptostauron* 67
Pinnularia quadratarea var. *minor* 68
Pinnularia quadratarea var. *patrickae* 68
Pinnularia quadratarea var. *stuxbergii* 68
Pinnularia quadratarea var. *stuxbergii* f. *minima* 68
Pinnularia quadratarea var. *subcontinua* 68
Pinnularia quadratarea var. *subglabra* 68
Pinnularia quadruturea var. *subconstricta* 68
Pinnularia reinschiana 69
Pinnularia rupestris 68
Pinnularia semiinflata 69
Pinnularia semiinflata var. *decipens* 69
Pinnularia socialis var. *debesii* 69

Pinnularia subtilis 75
Pinnularia sudetica* var. *reinschiana 69
Pinnularia sudetica* var. *rupestris 69
Pinnularia trigonocephala 66, 81
Pinnularia viridis* var. *rupestris 69
Pinnulariaceae 65
Placoneis 56
Placoneis gastrum 56
Placoneis rhombica 73
Placoneis subinflata 58
Plagiogramma 29
Plagiogramma gregoryanum 29
Plagiogramma staurophorum 29
Plagiogrammaceae 29
Plagioselmis 4
Plagioselmis prolonga 4
Plagioselmis punctata 4
Plagiotropidaceae 90
Plagiotropis 91
Plagiotropis longa 91
Plagiotropis maxima 91
Plagiotropis scaligera 91
Planothidium 59
Planothidium delicatulum 59
Plantae 146
Pleuorsigma spencerii 90
Pleurochloridaceae 10
Pleurosigma 85
Pleurosigma acuminatum 88
Pleurosigma affine 87
Pleurosigma angulatum 85, 206
Pleurosigma angulatum* var. *delicatulum 86
Pleurosigma angulatum* var. *elongatum 86
Pleurosigma antarcticum 86
Pleurosigma balticum 88
Pleurosigma clevei 86
Pleurosigma cuspidatum 86
Pleurosigma delicatulum 86
Pleurosigma elongatum 86
Pleurosigma elongatum var. *karianum* 86
Pleurosigma fasciola 89
Pleurosigma fasciola* var. *prolongatum 90
Pleurosigma fasciolum* (*fasciola*) var. *macrum 89
Pleurosigma gracilentum 88
Pleurosigma kuetzingii 88
Pleurosigma lanceolatum* var. *cuspidatum 86
Pleurosigma longum 87
Pleurosigma macrum 89
Pleurosigma marinum 87
Pleurosigma normanii 87
Pleurosigma prolongatum 90
Pleurosigma siberica 87
Pleurosigma spenceri* var. *kuetzingii 88
Pleurosigma spencerii 88
Pleurosigma stuxbergii 87
Pleurosigma stuxbergii var. *minor* 87
Pleurosigma stuxbergii var. *rhomboides* 88
Pleurosigma tenuiforme 88
Pleurosigma tenuissimum 90
Pleurosigma vitreum 85
Pleurosigmataceae 85
Pleurostaurum spicula 85
Podosira glacialis 17
Podosira hormoides* var. *glacialis 17
Podosira subtilis 17
Podosphenia anglica 51
Podosphenia ehrenbergii 50
Podosphenia gracilis 51
Polyblepharidaceae 146
Polyblepharides 146
Polyblepharides amylifera 146
Polykrikos 115
Polykrikos kofoidii 115
Polykrikos schwarzii 115

Pontosphaera huxleyi 7
Porosira 17
Porosira Antarctica 17
Porosira glacialis 17
Prasinophyceae 146
Preperidinium 142
Preperidinium meunieri 142
Preperidinium paulseni 142
Proboscia 34
Proboscia alata 34, 184
Prodinophysis rotundata 111
Prodinophysis rotundatum 111
Prokaryota 3
Pronoctiluca 119
Pronoctiluca pelagica 119
Properidinium heterocapsa 129
Properidinium thorianum 140
Prorocentraceae 143
Prorocentrales 143
Prorocentrum 143
Prorocentrum arenarium 143
Prorocentrum cordatum 143
Prorocentrum levantinoides 144
Prorocentrum lima 143
Prorocentrum marinum 143
Prorocentrum micans 143
Prorocentrum minimum 143
Prorocentrum ovale 144
Prorocentrum pacificum 144
Prorocentrum schilleri 143
Protoceratiaceae 127
Protoceratium 127
Protoceratium reticulatum 127
Protococcus nivalis 147
Protodinifera marinum 119
Protodiniferaceae 119
Protodinium simplex 117
Protogonyaulax dimorpha 124
Protogonyaulax excavata 125
Protogonyaulax globosa 124
Protogonyaulax peruviana 124
Protogonyaulax phoneus 124
Protogonyaulax tamarensis 125
Protoperidiniaceae 130
Protoperidinium 130
Protoperidinium achromaticum 129
Protoperidinium arcticum 130
Protoperidinium bipes 131, 228
Protoperidinium breve 131
Protoperidinium brevipes 131, 230
Protoperidinium cerasus 131
Protoperidinium clavus 133
Protoperidinium conicoides 132
Protoperidinium conicum 132
Protoperidinium crassipes 132
Protoperidinium curvipes 133
Protoperidinium denticulatum 133
Protoperidinium depressum 133, 230
Protoperidinium digitale 126
Protoperidinium divergens 133
Protoperidinium elongatum 134
Protoperidinium excentricum 134
Protoperidinium finlandicum 134
Protoperidinium globulus 134
Protoperidinium granii 134
Protoperidinium groenlandicum 135
Protoperidinium islandicum 135
Protoperidinium leonis 135, 230
Protoperidinium marielebourae 135
Protoperidinium mite 135
Protoperidinium monacanthum 136
Protoperidinium monovelum 136
Protoperidinium murrayi 136
Protoperidinium oblongum 136
Protoperidinium oceanicum 136
Protoperidinium ovatum 137

Protoperidinium pallidum 137, 232
Protoperidinium parallelum 133
Protoperidinium parapentagonum 137
Protoperidinium pellucidum 137, 232, 234
Protoperidinium pentagonum 137
Protoperidinium pyriforme 138, 234
Protoperidinium pyriforme subsp. *breve* 138
Protoperidinium quinquecorne 138
Protoperidinium roseum 138
Protoperidinium saltans 138
Protoperidinium sinuosum 137
Protoperidinium solidicorne 139
Protoperidinium spiniferum 139
Protoperidinium spinosum 139
Protoperidinium steinii 139
Protoperidinium subcurvipes 139
Protoperidinium subinerme 139
Protoperidinium subpyriforme 140
Protoperidinium thorianum 140
Protoperidinium turgidum 140
Protoperidinium valgus 139
Protoperidinium varicans 131
Protoperidinium ventrale 140
Protozoa 151
Protozoa incertae sedis 154
Prymnesiales 6
Prymnesiophycidae 6
Pseudogomphonema 83
Pseudogomphonema arcticum 83
Pseudogomphonema groenlandicum 83
Pseudogomphonema kamtschaticum 83
Pseudogomphonema septentrionale 84
Pseudo-nitzschia 100
Pseudo-nitzschia australis 100
Pseudo-nitzschia barkleyi 102
Pseudo-nitzschia calliantha 100
Pseudo-nitzschia delicatissima 101
Pseudo-nitzschia fraudulenta 101
Pseudo-nitzschia granii 101
Pseudo-nitzschia inflatula 101
Pseudo-nitzschia lineola 102
Pseudo-nitzschia obtusa 102
Pseudo-nitzschia prolongata 102
Pseudo-nitzschia prolongatoides 102
Pseudo-nitzschia pseudodelicatissima 102
Pseudo-nitzschia pungens 103, 208
Pseudo-nitzschia seriata 103, 210
Pseudo-nitzschia seriata* f. *obtusa 102
Pseudo-nitzschia seriata* var. *fraudulenta 101
Pseudo-nitzschia turgidula 103
Pteromonas nivalis 147
Pteromonas willei 147
Ptychodiscus brevis 118
Punctastriata pinnata 46
Pyramimonadaceae 146
Pyramimonadales 146
Pyramimonadophyceae 146
Pyramimonas 146
Pyramimonas amylifera 146
Pyramimonas nansenii 146
Pyramimonas virginica 146
Pyrenomonadaceae 5
Pyrenomonadales 4
Pyrocystaceae 144
Pyrocystales 144
Pyrocystis 144
Pyrocystis noctiluca 144
Pyrodinium monilatum 124
Pyrodinium phoneus 124
Pyrophacaceae 128

R

Radialiplicataceae 22
Raphidophyceae 10
Raphidosphaera 11

Raphidosphaera tenerrima 11
Rhabdonema 53
Rhabdonema arcuatum 53
Rhabdonema minutum 53
Rhabdonematales 53
Rhabdoonemataceae 53
Rhaphidium fasciculatum 148
Rhaphidium polymorphum* var. *falcatum 148
Rhaphoneidaceae 51
Rhaphoneidales 51
Rhaphoneis 51
Rhaphoneis rhombica 51
Rhaphoneis surirella 51
Rhipidophora anglica 51
Rhizosolenia 32
Rhizosolenia alata 34
Rhizosolenia alata* f. *genuina 34
Rhizosolenia alata* f. *gracillima 34
Rhizosolenia alata* var. *gracillima 34
Rhizosolenia delicatula 34
Rhizosolenia fragilissima 35
Rhizosolenia gracillima 34
Rhizosolenia hebetata 32, 182
Rhizosolenia hebetata* f. *hiemalis 32
Rhizosolenia hebetata f. *semispina* 33, 182
Rhizosolenia hebetata var. *subacuta* 33
Rhizosolenia hensenii 33
Rhizosolenia japonica 33
Rhizosolenia semispina 33
Rhizosolenia setigera 33, 184
Rhizosolenia stolterfothii 34
Rhizosolenia styliformis 33, 184
Rhizosolenia styliformis* var. *longispina 33
Rhizosolenia styliformis* var. *polydactyla 33
Rhizosolenia styliformis* var. *semispina 33
Rhizosoleniaceae 32
Rhizosoleniales 32
Rhodomonas 5
Rhodomonas amphioxeia 5
Rhodomonas baltica 5
Rhoicospheniaceae 58
Rhoikoneis 84
Rhoikoneis bolleana 84
Rhoikoneis bollenana* var. *siberica 79
Rhynchomonas marina 119

S

Scalptrum balticum 88
Scalptrum fasciolum 89
Scalptrum macrum 89
Scalptrum normanii 87
Scalptrum spenceri 88
Scenedesmaceae 147
Scenedesmoidea 148
Scenedesmus 148
Scenedesmus acuminatus 147
Scenedesmus obliquus 148
Scenedesmus quadricauda 148
Sceptroneis marina* var. *parva 48
Sceptroneis mutabilis 48
Schizonema ambiguum 64
Schizonema anceps 91
Schizonema asperum 83
Schizonema crucigerum 84
Schizonema forcipatum 65
Schizonema gastrum 56
Schizonema gregarium 76
Schizonema liber 73
Schizonema maculosum 56
Schizonema microcephalum 60
Schizonema obtusum 72
Schizonema pygmaeum 65
Schizonema rhynchocephala 78
Schizonema rutilans 62
Schizonema salinarum 79

Schizonema spicula 85
Scoliotropidaceae 64
Scotiella antarctica 147
Scotiella nivalis 147
Scrippsiella 144
Scrippsiella faeroensis 144
Scrippsiella faeronese 144
Scrippsiella trochoidea 144, 236
Selenastraceae 148
Selenastrum acuminatum 147
Selenopemphix quanta 132
Sellaphoraceae 65
Shionodiscus 18
Shionodiscus oestrupii 18
Sigmatella acuminata 88
Sigmatella sigma 99
Sinophysis 110
Sinophysis ebriolum 110
Skeletonema 18
Skeletonema costatum 18, 166
Skeletonemataceae 18
Sphaeropleales 147
Sphaerozyga flosaquae 3
Sphenella parvula 57
Sphenoneis parvula 57
Spiniferites bentori 126
Spiniferites bulloideus 126
Spiniferites mirabilis 127
Spiniferites ramosus 127
Spirodinium fusus 113
Spirodinium glaucum 118
Spirodinium grave 113
Spirodinium lachryma 114
Spirodinium nasutum 114
Spirodinium prunus 115
Spirodinium spirale 115
Spirodinium spirale* var. *pepo 114
Spirodinium spirale* var. *pingue 114
Spirodinium varians 115
Stauroneidaceae 91
Stauroneis 91
Stauroneis achnanthes 83
Stauroneis amphicephala 91
Stauroneis anceps 91
Stauroneis anceps* f. *gracilis 91
Stauroneis anceps* var. *amphicephala 91
Stauroneis anceps var. *hyalina* 92
Stauroneis anceps var. *hyalina* f. *subcapitata* 92
Stauroneis aspera 83
Stauroneis crucigera 84
Stauroneis finmarchica 75
Stauroneis granii 76
Stauroneis membranacea 72
Stauroneis pellucida var. *cuneata* 92
Stauroneis pellucida var. *pleurosigmoidea* 92
Stauroneis pulchella 83
Stauroneis quadripedis 92
Stauroneis radissonii 92
Stauroneis septentrionalis 79
Stauroneis spicula 85
Stauropsis membranacea 72
Stauropsis pelagica 78
Stauropsis vanhoeffenii 82
Stauroptera aspera 83
Staurosirella 45
Staurosirella pinnata 45
Stenoneis 62
Stenoneis inconspicua var. *baculus* 62
Stenoneis obtuserostrata 62
Stephanocyclus meneghiniana 19
Stephanodiscaceae 19
Stephanoecidae 154
Stephanopyxidaceae 21
Stephanopyxis 21
Stephanopyxis nipponica 21, 168

Striatella 54
Striatella fenestrata 49
Striatella flocculosa 50
Striatella unipunctata 54
Striatellaceae 54
Striatellales 54
Suriraya ovalis* var. *ovata 107
Suriraya ovalis* var. *pinnata 107
Suriraya ovata 107
Suriraya pinnata 107
Surirella 107
Surirella japonica 107
Surirella melosiroides 19
Surirella minuta 107
Surirella minuta* var. *pinnata 107
Surirella oestrupi 107
Surirella ovalis* f. *ovata 107
Surirella ovalis* var. *ovata 107
Surirella ovalis* var. *pinnata 107
Surirella ovata 107
Surirella ovata* var. *pinnata 107
Surirella ovata* var. *pinnata 107
Surirella pinnata 107
Surirella septentrionalis 107
Surirellaceae 107
Surirellales 105
Syndendrium diadema 38
Synedra 46
Synedra acicularis 95
Synedra acus* f. *delicatissima 48
Synedra acus var. *acus* 46
Synedra affinis 48
Synedra camtschatica 46
Synedra crotonensis 43
Synedra crotonensis* var. *prolongata* f. *belgica 43
Synedra delicatissima 48
Synedra fasciculata 48
Synedra gibbosa 47
Synedra hyperborea 47
Synedra hyperborea* var. *flexuosa 47
Synedra hyperborea* var. *rostellata 47
Synedra investiens 49
Synedra nitzschioides 52
***Synedra nitzschioides* var. minor** 52
Synedra pulchella 47
Synedra pulchella* var. *abnormis 47
Synedra pulchella* var. *smithii 47
Synedra sigma 99
Synedra sigmoidea 100
Synedra tabulata 48
Synedra tabulata* var. *affinis 49
Synedra tabulata* var. *fasciculata 49
Synedra tabulata var. *obtusa* 46
Synedra thalassiothrix 53
Synedra ulna 46
Synedropsis 47
Synedropsis hyperborea 47
Syracosphaeraceae 7
Syracosphaerales 7

T

Tabellaria 49
Tabellaria fenestrata 49
Tabellaria fenestrata* f. *intermedia 50
Tabellaria fenestrata* var. *intermedia 50
Tabellaria flocculosa 49
Tabellaria flocculosa* var. *ventricosa 50
Tabellaria floculosa* var. *fenestrata 49
Tabellaria trinodis 49
Tabellaria ventricosa 50
Tabellariaceae 49
Tabellariales 49
Tabularia 48
Tabularia affinis 49
Tabularia fasciculata 48

Tabularia investiens 49
Tabularia tabulata 49
Tectatodinium pellitum 127
Teleaulax 5
Teleaulax acuta 5
Teleaulax amphioxeia 5
Tetraspora pouchetii 6
Thalassionema 52
Thalassionema frauenfeldii 52, 200
Thalassionema javanicum 52
Thalassionema nitzschioides 52, 200
Thalassionemataceae 52
Thalassionematales 52
Thalassiophysales 92
Thalassiosira 11
Thalassiosira aestivalis 11
Thalassiosira angulata 11
Thalassiosira anguste-lineata 12
Thalassiosira antarctica 12
Thalassiosira antarctica* var. *borealis 12
Thalassiosira australis 12
Thalassiosira baltica 12
Thalassiosira bioculata 13
Thalassiosira bioculata var. *exigua* 13
Thalassiosira bulbosa 13
Thalassiosira chilensis 13
Thalassiosira conferta 13
Thalassiosira constricta 13
Thalassiosira coronata 14
Thalassiosira decipiens 13
Thalassiosira delicatula 13
Thalassiosira eccentrica 14
Thalassiosira excentrica 14
Thalassiosira fallax 12
Thalassiosira gelatinosa 13
Thalassiosira gravida 14, 162, 164
Thalassiosira hispida 15
Thalassiosira hyalina 15
Thalassiosira hyperborea 15
Thalassiosira hyperborea var. *septentrionalis* 15
Thalassiosira kryophila 14
Thalassiosira kushirensis 15
Thalassiosira leptopus 15
Thalassiosira lineata 16
Thalassiosira nordenskioeldii 16, 164
Thalassiosira oestrupii 18
Thalassiosira pacifica 16
Thalassiosira polychorda 12
Thalassiosira rotula 14
Thalassiosira simonsenii 16
Thalassiosira solitaria 15
Thalassiosira subtilis 17
Thalassiosira tcherniai 14
Thalassiosiraceae 11
Thalassiosirales 11
Thalassiothrix 53
Thalassiothrix curvata 52
Thalassiothrix frauenfeldii 52
Thalassiothrix frauenfeldii* var. *javanica 52
Thalassiothrix fraunfeldii* var. *nitzschioides 52
Thalassiothrix javanica 52
Thalassiothrix longissima 53
Thalassiothrix nitzschioides 52
Thalassiothrix nitzschioides* var. *javanica 52
Thecadinium ebriolum 110
Thoracosphaeraceae 144
Thoracosphaerales 144
Torodinium 119
Torodinium robustum 119
Tovelliaceae 117
Trachyneis 83
Trachyneis aspera 83
Trebouxiophyceae 149
Triadinium ostenfeldii 124
Triadinium pseudogonyaulax 125

Triceratiaceae 28
Triceratium 28
Triceratium arcticum 30
Triceratium brightwellii 31
Triceratium favus 28, 176
Triceratium nobile 28
Triceratlales 28
Trichormus flosaquae 3
Trieres 29
Trieres chinensis 29, 178
Trigonium 30
Trigonium arcticum 30
Tripos 121
Tripos arietinus 121
Tripos carriensis 121
Tripos furca 122, 224
Tripos lineatus 122
Tripos macroceros 123
Tripos pentagonus 123
Tropidoneis 32
Tropidoneis glacialis 91
Tropidoneis maxima 32
Tropidoneis maxima var. *dubia* 32
Tryblionella 94
Tryblionella acuminata 94
Tryblionella marginulata 95

U

Ulnaria 48
Ulnaria delicatissima 48
Ulothrix 150
Ulothrix acrorhiza 150
Ulothrix implexa 150
Ulotrichaceae 150
Ulotrichales 150
Ulvophyceae 150
Uredo nivalis 147

V

Vibrio paxillifer 93
Vorticella cincta 130

W

Woloszynskia micra 119

X

Xanthophyceae 10
Xanthophyceae incertae sedis 11

Z

Zygabikodinium lenticulatum 142
Zygnematales 149
Zygoceros chinensis 29
Zygoceros pelagicum 30
Zygoceros surirella 51